高聚物配方设计
原理与应用

陈英波　刘冬青　王春浩　等 编著

U0296715

化学工业出版社

·北京·

内容简介

随着高分子材料应用领域的不断扩大，高聚物配方设计与改性技术在高聚物中的应用也越来越重要。本书主要内容包括高聚物配方设计原理与应用概述、聚合物助剂、塑料配方设计原理与应用、涂料配方设计原理与应用、胶黏剂配方设计原理与应用、高聚物基复合材料配方设计原理与应用、基于多组分反应的高聚物配方设计原理与应用、高分子纳滤膜配方设计原理与应用等。

本书除了详细阐述高聚物配方设计原理之外，还结合丰富的实例进行具体分析，突出先进性、实用性和新颖性。本书可供从事高聚物领域的工程技术人员及科研人员参考，还可以作为高分子材料与工程、材料科学与工程、化学工程等专业在校师生的教学参考书或教材。

图书在版编目（CIP）数据

高聚物配方设计原理与应用/陈英波等编著 .—北京：
化学工业出版社，2019.9
ISBN 978-7-122-34512-7

Ⅰ.①高…　Ⅱ.①陈…　Ⅲ.①高聚物-配方-设计
Ⅳ.①TQ316

中国版本图书馆 CIP 数据核字（2019）第 092794 号

责任编辑：朱　彤　　　　　　　　文字编辑：向　东
责任校对：边　涛　　　　　　　　装帧设计：刘丽华

出版发行：化学工业出版社（北京市东城区青年湖南街 13 号　邮政编码 100011）
印　　装：三河市延风印装有限公司
787mm×1092mm　1/16　印张 14　字数 364 千字　2021 年 1 月北京第 1 版第 1 次印刷

购书咨询：010-64518888　　　　　　售后服务：010-64518899
网　　址：http://www.cip.com.cn
凡购买本书，如有缺损质量问题，本社销售中心负责调换。

定　　价：78.00 元

前言

在科学技术迅速发展的今天，高聚物应用领域广泛，除了传统的塑料、橡胶、纤维等应用之外，还被广泛用于涂料、胶黏剂、高分子复合材料、功能性高聚物等材料，其在体积上已超过了金属，并且呈现不断增长的趋势。高聚物虽然品种越来越多、应用领域越来越广，但是其自身在一些性质和功能上不能满足某些特殊条件下的应用要求，在很多应用领域受到限制，因此需要对其进行配伍，通过各种添加剂和采用特殊的加工工艺以提升其性能，扩大其应用范围。本书的编写目的，就是基于高聚物在更多领域的应用，有针对性地介绍其配方设计的基本原理、设计技术与应用。

为推广高聚物配方设计技术近年的研究与应用成果，本书主要针对高聚物如塑料、涂料、胶黏剂、高聚物基复合材料、功能性聚合物及高分子纳滤膜等，着重且详细阐述其配方设计原理，并且以丰富的实例概括其特点和具体应用。本书主要内容如下：第1章概述高聚物配方设计原理与应用；第2章阐述聚合物助剂，分类介绍了稳定剂、成核剂、增塑剂、偶联剂、相容剂等各种聚合物助剂及其在高聚物配方设计中的重要作用和配方设计方法；第3章阐述塑料配方设计原理与应用，分别介绍了热塑性塑料（聚氯乙烯、聚丙烯、聚乙烯、聚苯乙烯）、热固性塑料和通用工程塑料的配方设计方法和实例；第4章、第5章分别介绍涂料、胶黏剂的配方设计原理与应用；第6章阐述高聚物基复合材料配方设计原理与应用，详细介绍了高聚物-碳材料（包括石墨烯、碳纳米管、膨胀石墨和炭黑）复合材料和高聚物-硅酸盐复合材料的配方设计原理与应用；第7章从多组分反应高聚物体系出发，论述了功能性和反应性高聚物的配方设计原理与应用；第8章以高聚物配方设计原理为指导，阐述高分子纳滤膜配方的设计原理与应用。本书集新颖性、实用性、系统性于一体，可供高聚物领域的工程技术人员及科研人员参考，还可以作为高分子材料与工程、材料科学与工程、化学工程等专业在校师生的教学参考书或教材。

本书由陈英波、刘冬青、王春浩等编著。其中，第1章、第6.1节由陈英波编写；第2章、第4章、第5章由刘冬青编写；第3.1～3.6节由王薇编写；第3.7和3.8节由王文一编写；第6.2节由马昌编写；第6.3节由赵孔银编写；第7章、第8章由王春浩编写。

由于编者水平有限，书中疏漏和不妥之处在所难免，敬请读者批评指正。

编著者
2020 年 5 月

目录

第4章 涂料配方设计原理与应用

第5章 胶黏剂配方设计原理与应用

第6章 高聚物基复合材料配方设计原理与应用

第7章 基于多组分反应的高聚物配方设计原理与应用

第8章 高分子纳滤膜配方设计原理与应用

第1章

高聚物配方设计原理与应用概述

1.1 高聚物材料配方设计的意义

到目前为止，已投入工业化生产的高聚物不下几百种，而且每年都有新的高聚物品种不断出现。但是，在设计具体的高聚物材料制品时，很少有一种高聚物能完全满足制品的性能要求。因此，对高聚物进行改性是十分必要的，这样可使高聚物获得原来不具有的性能。

高分子科学家通过配方设计开发出各种高聚物制品，极大地丰富了高聚物在各个领域的应用，包括纤维、塑料、橡胶、涂料、胶黏剂、聚合物基复合材料等。

高聚物配方是指为达到某种目的，在高聚物中混入其他物质而形成的复合体系。高聚物配方设计是指选择在高聚物中加入何种添加剂，并确定其加入量大小的过程。高聚物配方设计是选择合理配方的必要手段。更深一层意义上的高聚物配方设计还包括温度、压力、外力、结晶、反应等的条件控制，以便最终高聚物材料产品具有特殊的结构和性能。例如，类似的结晶聚合物配方，当采取不同的退火/淬火条件时，得到的高聚物结晶产物在结晶度、晶型和晶粒大小等方面具有完全不同的结构和性能。因此，聚合物配方设计不能离开加工条件单纯讲配方。在讨论聚合物配方设计时，有必要重申以下因素对材料性能的影响：

① 制样条件（如成型方法、成型条件、试样形状等）　例如，当采用注射成型、挤出成型和模压成型制作试样时，成型压力依次递减，试样的分子取向程度也依次递减，结果性能也不同。又如，注射成型时，料筒和模具的温度越高，试样分子取向的程度越低。而对于薄的试样，由于表面层所占的比例较大，其对拉伸强度等的影响比厚试样的大。结晶型高分子成型条件不仅影响分子取向，而且也影响结晶性，所以对性能的影响较显著。

② 性能的测试条件（如升温速度、作用力的形式及速度等）　通过改变升温速度和作用力形式及速度，在没有发生相态变化的情况下，可以改变聚合物分子运动的方式，聚合物的物理性能会发生很大变化。一般来说，升温速度越快，玻璃化温度（玻璃化温度为玻璃化转变温度的简称，以下全书同）T_g 越高，促进链段的运动；升温速度越慢，玻璃化温度 T_g 越低，阻碍链段运动。当作用力的形式为张应力时，促使链段发生运动，从而使 T_g 降低，张应力越大，T_g 降低越多；当作用力的形式为围压力时，压力的增大使自由体积减小，所

以随着压力增大，聚合物 T_g 提高。作用力速度较快意味着作用力作用时间短，因此只有当链段松弛时间较短时才会发生玻璃化转变，所以只有在较高温度下才能发生玻璃化转变。作用力速度较慢时，在较低温度下即可发生玻璃化转变。因此，性能测试条件如作用力形式、作用力速度、升温速度等也是值得注意的影响因素。

③ 外界因素（如温度、湿度、使用环境及光的波长等） 如耐热性受氧的影响大；耐候性受光，尤其是紫外线的影响显著。因此，一方面，聚合物制品对性能的要求是多方面的，也是千差万别的；另一方面，测定性能是受制样条件、测试条件及外界因素等影响的。

作为从事聚合物材料成型加工的技术人员必须了解上述影响因素，并在聚合物制品和聚合物配方设计时充分考虑这些影响。

1.2　高聚物材料配方设计的目的和作用

高聚物材料配方设计的目的是通过合理选择高聚物品种和各种助剂，优化并确定助剂的用量和加工条件，使获得的高聚物材料具有较高的性价比，既能满足制品的使用要求和经济要求，又能满足成型加工的需要。具体来说，高聚物配方设计的主要目的如下：

(1) 改善内在性能　聚合物在阻燃性、抗静电性、导电性、阻隔性、降解性、防老化、耐热、耐磨、外观性、强度和韧性等方面不足以满足使用需求，在高聚物产品配方设计和加工过程中，需要对这些内在性能进行改进，从而开发出性能优异、品种多样的高聚物新产品：如聚丙烯（PP）耐光、热老化配方；聚酰胺（PA）耐磨性能要求更高，则需加入二硫化钼、石墨和聚四氟乙烯（PTFE）粉末来提高其耐磨性；加入碳纤维等提高 PP 强度，也可以加入一定量的热塑性橡胶以提高 PP 的韧性和尺寸稳定性。

(2) 改善成型加工性能　部分高聚物耐高温性能差、黏度高、流动性差等造成加工困难，需添加增塑剂、润滑剂和加工改性剂以改善物料在成型加工中的流动性，防止熔体与加工机械表面的粘连。如聚氯乙烯很容易热降解，加工性能很差，加入增塑剂可提高其热分解温度，改善加工性能。

(3) 降低成本　在满足使用要求的基础上降低原材料成本，其途径大致有三个方面：①选择成本较低的高聚物和助剂；②减轻制品总重量；③对相对价格较低的高聚物材料进行改性以替代价格较高的高聚物品种及功能聚合物。常用的填充、发泡、增强、功能化配方均属于此类。

1.3　高聚物材料配方设计的基本原则

高聚物材料配方设计绝不是各种聚合物和助剂之间简单地、经验性地组合，而是在对聚合物材料结构与性能关系充分研究基础上综合的结果。一个好的高聚物材料配方设计绝不仅仅局限于配方组合，它还涉及成型加工工艺设计及成型设备的选型，制品的外观设计及结构设计、模具设计等。而配方设计是其核心部分，只有好的配方设计，再加上其他要素的配合，才能获得好的产品。

高聚物产品设计是在对产品形状、结构和使用性能进行科学预测和判定的前提下，通过充分把握并正确选用聚合物材料，确定出一套完整制品制造过程的实施方案和程序。

产品设计必须贯彻"实用、高效、经济"的原则，即产品的实用性要强、成型加工工艺性要好、生产效率要高、成本要低，可满足持续发展的要求。然而，由于可选择的高聚物品种、牌号的多样性，可采用的成型加工工艺和成型设备的可变性以及制品应用领域的特殊性，尤其是高聚物材料具有金属材料、无机非金属材料所没有的独特性能，如黏弹性、受使用条件和环境影响的因素以及静态力学性能与动态力学性能较大的差异性等。产品设计者只有透过现象并抓住本质，深刻认识产品设计与高聚物的性能、成型加工工艺的密切相关性，利用成型加工技术对材料结构与性能进行调节，才能充分发挥材料的功能，以较小的材料和能源消耗，获得优异的产品。高聚物配方设计需遵循以下基本原则：

（1）用途　根据用途确定制品应具备的性能特点、载荷条件、使用环境、成本限制、适用标准等，这是至关重要的一环。结构影响功能，这在高聚物产品中也得到充分的体现，不同的使用场合要求产品具有对应的结构特点，进而也会影响产品的总体成本，包括原料选择、加工方法和助剂的选择等。比如，需要制备航空航天用高聚物复合材料时，需选择高性能树脂和高性能增强纤维，如碳纤维等；而制备日常用高聚物复合材料时，只需选择普通聚合物树脂和常规增强纤维，如玻璃纤维等。

（2）各组分间的相容性　在选择高聚物和助剂时需充分考虑各组分之间的相容性，只有具有良好的相容性，所制备的产品才具有较好的稳定性。如果所选材料为非选不可而其相容性又不是很好时，必须通过增容的方法来提高各组分间的相容性。这就好比用水泥来提高石头和沙子之间的相容性一样，增容剂能为高聚物与高聚物之间或高聚物与助剂之间提供良好的相容性。

（3）成型加工性能　不同的高聚物具有千差万别的性能，配方设计时也需考虑不同聚合物的加工性能。结晶型高聚物可优先选择熔融加工方法，而一些非晶高聚物或没有固定熔融温度的高聚物可能就不得不选择溶液加工方法。还有一些高性能高聚物，其熔融温度非常高而且适合的溶剂也很少，这将对加工过程造成很大的限制，选择这类高聚物时也需特别注意，因为加工过程的复杂性会带来额外的成本。加工性能的另外一个影响因素是助剂的稳定性，所选助剂必须在加工条件下有足够的稳定性，如熔融加工时，助剂在高聚物熔融温度下能够稳定存在才能在最终的产品中稳定存在。而在采用溶液加工方法时，需考虑助剂在所选的溶剂中是否有足够的溶解性，能否均匀稳定地分散在高聚物的溶液体系中。

（4）来源与成本　选用的原材料来源容易，产地较近，质量稳定可靠，价格合理。此外，还需要根据产品的透明性要求、毒害性要求等全面考虑。比如有的产品需要较高的透明性，则选择的高聚物需具有较好的光线透过率，同时助剂的添加不能过多地影响产品的透明性；而对于医疗和生物产品，还需要特别考虑高聚物和助剂的毒害性，如制备婴儿接触类产品时不能选用含双酚A类物质的高聚物。

1.4　高聚物材料配方中各组分的关系

高聚物配方是存在多组分的复杂体系，各组分在配方中会发生一定的相互作用和物理化学反应，从而影响高聚物产品的性能，因此在配方设计中一定要考虑这些关系。高聚物配方中各组分间的关系主要包括协同作用、对抗作用和加合作用。

（1）协同作用　协同作用是指高聚物材料配方中两种或两种以上的添加剂一起加入时的效果高于其单独加入的平均值。不同添加剂之间产生协同作用的原因主要是它们之间产生了物理或化学作用。

在抗氧剂的配方中可起协同作用的例子：两种邻位取代基位阻程度不同的酚类抗氧剂并用；两种结构和活性不同的胺类抗氧剂并用；一种仲二芳胺与一种受阻酚类并用。

在阻燃配方中可起协同作用的例子：在卤素/锑系复合阻燃体系中，卤系阻燃剂可与 Sb_2O_3 发生反应生成 SbX_3（X代表卤素），SbX_3 可以隔离氧气从而达到增大阻燃效果的目的；在卤素/磷系复合阻燃体系中，两类阻燃剂也可以发生化学反应生成 PX_3、PX_2、POX_3 等高密度气体，这些气体可以起到隔离氧气的作用。

(2) 对抗作用 对抗作用是指高聚物材料配方中两种或两种以上的添加剂一起加入时的效果低于其单独加入的平均值。产生对抗作用的原理同协同作用一样，也是不同添加剂之间产生物理或化学作用的结果；不同的是，其作用的结果不但没有促进各自作用的发挥，反而削弱了其应有的效果。

在抗氧剂的配方中可起对抗作用的例子：芳胺类和受阻酚类抗氧剂一般不与炭黑类紫外线屏蔽剂并用，因为炭黑对胺类或酚类的直接氧化有催化作用，抑制抗氧效果的发挥。常用的抗氧剂与某些含硫化合物（特别是多硫化物）存在对抗作用。其原因也是多硫化物有助于氧化作用。

在阻燃配方中可起对抗作用的例子：卤系阻燃剂与有机硅类阻燃剂并用，会降低阻燃效果；红磷阻燃剂与有机硅类阻燃剂并用，也存在对抗作用。

(3) 加合作用 加合作用是指塑料配方中两种或两种以上不同添加剂一起加入时的效果等于其单独加入效果的平均值，一般又称叠加作用和搭配作用。如不同类型稳定剂并用后，可以提供不同类型的稳定作用。如抗氧剂可防止热氧化降解，光稳定剂可防止光降解，生物抑制剂可防止生物降解等。在热稳定剂中，也常常将三碱式硫酸铅/二碱式亚磷酸铅并用，Ca/Zn、Cd/Zn 及 Ba/Zn 等并用。也常将内润滑剂和外润滑剂并用，从而发挥内部和表层的双润滑效果。在阻燃配方中，气相型阻燃剂与固相型阻燃剂并用、阻燃剂与消烟剂并用等。此外，不同类型增塑剂、抗氧剂、光稳定剂、抗静电剂并用都是加合作用。

1.5 高聚物材料配方的表示方法

常用以下几种方法表示配方：

(1) 以高聚物质量为 100 份的配方表示法 以高聚物质量为 100 份，其他组分则以相对于高聚物的质量分数表示，此法计量容易、应用广泛，适于工业生产，也是大多数科研论文和报告中的配方表示方法。

(2) 以混合料质量为 100 份的配方表示法 以高聚物及各种助剂的混合料总质量为 100 份，各组分以质量分数表示。此法对计算原材料消耗、定额指标等较方便，便于财务的成本核算及定价。

表 1-1 以阻燃聚氯乙烯（PVC）制品为例，说明两种配方表示方法。

表 1-1 阻燃 PVC 制品配方的两种表示方法

组　　分	以高聚物质量为 100 份的表示法/份	以混合料质量为 100 份的表示方法
PVC	100	$100/233×100\%＝42.92\%$
氢氧化铝	25	$25/233×100\%＝10.73\%$
三氧化二锑	8	$8/233×100\%＝3.43\%$
硼酸锌	10	$10/233×100\%＝4.29\%$
聚己内酯	25	$25/233×100\%＝10.73\%$
三碱式硫酸铅	3	$3/233×100\%＝1.29\%$
二碱式亚磷酸铅	2	$2/233×100\%＝0.86\%$
邻苯二甲酸二辛酯（DOP）	40	$40/233×100\%＝17.17\%$
邻苯二甲酸二丁酯（DBP）	20	$20/233×100\%＝8.58\%$
总计	233	100.00%

(3) 以混合料体积为 100 份的配方表示方法 已知各种组分密度时，可以以高聚物质量

为 100 份的配方很方便地换算出来，然后归一即可。此法常用于按体积计算成本时。

（4）生产配方　即按设备的生产能力，计算出各组分每次投料的质量。此法便于直接计量，符合生产实际。

1.6 高聚物材料的配方设计方法

配方设计方法是指确定配方中各种添加剂加入量的方法，涉及试验步骤安排、变量选择和变量范围的确定。众所周知，高聚物材料制品往往是一个多组分的体系，各组分之间还可能存在复杂的化学作用和物理作用，因此，各组分如何搭配，如何减少试验次数、节省工作量，以低的成本、高的工作效能确定理想的配方，是一项充满激情的工作。计算机辅助设计以及仪器分析测试技术的进展，使我们有可能借助先进的仪器设备，了解配方体系中各组分的微观结构与性能之间的关系，研究加工和使用过程中可能发生的化学反应，在前人长期积累的经验基础上通过建模和分析，使配方设计逐步做到科学化和计算机化，以便更准确地预测产品的性能、简化试验程序，加速新产品开发。然而，时至今日，配方设计还极大地依赖于经验和试验。

因素（亦称因子）和水平（亦称位级）是配方设计中最频繁使用的两个术语。因素是指影响材料性能指标的因子，如原材料、工艺条件等；水平是指每个因素可能处于的状态。水平可以是原材料的品种、用量或工艺参数等，水平值可由经验确定，也可在确定前先做一些探索性试验。各水平值间应有合理的差距（步长）。

（1）配方设计时应考虑的因素　在高分子材料设计方法中，必须考虑如下因素：

① 配方中往往包括高分子化合物、增塑剂、热稳定剂、抗氧剂、光稳定剂、润滑剂、填充剂、阻燃剂等，因此，单因素变量设计较少，通常是多因素变量的问题。

② 各因素的水平数一般并不相等，有多有少，而通常正交设计试验是等水平的，因此出现了活用正交表的问题。

③ 各原料之间往往存在显著的交互作用（即协同作用或加合作用）。

④ 配方、工艺条件、原材料、设备、产品结构设计之间相互依存、互相制约，工艺因素的影响不可忽视，同一批试验工艺条件要保持相同，以排除其干扰。而当工艺条件作为决定因素时，可将其作为独立的因素列入试验设计中。

⑤ 试验误差由原材料称量、加料程序、各种工艺条件、测试方法和计量等累积而成，其值有时是比较大的。应对每一步骤严格控制，尽量减小试验误差。而当试验误差的影响大于配方设计中任何一个因素的影响时，整批试验只能推倒重来。

⑥ 统计数学、线性规划、运筹学等最优化计算的引入，为合理设计试验、减少试验次数、迅速获得理想试验结果、确定配方带来了可能。然而，如果不与材料成型加工技术人员长期积累所得到的经验规律相结合，数学工作者往往会出现一些不可思议的低级错误。只有将配方经验规律和统计数学相结合，才能发挥最佳效能。

（2）配方设计方法

① 单因素变量配方设计方法适用于材料制品性能只受一个因素（添加剂）影响的配方。以往也用于多因素变量的试验，此时只改变一个因素，把其他因素固定，以求得此因素的最佳值，然后改变另一个因素，固定其他因素，如此逐步轮换，找出理想的配方。此法一般采用消去法来确定。鉴于制品的物理性能在因素区间中为单值函数，所以，在搜索区间内任取两点，比较它们的函数值，舍去一个。在缩小的搜索区间内进行下一步试验，使区间缩小到允许误差之内。采用的搜索方法有以下 6 种：

a. 爬山法（逐步提高法）　该法的关键是起点位置、试验范围和步长的选择。起点一般为原生产配方或一个凭经验估计的配方。起点和试验范围选得好，可减少试验次数。步长一般开始时大，接近最佳点时改小些。在起点分别向原材料增加的方向和原材料减小的方向做两个试验。哪一点好，就向哪一方向一步步改变做试验，爬至某点，再增加或减小效果反而不好，这一点即为寻找的最佳点。此法比较稳妥，对经验依赖大，但接近最佳范围的速度慢，适于工厂小幅度调整配方，对生产影响较小。

b. 黄金分割法（0.618 法）　此法是在试验范围内的 0.618 处及其对应点（0.382 处）分别做一试验，比较两个结果，舍去坏点以外的部分。在缩小的区间内，继续在已试点的对称点再试验比较，再取舍，逐步达到目标点。此法必须严格保持每次试验的原材料和工艺条件一致，否则无法决定取舍。此法每次可去掉试验范围的 0.382，可以用较少的试验迅速找出最佳变量范围，适于推广。

c. 平分法（对分法）　此法适于在试验范围内，制品有一定的物理性能指标（目标函数是单调的），以此标准作为对比条件；并且应预先知道该因素对物理性能影响的规律，才能依试验结果判断该原材料用量的多或少。此法每次试验都取在试验范围的中点，然后，依据试验结果，去掉试验范围的一半，再进行下一次试验，直至逼近最佳点。此法试验速度快，取点也极方便。

d. 分批试验法　有均分分批试验法和比例分割试验法两种。前者是在试验范围内均匀安排每批试验，比较结果，留下好的结果范围，再做下一批试验，找到理想的配方范围。在窄小范围内，等分的结果较好，且又相当接近，即可终止试验。此法试验总时间短且快，但试验次数多。后者与前者的区别在于试验点按一定比例安排。由于试验效果及试验误差所致，鉴别较困难，此法仅适用于原材料添加量变化较小，且制品物理性能变化显著的场合。

e. 抛物线法　是在其他方法已将试验区间缩小后，希望更精确时采用。它是利用做过三点试验后的三个数据，作此三点的抛物线，取抛物线顶点横坐标作为下次试验数据的依据，如此连续试验而达目标。

f. 分数法（裴波那契搜集）　适合于单峰函数的方法，与黄金分割法不同，先给出试验点或知道试验区间或精确度，此法比黄金分割法更方便，裴波那契数为 1，1，2，3，5，8，13，21，34，55，89，144，…（即后一个数是前两个数之和）。以前一个数为分子，后一个数为分母，则得一批渐进分数：1/2，2/3，3/5，5/8，8/13，13/21，21/34，34/55，…。如果试验范围是由一些不连续的、间隔不等的点组成，试验点只能取某些特定点时，只能用分数法进行试验，将性能优选变为排列序号的优选，得到理想结果。一旦确定第一个试验点后，可用类似黄金分割法安排试验。

② 多因素变量配方是指有两个或两个以上因素（如添加剂的加入量等）影响制品性能的配方。多因素变量配方设计方法主要包括以下两种：

a. 正交设计法　此法是一种应用数学统计原理进行科学安排与分析多因素变量的一种试验方法。其优点是可大幅度减少试验次数，因素越多，减少程度越明显。它可以在众多试验中，优选出具有代表性的试验，通过尽可能少的试验，找出理想的配方和工艺条件。如采用单因素轮换法（即每次改变一个因素，固定其他因素进行试验），则对三因素、三水平的试验，需进行 $3×3×3＝27$ 次试验，而用正交设计法，只需 6 次即可。

一个典型的正交表可用下式表达：

$$L_M(b^k)$$

式中　L——正交表的符号；

　　　k——因素数；

　　　　b——每个因素所取的水平数；

　　　　M——试验次数，可由经验确定，除去某些例外，一般对于二水平试验，$M=k+1$，
　　　　　　对于三水平试验，$M=b(k-1)$。

常用的典型正交表如下：

二水平：$L_4(2^3)$、$L_8(2^7)$、$L_{12}(2^{11})$

三水平：$L_6(3^3)$、$L_9(3^4)$、$L_{18}(3^7)$

四水平：$L_{16}(4^5)$

　　指标（如产品合格率、硬度、耐热温度、冲击强度、氧指数及体积电阻率等）表示了试验目的，是用以衡量试验结果好坏的参数。一个理想的配方可能在所做的试验中，也可在其之外，但可通过试验结果的分析找出理想的配方。通过试验分析可以分清各个因素对指标影响的主次，各个因素中最好的水平，各个因素以哪种水平组合可得最好的指标。常用的分析法有直观分析法和方差分析法。前者是比较每个水平几次试验所得指标的平均值，找出每个因素的最佳水平，将几个因素的最佳水平组合起来，即为理想的配方或工艺条件。计算每个因素不同水平所取得的指标值之差，不同水平之间指标值差大的因素即为对指标有较大影响的因素。此法直观、简便，但不能区分因素与水平作用的差异。方差分析法是通过偏差的平方和及自由度等系列计算，将因素和水平的变化引起试验结果间的差异与误差的波动区分开来。此法计算结果精确，可增大下一步试验或投入生产的可靠性，但很烦琐。

　　b. 中心复合试验计算法（回归分析法）　此法因在中心点做许多重复试验而得名，建立自变量（配方组分）与因变量（制品物理性能）之间关系的一种数学表达式（回归方程式）。可以用一个二次多元式表示制品性能与添加剂用量的关系，然后再求出数个回归系数，进行线性变换，按设计表安排试验，在中心点做重复试验，再进行显著性统计检验。如有问题，可改变数学模型进一步研究。

　　此法可以确定几个特定配方因素之间的相关性，如无相关性，只能单独处理每个因素；如存在相关性，则可找出合适的数学表达式；根据几种制品性能指标值，预测出一个或几个配方因素变量的值或根据一个或几个配方因素变量值，预测性能指标的范围；指出这些因素之间的相互关系，找出主要因素、次要因素或可忽略的因素，通过方程式求出所需性能的配方因素最佳组合，画出某种性能的等高线，探讨各配方因素变量对性能的影响，从而预测物理性能。

参 考 文 献

[1]　周达飞，唐颂超. 高分子材料成型加工（第2版）. 北京：中国轻工业出版社，2005.
[2]　顾宜，李瑞海. 高分子材料设计与应用. 北京：化学工业出版社，2011.
[3]　陈平，廖明义. 高分子合成材料学（第2版）. 北京：化学工业出版社，2010.
[4]　戚亚光，薛叙明. 高分子材料改性（第2版）. 北京：化学工业出版社，2009.

第❷章

聚合物助剂

2013 年，全球塑料助剂产量和消费量都超过 1300 万吨，其中增塑剂占全球塑料助剂总量的近 60%；排在第二位的是阻燃剂，占全球塑料助剂总量的 15% 以上；排在第三位的是热稳定剂，占全球塑料助剂总量的 8%；其他依次为冲击改性剂与加工改良剂、润滑剂、抗氧剂、发泡剂、抗静电剂和光稳定剂。

2.1 热稳定性助剂

聚合物存在缺陷，在加工过程中易发生热降解现象，因此，通常添加热稳定性助剂以促进树脂的塑化、熔融，提高熔体强度，降低加工温度，改善制品的外观品质，同时提高制品的各项性能指标，扩大其应用领域。常用的热稳定性助剂包括抗氧剂、光稳定剂、热稳定剂。

2.1.1 抗氧剂

高分子材料的老化降解与氧气有关。在高温加工或使用中，由于催化剂残渣和官能团的带入，在氧气环境下，诱发产生高活性自由基，这些自由基会迅速氧化成高活性的过氧自由基（ROO·）。新的碳链自由基（R·）又通过 ROO· 和 R—H 反应不断生成，从而周而复始构成一个循环。热和光会刺激氢过氧化物，使其发生氧化降解生成 RO· 和 HO·，这些自由基会继续参加链反应，加速高分子材料的降解反应。为了防止高分子材料加工和使用过程中发生氧化降解，常用的方法是向高分子材料中添加抗氧剂。根据作用机理的差异，如图2-1 所示，抗氧剂（AO）一般可分为主抗氧剂和辅助抗氧剂。其中主抗氧剂是通过终止聚烯烃材料老化过程中产生的自由基而防止材料劣化；辅助抗氧剂的主要作用是分解氢过氧化物，防止氢过氧化物产生新的自由基，减缓聚烯烃材料的老化。

聚合物 $\xrightarrow{\text{机械剪切}}$ R· $\longrightarrow$ 自由基捕获剂捕获

聚合物 $\Updownarrow O_2$

主 AO   ROO·   辅助 AO   稳定自由基

稳定自由基 $\longrightarrow$ ROOH $\longrightarrow$ ROH

图 2-1 抗氧剂的抗氧化机理

按照作用机理，抗氧剂主要分为 3 种类型：①自由基捕获剂；②氢过氧化物分解剂；③碳自由基捕获剂。

2.1.1.1 自由基捕获剂

自由基捕获剂即链终止型主抗氧剂，能与氧化过程中生成的自由基结合，生成稳定的化合物和低活性的自由基，从而阻止链的传递与增长。自由基捕获剂主要包括胺类、酚类等。

PP 用胺类抗氧剂可分为对苯二胺类、二苯胺类、萘胺和喹啉衍生物等几类。胺类抗氧剂对氧、臭氧、热、光、铜离子的防护效果都很好，抗氧效率高，但其变色性及污染性较强，不能用于无色或浅色制品。

对苯二胺类抗氧剂主要有以下几种。对苯二胺与辛醇缩合得到的防老剂 288（结构如图 2-2 所示），适用于天然橡胶和合成橡胶。*N*,*N′*-二(2-萘基)对苯二胺是优良的链终止剂和金属配位剂，污染性低，耐氧效能好。*N*,*N′*-二芳基丁基对苯二胺抗臭氧活性高，是橡胶和特种聚合物（如聚酰胺）的抗臭氧剂。不对称 *N*,*N′*-烷基苯基对苯二胺是优异的抗屈挠龟裂剂和良好的抗氧剂，综合耐老化性能好。苄氨基苯二胺用于 PAO（聚 α-烯烃）或多元醇酯时抗氧化效果显著。商业化的苯二胺类抗氧剂主要有 Ethyl Hitec 4720（*N*,*N′*-二仲丁基对苯二胺，结构如图 2-2 所示）、Ethyl Hitec 4721［*N*,*N′*-双(1,4-二甲基戊基)-对苯二胺，结构如图 2-2 所示］、Crompton Naugalube 410（*N*-苯基-*N′*-异丙基对苯二胺）、Crompton Naugalube 420（*N*-苯基-*N′*-烷基对苯二胺）等。

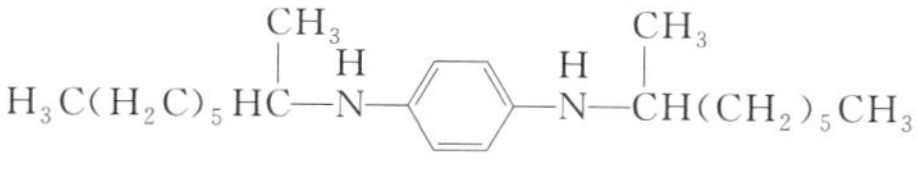

防老剂 288

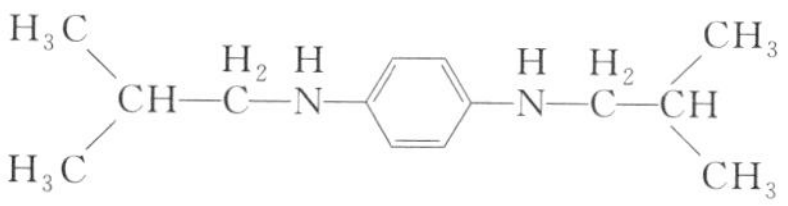

抗氧剂 Ethyl Hitec 4720

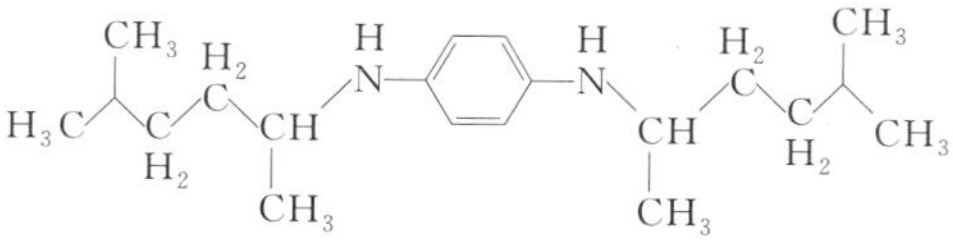

抗氧剂 Ethyl Hitec 4721

图 2-2 胺类抗氧剂（对苯二胺类）

二苯胺类抗氧剂主要有二烷基二苯胺、二芳基二苯胺，应用范围较广的是二烷基二苯胺，主要有 Irganox L01［二异辛基二苯胺（DODPA）］和 T558（二壬基二苯胺）等，其结构如图 2-3 所示。

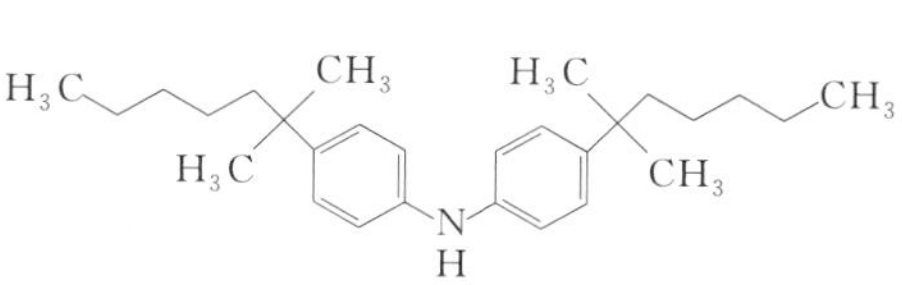

Irganox L01

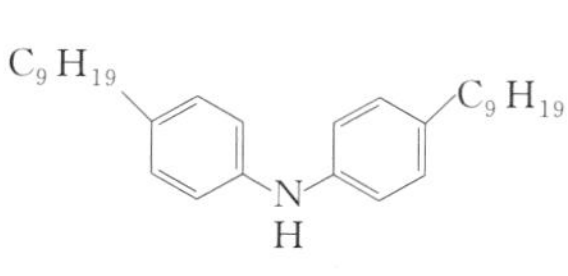

T558

图 2-3 胺类抗氧剂（二苯胺类）

PP 用酚类抗氧剂主要包括烷基单酚、烷基多酚、硫代双酚等。大多数酚类抗氧剂都具有受阻酚结构。酚类抗氧剂抗氧效率优良，且不变色、无污染，大量用于塑料工业。最早开发的酚类抗氧剂是 BHT，随后开发了双酚、硫代双酚、1076、1010 以及 CA、TCA 等酚类抗氧剂，基本品种列于表 2-1。

抗氧剂 330 是一种无味、无嗅、低挥发性、耐抽提的受阻酚抗氧剂，且口服无害，已被多国（包括美国）批准用于食品包装材料；另外其具有优良的介电性能，适用于 PP 电工膜。

表 2-1　主要酚类抗氧剂

牌号	结　构	牌号	结　构
抗氧剂 BHT	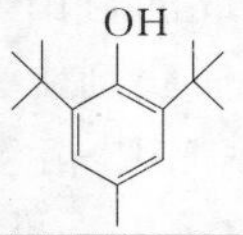	抗氧剂 2246	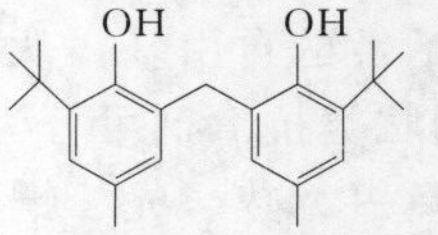
抗氧剂 702	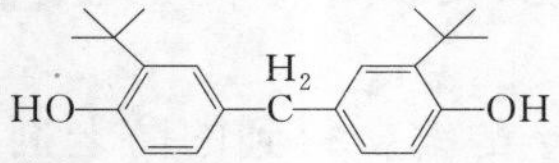	抗氧剂 300	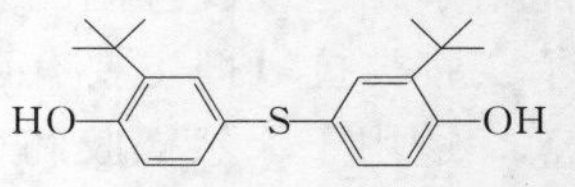
抗氧剂 硫代双-（3,5-二叔丁基-4-羟基苄）4426-S	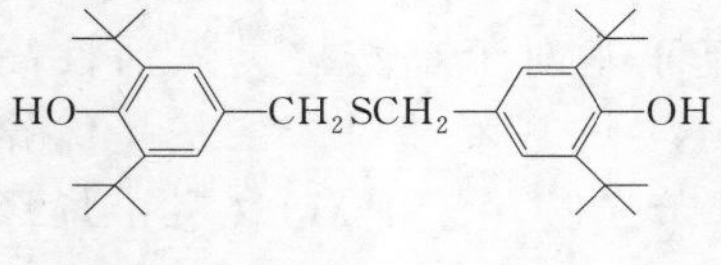	抗氧剂 1076	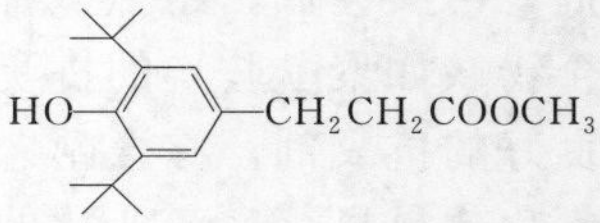
抗氧剂 1010	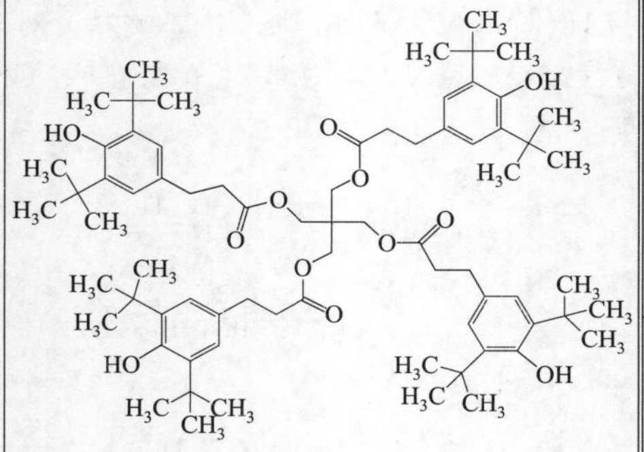	抗氧剂 CA	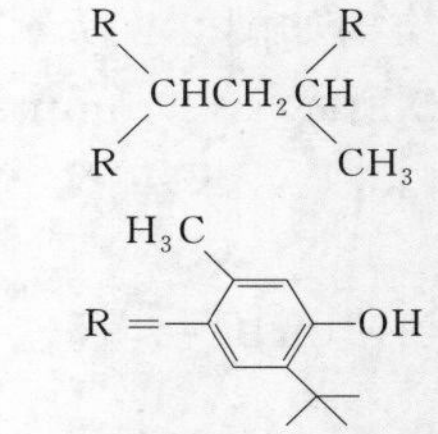
	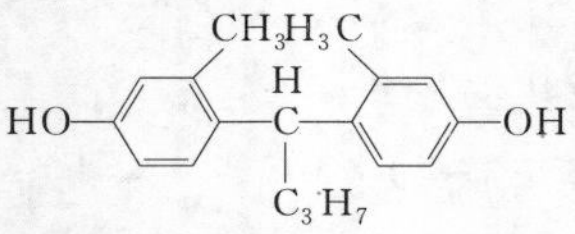	抗氧剂 330	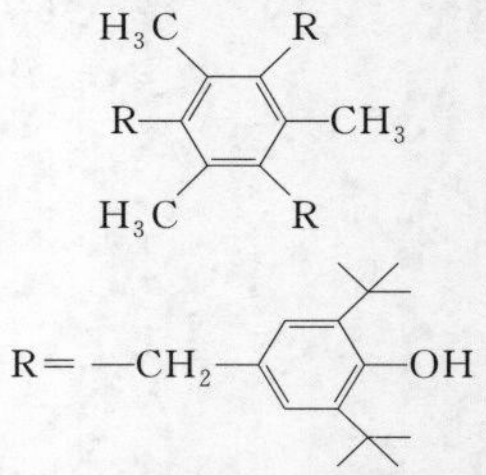
抗氧剂 TCA			

2.1.1.2　氢过氧化物分解剂

　　氢过氧化物分解剂即辅助抗氧剂，可以分解氢过氧化物且不生成自由基。PP 用辅助抗氧剂主要包括硫醚类及亚磷酸酯类。硫醚类抗氧剂与受阻酚之间具有显著的协同效应，赋予 PP 优良的长效热稳定性，但其加工稳定性能略差，易使树脂及塑料制品泛黄，耐候性不及亚磷酸酯，且与受阻胺光稳定剂并用会显著地降低受阻胺光稳定性能的发挥，因此在一定程度上影响并制约了该品种的开发研究。主要品种有 DSTP（硫代二丙酸二硬脂醇酯），其结构如图 2-4 所示。

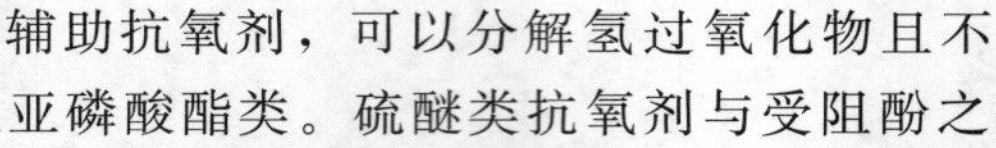

$$H_3C(H_2C)_{17}—O—C—CH_2CH_2—S—CH_2CH_2—C—O—(CH_2)_{17}CH_3$$

图 2-4　DSTP（硫代二丙酸二硬脂醇酯）

　　亚磷酸酯类抗氧剂与受阻酚同样具有良好的协同效应。它在聚烯烃加工稳定性、耐热稳定性、色泽改良及耐候性方面优于硫醚类抗氧剂，且不与受阻胺光稳定剂产生对抗作用，但易水解。主要品种有抗氧剂 168 及 HP136。抗氧剂 168 结构如图 2-5 所示。

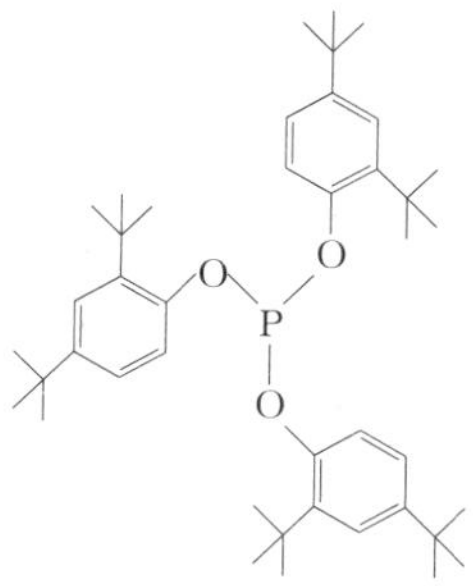

抗氧剂 168

图 2-5　亚磷酸酯类抗氧剂

2.1.1.3　碳自由基捕获剂

碳自由基捕获剂能捕获以"碳"为中心的自由基，将 PP 的氧化降解过程抑制在萌芽阶段，从而起到高效抗氧作用，代表为汽巴公司开发的 HP 136（二甲苯基二丁基苯并呋喃酮）。与传统抗氧剂复配的抗氧剂 1010/抗氧剂 168/HP 136 三元体系（如汽巴 GX2225）可更有效地改善材料的加工性能、抗氧化性能及光学性能。碳自由基捕获剂比 B215 等传统抗氧剂用量少，因而产品灰分含量降低。碳自由基捕获剂用于 PP 薄膜时，可提高膜质量，降低成本。

2.1.1.4　抗氧剂的发展趋势

近年来随着高分子工业的发展及对材料新应用的追求，以及从环境保护的角度出发，抗氧剂主要显示出以下发展趋势：①高分子量化趋势；②复合化趋势；③反应型抗氧剂；④半受阻酚化和无酚化趋势；⑤多功能化趋势；⑥产品型抗氧剂；⑦水解稳定性；⑧低毒或无毒。

（1）高分子量化趋势　低分子量的助剂挥发及抽出损失大，影响制品的持久稳定效果和卫生安全性能。抗氧剂 264（M_w220）逐渐地被抗氧剂 1076、抗氧剂 1010（M_w1177）取代，但分子量过大会导致抗氧剂在聚合物中扩散速率降低，不利于稳定反应的迅速进行，因此分子量有一个适当范围。高分子量化已成为世界抗氧剂品种开发的潮流。目前报道的高效品种包括 ICI 公司的 Topanol TP 和 SFOS 公司的 Antioxidant 等。

（2）复合化趋势　复合型抗氧剂可以发挥不同品种间的协同效应，使性能互补，因而综合性能好，且使用时不用进行配料，GX 系列抗氧剂配方列于表 2-2 中。如汽巴公司的 Ir-ganox B 系列，是主、辅抗氧剂以不同比例复合，可用于各种不同条件下。复合抗氧剂 B215 由受阻酚类主抗氧剂 1010 和亚磷酸酯类辅助抗氧剂 168 以 1∶2（质量比）经特殊工艺复配而成。复合型抗氧剂的常规添加量为 0.1%～0.2%，可使 PP 薄膜的室内使用寿命延长 10 倍。复合型抗氧剂广泛应用于 PP 和 PE 的各类产品中。

表 2-2　GX 系列抗氧剂配方

产品名称	组分	主要应用
Irganox GX2215	85% Irganox B215 15% HP 136	PP/HDPE； 要求较高加工稳定性能
Irganox GX2225	85% Irganox B225 15% HP 136	PP/HDPE； 要求加工热稳定性和长效热稳定性
Irganox GX2251	57% Irganox 1010 28% Irgafos 168 15% HP 136	PP/HDPE； 要求加工热稳定性和长效热稳定性
Irganox GX2411	85% Irganox B1411 15% HP 136	PP 注塑件、薄膜及扁丝； 要求防止气熏变黄性能
Irganox GX2921	85% Irganox B921 15% HP 136	HDPE/LLDPE； 要求优越的加工稳定性

（3）反应型抗氧剂　此类抗氧剂是将抗氧剂分子键合到聚合物主链上，因而与树脂相容性好、耐抽出、不易迁移且不易挥发，抗氧效果持久，如 Elfatochem 公司的 Luchemao-R300。

（4）半受阻酚化和无酚化趋势　半受阻酚结构由于空间位阻较小，与辅助抗氧剂之间可形成氢键缔合，捕捉自由基和分解氢过氧化物的时间更短，代表品种如 Irganox 245 和 MarkAO-80。受阻酚捕获过氧自由基后转化为相应的醌类化合物，易引起泛黄现象，因此无酚化是解决泛黄问题的根本措施。无酚抗氧剂是由羟胺、苯并呋喃酮、受阻胺、紫外线吸收剂和亚磷酸酯构成的复合体系，代表性品种如汽巴公司开发的 Irgastab 系列产品和 Fiberstab L112。

（5）多功能化趋势　在同一分子上键合多种官能团可使一种助剂具有多种功能，且各种官能团之间的协同效应利于综合性能的发挥。克莱恩公司的 Hostanox OSP1 不仅具有优异的金属离子钝化功能，而且还具有抗热氧老化功能，可以改善加工稳定性和长期热稳定性。

（6）产品型抗氧剂　粉料剂型由于不能满足卫生、安全和环保要求，因此低粉尘或无粉尘、颗粒状等易流动粒料剂型目前开始普及。

（7）水解稳定性　亚磷酸酯类抗氧剂对水较敏感，水解使原有化合物消失且形成酸性产物，腐蚀加工机械并导致塑料的色污，同时会水解结块，造成使用不便。通常芳香族亚磷酸酯的水解稳定性优于脂肪族亚磷酸酯。新品种主要以季戊四醇双亚磷酸酯螺旋结构和双酚亚磷酸酯结构居多，均包含取代芳环。另外，含氟亚磷酸酯由于磷原子直接与高电负性的氟原子相连，大大提升产品自身水解稳定性，且耐热性亦得到改善；如美国 Albemarle 公司开发的 Ethanox 398，掺和少量碱改善其储存稳定性，掺和防水蜡或其他各种适当的憎水化合物可改善其水解性能。

（8）低毒或无毒　塑料在使用过程中，抗氧剂可能会有少量迁移到制品表面并进入周围介质，最后直接或间接进入人体。食品包装材料、儿童玩具、纺织品、药物包装材料等物品发生这种情况时，会导致小剂量亚急性或慢性的人体中毒。为解决这一问题，可选用天然无毒物质作为添加剂，如维生素 E 可作为抗氧剂。维生素 E 是生育酚类化合物的总称，维生素 E 作为塑料工业的抗氧剂，不仅具有较高的抗氧化效率，而且消除了工业抗氧剂对人体的伤害；但维生素 E 成本较高，且易使制品泛黄。维生素 E 的开发为绿色抗氧剂的发展指明了方向。

2.1.2　光稳定剂

高分子材料长期暴露在日光或置于强荧光下，吸收了紫外线能量，引起自动氧化反应，导致聚合物降解，使得制品变色、发脆、性能下降，以致无法使用。凡是能抑制或减缓这一过程进行的措施，称为光稳定技术，所加入的物质称为光稳定剂，属于耐候性稳定剂。

光稳定剂一般要具备一定的基本物理化学性能，包括：①能有效吸收波长为 290～400nm 的紫外线，具有良好的自身光稳定性，在长期的曝晒下不被光破坏，光稳定作用不减；②自身的热稳定性好，在制品加工和使用过程中不因受热而变化；③与聚合物相容性好，在加工和使用过程中不析出；④挥发性低；⑤无毒或低毒；⑥化学稳定性好，不与其他组分发生不利反应；⑦无污染，不变色；⑧耐水解和耐溶剂抽提；⑨价格低廉。

光稳定剂主要分为四类，分别是：①紫外线吸收剂；②猝灭剂；③自由基捕获剂；④光屏蔽剂。

（1）紫外线吸收剂　紫外线吸收剂是可吸收 290～400nm 波长内的紫外线能量，然后转变为激发态，以光或热的形式把额外能量释放出来的物质。不同的聚合物在紫外线区域有不同的最敏感波长。PP 的最敏感波长为 290～325nm 及 370nm 左右。当紫外线吸收剂的吸收波峰与聚合物的敏感波长相吻合时,紫外线吸收效果最佳。紫外线吸收剂依照化学结构可以分为五类:二苯甲酮类、苯并三唑类、水杨酸酯类、三嗪类、氰代丙烯酸类。

二苯甲酮类光稳定剂是紫外线吸收剂中品种最多、产量最大、应用最广泛的品种,主要是邻羟基二苯甲酮的衍生物。这类化合物能吸收 290～400nm 的紫外线,主要品种如 UV-9、UV-531、Mark LA-51 等,其结构如图 2-6 所示。这类紫外线吸收剂不溶于水,易溶于有机试剂,与油溶性材料及高分子材料物理兼容性较好,但其分子量小,在相容性不好的材料中容易挥发,材料性能达不到预期效果。

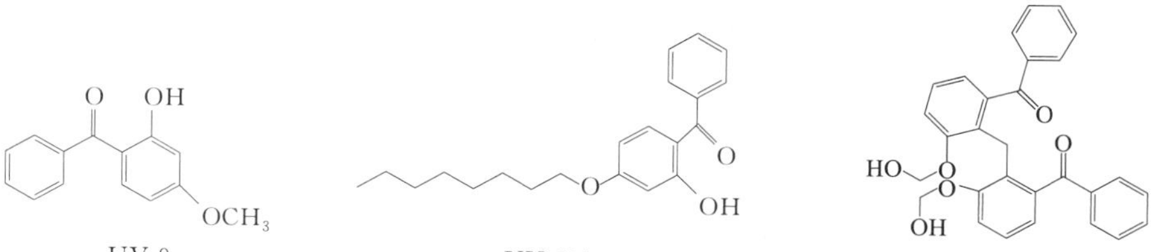

UV-9　　　　　UV-531　　　　　Mark LA-51

图 2-6　二苯甲酮类光稳定剂

苯并三唑类光稳定剂在 300～385nm 有较强吸收,吸收紫外线的能力强,与受阻胺光稳定剂(HALS)有显著的协同效应。主要产品如 UV-326,其结构如图 2-7 所示,毒性低,可用于食品包装及儿童塑料玩具中。水杨酸酯类光稳定剂含有酚基芳基结构,本身吸收紫外线,但受光照后,分子内重排形成二苯甲酮结构,从而具有光稳定作用,故又称为先驱型紫外线吸收剂,其品种如 TBS、OPS 等。三嗪类紫外线吸收剂紫外线吸收率高、用量少、色泽浅,是一种新型的紫外线吸收剂,在 280～380nm 波长范围内有强吸收。氰代丙烯酸类紫外线吸收剂主要用于涂料,吸收强度不高。

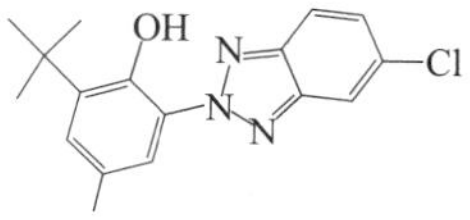

UV-326

图-7　苯并三唑类光稳定剂

(2)猝灭剂　猝灭剂本身对紫外线的吸收能力很小,只有二苯甲酮类光稳定剂的 1/20～1/10。但它可将吸收了光能的激发态分子的能量迅速地转移掉,使其回到基态,从而失去发生光化学反应的可能。猝灭剂主要是二价有机镍螯合物,如光稳定剂 1084、2002、AM-101 等。某些含镍光稳定剂在 PP 中还可起到自由基捕获剂和氢过氧化物分解剂的作用。猝灭剂发挥作用与被保护的样品厚度无关,常用于薄膜或纤维等薄截面制品。猝灭剂用于农膜方面具有挥发性低、不变色、热稳定性好、熔融性能好、使用期长的优点;在纤维中,还可发挥助染作用,提高颜色的耐光度和亮度,添加量也较紫外线吸收剂低。猝灭剂的光稳定效果仅次于受阻胺光稳定剂(HALS),但有机镍螯合物可导致制品变色。重金属离子具有一定毒性(镍盐致癌),正逐渐被其他无毒或低毒猝灭剂取代。

(3)自由基捕获剂　自由基捕获剂可以捕获自由基,是一类具有空间位阻效应的哌啶衍生物,常简称为受阻胺光稳定剂(HALS)。受阻胺光稳定剂不仅可捕获自由基,而且能分解氢过氧化物,传递激发态能量,光稳定效率比二苯甲酮类及苯并三唑类紫外线吸收剂高

2～3 倍。受阻胺光稳定剂是发展最快、最有前途的新型光稳定剂，国际上需求年增长率为 20％～30％，主要品种如 Mark LA-57、GW-540 等，其结构如图 2-8 所示。

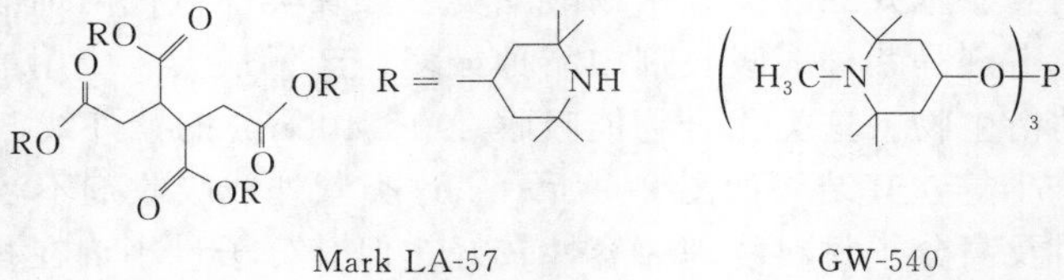

Mark LA-57　　　　　　　　　　GW-540

图 2-8　受阻胺光稳定剂

（4）光屏蔽剂　光屏蔽剂是指能够反射紫外线的物质，屏蔽紫外光波，使材料内部不受紫外线危害。光屏蔽剂包括二氧化钛（金红石型）、氧化锌、炭黑等，光屏蔽剂效果好且价廉，但着色性限制了其应用。

光稳定剂的发展趋势：目前 PP 用光稳定剂主要为受阻胺光稳定剂和紫外线吸收剂。HALS 虽使用广泛，但开发速度减慢，主要研发集中在：高分子量化、反应型 HALS、多功能型及低碱化；研究在颜料及填充剂存在下紫外线吸收剂不能充分发挥效果的问题。提高分子量及开发反应型 HALS，可减少光稳定剂的挥发和抽出损失，使其具有高的持久性。汽巴公司的 Chimassorb 119 的结构如图 2-9 所示，是高分子量 HALS，挥发性低，耐萃取性高，且与树脂相容性好，易分散，能改善制品的着色性和色牢度。反应型 HALS 的代表是 Clariant 公司的 HALS-13。多功能化是在具有 HALS 官能团的分子内同时键合一种或几种不同功能的基团，协同发挥作用，提高综合稳定效果。另外，在酸性环境中，受阻胺类难以发挥作用，低碱化结构改性可改善酸性体系的使用性能，如改善 PVC 及 PP 使用硫类抗氧剂的情况。

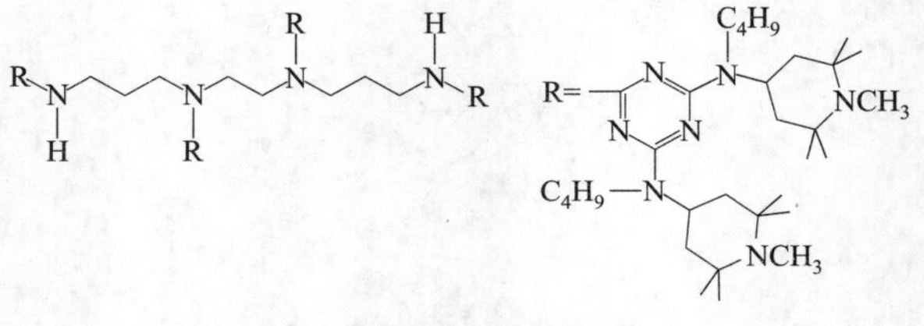

图 2-9　Chimassorb 119

2.1.3　热稳定剂

PVC 原料加热至 100℃左右时就会开始发生脱氯化氢（HCl）反应，而当温度升高时该反应会随之加速。在通常的 PVC 加工温度（160～200℃）下，除了看不见的脱 HCl 反应外，还会出现物料颜色不断加深直至完全变黑的现象；随着物料颜色加深，PVC 制品的力学性能会不断下降，直到最后完全失去使用价值。PVC 链段结构中的烯丙基氯和叔氯非常不稳定，热降解过程就是从这些热不稳定缺陷开始的。正常结构单元脱 HCl 的速率比烯丙基氯和叔氯结构小 2～3 个数量级，但其总浓度却比不稳定结构大很多。热降解反应过程是按照离子化或准离子化的链式机理进行的，PVC 降解产生的 HCl 对 PVC 降解具有催化作用。氧气或空气也会加速 PVC 的降解，而一些具有 Lewis 酸性的金属化合物（如氯化铁、氯化锌、氯化镉等）对 PVC 降解的促进作用非常强烈，在这些金属化合物作用下，PVC 会在极短的时间内完全降解。

根据 PVC 降解机理，减少或消除不稳定氯原子的生成是解决 PVC 热降解的根本办法。

热稳定剂是一类能够有效提高 PVC 热稳定性能的加工助剂。通过分析 PVC 降解的机理，一种有效的热稳定剂必须拥有以下一种或几种功能：

① 取代 PVC 分子中不稳定氯原子，消除引发 PVC 热降解的不稳定结构因素；

② 吸收因 PVC 降解生成的 HCl，消除或减轻其对 PVC 降解的催化作用；

③ 与 PVC 降解生成的共轭双键加成，阻止共轭多烯链段继续增长，减弱 PVC 初期着色；

④ 捕获自由基。

拥有以上一种功能的物质就能用于 PVC 热稳定剂，当然同时兼具多种功能的物质会具有更加突出的热稳定效果。具有不同功能的热稳定剂在 PVC 加工中发挥的作用特性也不同，根据热稳定剂发挥的特性，大致可分为初期型、长期型、全能型和辅助型四大类。

初期型热稳定剂：这类热稳定剂能取代 PVC 链上的不稳定氯原子，从而有效地抑制 PVC 的初期着色，因其初期稳定效果出色，被称为初期型热稳定剂。

长期型热稳定剂：这类热稳定剂只有吸收 HCl 的能力，由于不能取代不稳定氯原子而无法抑制 PVC 初期着色，但它能吸收具有催化 PVC 降解能力的 HCl，能有效缓解 PVC 的降解，增强 PVC 的长期热稳定性能。

全能型热稳定剂：这类热稳定剂不同于上述两种只有单一功能的热稳定剂，它们既能通过取代不稳定氯原子或加成共轭多烯链段来抑制 PVC 初期着色，又能通过吸收 HCl 来改善 PVC 的长期热稳定性能。这类热稳定剂由于效果优异、功能全面而被称为全能型热稳定剂。

辅助型热稳定剂：这类热稳定剂一般是一些纯有机化合物，当它们单独使用时其热稳定效果很差或完全不具有热稳定效果。但是，当它们与其他类的热稳定剂一起使用时能产生协同稳定作用从而有效改进热稳定效果。

然而，热稳定剂最常见的分类方法是按照其分子结构进行分类，主要包括：铅盐类热稳定剂、金属皂类热稳定剂、有机锡类热稳定剂、有机锑类热稳定剂、稀土类热稳定剂、有机热稳定剂。

2.1.3.1　铅盐类热稳定剂

铅盐类热稳定剂大致分为三类：①无机铅盐类热稳定剂，包括三碱式硫酸铅（$3PbO \cdot PbSO_4 \cdot H_2O$）、二碱式亚磷酸铅（$2PbO \cdot PbHPO_3 \cdot 1/2H_2O$）和二碱式碳酸铅（$2PbO \cdot PbCO_3$）等；②有机铅盐类热稳定剂，主要是硬脂酸铅（$Pb[CH_3(CH_2)_{16}COO]_2$等）；③复合铅盐类热稳定剂，如硬脂酸铅与其他金属皂的配合物。

铅盐类热稳定剂吸收 HCl 后生成的氯化铅，捕捉 HCl 的能力强，且对 PVC 降解无催化作用，长期热稳定效果优异。由于此类热稳定剂本身和氯化铅电绝缘性均较高，因此适用于 PVC 电线电缆包覆材料。铅盐类热稳定剂效果好、成本低廉，所以应用广泛。但这类稳定剂抑制 PVC 制品初期着色性能差，与 PVC 相容性差，无法有效地均匀分散，导致制品透明度差，且在加工过程中产生大量粉尘，容易引发操作人员铅中毒。另外，当 PVC 制品被废弃后，里面的铅盐稳定剂会对环境造成再次污染，所以发达国家已禁止使用。目前国内铅盐类热稳定剂还占有一定市场，但随着我国社会的发展进步，国家对环境保护越来越重视，在替代产品不断出现的情况下，我国铅盐类热稳定剂用量也在逐年减少，相信不久的将来会被完全淘汰。

2.1.3.2　金属皂类热稳定剂

金属皂类热稳定剂是高级脂肪酸金属盐的总称，主要是钙、锌、钡、镁、镉、稀土等金属的硬脂酸、月桂酸、环烷烃酸等脂肪酸盐，其中以硬脂酸盐最为常见。金属皂类热稳定剂的效果取决于金属离子，阴离子对稳定效果影响不大，但对其他如润滑性能等有影响。金属皂类稳定剂大致分为两类。一类以锌皂、镉皂为代表，这类金属皂不仅能吸收 HCl 延缓 PVC 降解，还能以羧酸根取代 PVC 链中的不稳定氯原子抑制 PVC 初期着色，稳定反应机理如图 2-10 所示。但锌皂、镉皂与 PVC 发生稳定反应后，生成的产物是氯化锌和氯化镉，这两种物质对 PVC 降解均具有强烈的催化作用，使 PVC 在短时间内发生恶性降解而变黑焦化，锌皂的这种现象尤为严重，称为"锌烧"。

$$M(RCOO)_2 + 2HCl \longrightarrow MCl_2 + 2RCOOH$$

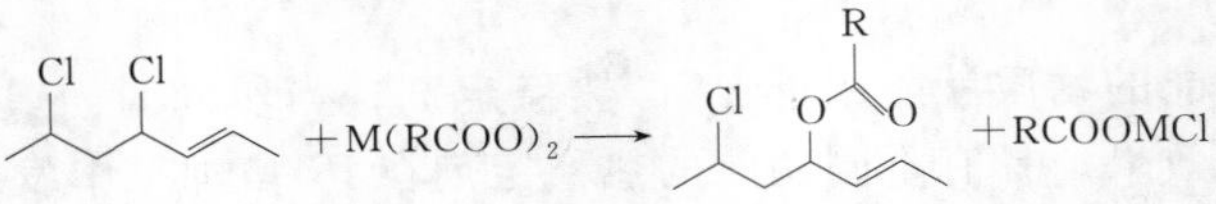

图 2-10　金属皂对 PVC 的热稳定机理

另一类金属皂类热稳定剂以钙皂和钡皂为代表，这类热稳定剂只有吸收 HCl 延缓 PVC 降解的能力，不具有抑制 PVC 初期着色的功能，单独使用时，都有明显的缺陷，无法满足 PVC 加工的要求，因而需要通过复配制成复合热稳定剂。常见的复合金属皂类稳定剂为钙锌稳定剂。锌皂抑制 PVC 初期着色效果好，但长期效果差；而钙皂虽不抑制 PVC 初期着色，但长期效果优异。将二者复配使用，不仅能实现缺陷互补，还能产生协同作用大幅提升热稳定效果。钙皂和锌皂之间存在"交换再生"机理，具体如图 2-11 所示。钙皂吸收了部分 HCl，减轻了锌皂的负担，让更多锌皂去取代氯原子，抑制 PVC 降解；另外，钙皂与氯化锌反应生成锌皂和氯化钙，消除氯化锌对 PVC 降解的催化作用，新生成的锌皂进一步增强抑制降解能力。钙锌稳定剂还具有无毒、润滑性好、价格低等优点，是目前 PVC 热稳定剂行业发展的重点方向。

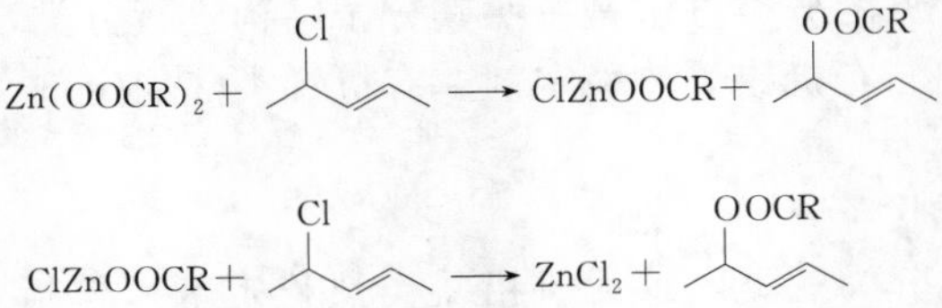

$$ZnCl_2 + Ca(OOCR)_2 \longrightarrow CaCl_2 + Zn(OOCR)_2$$

图 2-11　锌皂和钙皂间的协同机理

2.1.3.3　有机锡类热稳定剂

商品化的有机锡热稳定剂都是四价锡的化合物，其化学结构可以用下列通式表示：

$$R_n—Sn—X_{4-n}$$

式中，$n = 1，2$；R 为甲基、正丁基、正辛基或酯基；X 为巯基羧酸酯基、马来酸酯基、脂肪酸根。有机锡热稳定剂通常按照 X 的不同分为酯基硫醇有机锡、逆酯型硫醇有机锡、马来酸酯有机锡和脂肪酸有机锡四大类，不同结构的有机锡热稳定剂的效果和特性并不相同。

硫醇有机锡具有吸收 HCl、取代不稳定氯原子和加成共轭多烯链段等多种重要热稳定功能，且其与 PVC 反应的产物对 PVC 无催化降解作用。硫醇有机锡类热稳定剂既可抑制 PVC 初期着色，又有长期热稳定能力，是热稳定效果最优秀的品种。但此类热稳定剂异味大、无润滑性、耐候性较差。马来酸酯有机锡既可吸收 HCl，也可与共轭多烯链段加成，因而具有一定的抑制 PVC 初期着色的能力，长期热稳定效果也较高。虽然其热稳定效果无法与硫醇有机锡相比，也不具备润滑性能，且加工时会放出催泪性气体，但其异味小、耐候性好。脂肪酸有机锡透明性能、润滑性能好，自身无异味，加工时不释放异味气体，但其只能吸收 HCl，长期热稳定功效较好，不抑制 PVC 初期着色，总体效果与钙皂类似。

综上所述，有机锡热稳定剂的稳定功效非常突出，但缺点也非常明显，而且有机锡热稳定剂价格高昂且部分有毒，限制了其推广应用。

2.1.3.4 有机锑类热稳定剂

目前可用于 PVC 热稳定剂的有机锑化合物主要有羧酸锑、高级脂肪酸硫醇锑、巯基羧酸锑等。有机锑热稳定剂一般无毒或低毒，符合当前稳定剂发展的趋势，且其热稳定功效优异，透明性能好，价格低，具有较好的发展前景。但其自身耐光性差，见光变色，与含硫有机锡热稳定剂共用时会发生交叉硫污染，虽然改进研究不断进行，但其应用还是受到很大限制。

2.1.3.5 稀土类热稳定剂

稀土元素是ⅢB族钪、钇和镧系元素的总称。这类金属离子外层有较多的空电子轨道（6s4f5d6p），4f、5d 空电子轨道可接受孤对电子，易与无机或有机配位体通过静电引力形成离子配位键。稀土金属离子半径较大，可接受 6~12 个配位体的孤对电子，形成 6~12 个键能不等的配位键，因而可与 3 个、4 个 HCl 形成离子键，同时还与 PVC 链上的氯原子配位，这种作用在低温时更明显，抑制了脱 HCl 降解反应，起到热稳定作用。稀土类热稳定剂是含有镧、铈、镨、钕等镧系元素的有机弱酸盐和无机盐，它的制作和加工工艺简单，并且具有十分优异的热稳定性能，与 PVC 混合加工可有效提升产品的塑化性能及抗冲击性能。稀土热稳定剂热稳定性好、无毒、加入量少、制品性能优良等特点已日益引起助剂生产企业和塑料加工企业的关注。

英国、法国、日本、苏联等国家 20 世纪 70 年代就开展了稀土稳定剂的研制工作，并合成了一些有机酸稀土化合物。但是，这些国家稀土资源贫乏且稀土元素的化学性质接近，分离极其困难，致使单一稀土元素化合物价格昂贵，稀土热稳定剂的深入研究及应用受到限制，近年来报道也不多，至今未见商业化报道。

我国在 20 世纪 80 年代开始将稀土化合物用于 PVC 的热稳定剂。80 年代开发的以 BE-1 和 RE-120 为代表的热稳定剂已广泛用于 PVC 塑料异型材、管材、板材、电缆料及各种透明制品，具有无毒、高效、多功能、价格适宜等优点。90 年代以来我国的稀土类热稳定剂向复合型、液体型方向发展，代表品种有广东工业大学的 RHS-2、广东光洋公司的 REC 系列、浙江的 TL-863 稀土锡液体热稳定剂和广东肇庆某精细化工厂的 LS18 硬脂酸稀土-锌系复合热稳定剂，可广泛用于 PVC 管材、板材、异型材、电缆料及各种 PVC 透明制品，且具有价格优势。

此外，中国科技大学、浙江大学、西北工业大学、中南大学等单位取得了多项稀土类稳定剂研究成果。稀土热稳定剂作为一类 PVC 热稳定剂，热稳定性优异、耐候性和加工性良好、储存稳定，无毒环保的优势使其成为少数满足环保要求的热稳定剂种类之一。我国稀土资源非常丰富，因而原料充足、成本低，且分离加工技术成熟。用稀土热稳定剂替代重金属类热稳定剂或部分替代昂贵的有机锡类热稳定剂是我国稳定剂行业发展的方向。但单一稀土热稳定剂早期热稳定性不高，初期着色性差，加工中润滑性不足，在 PVC 中分散不好。因此，要利用协同效应，与其他稀土盐、金属皂类、生物辅助热稳定剂等进行复配，同时利用与增塑剂、润滑剂、抗氧剂和光稳定剂等其他助剂间的协同作用，改善稀土稳定剂的润滑性和加工性能等，开发无毒、高效的新型多元式稀土复合热稳定剂。

2.1.3.6 有机热稳定剂

有机热稳定剂是指不含金属元素的有机化合物。与含金属元素的热稳定剂相比，这类热稳定剂的稳定效果较差，一般不单独使用，但是它们能与其他热稳定剂产生协同作用，大幅提升热稳定效果，目前工业上都将有机热稳定剂作为辅助稳定剂使用。常见的有机辅助稳定剂主要包括亚磷酸酯、环氧化合物、多元醇和 β-二酮。

亚磷酸酯具有吸收 HCl、取代不稳定氯原子、与共轭多烯链段加成等功能。它能与氯化锌配位形成稳定的配合物，钝化氯化锌对 PVC 降解的催化作用（图 2-12）。但其单独使用时热稳定效果不高，与金属皂类热稳定剂复配使用时存在着明显的协同作用，能有效改进金属皂的稳定效果及透明性能。另外，在 PVC 加工配方中添加亚磷酸酯还能降低熔体黏度，改进加工性能。

环氧化合物主要是含有环氧基团的高级脂肪酸酯类，一般为液体。常用的有环氧大豆油、环氧硬脂酸辛酯等，环氧大豆油最为常见。环氧化合物只具有吸收 HCl 的能力，与金属皂类热稳定剂共用时，能在金属离子的催化下取代 PVC 链中的不稳定氯原子，还能与双键加成（图 2-13）。因而环氧化合物要作为金属皂类热稳定剂的辅助稳定剂使用。另外，环氧化合物还是一种辅助增塑剂，在 PVC 软制品中使用时，可以适当减少主增塑剂用量。

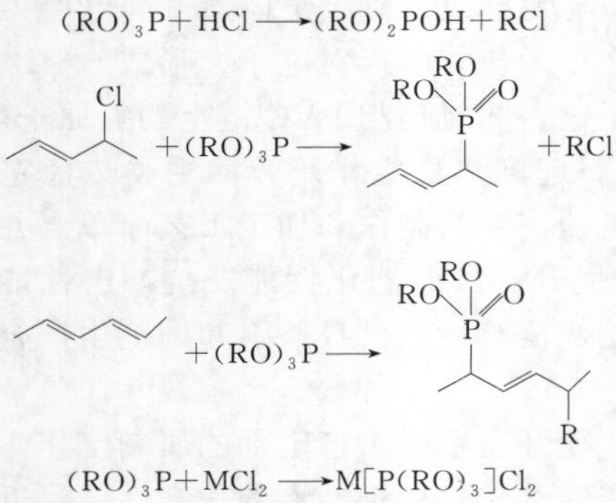

图 2-12　亚磷酸酯的热稳定机理

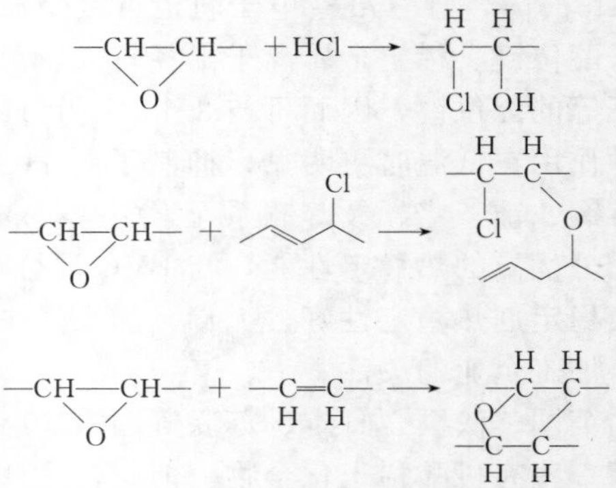

图 2-13　环氧化合物的热稳定机理

多元醇辅助稳定剂主要有季戊四醇、双季戊四醇、三羟甲基丙烷、山梨糖醇。多元醇辅助稳定剂单独使用完全不具备热稳定功效，但与含镉、锌的热稳定剂共用时，能提高这些热稳定剂的长期稳定效果。因为多元醇能与氯化锌、氯化镉等对 PVC 降解具有催化作用的化合物发生配位，可钝化催化作用（图 2-14）。因而多元醇一般作为钙、锌稳定剂的辅助稳定剂。但是普通多元醇与 PVC 相容性差，用量大时会沉积于加工设备上，妨碍加工顺利进行，且会从已成型的 PVC 制品中析出，影响制品外观。目前市场上出现了新型的多元醇辅助稳定剂，主要是多元醇高级脂肪酸单酯，一方面该类化合物仍有较多羟基，能配位氯化锌；另一方面，长烷烃酯链改善了其与 PVC 的相容性。

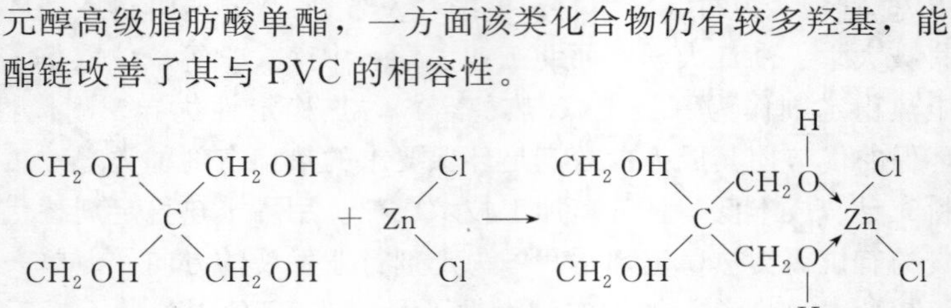

图 2-14　季戊四醇与氯化锌的反应

另外一种常用的有机辅助热稳定剂为 β-二酮，这一类化合物的结构如图 2-15 所示。

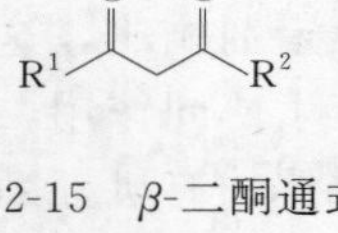

式中 R^1、R^2 为相同或不相同的烷基或芳基。目前市场上最常用的 β-二酮辅助热稳定剂为二苯甲酰甲烷和硬脂酰苯甲酰甲烷。β-二酮类辅助热稳定剂在单独使用时效果较差，但与含锌的热稳定剂并用时，可非常有效地改进其抑制 PVC 初期着色的能力，具体稳定机理

图 2-15　β-二酮通式

如图 2-16 所示。β-二酮类辅助热稳定剂本身也是一种紫外线吸收剂，因此可提高 PVC 制品的光稳定性能。

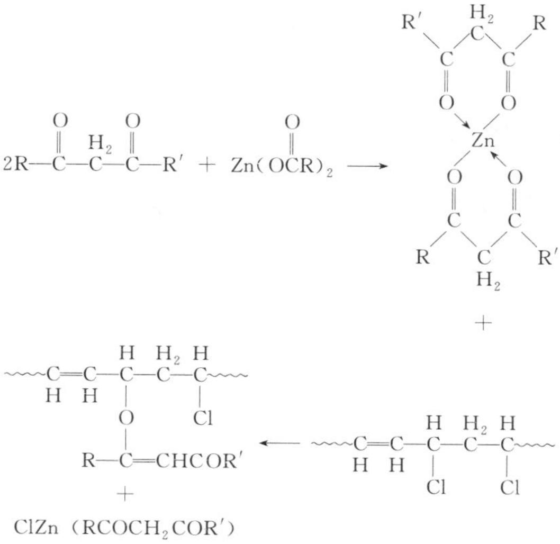

图 2-16　β-二酮的热辅助稳定机理

2.2　成核剂

聚丙烯（PP）树脂具有硬度大、冲击性能差、低温延展性差、高速拉伸下易脆裂、耐热性差、注塑制品尺寸稳定性差等缺点，使用时通常需要加入成核剂。成核剂是用来改变不完全结晶聚合物树脂的结晶度，加快其结晶速度的加工改性助剂。结晶型聚合物树脂的结晶行为、晶粒结构直接影响制品的加工和应用性能，由这类聚合物制成的塑料的机械强度和使用性能依赖于其结晶度和结晶形态。成核剂通过提供晶核促进树脂结晶，使得晶粒的结构细微化，从而提高制品的刚度、热变形温度、尺寸稳定性及透明度和表面光泽度。另外，成核剂可以缩短制品成型周期，扩大加工条件，使制品表面光滑性增强。

成核剂的加入，使体系中的球晶数量增多，球晶尺寸下降，从而使得 PP 具有较高的拉伸强度与模量、热变形温度、硬度和透明性。但不同的成核剂对聚丙烯的影响效果不同，有的成核剂可明显改善聚丙烯的透明性，有的成核剂可提高聚丙烯的力学性能等。通常情况下，有效的成核剂可使聚丙烯的性能得到不同程度的改良，从而获得综合性能优良的产品。常用聚丙烯成核剂一般是熔点高于 PP 结晶温度的微细粉末，降温时成核剂通过提供更多的晶核，使球晶细微化、均匀化，改进 PP 的力学性能、缩短成型周期、提高结晶速度、增加制品的透明度、提高制品尺寸稳定性。另外，加入成核剂可以降低聚丙烯产品的成本，减少填充剂的用量，扩大聚丙烯的用途，在某些场合代替工程塑料。

等规聚丙烯（iPP）的主链呈螺旋结构，属于单斜晶或三斜晶系，有单斜 α 晶、三斜 β 晶、正交 γ 晶、近晶 δ 和拟六方态五种，最常见的晶型是 α 晶型和 β 晶型。其中 α 晶型是最易形成、热力学最稳定的晶型，而 β 晶型是一种不稳定中间态，在一定条件下可以转化为 α 晶型。α 晶型尺寸较大，较完善，界面清晰，该晶型的聚合物具有较好的刚性，韧性较差。β 晶型的 PP，结晶结构较疏松，球晶界面模糊，在受到外力冲击时可以吸收较多能量，产品具有更优异的力学性能，如良好的韧性、较高的断裂伸长率、较高的热变形温度。但 β 晶型在普通加工条件下处于热力学不稳定状态，只能在特定的结晶条件下形成，如温度梯度、特殊成核剂诱导、剪切诱导等。加入成核剂是最有效且获取 β 晶型含量最高的方法。

成核剂按分子量的大小又可以分为小分子成核剂和大分子成核剂，小分子成核剂主要可以分为标准型、透明型、增强型和 β 成核剂。

(1) 标准型 标准成核剂又可以分为：①弱成核剂，一般是无机成核剂，如滑石粉、各种硅胶、高岭土；②中等活性成核剂，一元或二元脂肪酸和芳烷基酸类的盐类，如丁二酸钠、戊二酸钠、己酸钠、苯乙酸铝；③活泼的成核剂，芳族或脂环羧酸的碱金属盐或铝盐，如苯甲酸铝、苯甲酸钠或苯甲酸钾。

(2) 透明型 有些成核剂能明显改善 PP 的透明性，因而又称为透明剂或透明成核剂。透明剂的加入使晶核数目增多，球晶尺寸减小，当晶粒的尺寸小于可见光波长时，制品的透明性大大提高。透明剂主要是二亚苄基山梨醇类及其衍生物，这类成核剂能够赋予制品较好的透明性、表面光泽度和其他物理力学性能。目前已经开发出三代产品，其结构如图 2-17 所示。第一代产品为二亚苄基山梨醇（DBS），缺点是透明性不够，但气味较小；第二代产品为具有取代基团的 DBS 衍生物，代表为 1,3：2,4-二（对甲基二亚苄基）山梨醇（MDBS），透明性和成核效率较第一代有提高，但气味较大；第三代产品是山梨醇的二取代衍生物，典型产品为 1,3：2,4-二(3,4-二甲基二亚苄基）山梨醇（DMDBS），商品名为 Millad 3988（美国 Milliken Chemicals 公司），此产品无气味，且对食品和液体无不良影响，主要用于食品容器、储存容器、饮料瓶、包装膜等领域。第三代产品的主要特点是透明性好，成核效率高。Millad 3988 产品得到了美国 FDA 的认可，是目前世界上应用最广泛的品种。

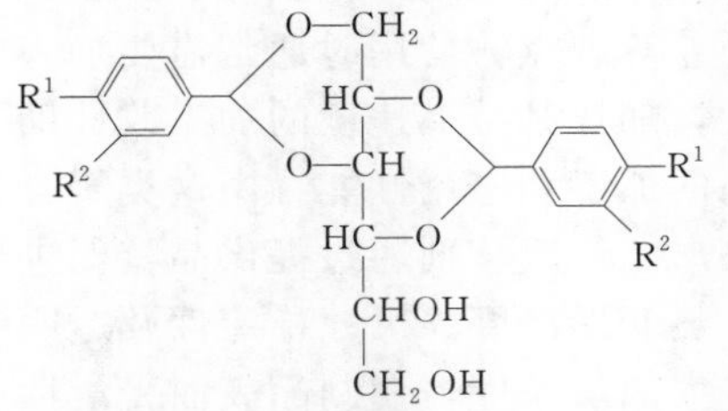

二亚苄基山梨醇(DBS)$R^1 = R^2 = H$
二(对甲基二亚苄基)山梨醇(MDBS)$R^1 = CH_3$，$R^2 = H$
二(3,4-二甲基二亚苄基)山梨醇(DMDBS)$R^1 = R^2 = CH_3$

图 2-17   透明成核剂通式

(3) 增强型 某些成核剂加入 PP 中，可以显著改善其刚性、表面硬度、热变形温度等性能，这类成核剂又称为增强型成核剂，主要是有机磷酸盐类，包括磷酸酯金属盐和磷酸酯碱式金属盐及其复配物。有机磷酸盐类成核剂增透性不如山梨醇类明显，但能明显改善 PP 的结晶速率、刚性以及力学性能，该类成核剂改善的 PP 没有特殊气味。代表性品种有 2,2′-亚甲基二(4,6-二叔丁基苯基)磷酸酯钠（NA11）和 2,2′-亚甲基双(4,6-二叔丁基苯基)磷酸铝碱式盐（NA21），其结构如图 2-18 所示。PP 中加入 0.3％的 NA11，可使弯曲模量从 1294MPa 提高到 1813MPa，而抗冲击强度不降低，综合性能很好。NA21 熔点较低，分散性好，成核效率更高，使用效果好，其对 PP 的增透效果接近 MDBS 和 DMDBS，但价格十分昂贵，在应用上受到一定限制。

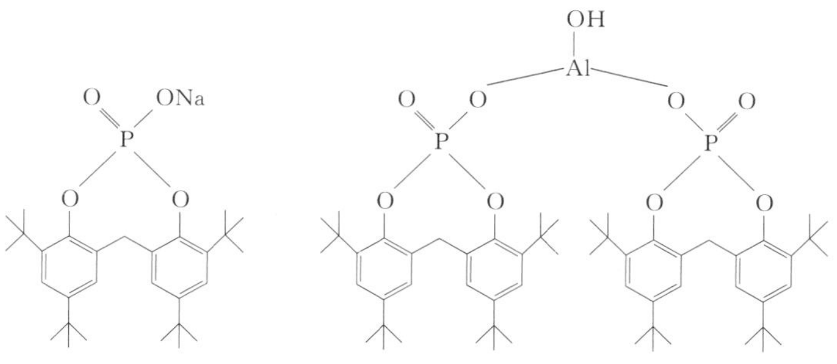

图 2-18 增强型成核剂

松香类成核剂是一种新型成核剂，成核效率高，能大幅度改善树脂的性能。松香类成核剂的用量通常占树脂质量的 0.05％～0.8％。荒川化学公司和三井石化公司共同开发了以无色松香为基础的新型成核剂，主要有透明型（KM-1300）和高刚性型（KM-1600）两种牌号。该类成核剂成本低，不存在气味和添加后成型效率低、价格高等问题，可广泛应用于食品、饮料、医药和化妆品的包装等领域。中科院研发出以天然松香为原料的成核剂，该成核剂无毒、无味、成本低、效果好。我国是松香生产大国，年产松香 35 万～40 万吨，约占世界总产量的 1/3，因此开发和研究以松香为原料的成核剂具有重要意义。

（4）β 成核剂 β 晶型含量提高，能显著提高 PP 的抗冲击性能。多种方法均可以提高 β 晶型含量，但添加 β 成核剂最为有效。β 成核剂一般是一些低分子量的结晶型有机化合物，主要有两类：一类是具有芳香环结构的分子，如 *N*,*N*-二环己基对苯二甲酰对苯二胺、γ-喹吖二酮等；另一类是一些含有 ⅡA 族金属的盐，或者其与二羧酸的混合物，例如钙的亚氨酸盐、硬脂酸盐与庚二酸盐的混合物。

总的来说，小分子成核剂的成核效率高，但小分子成核剂一般是纳米级固体颗粒，很容易聚集，在聚丙烯基体中分散难、相容性差，在聚丙烯体系中始终以固体形式存在，加工流动性差，需将聚丙烯粒料与成核剂粉末混合，机械搅拌，熔融结晶。

（5）大分子成核剂 最早应用的大分子成核剂是 α 晶型成核剂，又称普通大分子成核剂，主要有聚乙烯基环烷烃类，如聚乙烯基环丁烷、聚乙烯基环己烷、聚乙烯基环戊烷、聚乙烯基-2-甲基环己烷、聚 3-甲基-1-丁烯等，其结构与 PP 类似，一般为分子量高、分子量分布窄（≤3）、熔点高的聚合物，通常可在聚丙烯树脂合成之前加入，使成核剂在树脂中均匀分散，提高产品的透明度和力学强度。大分子成核剂是利用相似相容原理，来克服无机及有机成核剂在 PP 中分散性和相容性不好的问题，这类成核剂在聚合过程中不仅能均匀分散在树脂基体中，同时还能在 PP 链形成的过程中参与反应，生成有成核剂特性的端基，并能在 PP 熔体冷却时首先结晶，使成核剂的合成与配合在 PP 树脂的合成过程中同时完成。

2004 年，Torre 等发现一种热致主链型聚酯液晶聚合物在静态熔融结晶条件下能诱导等规的 β 晶型生成，开辟了液晶聚合物（LCP）成核剂的研究新方向。LCP 具有取向有序性，分子量大。该类成核剂具有高强度、高模量的特点，作为新型高分子助剂已应用于热塑性塑料共混改性中，其在复合材料中常以"微纤"形式存在，界面是超微观的，消除了增强相和树脂基体界面间的粘接问题，以及两者热膨胀系数不匹配的问题。目前这种成核剂正处于研究阶段。

2.3　增塑剂

聚氯乙烯（PVC）属于硬质高聚物，要使其变为软质塑料，可加入增塑剂。增塑剂插入 PVC 分子链中，可减弱分子链间的次价键，使其容易滑动，并降低 PVC 与增塑剂间的界面能，从而降低玻璃化温度、软化温度、熔融温度等，提高 PVC 的柔软性和流动性，达到增塑目的。

增塑剂是塑料助剂中最大的品种之一。目前全球增塑剂品种达 200 多种，每个品种均有各自的物理和化学性能，应用领域各不相同。

增塑剂主要有三种经典增塑理论：凝胶理论、润滑理论和自由体积理论。虽然每一种理论都不能完全适用于所有增塑剂，但是还是可以很好地解释一些现象。现在普遍认可的理论是：聚合物分子间同时存在着范德瓦耳斯力和较强的氢键作用。氢键可以阻碍增塑剂分子插入聚合物的分子链之间，通常情况下，对抗增塑剂分子插入的作用力会随聚合物分子链氢键的密集程度的增大而增强。在较高的温度下，聚合物分子的热运动干扰了聚合物的分子取向，从而削弱了氢键的作用。同时，聚合物各链节之间往往存在极性，这使得聚合物分子链能够相互吸引缠结。继续加热时，分子链之间的距离增大，分子链间的作用力减小，使得增塑剂分子能进入聚合物的分子链中，其极性部分与聚合物的极性部分相互作用，从而形成新的聚合物-增塑剂体系。冷却以后，增塑剂分子将会停留在聚合物分子链间，阻碍聚合物分子链间的相互吸引作用，增强聚合物分子链的移动性，降低聚合物分子的结晶度，从而提高聚合物的可塑性和柔韧性。

增塑剂选用时应全面考虑应用领域的具体要求和聚合物固有的物性。一般需考虑相容性良好（最主要）、增塑效率高、耐挥发性好、耐寒性好、耐迁移性好、耐溶剂抽出性好、耐霉菌性强、耐热性好、阻燃性好、无色、无臭、无味、无毒、价格低廉、来源广泛，但目前为止，没有一种增塑剂可以满足上述所有要求。实际应用中，要根据具体情况选择增塑剂，在保证产品主要性能不受影响的前提下，优化其他性能。市场上的聚合物产品，大部分含有两种及以上增塑剂，应取长补短，以获得最优性能。

总之，随着高分子工业的发展，新产品的不断涌现，原有高聚物新用途的开发，高分子原料市场中聚合物占有份额和分布的调整和变化，以及政策法规等的调控，相应的助剂类产品的性能、产量及价格等都会有所变化，助剂的开发生产、高分子配方的选择和优化都会随之调整。

2.3.1　有机酸酯类增塑剂

2.3.1.1　邻苯二甲酸酯类增塑剂

邻苯二甲酸酯类增塑剂是目前塑料加工中应用最广泛的增塑剂之一，其通式如图 2-19 所示。

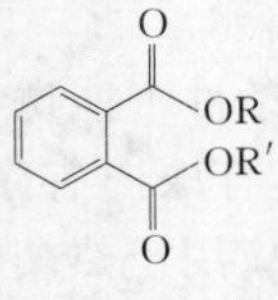

图 2-19　邻苯二甲酸酯类增塑剂通式

R、R′是 $C_1 \sim C_{13}$ 的烷基、环烷基和苯基等，R、R′可以相同，也可以不同，不同的为混合酯。

这类增塑剂色浅、低毒、品种多、电性能好、挥发性小、耐低温，具有较全面的性能，应用最为广泛。R、R′为 C_5 以下的基团时的低碳醇酯为 PVC 增塑剂，邻苯二甲酸二丁酯是分子量最小的增塑剂，目前已被淘汰。R、R′为 C_5 以上的基团时为高碳醇酯类，代表品种为邻苯二甲酸二(2-乙基)己酯，又称二辛酯（DOP），是带支链的醇酯，与绝大多数工业上使用的合成树脂和橡胶均有良好的相容性，具有良好的综合性能，混合性能好，增塑效率高，挥发性较低，低温柔软性较好，耐水抽出，电气性能高，耐热性和耐候性良好。810 酯是邻苯二甲酸高级直链固体混合酯，可作为 PVC 的主增塑剂使用。其耐挥发性、耐热性、耐寒性、耐析出性、卫生性优于 DOP，增塑效率与 DOP 相当，适用于要求耐低温、耐高温、耐久性的产品。正构醇的邻苯二甲酸酯的挥发性比相应的支链醇酯挥发性小，因而可用于玩具、食品包装、塑料地板、壁纸、清洁剂、指甲油、喷雾剂、洗发水和沐浴液等产品中。

添加增塑剂 DOP 的 PVC 塑料因在使用过程中存在 DOP 部分迁移的问题，欧、美、日、韩等国家和地区已限制或禁止其用于医用输注器械和塑料玩具等领域，并将环氧酯类、柠檬酸酯类等环保增塑剂作为其替代品用于食品包装、医疗用品、儿童玩具等领域。

2.3.1.2 脂肪族二元酸酯类增塑剂

脂肪族二元酸酯类增塑剂以直链的亚甲基为主体，同环状结构的增塑剂比较，在较低温度下可保持聚合物分子链间的运动，具有良好的耐寒性能，烷基链越长，耐寒性能越好。其通式如图 2-20 所示。

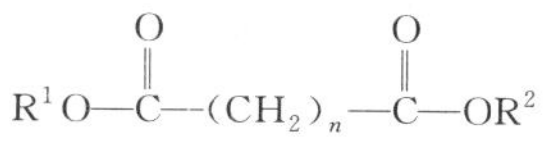

图 2-20 脂肪族二元酸酯类增塑剂通式

n 一般为 $2 \sim 11$，R^1、R^2 是 $C_4 \sim C_{11}$ 的烷基，R^1、R^2 可以相同，也可以不同。通常用长链二元酸与短链二元醇，或短链二元酸与长链一元醇进行酯化，使总碳原子数在 $18 \sim 26$ 之间，以保证增塑剂与树脂间有良好的相容性和低温挥发性，主要是己二酸酯、壬二酸酯等。

己二酸酯类增塑剂主要应用于聚氯乙烯，突出低温柔软性，增进光稳定性，改善加工性能，广泛用于耐寒性农业薄膜、冷冻食品包装膜等塑料制品中。PVC 用作熟食、油脂食品、蔬菜等物品的包装材料。如己二酸二(2-乙基)己酯（DOA），其低温性能优于 DOP，是耐寒性优良的增塑剂。耐寒性最佳的是癸二酸二辛酯（DOS），塑化效率大于 DOP，黏度低，配制的塑料糊稳定性好，但相容性差，电绝缘性、耐霉菌性、γ 射线稳定性不及 DOP，价格贵，主要作为改善低温性能的辅助增塑剂。壬二酸二辛酯为乙烯基树脂及纤维素树脂的优良耐寒增塑剂，比 DOA 好，黏度低、沸点高、挥发性小并具有优良的耐热、耐光及电绝缘性能，增塑效率高，制成的增塑糊黏度稳定，广泛用于人造革、薄膜、薄板、电线和电缆护套，但易被烃类物质提取，一般只用作辅助增塑剂。

2.3.1.3 磷酸酯类增塑剂

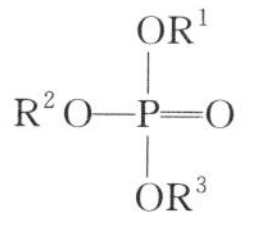

图 2-21 磷酸酯类增塑剂通式

磷酸酯类增塑剂是磷酸的酯化衍生物，结构通式如图 2-21 所示。磷酸酯类增塑剂通常为无色或淡黄色的透明油状液体或白色无臭结晶粉末，溶于苯、氯仿、丙酮等一般有机溶剂，极难溶于水。磷酸酯类增塑剂一般用作硝化纤维、醋酸纤维的增塑剂，也可作为黏胶纤维中的樟脑不燃性代用品。常见的有磷酸三苯酯（TPP）、磷酸三邻甲苯酯（TOCP）、磷酸三间甲苯酯（TMCP）、磷酸三对甲苯酯（TPCP），其结构如图 2-22 所示。

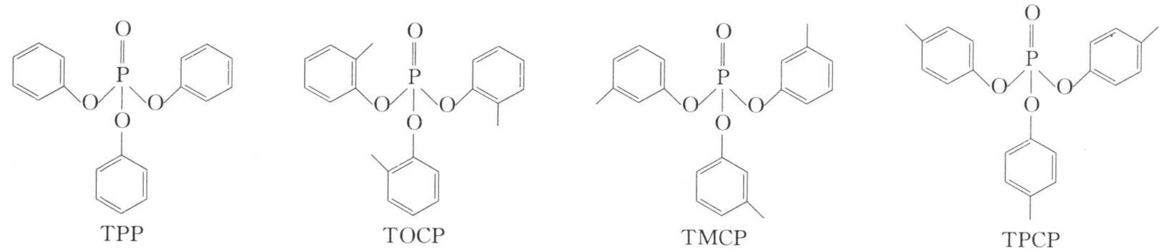

TPP　　　TOCP　　　TMCP　　　TPCP

图 2-22 磷酸酯类增塑剂

2.3.2　环氧类增塑剂

环氧类增塑剂是分子结构中带有环氧基团的化合物，在工业聚氯乙烯树脂加工中不仅对

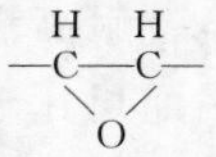

图 2-23　环氧类增塑剂通式

PVC 有增塑作用，而且可使聚氯乙烯链上的活泼氯原子稳定，环氧基团可以吸收因光和热降解出来的 HCl，从而阻止 PVC 的继续分解，起到稳定剂的作用，延长 PVC 制品的使用寿命。其通式如图 2-23 所示。

环氧类增塑剂的产量及消耗量仅次于邻苯二酸酯类增塑剂，主要品种包括环氧大豆油（ESO，如图 2-24 所示）、环氧乙酰蓖麻油酸甲酯、环氧糠油酸丁酯、环氧蚕蛹油酸丁酯、环氧大豆油酸丁酯、9,10-环氧硬脂酸丁酯、环氧硬脂酸（2-乙基）己酯（ED3）、环氧大豆油酸（2-乙基）己酯（ESBO）、4,5-环氧四氢邻苯二甲酸二（2-乙基）己酯（EPS）等。环氧化油脂对光、热有良好的稳定作用，且相容性好、挥发性低、迁移性小，同时还具有无毒、稳定性好的特点，可用于食品及医药包装材料。其中，环氧大豆油占环氧类增塑剂总产量的 70% 左右，是一种使用最广泛的 PVC 增塑剂兼稳定剂。它以可再生资源大豆为原料，具有较大的应用价值和市场竞争力，是环氧化油脂中最重要的一种。它既是聚氯乙烯树脂的辅助增塑剂，又是稳定剂，而且具有产品无毒和制品耐候性高等优点，广泛用于各类塑料的工业制品中，除适用于各种聚氯乙烯制品外，还可用于特种油墨液体复合稳定剂等。

环氧糠油酸丁酯（简称环氧酯）为聚氯乙烯的辅助增塑剂兼稳定剂，其结构如图 2-24 所示。环氧糠油酸丁酯主要用作聚氯乙烯薄膜和人造革等制品的增塑剂；环氧硬脂酸辛酯主要用作聚氯乙烯的增塑剂，其耐光性、耐热性、耐寒性优良，还可用作耐寒、耐候性辅助增塑剂，也可作为高密度聚乙烯的合成助剂；环氧脂肪酸丁酯是聚氯乙烯的增塑剂兼稳定剂，与聚氯乙烯的相容性好，塑化速度快，塑化温度低，增塑效率高；环氧四氢邻苯二甲酸二辛酯挥发性低，迁移性小，耐抽出性好，可赋予制品优良的光热稳定性和耐久性，特别适用于透明薄膜之类的制品。另外，由于环氧基具有反应性能，可以与单体及高分子链上的相应基团进行反应，从而将大豆油链键接在高聚物上，起到内增塑的作用。

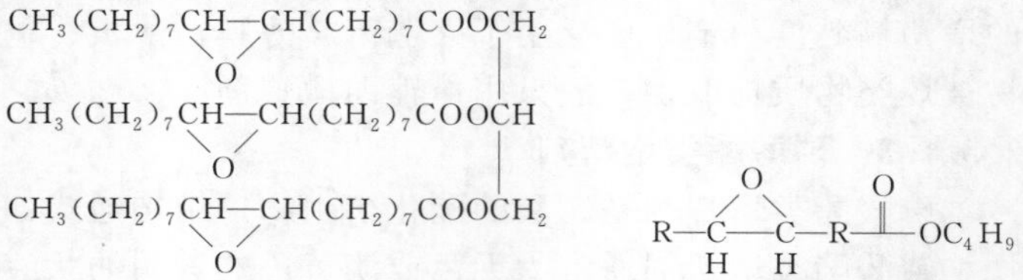

图 2-24　环氧类增塑剂

2.3.3　聚酯类增塑剂

聚酯类增塑剂相容性好、迁移性小、耐久性好，且增塑效率高，可明显改善聚合物材料的加工性能，降低熔融温度及玻璃化温度，提高聚合物可塑性，使制品具有较好的柔韧性。聚酯类增塑剂无毒、分子量高、可降解，已成为增塑剂主要发展方向之一。其综合性能优于传统增塑剂，但生产成本过高、生产工艺不成熟，还不能大规模生产。随着环保导向和研发力度的增大，未来在降低成本、扩大来源、优化生产工艺等方面会有所突破。按照反应物原料的来源进行分类，聚酯类增塑剂可分为生物基聚酯增塑剂与石油基聚酯增塑剂。生物基聚酯增塑剂主要包括：甲基丁二酸类聚酯增塑剂、植物油基聚酯增塑剂、甘油基油酸聚酯增塑剂、葡萄糖己酸酯增塑剂。石油基聚酯增塑剂主要包括：己二酸类聚酯增塑剂、纳迪克酸酐

聚酯增塑剂、聚己内酯（PCL）增塑剂、非缠结星形聚(ε-己内酯)增塑剂。另外，还包括尼龙酸、油酸聚酯、环氧亚麻油酯类等聚酯增塑剂。

　　植物油基聚酯增塑剂是一类高效、无毒可降解型增塑剂，一直是塑料加工行业与增塑剂生产企业关注的热点。改性蓖麻油脂是一种安全可持续的增塑剂，丹麦 Daniseo 公司的商品名为 Grindsted Soft-NSafe，已获许在欧盟各国出售与使用，可用在对卫生要求较高的与食品接触的高分子材料、玩具和医疗器械中，其首次应用在商用瓶盖、密封内层薄膜以及其他与食品接触性塑料制品中。其无激素刺激，完全可生物降解并无不良口感及气味，即使被误吃入人体内也无大碍，可以通过代谢排出。

　　腰果壳油聚酯增塑剂是使用腰果加工过程中的农业副产物作为原料制备的增塑剂品种，价格低廉，来源丰富。它与大多数橡胶具有好的相容性，可以作为很多橡胶的增塑剂。腰果壳油聚酯增塑剂还可改善某些橡胶共混物的相容性以及硫化胶的耐热、耐候、导电性能等。几种增塑剂增塑 NBR 硫化橡胶的物理性质比较见表 2-3。

表 2-3　几种增塑剂增塑 NBR 硫化橡胶的物理性质比较

项　　目	腰果壳油聚酯增塑剂	DOP	ESO
邵氏硬度 A 的变化值	3	8	5
撕裂强度的变化/%	-14.8	-23.7	-21.2
拉伸强度的变化/%	0.92	10.9	15.5
断裂伸长率的变化/%	2.2	-1.3	-5.4
100% 定伸模量的变化/%	12.5	20.6	20.7

　　己二酸类聚酯增塑剂包括己二酸-1,2-丙二醇系聚酯 PPA、月桂酸封端的己二酸-1,2-丙二醇聚酯 PPS 等，分子量一般在 800～8000 之间，分子量不同，产品的性能不同。此类增塑剂分子量高，耐挥发性、耐抽出性和耐迁移性良好，但耐寒性和塑化效率差。端基为长链醇或脂肪酸时，增塑剂耐油性略有降低。增塑剂中引入醚基时，耐迁移性稍有加强；芳基取代烷基时，耐迁移性有所改善。正链结构比同碳原子的支链结构耐迁移性差。合成聚酯的催化剂有氯化锌、氯化亚锡、乙酸锌/三氧化二锑体系、钛酸酯等。

　　偏苯三酸酯类增塑剂主要包括偏苯三酸三辛酯（TOTM）、偏苯三酸三异辛酯（TIOTM）等。偏苯三酸三(2-乙基)己酯简称 TOTM，是一种新型特种增塑剂，兼具单体型增塑剂和聚合型增塑剂的优点，挥发性低、迁移性小、耐抽出，且耐热性好，125℃加热 3h 失重在 0.15% 以下，电性能好，耐热老化性能近似于聚酯增塑剂，相容性、加工性和低温性能类似于邻苯二甲酸酯，可作为主增塑剂。TOTM 主要用作 PVC 电缆、电线的增塑剂，具有优良的耐热性、低挥发性、耐寒性、电绝缘性及优良的加工性能。分子量在 350 以上的增塑剂耐久性较好，因而分子质量在 1000 以上的偏苯三酸酯类增塑剂有十分良好的耐久性，多用于电线电缆、电冰箱、汽车内饰品等一些耐久性产品中。随着汽车产量不断增长和通信产业的高速发展，TOTM 的消耗量也在逐步增大。

2.3.4　多元醇酯类增塑剂

　　多元醇酯类增塑剂包括脂肪酸季戊四醇酯、三乙酸甘油酯、乙酰聚甘油脂肪酸酯等。脂肪酸季戊四醇酯耐热性、耐老化性及其电性能均很好，挥发性低，加工性能好，适用于高温电绝缘材料（见表 2-4）和一些耐久性的高级塑料制品，可部分替代价格昂贵的偏苯三酸三辛酯等增塑剂。除作为 PVC 的主增塑剂外，脂肪酸季戊四醇酯也适用于含乙烯基的聚合物、纤维素醚和纤维素酯类，如用作苯乙烯、甲基苯乙烯、丙烯酸、甲基丙烯酸、偏氯乙烯和乙烯基苯甲酸酯等不饱和单体聚合物的增塑剂。脂肪酸季戊四醇酯是季戊四醇和混合脂肪酸在催化剂作用下经脱水反应制得的。催化剂为钛酸酯 SO_4^{2-}/ZrO_2-Al_2O_3 固体超强酸，甲苯、环己烷等作为带水剂，酯化率可达到99.88%，产品色泽较浅。

表 2-4　高温电绝缘 PVC 电线的物理性质

项　目		偏苯三酸三辛酯	脂肪酸季戊四醇酯	聚酯
初始张力性质	拉伸强度/Pa	2612	3019	2683
	断裂伸长率/%	275	310	292
老化后性质(58℃,7d)	拉伸强度保留率/%	106	90	89
	保留伸长率/%	62	74	71
	挥发损失率(以增塑剂计)/%	26	20	13
油浸(100℃,7d)	拉伸强度保留率/%	115	105	115
	保留伸长率/%	76	85	91
耐形变(120℃,1h)	500g 复合后厚度与复合前厚度比值	0.63	0.75	0.74
	缓慢压缩,产生破坏的平均力/lbf	112	148	155
柔软度(芯轴实验法)	1h 后冷裂时的温度/℃	<−45	45	35
电性质	初始介电强度/V	36600	34500	24300
	保留率(158℃,7d)/%	80	87	105
	直流绝缘电阻/[MΩ/(1000ft)]　25℃,1d	160	380	85
	136℃,1d	46	41	27
	137℃,1d	1100	825	975

注：1lbf=4.45N；1ft=30.48cm。

　　三乙酸甘油酯主要用作香烟过滤嘴用醋纤嘴棒的增塑剂，香料、香精的固定香剂，化妆品、食用胶基制品、特殊溶剂及食品塑胶制品的无毒增塑剂，还可用作铸造树脂用固化剂。三乙酸甘油酯通常采用乙酸或乙酸酐与甘油酯化或酰化得到，加入脱水剂提高酯的产率。

　　高分子量的聚甘油醇脂肪酸酯与很多聚合物树脂（如 PVC）不相容，乙酰化后减少了氢键，从而降低其黏度，获得乙酰聚甘油醇脂肪酸酯（APE）。APE 可与绝大多数聚合物树脂相容，分子量为 500～2000，黏度为 100～3000mPa·s（25℃），酸值小于 8g KOH/g。聚甘油醇的平均聚合度为 3～5，脂肪酸采用月桂酸、12-羟基硬脂酸以及混合物。APE 能用于化妆品、食品包装材料，玩具等软制品配方中。用其增塑的 PVC 的物理性质与用传统邻苯类增塑剂的相当（见表 2-5）。

表 2-5　APE 增塑 PVC 的物理性质

增塑剂混合物	1	2	3	4	5	6	7
邵氏硬度 A	90.7	88.9	89.3	91.1	90.0	85.6	81.5
T_g/℃	36.5	35.3	36.1	50.8	38.6	28.3	15.2
拉伸强度(未老化的)/MPa	24.5	25.6	23.6	26.5	21.9	20.6	18.0
拉伸强度保留率(113℃下老化)/%	109	113	143	111	106	191	218
拉伸强度保留率(136℃下老化)/%	142	180	177	128	203	217	242
延伸率/%	243	241	240	154	234	254	249
保留伸长率(113℃下老化)/%	80	81	79	81	69	11	8
保留伸长率(136℃下老化)/%	39	4	3	104	4	4	6

2.3.5　烷基吡咯烷酮类增塑剂

　　含 C_8～C_{18} 的直链烷基、侧链烷基和环状烷基的吡咯烷酮为一种高性能的 PVC 增塑剂，其中以含 C_8 和 C_{12} 的吡咯烷酮最为常用。

烷基吡咯烷酮结构式如图 2-25 所示，其中 R 为直链烷基、侧链烷基或环状烷基。它在 PVC 中的用量为每 100 份 PVC 中加 10～100 份。它可单独使用，也可与普通增塑剂掺混使用。其能快速凝胶化，在极低的温度下增加柔软性，广泛用于各种采用压延、挤出、糊、发泡和分散法等加工方法的高聚物制品中。

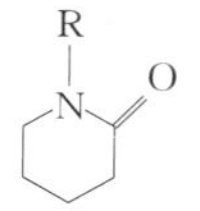

图 2-25 烷基吡咯烷酮

2.3.6 含氯增塑剂

含氯增塑剂的开发使用均比较早。该类助剂主要用于同时需要阻燃、防腐的聚合物制品的增塑。最早使用的是氯化石蜡，是一种辅助增塑剂或称为非溶剂型增塑剂。它是石蜡烃的氯化衍生物，是以 C_{10}～C_{30} 正构烷烃与氯气反应所得，按照氯化程度的不同，可分为多个品种，如氯化石蜡 13、42、45、52、60、70 等。

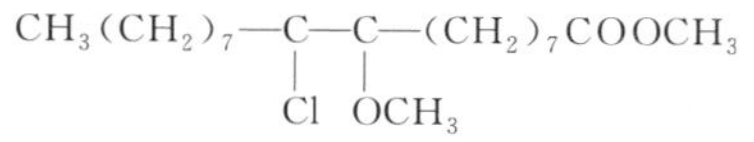

$$CH_3(CH_2)_7-\overset{|}{\underset{|}{C}}-\overset{|}{\underset{|}{C}}-(CH_2)_7COOCH_3$$
$$\quad\quad Cl\ OCH_3$$

图 2-26 氯代甲氧基脂肪酸甲酯

氯代甲氧基脂肪酸甲酯的原料源于天然油脂，其结构如图 2-26 所示，不含有害金属和邻苯类结构，与 PVC 相容性良好，增塑效果优良，可广泛应用在有机树脂材料、光固化等成膜材料中，是一种物美价廉、符合欧盟出口要求的环保型增塑剂。

2.3.7 柠檬酸酯类增塑剂

柠檬酸酯类增塑剂是一种绿色环保塑料增塑剂，无毒无味，可替代邻苯二甲酸酯类增塑剂，广泛用于食品及医药仪器包装、化妆品、日用品、玩具、军用品等领域，同时也是重要的化工中间体。其中乙酰柠檬酸酯性能较为优越，用途更广，不仅是无毒无味的绿色塑料增塑剂，还可作为聚偏氯乙烯的稳定剂、薄膜与金属黏合的改良剂，其黏合物长时间浸泡于水中仍具有很强的黏合力。美国、欧盟等国家及

$$\begin{array}{c} CH_2COOC_4H_9 \\ | \\ H-O-C-COOC_4H_9 \\ | \\ CH_2COOC_4H_9 \end{array}$$

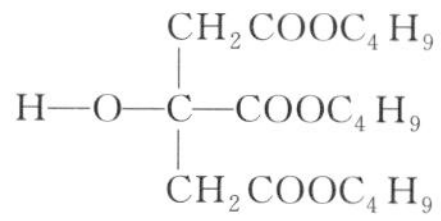

图 2-27 柠檬酸三丁酯

地区已出台规定，允许柠檬酸酯类产品作为儿童玩具、卫生用品、医疗器械、人造革等与人体密切相关且卫生要求较高产品的塑料助剂之一。我国在 20 世纪 90 年代中期开始研究开发柠檬酸酯，2011 年江苏雷蒙化工科技有限公司建成年产 5000 t 级柠檬酸酯装置。柠檬酸三丁酯（TBC，结构如图 2-27 所示）、柠檬酸三辛酯（TOC）、乙酰柠檬酸三丁酯（ATBC）是这类增塑剂的主要代表。TBC 和 ATBC 对各类纤维素都有极好的相容性，对乙烯基树脂及某些天然树脂有很好的溶解能力，可作为乙酸乙烯酯及其他各种纤维素的溶剂型增塑剂。另外，它们对油类的溶解度很低，可以在耐油酯的配方中使用。

2.4 偶联剂

偶联剂是一种"分子桥"，可改善无机物与有机物之间的界面作用，用作高分子复合材料的助剂，提高其物理性能、电性能、热性能、光性能等。偶联剂分子中含有化学性质不同的两种基团：一是亲无机物基团，易与无机物表面起化学反应；二是亲有机物基团，与合成树脂或其他聚合物发生化学反应或生成氢键溶于其中。在橡胶工业中，偶联剂可提高轮胎、胶板、胶管、胶鞋等产品的耐磨性和耐老化性能，且能减小天然橡胶（NR）用量，降低成本。

偶联剂种类繁多，主要有硅烷偶联剂，钛酸酯偶联剂，铝酸酯偶联剂，双金属偶联剂，磷酸酯偶联剂，硼酸酯偶联剂，铬配合物偶联剂及其他高级脂肪酸、醇、酯偶联剂等，目前

应用范围最广的是硅烷偶联剂和钛酸酯偶联剂。

2.4.1　硅烷偶联剂

　　该类偶联剂是研究最早、应用最早的品种。由于其应用领域广泛、用量大，已成为有机硅工业的重要分支，仅已知结构的产品已有百余种。最早开发硅烷偶联剂的是美国的联碳（UC）和道康宁（Dow Corning）等公司。玻璃纤维增强塑料的发展促进了各种偶联剂的研究与开发，含氨基的硅烷偶联剂、改性氨基硅烷偶联剂、含过氧基的硅烷偶联剂、耐热硅烷偶联剂、阳离子硅烷偶联剂、具有重氮和叠氮结构的硅烷偶联剂等相继面市。我国自 20 世纪 60 年代中期开始研制硅烷偶联剂。最早的产品有中国科学院化学研究所的 γ 官能团硅烷偶联剂，南京大学的 α 官能团硅烷偶联剂。

　　硅烷偶联剂的通式为 R_nSiX_{4-n}，式中 R 为有机官能团，X 为可水解基团。这种分子结构使偶联剂分子既能与无机物中的羟基反应，又能与有机高分子链相互作用，从而发挥偶联功能。R 是与聚合物分子有较强的亲和力或反应能力的基团，如甲基、乙烯基、氨基、环氧基、巯基、丙烯酰氧丙基等。X 基团可水解，与无机物表面有较好的反应性，如烷氧基、芳氧基、酰基、氯基等。最常见的 X 是甲氧基和乙氧基，在偶联反应中分别生成副产物甲醇和乙醇。氯硅烷在偶联反应中会生成有腐蚀性的副产物 HCl，要谨慎使用。常用硅烷偶联剂见表 2-6。

表 2-6　常用硅烷偶联剂

化 学 名 称	分 子 式
乙烯基三乙氧基硅烷	$CH_2{=}CH_2{-}Si(OC_2H_5)_3$
γ-氯丙基三乙氧基硅烷	$Cl{-}(CH_2)_3{-}Si(OC_2H_5)_3$
双［γ-(三乙氧基硅)丙基］四硫化物	$[(C_2H_5O)_3Si(CH_2)_3]_2S_4$
苯氨基甲基三乙氧基硅烷	C₆H₅-N(H)-CH₂Si(OC₂H₅)₃
γ-氨丙基三乙氧基硅烷	$NH_2(CH_2)_3Si(OC_2H_5)_3$
N-(β-氨乙基)-γ-氨丙基三乙氧基硅烷	$NH_2CH_2CH_2NH(CH_2)_3Si(OC_2H_5)_3$
N-(β-氨乙基)-γ-氨丙基甲基二甲氧基硅烷	$H_2NCH_2CH_2NHC_3H_6{-}Si(OCH_3)_2{-}CH_3$
γ-(2,3-环氧丙氧)丙基三甲氧基硅烷	$H_2C{-}C(H)(-O-)H_2C{-}O{-}(CH_2)_3Si(OCH_3)_3$
γ-(甲基丙烯酰氧)丙基三甲氧基硅烷	$H_3C{-}C(CH_3){=}C{-}O{-}(CH_2)_3{-}Si(OCH_3)_3$
γ-巯丙基三甲氧基硅烷	$HS{-}(CH_2)_3{-}Si(OCH_3)_3$
苯基三乙氧基硅烷	C₆H₅-Si(OC₂H₅)₃

　　硅烷偶联剂在不同材料界面的偶联过程是一个复杂的液固表面物理化学过程。首先是硅烷偶联剂润湿玻璃、陶瓷及金属等，在其表面迅速铺展；然后硅烷偶联剂分子中的两种基团分别向极性相近的表面扩散。由于大气中的材料表面总吸附着薄薄的水层，偶联剂中的 X 基团水解成硅羟基，取向于无机材料表面，同时与材料表面的羟基发生水解缩聚反应；有机基团则取向于有机材料表面，与高分子间形成氢键、物理缠结等作用，从而完成异种材料间的偶联过程。此过程如图 2-28 所示。

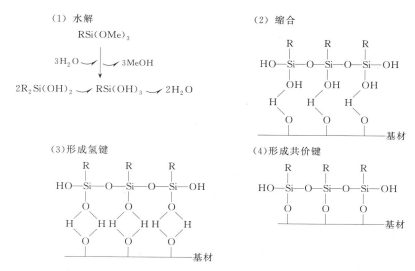

图 2-28　硅烷偶联剂的偶联机理

硅烷偶联剂一般要用水和乙醇混合液配成很稀的溶液（质量分数为 0.005～0.02）；也可单独用水溶解，但要先加入 0.001（质量分数）的乙酸，以改善溶解性和促进水解；还可配成甲醇、乙醇、丙醇或苯等非水溶液直接使用。硅烷偶联剂的用量与其种类及填料表面积有关，计算如下：

$$硅烷偶联剂用量 = \frac{填料用量 \times 填料表面积}{硅烷最小包覆面积}$$

如果填料表面积不明确，硅烷偶联剂的加入量可确定为填料量的 1% 左右。硅烷偶联剂的使用多用表面预处理法，首先将无机材料或被粘物的表面用偶联剂溶液预处理，然后与有机树脂接触、压合、黏合、成型。颗粒状或粉状填料可先用偶联剂溶液浸渍，然后用离心分离机或压滤机将溶液滤去，再将填料加热、干燥、粉碎。制造补强复合材料或玻璃钢时，可先将玻璃纤维或玻璃布浸渍偶联剂溶液，然后干燥，浸树脂，干燥，再加热层压制成玻璃钢板。阳离子型硅烷偶联剂在兼具降低黏度和起偶联作用方面最有效。

2.4.2　钛酸酯偶联剂

自 1974 年美国 Kenrich 石油化学公司开发出单官能度钛酸酯偶联剂以来，钛酸酯偶联剂已有 50 多个品种。此外，美国杜邦、英国 Tioxide、德国 Dynamit Nobel 等公司也开发出多种钛酸酯偶联剂。日本味之素公司引进了美国的钛酸酯生产技术，我国也研发生产了多种钛酸酯偶联剂。钛酸酯偶联剂对许多干燥粉体有良好的偶联效果，是复合材料不可缺少的原料之一。

按化学结构，钛酸酯偶联剂可分为 4 类：单烷氧基型、螯合型、水溶型和配位型。钛酸酯偶联剂的结构通式如图 2-29 所示。

$$R-O-Ti(-O-X-R'-Y)_n$$
图 2-29　钛酸酯偶联剂通式

钛酸酯偶联剂的主要作用如下：

① 通过 R 基与无机填料表面的羟基反应，形成偶联剂的单分子层，从而起化学偶联作用。填料界面上的水和自由质子 H^+ 是与偶联剂起作用的反应点。

② —O— 能发生各种类型的酯基转化反应，由此可使钛酸酯偶联剂与聚合物及填料产生交联，同时还可与环氧树脂中的羟基发生酯化反应。

③ X 是与钛氧键连接的原子团，或称为黏合基团，决定着钛酸酯偶联剂的特性。这些基团有烷氧基、羧基、硫酰氧基、磷氧基、亚磷酰氧基、焦磷酰氧基等。

④ R′ 是钛酸酯偶联剂分子中的长链部分，主要是保证与聚合物分子的缠结作用和混溶性，提高材料的冲击强度，降低填料的表面能，使体系的黏度显著降低，并具有良好的润滑性和流变性能。

⑤ Y 是钛酸酯偶联剂进行交联的官能团，有不饱和双键基团、氨基、羟基等。

⑥ n 反映了钛酸酯偶联剂分子含有的官能团数。

2.4.2.1 单烷氧基型钛酸酯偶联剂

单烷氧基型钛酸酯偶联剂是含有异丙氧基的产品，品种最多，具备各种功能基团和特点，适用范围广，广泛用于塑料、橡胶、涂料、胶黏剂等工业。除含乙醇氨基和焦磷酸酯基的单烷氧基型钛酸酯偶联剂外，大多数品种耐水性差，只适用于处理干燥的颜料、填料，在不含水的溶剂型涂料中使用。单烷氧基钛酸酯偶联剂用于干燥和煅烧处理过的无机填料时，具有最好的改性效果。这类偶联剂主要通过钛酸四异丙酯与长碳链的羧酸、磺酸、磷酸酯、醇和醇胺的交换反应制得。合成方法如图 2-30 所示。

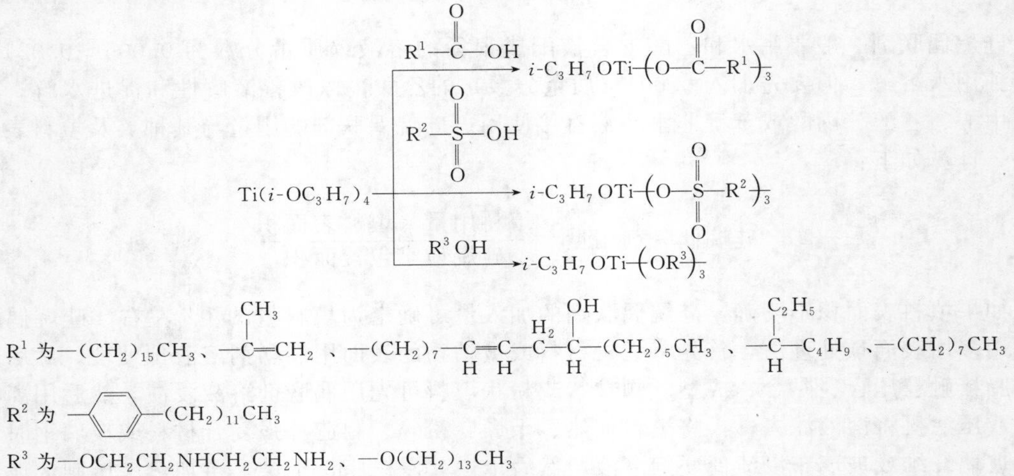

图 2-30 单烷氧基型钛酸酯偶联剂的合成

2.4.2.2 螯合型钛酸酯偶联剂

螯合型钛酸酯偶联剂分为两类：一类是含有氧乙酸螯合基的品种，称为螯合型 100 号；另一类是含有乙二醇螯合基的产品，称为螯合型 200 号。螯合型钛酸酯偶联剂耐水性好，适用于高含水量的颜料、填料表面处理或在水性涂料中直接使用。100 号的水解稳定性比 200 号的好，200 号比 100 号更能有效降低体系黏度。在聚酯体系中，100 号有羟基连接在钛上，可抑制聚合，而 200 号与颜料、填料偶联后产生的乙二醇易与多余异氰酸酯产生交联聚合。螯合型钛酸酯偶联剂用于处理潮湿的填料和聚合物水溶液体系，具有非常好的改性效果。

螯合型钛酸酯偶联剂的合成方法如图 2-31 所示。

2.4.2.3 水溶型钛酸酯偶联剂

水溶型钛酸酯偶联剂是在螯合型偶联剂的基础上发展起来的新型偶联剂，通过烷醇胺或胺类试剂对螯合型偶联剂季铵盐化制得。此类偶联剂不易水解，且完全溶于水，水溶液清晰、稳定，是水分散性聚酯漆、包线漆中必不可少的固化剂，也是常温干燥型水溶性醇酸树脂的催干剂，可替代金属皂催干剂，显著改进涂膜的力学性能、耐候性、耐盐雾性及抗泛黄性，它还是有效的紫外线吸收剂，可用于配制护肤膏。

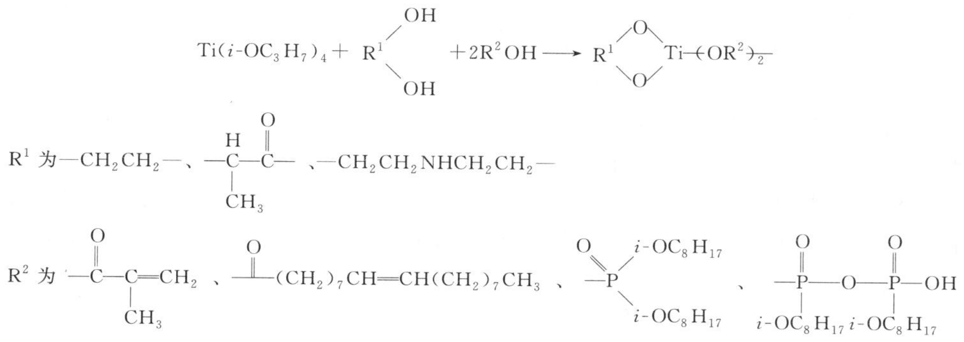

图 2-31　螯合型钛酸酯偶联剂的合成

水溶型钛酸酯偶联剂的合成方法如图 2-32 所示。

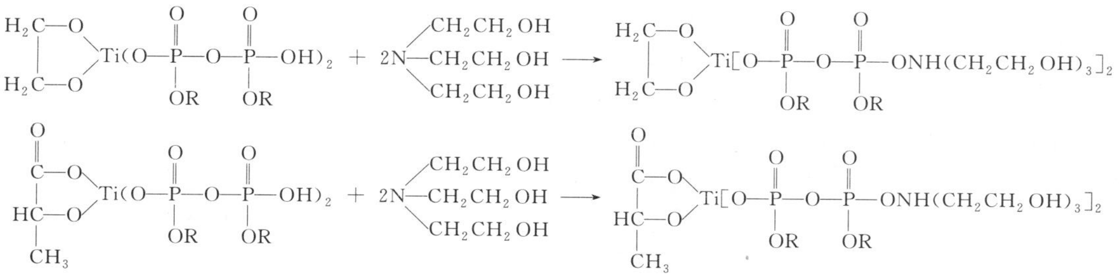

图 2-32　水溶型钛酸酯偶联剂的合成方法

2.4.2.4　配位型钛酸酯偶联剂

配位型钛酸酯偶联剂是在四烷基钛酸酯上连接了 2 个亚磷酸酯作为配体，在改进耐水解性的同时又能产生含磷化合物的功能（如阻燃性）。此类偶联剂耐水性好，可在溶剂型涂料或水性涂料中使用。其结构不会发生酯交换反应，可用于聚酯、环氧树脂及醇酸树脂等涂料中，不会因发生酯交换反应而变稠。在聚氨酯涂料中使用时，可消除多余的羟基或异氰酸基团，改善性能。多数配位型钛酸酯偶联剂不溶于水，可直接高速研磨使之乳化分散在水中，也可添加表面活性剂或亲水性助溶剂，使其分散在水中，进行填料表面处理或直接在水性涂料中应用。如四辛氧基钛二(亚磷酸二月桂酯)，其分子式为 $(C_8H_{17}O)_4Ti\cdot[P(OH)(OC_{12}H_{25})_2]_2$，耐水性好，可在溶剂型或水性涂料中使用，具有良好的防锈、耐腐蚀、催化固化和降低烘烤温度等功效。

钛酸酯偶联剂在使用前要经过预处理，常见的预处理方法有两种：①溶剂浆液处理法，即将钛酸酯偶联剂溶于大量溶剂中，与无机填料接触，然后蒸去溶剂；②水相浆料处理法，即采用均化器或乳化剂将钛酸酯偶联剂强制乳化于水中，或者先将钛酸酯偶联剂与胺反应，使之生成水溶性盐后，再溶解于水中处理填料。

钛酸酯偶联剂可先与无机粉末或聚合物混合，也可同时与二者混合，一般多与无机物混合。在使用时钛酸酯偶联剂的特点如下：

① 在胶乳体系中，首先将钛酸酯偶联剂加入水相中，不溶于水的钛酸酯偶联剂需通过季碱反应、乳化反应、机械分散等方法使其良好分散。

② 钛酸酯用量的计算公式为：钛酸酯用量＝[填料用量(g)×填料表面积(m^2/g)]/钛酸酯的最小包覆面积(m^2/g)。用量一般为填料用量的 0.5%，或固体树脂用量的 0.25%，但

最佳用量还是由其效能决定。

③ 大多数钛酸酯偶联剂特别是非配位型钛酸酯偶联剂，可与酯类增塑剂和聚酰树脂进行酯交换反应，因此增塑剂要在偶联后加入。

④ 钛酸酯偶联剂有时可与硅烷偶联剂并用产生协同效果。但这两种偶联剂会在填料界面处对自由质子产生竞争作用。

碳酸钙是橡胶、塑料工业中的重要填料。通过钛酸酯偶联剂对其改性，可大大增加碳酸钙的用量，提高碳酸钙对橡胶的补强作用。钛酸酯偶联剂可提高磁性粒子与树脂的黏合性、树脂的弹性及磁性粒子的磁稳定性，使树脂具有高填充性、耐热的优点；可提高铜粉在导电性复合材料或涂料中的分散性、耐湿性、致密性和导电性；在 PVC、丙烯腈-丁二烯-苯乙烯共聚物（ABS）、PS、PE、PC、聚砜、聚酰胺、聚酰亚胺等树脂中，可降低燃烧时的发烟性能；用于绝缘电缆包皮，可改善其耐潮湿性及耐磨性。

2.4.3　双金属偶联剂

双金属偶联剂是在两个无机骨架上引入有机官能团而制得，因而它具有特殊的性能：加工温度低，室温和常温下即可与填料相互作用；偶联反应速率快；分散性好，使改性后的无机填料与聚合物易于混合，增大无机填料在聚合物中的填充量；价格低廉。

铝-锆酸酯偶联剂是美国 Cavedon 化学公司在 20 世纪 80 年代中期研究开发的新型偶联剂，能显著降低填充体系的黏度，改善流动性，尤其可使碳酸钙-乙醇浆料体系的黏度大大降低，且合成容易，无"三废"排放，用途广泛，使用方法简单，既兼备钛酸酯偶联剂的优点，又能像硅烷偶联剂一样使用，而且价格仅为硅烷偶联剂的一半。根据用途及处理对象不同，可按桥联配位基选取不同的铝-锆酸酯偶联剂。铝-锆酸酯偶联剂应用于电缆胶料中，可改善胶料的加工性能，降低成本。

法国 Rhone-Poulenc 公司推出铝酸锆（Ziroaluminate）系列偶联剂。此类偶联剂不但与表面含有羟基的填料、颜料发生不可逆反应，而且与 Fe、Ni、Cu 和 Al 等金属也有很好的反应性。天津化工研究院 20 世纪 90 年代初也研制了铝-锆偶联剂 TPM，在电缆用乙丙橡胶中使用可以替代硅烷偶联剂，且可改善乙丙橡胶的加工性能，降低成本。

铝钛复合偶联剂 OL-AT 系列是由山西省化工研究所开发的，兼具钛酸酯和铝酸酯类偶联剂的特点，成本低，用途广，偶联效果优于只有一种金属中心原子的偶联剂品种，尤其适用于碳酸钙、滑石粉、硅灰石、氢氧化铝填充聚烯烃、聚氯乙烯等树脂改性，加工制品显示出优异的加工性能和力学性能。经 OL-AT 1618 偶联剂处理的 $CaCO_3$ 填充 PVC 体系，断裂伸长率和冲击强度均高于未处理碳酸钙及单一铝酸酯、单一钛酸酯活化碳酸钙的 PVC 填充体系。

其化学结构通式如图 2-33 所示。

$$a(R'O)_n Al(OOCR'')_{3-n} \cdot b(R'O)_m Ti(OOCR'')_{a-m}$$

R′为 $C_4 \sim C_{11}$ 烷基；R″为 $C_{11} \sim C_{22}$ 烷基

图 2-33　铝钛复合偶联剂

2.4.4　木质素偶联剂

木质素是一种含有羟基、羧基、甲氧基等活性基团的大分子有机物，是工业造纸废水中的主要成分。木质素的开发利用，既可减少工业污染，又增加其使用价值。

在橡胶工业中，应用木质素补强，以提高胶料的拉伸强度、撕裂强度及耐磨性。木质素可在橡胶中大量填充，节约生胶用量，并能在相同体积下得到质量更轻的橡胶制品。木质素偶联剂的价格比硅烷偶联剂便宜且可变废为宝，因而应用前景良好。

2.4.5 锡偶联剂

在工业生产溶聚丁苯橡胶（SSBR）时，常采用四氯化锡偶联活性 SBR，所得 SSBR 称为锡偶联 SSBR。其特点是碳-锡键在混炼过程中易受剪切和热的作用而发生断裂，导致分子量下降，从而改善胶料的加工性能；如链末端锡原子活性高，可增强炭黑与胶料之间的相互作用，提高胶料的强度和耐磨性能，有利于降低滚动阻力和减小滞后损失。

2.5 相容剂

聚合物共混改性的目的主要有：①在性能上互补，得到综合性能优异的聚合物材料；②加入微量或少量的某种聚合物，从而明显改性另一聚合物，如在聚苯乙烯中加入少量的橡胶类聚合物，改善聚苯乙烯的脆性，从而制得高抗冲聚苯乙烯；③改善聚合物的加工性能，如聚苯硫醚的加工性能很差，与聚苯乙烯共混，加工性能得到明显改善；④制备具有特殊性能的新材料，满足某些特定用途；⑤从经济成本考虑，在性能得到满足的情况下，节省价格较贵聚合物产品的用量。

2.5.1 相容性原理及相容性判定方法

Utracki 将能够混合得好的聚合物叫作"相容"聚合物体系，混合较差的聚合物共混物叫作"不相容"的聚合物共混体系。当聚合物 1 和 2 混合时，单位体积的 Gibbs 自由能可表示为：

$$\Delta G_{mix} = B\phi_1\phi_2 + RT\left(\frac{\rho_1\phi_1\ln\phi_1}{M_1} + \frac{\rho_2\phi_2\ln\phi_2}{M_2}\right) \tag{2-1}$$

式中　B——二元体系相互作用能参数；

　　　R——气体常数，J/(mol·K)；

　　　T——热力学温度，K；

　　　ρ——聚合物组分 i 的密度，kg/m^3；

　　　ϕ——聚合物组分 i 的体积分数；

　　　M——聚合物组分 i 的分子量。

如果聚合物 1 和 2 互溶，那么就有 $\Delta G_{mix} < 0$，则 $\partial^2(\Delta G_{mix})/\partial\phi^2 > 0$。若混合体系具有亚稳态（spinodal condition）结构，则 $(\Delta G_{mix})_T$ 与共混物组成的关系曲线出现两个转折点，则 $\partial^2(\Delta G_{mix})/\partial\phi^2 = 0$，假设相互作用能参数 B 与共混组成无关，有：

$$\partial^2(\Delta G_{mix})/\partial\phi_1^2 = RT\left(\frac{\rho_1}{\phi_1 M_1} + \frac{\rho_2}{\phi_2 M_2}\right) - 2B = 0 \tag{2-2}$$

从式（2-2）可看出，混合熵有助于两相混合，但是随分子链增长贡献减小，直至可忽略不计。因此，互溶性与相互作用能参数 B 的关系很重要；放热互溶，吸热不溶。对式（2-2）做一次微分，并使其等于零，得到临界 $B_{critical}$：

$$B_{critical} = \frac{RT}{2}\left[\sqrt{\frac{\rho_1}{(M_w)_1}} + \sqrt{\frac{\rho_2}{(M_w)_2}}\right]^2 \tag{2-3}$$

式中　M_w——重均分子量。

对于混溶的聚合物共混体系，$B < B_{critical}$。

Paul 提出聚合物共混时，它们发生相互作用的参数的通用计算公式如下：

$$B = \sum_{i \geq j}^{\text{inter}} B_{ij} \phi_i \phi_j - \sum_{i \geq j}^{\text{intra}} B_{ij} \phi_i \phi_j \tag{2-4}$$

式中　i，j——聚合物 1 和 2 中重复单元类别数；

inter——聚合物 1 和 2 分子间的相互作用；

intra——聚合物 1 和 2 分子内的相互作用；

ϕ_i——单体 i 的接触频率，Hz；

ϕ_j——单体 j 的接触频率，Hz。

所以对二元共混物，有如下关系：

对于均聚物-均聚物共混体系：$B = B_{12}$

对于均聚物-共聚物共混体系：

有相同的重复单元时：

$$B = B_{12} \phi_2 - B_{12} \phi_1 \phi_2 = B_{12} \phi_2^2 \tag{2-5}$$

没有相同的重复单元时：

$$B = B_{13} \phi_1 + B_{23} \phi_2 - B_{12} \phi_1 \phi_2 = \phi_2^2 B_{12} + \phi_2 (B_{23} - B_{12} - B_{13}) + B_{13} \tag{2-6}$$

对于共聚物-共聚物共混体系：

有一个相同重复单元时：

$$B = B_{12} (\phi_2^2 - \phi_2 \phi_3) + B_{13} (\phi_3^2 - \phi_2 \phi_3) + B_{23} \phi_2 \phi_3 \tag{2-7}$$

没有相同重复单元时：

$$B = B_{13} \phi_1 \phi_3 + B_{14} \phi_1 \phi_4 + B_{23} \phi_2 \phi_3 + B_{24} \phi_2 \phi_4 - B_{12} \phi_1 \phi_2 - B_{34} \phi_3 \phi_4 \tag{2-8}$$

有相同重复单元，配比不同时：

$$B = B_{12} (\phi_2' - \phi_2'')^2 = 2\rho RT / M \tag{2-9}$$

式中，ϕ_2' 和 ϕ_2'' 是相同组分、配比不同的两种共聚物中第二组分所占的体积分数。

分子作用决定聚合物共混的相变行为。另外，分子量、共混物组成、共混比例、温度和压力等因素也会影响共混物质的相变行为。

判断聚合物共混物混合状态的方法有很多，目测透明度是最实用的相容性的判定方法，但此法不适用于折射率很接近的聚合物混合状态的判定。折射率大于 0.01 时可用光学方法评判，如通过显微镜和光散射技术进行定量分析。

B_{ij} 也可以通过溶解度参数进行计算：

$$B_{ij} = C_{i_i} - 2C_{i_j} + C_{j_j} \tag{2-10}$$

式中　C_{i_i}，C_{j_j}——均聚物内聚能密度，J/cm^3；

C_{i_j}——单体 i、j 发生作用时的能量，J。

$$\delta_i = \sqrt{C_{i_i}} \tag{2-11}$$

$$C_{i_j} = \sqrt{C_{i_i} C_{j_j}} \tag{2-12}$$

所以

$$B_{ij} = (\delta_i - \delta_j)^2 \tag{2-13}$$

式(2-12) 不能预测放热相互作用，所以式(2-13) 只能用于吸热型的二元相互作用能参数的粗略计算。

2.5.2　增容剂分类及作用机理

相容性是制约聚合物共混物性能的关键因素，添加增容剂是改善聚合物相容性最普通的方法。增容剂的作用与水和油混合时乳化剂的作用类似，使聚合物分散于基体中，抑制相分离的产生。现有的增容剂，按照结构和性能可分为三类，即非反应型高分子聚合物、反应型高分子聚合物和反应型低分子。非反应型高分子聚合物是目前应用较多，也是开发较早的一类。若以 A、B 分别代表组成合金的两种聚合物，则有以下四类增容剂：

① AB 型　聚合物 A 及聚合物 B 组成的嵌段或接枝聚合物。

② AC 型　由聚合物 A 和能与体系内高聚物相容的聚合物 C 构成的嵌段或接枝共聚物。

③ CD 型　由 C、D 二组分形成的嵌段或接枝共聚物。C、D 二组分与聚合物 A 和 B 的结构不同，但分别能与 A 和 B 相容，如增容剂 E-GMA-g-PS4100 可用于 PA/PPO、PBT/PPS 等多种工程塑料的配方中。

④ E 型　能与聚合物 A 及聚合物 B 相容的无规共聚物。

增容剂的作用机理为：① 降低两相之间的界面能；②促进相分散；③阻止分散相凝聚；④强化相间黏结。带有反应官能团的增容剂主要有 4 种：①含有 MAH 基团的高分子；②含—COOH 基团的高分子；③含杂环类基团的反应型高分子，主要有两种类型，即环氧基团和噁唑啉基团，现阶段 GMA 接枝物在高分子增容中起着重要的作用；④ 含酸酐的高分子。这些反应型增容剂与含有—NH₂ 和—NH—官能团的高分子进行反应。表 2-7 是部分已商品化的增容剂品种。

表 2-7　增容剂品种

掺混成分		增容剂			高分子间反应
A 成分	B 成分	AB 型	AC 型	CD 型	
PS	PI	PS-PI 嵌段			
PS	PMMA	PS-PMMA 接枝			
PS	PE	PS-PE 接枝			
PS	PE	PS-PE 嵌段			
PDMS	PEO	PDMS-PEO 接枝			
PBD	PS	PBD-PS 接枝			
PBD	PS 低聚物	苯乙烯-丁二烯无规共聚物			
PBD 低聚物	PAS	PBD-PAS 接枝			
尼龙	EPDM		尼龙-MAH 化 PP 接枝		
PET	PE			SEBS 嵌段	
PC	St-MAA			PS-PBA 嵌段	
PPO	尼龙			SEBS 嵌段	
PPO	PP			MAH 化 SEBS 嵌段	
PP	EPDM				捏合接枝
尼龙	MAH 化 PP				捏合接枝
尼龙	MAH 化 EPDM				捏合接枝
PBT	PET				捏合酯交换
PBT	PC				捏合酯交换
PBT	尼龙				捏合酯交换

无论是对通用型相容剂还是对特种工程塑料的聚合物合金的相容剂，都做了大量的研究工作，但对特种工程塑料增容剂的研究刚刚起步，取得的成果较少，实际应用的例子也很少，还需对特种工程塑料的耐热性和结晶性等进行进一步研究。表 2-8 是特种工程塑料的主要增容剂。

表 2-8　特种工程塑料的主要增容剂

聚合物 A	聚合物 B	增容剂	聚合物 A	聚合物 B	增容剂
PPS	PPE	St/GMA 环氧化合物 PPS-PPSS 嵌段共聚物 SEBS 硅烷偶联剂	芳基聚合物	PA	EGMA 马来酸酐化聚烯烃 EGMA-乙烯基聚合物 接枝共聚物 E/EA/MAH 苯氧基树脂
	PA	改性 EPR 苯氧基树脂 EGMA 马来酸酐化聚烯烃 EGMA-乙烯基聚合物		聚酯	离子型聚合物 EGMA
	苯酯	EGMA-乙烯基聚合物 接枝共聚物 环氧树脂 马来酸酐化 SEBS EGMA		PPS	EGMA EGMA-乙烯基聚合物 接枝共聚物 PPS-PPSS 嵌段共聚物

参 考 文 献

[1] 李博仑，郝庆兰，杨腾，武文洁，吴燕. 抗氧剂壬基二苯胺的合成及其热稳定性. 合成化学，2015，23 (9)：834-836.

[2] 李志强，李秀洁，张治. 聚丙烯薄膜常用助剂的研究进展. 石油化工，2015，34（增刊）：655-657.

[3] 邹平，李娟，李忠海. PET 包装材料中紫外吸收剂迁移研究进展. 食品与机械，2016，32（3）：231-235.

[4] 邵栋梁. 塑料食品包装材料的卫生安全性分析. 包装与食品机械，2010，28（1）：51-54.

[5] 朱仁庆. 含氟紫外吸收剂的合成及性质研究. 重庆：重庆大学，2012.

[6] 钟锋，刘浩，代丽宏，李继文，薛宁. 食品接触材料中的增塑剂简介. 食品安全导刊，2015，(11)：48-49.

[7] 吴素平，容敏智，章明秋. 马来酸酐和丙烯酸改性环氧大豆油基泡沫塑料. 高分子学报，2014，(4)：540-550.

[8] 张欣华，李泽天，王静，韩释剑，高传慧. 聚酯增塑剂增塑 PVC 最新研究进展. 石油化工高等学校学报，2016，29（4）：13-17.

[9] Erythopel H C，Shiplaey S，Börmann A，et al. Designing green plasticizer：Influence of molecule geometry and akkyl chain length on the plasticizing effectiveness of diester plasticizers in PVC blends. Polymer，2016，89：18-27.

[10] Chen J，Liu Z，Li X，et al. Thermal behavior of epoxidized cardanol diethyl phosphate as novel renewable plasticizer fo poly（vinyl chloride）. Polymer Degradation & Stability，2016，126：58-64.

[11] 孙伟民. 基于 PVC 无毒增塑剂的应用探究. 材料与应用，2016，(42)：51-52.

[12] 刘三荣，白云刚，张贵宝. 尼龙酸聚酯类增塑剂的合成与表征. 塑料工业，2013，41（7）：33-37.

[13] Riaz U，Vashist A，Ahmad S A，et al. Compatibility and biodegradability studies of linseed oil epoxy and PVC blends. Biomass Bioenergy，2010，34（3）：396-401.

[14] 钱伯章. 增塑剂的国内外发展现状. 上海化工，2011，36（2）：37-39.

[15] 颜庆宁. 国内外塑料助剂产业发展状况（一）. 精细与专用化学品，2014，22（11）：10-13.

[16] 杨春良，史立文，代永昌，钟鸣翔，康鹏. 光催化合成氯代甲氧基脂肪酸甲酯增塑剂的性能研究. 浙江化工，2016，47（6）：17-20.

[17] 汪梅，夏建陵，连建伟，李梅，张燕. 聚氯乙烯热稳定剂研究进展. 中国塑料，2011，25（11）：10-15.

[18] 郭华. 抗氧剂在聚苯乙烯中的应用研究. 沈阳：沈阳工业大学，2015.

[19] 魏宇佳. 聚烯烃用受阻酚抗氧剂的分子结构对抗氧化性能的影响. 大庆：东北石油大学，2014.

[20] 郭振宇，宁培森，王玉民，丁著明．抗氧剂的研究现状和发展趋势．塑料助剂，2013，3：1-10.

[21] 张怀柱，张丽丽，杜明亮，潘曰霞．光稳定剂的工业应用技术进展．炼油与化工，2012，23（1）：4-7.

[22] 曹莉，李青，苏志强，陈晓农．聚丙烯成核剂研究进展．高分子通报，2013，4：146-150.

[23] 郭志兴．向列相液晶高分子作为成核剂诱导结晶行为的研究．沈阳：东北大学，2010.

[24] 徐晓鹏．新型多功能脲衍生物类 PVC 热稳定剂的设计、制备、应用及稳定机理研究．杭州：浙江工业大学，2015.

[25] 辛忠．材料添加剂化学．第 2 版．北京：化学工业出版社，2010.

[26] 吴茂英，林悟森，林莅萌．β-二酮作用模式和锌基热稳定剂协同作用机理研究（上）．塑料助剂，2010，1：27-30.

[27] 吴茂英，林悟森，林莅萌．β-二酮作用模式和锌基热稳定剂协同作用机理研究（下）．塑料助剂，2010，2：42-47.

[28] Mohamed N A，Yassin A A，Khalil K D．Organic thermal stabilizers for rigid poly（vinyl chloride）Ⅰ．Barbituric and thiobarbituric acids．Polymer Degradation and Stability，2000，70：5-10.

[29] 张军．几种季戊四醇酯的合成及用作 PVC 辅助热稳定剂的研究．淄博：山东理工大学，2015.

[30] 张伟，魏忠，刘志勇，贾鑫，但建明，马彦青．PVC 稀土热稳定剂的研究进展及发展趋势．稀土，2013，34（5）：69-75.

[31] 康永，柴秀娟．PVC 稀土热稳定剂的性能特征以及发展趋势．四川有色金属，2010，（4）：28-31.

第 3 章

塑料配方设计原理与应用

3.1 概述

　　塑料是指以树脂（或在加工过程中用单体直接聚合）为主要成分，以增塑剂、填充剂、润滑剂、着色剂等添加剂为辅助成分，在加工过程中能流动成型的材料。塑料以其质轻、物理化学性能稳定、耐腐蚀、美观实用、易加工、价格低廉等特点广泛应用于各行各业。塑料主要有以下特性：①大多数塑料质轻，化学稳定性好，不会锈蚀；②耐冲击性好；③具有较好的透明性和耐磨耗性；④绝缘性好，导热性低；⑤一般成型性、着色性好，加工成本低；⑥大部分塑料耐热性差，热膨胀率大，易燃烧；⑦尺寸稳定性差，容易变形；⑧多数塑料耐低温性差，低温下变脆；⑨容易老化；⑩某些塑料易溶于溶剂。

　　按照塑料配方的复杂程度，一般可以将塑料分为两类：①单组分塑料，以合成树脂为主，含有少量助剂，如 PE 塑料、PMMA 塑料、PS 塑料等；②多组分塑料，除合成树脂外，还含有大量助剂或者添加剂，如 PVC 塑料、酚醛塑料、氨基塑料等。

　　塑料配方设计是根据产品的应用需求、加工条件和成本要求，由专业技术人员在专业经验的基础上，利用模拟的小型生产设备和工艺条件，进行树脂、助剂的种类、用量和加工方式等的选择过程，是由微量制造实验、规模化制造实验和性能测试等一系列生产型实验组成的。狭义的塑料配方是以某种树脂为基础原料，包括一系列助剂（或添加剂）的一个物料配比清单，该清单应包括物料的种类、型号、生产厂家、用量等信息。广义的塑料配方是包括物料清单、设备和工艺的一个技术工艺包。某一产品的配方往往是唯一的，是该产品最重要的生产信息。

3.2 塑料配方设计原则

　　对于某一塑料制品而言，必须满足使用需求和外观要求，同时易于加工成型；为合理进行配方设计，需要准确地选用树脂、塑料助剂及其用量，实现各组分物理化学性能的扬长避短。配方设计在塑料成型加工过程中至关重要，也是获得品质优良塑料制品的技术保障。为了设计出高性能、易加工、低价格的配方，需要依据一定的原则。

3.2.1　根据制品的用途设计

（1）充分了解制品的用途　要满足制品的使用性能要求，首先要充分了解制品的用途，只有这样才能合理选择树脂和助剂，科学地确定出塑料配方。塑料制品的性能、结构、用途、使用环境、期望的寿命是配方设计的主要依据。塑料制品的使用性能应包括其本身的力学性能和使用时的特殊性能要求。塑料制品的性能要求一般包括拉伸强度、冲击强度、弯曲强度、压缩强度、耐热性、电绝缘性、耐化学性、透明性、气密性等。各种制品的使用要求不同，需要的性能亦不同。以下为塑料的特殊用途：

① 以 HDPE 瓶而言，装油需要耐油性；装碳酸饮料需要具有阻隔性；装光敏性药品时要有遮光性。

② 以 PP 注射椅子为例，在北方地区需要低温抗冲击性强；用于矿井下，需要防静电、阻燃性。

③ 以聚四氟乙烯为例，用作活塞环、轴承、轴瓦、滑块、密封环等机械零件时，需要具有低的摩擦系数和自润滑性；用作绝缘材料时，需要其不受温度、湿度和频率的影响，具有优异的电绝缘性；用作防腐材料时，需要有优异的化学稳定性。

④ 以聚苯硫醚为例，用作不粘锅、散热器零件和配油器零件时，需要耐热耐油；用作汽车刹车零件、离合器和机械中的齿轮时，需要有较高的刚性和抗蠕变性。

⑤ 以改性聚酰亚胺为例，用作交通运输包装时，需要耐水性和阻燃性好；用作航空航天工业的高温管和高温涂层时，需要有耐高温、耐湿热和耐辐射性能。

（2）合理确定材料和制品的性能指标　配方的好坏是由所得材料和制品的具体指标来体现的，在确定各项性能指标时要充分利用现有的国家标准和国际标准，使之尽可能实现标准化。

性能指标也可根据供需双方的要求协商确定。在确定性能指标时，务必要对各项指标的含义及使用条件有深刻理解，并考虑配方所要适应的环境因素，防止不切实际的性能指标出现。

3.2.2　各类助剂间的组合搭配、相互影响及其协同/对抗效应

一般各种助剂与特定树脂之间都有一定的相容性范围，超出这个范围助剂会析出，形成所谓"喷霜"或"出汗"的现象。另外，物料的形态各异，同处在一个混合体系里会发生分散不均匀、相容性差、易团聚或沉淀等问题，从而影响塑料制品结构和性能的稳定性。碳酸钙等无机粉末与增塑剂的相容性差，一般需要将其与增塑剂进行预混合，并用胶体磨等机械设备制成乳状浆料后再与树脂等混合。

配方中各物料如果配合得当，会相互增效，即起到所谓的协同效应。对抗效应是协同效应的反面，会彼此削弱各种助剂原有的效能。硬脂酸和石蜡可构成良好的内外润滑体系，硬脂酸有提高石蜡的熔点的作用；而硬脂酸盐的加入既可增加内润滑性，又可以增强塑料加工过程中物料的热稳定性；这些助剂表现出良好的协同效应。某些润滑剂会对阻燃剂有干扰作用，产生对抗效应，如硬脂酸锌、氧化锌等会对阻燃塑料的表面 $SbCl_3$ 阻隔层的形成起到严重的干扰作用。

3.2.3　加工性能

加工性能是配方设计时需要考虑的重要性能之一。成型加工用设备、成型加工方法和成型工艺往往是确定的，不同加工设备、加工方法要求助剂品种及用量不同。助剂必须具有良

好的流动性及耐热性；在加工温度下不发生蒸发、分解（交联剂、引发剂和发泡剂除外）；助剂的加入对树脂的原加工性能影响要小；所加入助剂对设备的磨损和腐蚀应尽可能小；加工时不会放出有毒气体损害加工人员的健康。在选择固体助剂时，要保证其在成型加工过程中不分解。在选择液体助剂时，要保证其在加工中不溢出。例如，纯的 PVC 无法塑化加工，必须加入增塑剂、稳定剂等助剂。加入增塑剂，可以削弱 PVC 分子间的作用力，增加分子间的移动性，从而降低玻璃化温度，使熔融加工温度低于 PVC 的分解温度。加入热稳定剂，可以抑制 PVC 脱 HCl 反应，提高 PVC 热分解温度，使之高于 PVC 的熔融加工温度。而纳米无机填料的加入可以降低 PVC 分子之间的摩擦，增加制品的韧性和强度。

3.2.3.1　流动性

大部分无机填料都影响加工性，在加入量大时，需要相应加入加工助剂以补偿损失的流动性，如加入润滑剂等。

有机助剂一般都能改善塑料的加工性，如十溴二苯醚、四溴双酚 A 阻燃剂都可改善塑料的加工流动性，尤其四溴双酚 A 的效果更明显。

一般的 PVC 改性配方都需加入适量的润滑剂。

3.2.3.2　耐热性

除发泡剂、引发剂、交联剂因功能要求必须分解外，应保证助剂在加工温度下不分解。另外，还要注意以下几点：

① 氢氧化铝因分解温度低，不适合用于 PP，只能用于 PE 中。

② 四溴双酚 A 因分解温度低，不适合于 ABS 的阻燃改性。

③ 大部分有机染料分解温度低，不适合高温加工的工程塑料。

④ 改性塑料配方在加工过程中都需要加入抗氧剂，以防止因螺杆的强烈剪切作用使其热分解而导致材料变黄。

⑤ 香料的分解温度都低，一般在 150℃以下，只能用 EVA 等低加工温度的树脂为载体。

3.2.4　加工及使用时的环保和卫生问题

从 20 世纪 80 年代开始，世界各国相继提出禁止在塑料制品中使用铅盐、镉盐类热稳定剂的要求。表 3-1 给出了欧盟化学品管理局（ECHA）颁布的部分限制进入欧盟市场的化学品和其他有形产品。目前，我国是全球最大的塑料助剂生产国和消费国，但按欧美国家标准，我国有许多塑料助剂产品是不合格的，亟须更新换代，需要加快发展环保型塑料助剂，发展重点是无毒增塑剂、无卤阻燃剂和无铅热稳定剂。我国使用的最主要增塑剂是邻苯二甲酸酯类增塑剂（DOP、DEHP、DBP），国外早已禁止在塑料玩具中使用此类增塑剂，我国也已禁止在包装熟食和肉食的保鲜膜中使用此类增塑剂。更新换代的无毒增塑剂品种首选的是非邻苯二甲酸酯类增塑剂，其中最主要品种是柠檬酸酯类增塑剂，主导产品是柠檬酸三丁酯和柠檬酸三辛酯。我国的柠檬酸产量巨大，发展柠檬酸酯类增塑剂具有原料优势。另外，长碳链的邻苯二甲酸二壬酯和邻苯二甲酸二癸酯被认为安全性较好，也是较短碳链的 DOP、DEHP、DBP 的代用品，并可拉动异壬醇和 2-丙基庚醇的发展。

表 3-1　部分限制进入欧盟市场的化学品和其他有形产品

物质	第 57 条中注明的本征特性	豁免用途（类别）	主要用途
4,4′-二氨基二苯基甲烷（MDA） EC No.：202-974-4 CAS No.：101-77-9	致癌物质（类别 1B）	—	PCB 中环氧树脂的固化剂，PU 配制品、服装中的偶氮染料

续表

物质	第 57 条中注明的本征特性	豁免用途（类别）	主要用途
六溴环十二烷（HBCDD） EC No.：221-695-9，247-148-4 CAS No.：3194-55-6，25637-99-4 及其主要非对映异构体： α-六溴环十二烷 CAS No.：134237-50-6 β-六溴环十二烷 CAS No.：134237-51-7 γ-六溴环十二烷 CAS No.：134237-52-8	可持续性、生物可蓄积性和毒性（PBT）	—	纺织品和 HIPS 中的阻燃剂
邻苯二甲酸（2-乙基）己酯（DEHP） EC No.：204-211-0 CAS No.：117-81-7	对生殖系统有毒害（类别 1B）	药品的最内层包装 1	PVC、树脂等塑料制品的增塑剂
邻苯二甲酸丁苄酯（BBP） EC No.：201-622-7 CAS No.：85-68-7	对生殖系统有毒害（类别 1B）	药品的最内层包装 1	用作树脂、PVC 的增塑剂
邻苯二甲酸二丁酯（DBP） EC No.：201-557-4 CAS No.：84-74-2	对生殖系统有毒害（类别 1B）	药品的最内层包装 1	胶黏剂和纸张涂层的增塑剂，纺织品中的杀虫剂
邻苯二甲酸二异丁酯（DIBP） EC No.：201-553-2 CAS No.：84-69-5	对生殖系统有毒害（类别 1B）		增塑剂
五氧化二砷 EC No.：215-116-9 CAS No.：1303-28-2	致癌物质（类别 1A）		杀虫剂、除草剂、木材防腐剂、涂彩杯子、染料和颜料
铬酸铅 EC No.：231-846-0 CAS No.：7758-97-6	致癌物质（类别 1B） 对生殖系统有毒害（类别 1A）		涂料、颜料、橡胶和塑料的着色剂
铬橙（C.I. 颜料黄 34） EC No.：215-693-7 CAS No.：1344-37-2	致癌物质（类别 1B） 对生殖系统有毒害（类别 1A）		涂料、颜料和塑料的着色剂
钼铬红、钼红（C.I. 颜料红 104） EC No.：235-759-9 CAS No.：12656-85-8	致癌物质（类别 1B） 对生殖系统有毒害（类别 1A）		用作涂料、颜料和塑料的添加剂
三（2-氯乙基）磷酸酯（TCEP） EC No.：204-118-5 CAS No.：115-96-8	对生殖系统有毒害（类别 1B）		阻燃剂、阻燃性增塑剂
2,4-二硝基甲苯 EC No.：204-450-0 CAS No.：121-14-2	致癌物质（类别 1B）		用于制造炸药、聚氨酯塑料、有机体合成和染料

　　大部分助剂都有毒性或低毒性。PP 饮料瓶不可循环使用，在高温时或者使用约 10 个月后，可能释放出致癌物质 DEHP，对睾丸具有毒性。

　　粉末状助剂还有粉尘的污染。例如，随着碳酸钙颗粒度的细微化，其粉尘危害加剧，超细重钙粉尘积聚在肺组织中很有可能使人患上肺尘埃沉着病，从而严重影响生存质量，缩短人的寿命。因而助剂的毒性除需考虑必须满足制品使用性能要求外，应尽可能选用对环境污染小、对操作人员健康影响小的助剂。

　　不同塑料制品的使用寿命不同，使用寿命长短决定了产生塑料废弃物的多寡。实际上应从原材料的生产、加工、物质流通、使用乃至废弃整个过程来全面考虑，延长制品使用寿命对节省资源和节约能源有利，塑料管至少可使用 20～30 年，最高可达 50 年，比铸铁管使用寿命还长。但是，对塑料的降解时间、废弃物的再利用也需重视。塑料的降解时间取决于构成塑料的成分，普通塑料一二百年也不会降解。可以根据不同的应用领域，选用不同的原材料生产塑料制品，例如淀粉基的可降解塑料被用于生产环保型可降解塑料袋，其降解时间是可控的，少则几个月，多则两三年，降解后所生成的物质也不会污染环境。

配方中的各类助剂应对操作者无害、对设备无害、对使用者无害、对环境无害。这表明，除了直接接触（如呼吸、食用、皮肤接触等）产生的危害，与人或者其他生物体发生间接接触产生危害也不行，即应对环境和生态无污染，如土、水、大气层等。

（1）卫生性 树脂和所选助剂应该无毒，或有害物含量控制在规定的范围内。

（2）对环境的影响 所选组分在加工时及在制品中不能污染环境：

① 铅盐不能用于上水管和电缆护套；

② 玩具、食品包装膜必须用无毒的增塑剂；

③ 不能用镉、六价铬、汞等重金属；

④ 不能采用目前法规中禁用的助剂，如多溴联苯、多溴二苯醚等。

3.2.5 成本等因素

在配方设计时，除了保证产品能够顺利加工和满足产品标准要求以外，还必须最大限度降低产品的成本。因此，要充分了解原材料的性价比以及相互间的作用与禁忌事项，运用先进的科学实验方法选择最佳的性价比。一方面，在同等性能条件下，尽量使用来源广、采购方便、产地近、价格低的品种。另一方面，在配方物料中加入无机填料是普遍采用的降低塑料制品成本的方式。无机填料特别是超细无机填料的添加能改善加工性能，提高制品的强度，显著降低原材料成本，但大量使用无机填料会影响塑料制品的韧性。

3.2.6 其他因素

配方设计是塑料产品开发过程中的最重要环节，广义的配方设计应该包括原料设计、产品设计、设备选型、单一及复合工艺设计等诸多因素，在以上基本原则的指导下，在进行配方设计时必须做到全面考虑，综合运用。

总之，配方工作者一般是在考虑制品的使用性能、加工性能和成本三者平衡的前提下进行配方设计的。设计的重点是如何保持制品的使用性能及加工性能的平衡，所以说塑料配方设计不仅是一门科学，而且也包含运用成功经验的技巧。

3.3 配方物料的选择

配方设计的关键为物料及其用量、预混合方式及加工工艺等要素，表面看起来很简单，但其实包含了许多内在联系，要想设计出一个高性能、易加工、低价格的配方也并非易事，需要考虑的因素很多，现提出一些要点供读者参考。

3.3.1 树脂的选择

树脂是塑料配方的主要成分，一般占总质量的 40%～100%。树脂的选择是配方设计的第一步，一般会选择已经商品化的合成树脂；另外，有少数品种（如浇注制品）其树脂的合成和塑料的成型是同时进行的。由于树脂和助剂的种类繁多，若按各自的功能、品种、等级、牌号等分类可达数万种，因此相同树脂的塑料配方及其制品也是千变万化的。

在进行配方设计时，应根据塑料制品的应用需求，首先确定是热塑性塑料或者热固性塑料，其次根据机械强度的要求，选择使用通用塑料、工程塑料或者特种塑料。进行树脂选择时，还必须根据已有设备，确定生产工艺类型，如膜压、层压、注射、挤出、吹塑、定模浇注和反应注射等。在上述基本条件确定后，再进行树脂品种、牌号、流动性，助剂及添加剂等的精细化选择。

3.3.1.1　树脂的种类

要选择与主要应用性能最接近的树脂品种，以降低助剂的使用量，具体如下：

（1）耐磨性　树脂要首先考虑选择三大耐磨树脂，即聚酰胺（PA）树脂、聚甲醛（POM）树脂、超高分子量聚乙烯（UHMWPE，静摩擦系数为 0.07）树脂。在所有的塑料中，高密度聚乙烯（HDPE）的耐磨性居塑料之冠，分子量越高，材料就越耐磨，甚至超过许多金属材料（如碳钢、不锈钢、青铜等），在强腐蚀和高磨损条件下使用寿命是钢管的 4～6 倍，是普通聚乙烯的 9 倍，而且提高输送效率 20%。

（2）耐低温改性　首先考虑选择低分子量聚乙烯、聚碳酸酯和热塑性弹性体类（聚酯类热塑性弹性体、聚烯类热塑性弹性体、聚氨酯类热塑性弹性体）。

（3）耐热改性　首先考虑选择聚苯硫醚、聚酰亚胺、聚苯并咪唑和聚芳砜。

（4）透明改性　树脂要首先考虑选择三大透明树脂：聚苯乙烯（PS）树脂、聚甲基丙烯酸甲酯（PMMA）树脂及聚碳酸酯（PC）树脂。

一般要求树脂成本低、性能高，同时还要考虑外观及耐久性，所以很难选择一种能满足所有性能要求的合适树脂。例如，用注射成型方法生产透明容器时，在一般情况下可选择聚苯乙烯或聚甲基丙烯酸甲酯两种树脂，但如果要求廉价为首要条件，则选用聚苯乙烯；反之，如果强调耐候性能好时，就要选用聚甲基丙烯酸甲酯；如果还要再加上耐冲击性能好，则就要排除上述两种树脂而选择聚碳酸酯，当然要提高成本。在选择时还应考虑以下内容：所选择的树脂能否承受住使用环境中最高和最低的温度，在这个温度范围内树脂是否变形、发生龟裂、耐冲击性能如何等。若不符合要求，就要改变现有的树脂品种，另选新的品种，或进行改性处理。另外，选择的树脂还需要考虑在使用环境中的其他影响因素，如在要求制品尺寸稳定性能好时，还要考虑到树脂的热膨胀系数、成型初期及成型后期的收缩率变化、吸湿性等因素。一般情况下，不可能满足所有的条件，但应尽可能地满足主要条件。

关于质量标准的掌握，一般按下述条件而定：

① 能否承受使用环境温度的变化、阳光的影响及使用时负荷的变化；

② 制品是否合乎卫生标准及安全性；

③ 弯曲强度、拉伸强度、冲击强度、电绝缘性、阻燃性、耐水性、耐油性能、电学性能是否符合产品标准；

④ 尺寸稳定性、光学性能、抗毒性能、抗湿性能、抗菌性能如何；

⑤ 外观及经济成本、特殊要求是否能达到要求。

3.3.1.2　树脂的加工流动性

不同品种的树脂具有不同的流动性，按此将塑料分成高流动性、中等流动性和低流动性三类，具体如下：

（1）高流动性　聚苯乙烯（PS）、高抗冲聚苯乙烯（HIPS）、丙烯腈-丁二烯-苯乙烯共聚物（ABS）、聚乙烯（PE）、聚丙烯（PP）、聚酰胺（PA）等。

（2）中等流动性　聚碳酸酯（PC）、改性聚苯醚（MPPO）、聚苯硫醚（PPS）等。

（3）低流动性　聚四氟乙烯（PTFE）、超高分子量聚乙烯（UHMWPE）、聚苯醚

（PPO）等。

　　配方中各种塑化材料的黏度要接近，以保证加工流动性。对于黏度相差悬殊的材料，要加过渡料，以减小黏度梯度。如阻燃配方中用 PA66 增韧时，常加入 PA6 作为过渡料；阻燃配方中用 PA6 增韧时，常加入 HDPE 作为过渡料。

　　同一品种树脂也具有不同的流动性，主要原因为分子量及其分布不同，所以同一种树脂有许多不同牌号。由于不同加工方法要求的树脂流动性不同，所以树脂又分为注塑级、挤出级、吹塑级、压延级等牌号，不同加工方式要求的熔体流动性数据见表 3-2。

表 3-2　塑料加工方法及其熔体流动性数据

加工方法	熔体流动速率/[g/(10min)]	加工方法	熔体流动速率/[g/(10min)]
压制、挤出、压延	0.2～8	涂覆、滚塑	1～8
流延、吹塑	0.3～15	注塑	1～60

3.3.1.3　树脂的内在性能

　　同一种类的树脂，因生产配方和工艺的不同可以得到分子链结构和聚集态不同的树脂，这些内在性能对加工工艺和产品性能产生巨大影响。

　　(1) 树脂的分子量大小及其分布直接影响制品的性能、配料和加工性能　聚合物是各种不同分子量同系物的混合物，树脂的分子量对聚合物玻璃化温度的影响巨大，分子量越高，制品的玻璃化温度也越高，也即制品的耐热性能越好。但选用分子量较高的树脂来加工硬制品的时候必须综合考虑加工流动性较差的特点。

　　由于随着树脂分子量的增大，其分子链间的引力或缠绕程度相应增加，所以制品的力学强度增加，耐热变形温度上升。同时分子量增大也意味着分子链中存在的不正常结构和链端基引发剂残余物比例也相对减少，所以制品的电气绝缘性、光热老化性能等也相应提高。一般而言，聚合物的成型加工以分子量分布较窄为好，这是因为此条件下加工性能和制品的性能都较均一。分子量分布太宽则表明聚合物中存在着一定数量的偏低或偏高的分子量部分。前者的存在将显著降低其热稳定性、耐热变形温度、电气绝缘性、力学强度和耐老化性；后者的存在往往会使其在通常的加工条件下不易塑化均匀，同样会造成制品内在质量，尤其是外观质量的下降，严重的时候会在制品表面出现鱼眼一样的未塑化颗粒。

　　(2) 树脂的颗粒结构和粒度影响加工过程的难易　疏松型树脂易于吸收增塑剂，配制时所需温度较低，时间较短；而紧密型树脂则不易吸收增塑剂，配制时所需温度较高，时间较长。粒度主要影响混合的均匀性：粒度大时树脂与其他添加剂接触少，容易造成混合不匀；颗粒大，不易塑化或塑化不完全；过细的粒子易造成粉尘飞扬和容积计量的困难。

3.3.2　助剂的选择

　　塑料助剂是一类可保证聚合物树脂易于加工或赋予塑料制品某些特殊性能的添加剂，包括反应型助剂和添加型助剂，常用的是添加型助剂。添加型助剂的种类很多，包括：增塑剂、稳定剂、增韧剂、加工助剂、着色剂、抗氧剂、填料等。通常助剂的选用取决于塑料制品生产加工过程和最终的使用要求，与之相对应，助剂又可以分为加工助剂和功能助剂。在塑料制品生产过程中，凡可提高树脂的热稳定性、耐氧化性和耐剪切力等，或可改善树脂加工性的助剂统称为加工助剂，如抗氧剂、热稳定剂、润滑剂等。可赋予塑料某一特定功能或使用性的助剂则为功能助剂，如抗静电剂、防老剂、阻燃剂、爽滑剂和抗菌剂等。

3.3.2.1　助剂选择的原则

　　树脂类型、加工方式、应用领域及制品的功能要求是影响助剂选择的重要因素。塑料制品的多性能需要多种助剂，但部分助剂间存在对抗作用，反而会劣化制品的物理机械性能，因此助剂的选择应该非常慎重。助剂选择的原则如下：

① 在配方体系和加工工艺中，能充分发挥自身功效；

② 不劣化或最小限度地影响树脂的基本物理机械性能；

③ 不劣化或最小限度地影响其他助剂功效的发挥，与其他助剂有协同效应时更佳；

④ 对加工设备、使用环境和操作人员无不良影响。

3.3.2.2 助剂选择的方法

一般按改性目标进行助剂选择，见表3-3。

表3-3 塑料制品的性能及可选择助剂的种类

性能	可选择的助剂
增韧	弹性体、热塑性弹性体和刚性增韧材料
增强	玻璃纤维、碳纤维、晶须和有机纤维
阻燃	溴类(普通溴系和环保溴系)、磷类、氮类、氮/磷复合类膨胀型阻燃剂、三氧化二锑、水合金属氧化物等各类阻燃剂
抗静电	各类抗静电剂
导电	碳类(炭黑、石墨、碳纤维、碳纳米管)、金属纤维和粉、金属氧化物
磁性	铁氧体磁粉、稀土磁粉[包括钐钴类(SmCo5 或 Sm2Co17)、钕铁硼类(NdFeB)、钐铁氮类(SmFeN)]、铝镍钴类磁粉三大类
导热	金属纤维和粉末，金属氧化物、氮化物和碳化物，碳类材料如炭黑、碳纤维、石墨和碳纳米管，半导体材料如硅、硼
耐热	玻璃纤维、无机填料、耐热剂如取代马来酰亚胺类和 β 成核剂
透明	成核剂，对 PP 而言，α 成核剂的山梨醇衍生物系列产品 Millad 3988 效果最好
耐磨	PTFE、石墨、二硫化钼、铜粉等
电绝缘	煅烧高岭土等
绝热	云母、蒙脱土、石英等

3.3.2.3 助剂对树脂具有选择性

选择助剂时，要有针对性，应选择对树脂改性效果好的品种。例如：

① 红磷阻燃剂适用于聚酰胺（PA）、聚对苯二甲酸丁二醇酯（PBT）、聚对苯二甲酸乙二醇酯（PET）。

② 氮系阻燃剂适用于含氧类工程塑料，如 PA、PBT、PET 等。

③ 玻璃纤维对结晶型塑料的耐热改性效果好，对非结晶型塑料效果差。

④ 炭黑在结晶型树脂中效果好。

3.3.2.4 助剂的形态

同一种成分的助剂，其形态不同，对改性作用的发挥影响很大。

3.3.2.4.1 助剂的形状

① 纤维状填料的增强效果好。纤维的形状可用长径比（L/D）表示，L/D 越大，增强效果越好。树脂在熔融状态时比在粉末状态时有利于保持长径比，减小断纤概率，这就是不从进料口而从中部加料口加入玻璃纤维的原因。

② 球形填料的增韧效果好并可增加制品的光亮度。硫酸钡为典型的球形填料，因此高光泽 PP 的填充选用硫酸钡，硫酸钡也可以小幅度提高制品的刚性及韧性。

3.3.2.4.2 助剂的粒度

颗粒状添加剂的粒度可用目数或平均粒径表示，通常用的目数与平均粒径的关系见表3-4，常用的测量方法有光学显微镜法、粒度分布法、比表面积法、刮板细度仪法，也可以用湿态或者干态筛分的方法进行测量。

表 3-4 目数、平均粒径对照表

目数	平均粒径/μm	目数	平均粒径/μm	目数	平均粒径/μm
5	3900	120	124	1100	13
10	2000	140	104	1300	11
16	1190	170	89	1600	10
20	840	200	74	1800	8
25	710	230	61	2000	6.5
30	590	270	53	2500	5.5
35	500	325	44	3000	5
40	420	400	38	3500	4.5
45	350	460	30	4000	3.4
50	297	540	26	5000	2.7
60	250	650	21	6000	2.5
80	178	800	19	7000	1.25
100	150	900	15	12500	1

注：目数有多种表示方法。本表中的目数为每平方英寸（$1in^2=6.45\times10^{-4}m^2$）筛网上的筛孔数目。

（1）助剂粒度对加工流动性的影响　助剂，特别是填料的粒径越小，在同样浓度（质量分数）时，填充体系的黏度越高，而且粒径越小，相互之间越易聚集在一起，呈聚集态的填料对填充体系的流动性是不利的。

（2）助剂粒度对应用性能的影响　助剂粒度对应用性能的影响也是巨大的，具体如下：

① 填充剂粒子越小，比表面积越大，能吸附的分子链数越多，补强效果越好，对填充材料的拉伸强度和冲击强度提高越大。例如，就冲击强度而言，三氧化二锑的粒径每减小 $1\mu m$，冲击强度就会增加 1 倍。但粒子太细，工业成本增大；比表面积增大，混合时摩擦大，放热量大，动力消耗也就变大。

② 无机阻燃剂的粒度越小，阻燃效果越好。例如，水合金属氧化物和三氧化二锑的粒度越小，达到同等阻燃效果的用量就越少。在 ABS 中加入 4％粒度为 $45\mu m$ 的三氧化二锑与加入 1％粒度为 $0.03\mu m$ 的三氧化二锑阻燃效果相同。

③ 着色剂的粒度越小，着色力越高，遮盖力越强，色泽越均匀。但着色剂的粒度不是越小越好，存在一个极限值，而且对不同性能的极限值不同。对着色力而言，偶氮类着色剂的极限粒度为 $0.1\mu m$，酞菁类着色剂的极限粒度为 $0.05\mu m$。对遮盖力而言，着色剂的极限粒度为 $0.05\mu m$ 左右。另外，受到加工方式的制约，着色剂的粒度也会出现极限值和颜色分布不均匀的现象。

④ 以炭黑为例，其粒度越小，越易形成网状导电通路，达到同样的导电效果时加入炭黑的量降低。但同着色剂一样，粒度也有一个极限值，粒度太小易于聚集而难以分散，效果反倒不好。

⑤ 助剂颗粒的形状对制品性能也有较大影响，一般有如下顺序：球状粒子（炭黑）＞片状粒子（云母）＞针状粒子（石棉）。针状粒子、片状粒子会取向，使材料呈各向异性。

3.3.2.5　助剂的表面处理

助剂与树脂的相容性要好，这样才能保证助剂与树脂按预想的结构进行分散，保证设计指标的完成，保证在使用寿命内其效果持久发挥，耐抽提、耐迁移、耐析出。如大部分配方要求助剂与树脂均匀分散，对阻隔性配方则希望助剂在树脂中层状分布。除表面活性剂等少数助剂外，与树脂良好的相容性是发挥其功效和提高添加量的关键。因此，必须设法提高或改善其相容性，如采用相容剂或偶联剂进行表面活性化处理等。

所有无机类添加剂的表面经过处理后，改性效果都会提高，尤其以填料最为明显，其他还有玻璃纤维、无机阻燃剂等。表面活性越大，补强效果越好（因为吸附力强）。表面处理以偶联剂和增容剂为主，偶联剂具体如硅烷类、钛酸酯类和铝酸酯类，常用相容剂为树脂对应的马来酸酐接枝聚合物。例如：加入少量的硬脂酸可以使碳酸钙被活化得到活性碳酸钙，与树脂的相容性增加；而硅烷和填充剂混合可以起到补强作用。

3.3.2.6　助剂的合理加入量

从改性效果看，有的助剂加入量越多越好，如阻燃剂、增韧剂、磁粉、阻隔材料等，有的助剂加入量有最佳值，如导电助剂，形成导电通路即可，再增加无效果；偶联剂，表面包覆即可；抗静电剂，在制品表面形成泄电荷层即可。在设计配方时，应该在能满足改性效果的前提下，添加量最小，以降低成本。

3.3.3　助剂与其他组分的关系

配方中所选用的助剂在发挥自身作用的同时，应不劣化或最小限度地影响其他助剂功效的发挥，最好与其他助剂有协同作用。在一个具体配方中，为达到不同的目的可能加入很多种类的助剂，这些助剂之间的相互关系很复杂，有的助剂之间有协同作用，而有的助剂之间有对抗作用。

3.3.3.1　协同作用

协同作用是指塑料配方中两种或两种以上的添加剂一起加入时的效果高于其单独加入的平均值。产生协同作用的原因主要是它们之间产生了物理或化学作用。

在抗老化的配方中，协同作用的例子很多，主要如下：

① 两种羟基邻位取代基位阻不同的酚类抗氧剂并用有协同作用；

② 两种结构和活性不同的胺类抗氧剂并用有协同作用；

③ 抗氧化性不同的胺类和酚类抗氧剂复合使用有协同作用；

④ 受阻酚类和亚磷酸酯类抗氧剂有协同作用；

⑤ 半受阻酚类与硫酯类抗氧剂有协同作用，主要用于户内制品中；

⑥ 受阻酚类抗氧剂和受阻胺类光稳定剂有协同作用；

⑦ 受阻胺类光稳定剂与磷类抗氧剂有协同作用；

⑧ 受阻胺类光稳定剂与紫外线吸收剂有协同作用。

在阻燃配方中，协同作用的例子也很多，主要如下：

① 在卤素/锑系复合阻燃体系中，卤系阻燃剂可与 Sb_2O_3 发生反应生成 SbX_3，SbX_3 可以隔离氧气从而达到增大阻燃效果的目的。

② 在卤素/磷系复合阻燃体系中，两类阻燃剂也可以发生反应生成 PX_3、PX_2、POX_3 等高密度气体，这些气体可以起到隔离氧气的作用。另外，两类阻燃剂还可分别在气相、液相中相互促进，从而提高阻燃效果。

3.3.3.2　对抗作用

对抗作用是指塑料配方中两种或两种以上的添加剂一起加入时的效果低于其单独加入的平均值。产生对抗作用的原理同协同作用一样，也是不同添加剂之间产生物理或化学作用；不同的是，其作用的结果不但没有促进各自作用的发挥，反而削弱了其应有的效果。

在防老化塑料配方中，对抗作用的例子很多，主要如下：

① HALS 类光稳定剂不与硫醚类辅助抗氧剂并用，原因为硫醚类产生的酸性成分抑制了 HALS 类的光稳定作用。

② 芳胺类和受阻酚类抗氧剂一般不与炭黑类紫外线屏蔽剂并用，因为炭黑对胺类或酚类的直接氧化有催化作用，抑制抗氧化效果的发挥。

③ 常用的抗氧剂与某些含硫化物，特别是多硫化物之间存在对抗作用。其原因是多硫化物有助氧化作用。

④ 如 HALS 不能与酸性助剂共用，酸性助剂会与碱性的 HALS 发生盐化反应，导致 HALS 失效；在酸性助剂存在时，一般只能选用紫外线吸收剂。

在阻燃塑料配方中，也有对抗作用的例子，主要有：卤系阻燃剂与有机硅类阻燃剂并用，会降低阻燃效果；红磷阻燃剂与有机硅类阻燃剂并用，也存在对抗作用。

其他对抗作用的例子有：铅盐类助剂不能与含硫化合物助剂一起使用，否则引起铅污染。因此，在 PVC 加工配方中，硬脂酸铅润滑剂和硫醇类有机锡千万不要一起加入。另外，硫醇锡类稳定剂不能用于铜电缆的绝缘层中，否则引起铜污染；又如在含有大量吸油性填料的填充配方中，油性助剂如 DOP、润滑剂的加入量要相应增大，以弥补被吸收部分。

3.3.3.3　加合作用

加合作用是指塑料配方中两种或两种以上不同添加剂一起加入的效果等于其单独加入效果的平均值。

如不同类型防老剂并用后，可以提供不同类型的防护作用：抗氧剂可防止热氧化降解，光稳定剂可防止光降解，防霉剂可防止生物降解等。

3.4　聚氯乙烯（PVC）配方设计

工业生产的 PVC 分子量一般在 $5 \times 10^4 \sim 11 \times 10^4$ 范围内，具有较大的多分散性，分子量随聚合温度的降低而增加；无固定熔点，80～85℃开始软化，130℃变为黏弹态，160～180℃开始转变为黏流态。PVC 的玻璃化温度（T_g）较高，要使其成为流动性好的熔体去进行加工，需要较高的加工温度；PVC 对热极不稳定，在 80～90℃左右就开始微分解，在120℃左右迅速降解并大量放热。在 PVC 制品生产过程中一直伴随着 PVC 降解，会持续有刺激性 HCl 气体逸出。由于降解过程放热，一旦发生严重的降解，物料往往从内到外发生变色、变黏、焦化及粘壁等现象，严重时会使加工无法进行。降低加工温度、补充凉料、提高加工速度、及时排出降解料等补救措施可以缓解后续物料的降解；如果有降解料黏附在设备壁上，新料极易黏附在降解料上，PVC 制品也会持续带有炭化料点或变色点。

改善加工性能用的添加剂，最先用于聚氯乙烯，然后逐步扩展到其他塑料，特别是一些工程塑料，因此以 PVC 制品的配方设计最为经典，非常具有代表性。这些添加剂主要用于改变熔体流变性能，如降低玻璃化温度（T_g）、熔体黏度，避免受热分解，有些添加剂是为了实现其中功能化，或者仅仅是成本、外观等的要求。这类添加剂包括增塑剂、热稳定剂、润滑剂、脱模剂、耐寒剂、色料、遮光剂及其他加工助剂。填充剂由于与增塑剂并用，也归入此节之中。

3.4.1　树脂的选择

工业上常用黏度或 K 值表示平均分子量（或平均聚合度）。树脂的分子量与制品的物理机械性能有关，分子量越高，制品的拉伸强度、冲击强度、弹性模量越高，但树脂熔体的流动性与可塑性下降。同时，合成工艺不同，导致了树脂的形态也有差异。乳液法树脂宜作为PVC 糊，生产人造革；悬浮法乳液聚合 PVC 树脂是目前最常用的 PVC 树脂，树脂疏松多孔，吸收增塑剂快，塑化速度快。它的型号表示方法一般有以下几种：

（1）用 SGx 表示（suspension 悬浮，general 通用，x 为阿拉伯数字：0～9）　沧州化工厂等北方一些工厂采用这种方法。

（2）**直接用聚合度表示（数字，800、1000 等）**　如上海氯碱的 WS-1000、WS-800、WS-1300，齐鲁石化的 S700、S1000，日本信越的 TK-800，日本大洋的 TH-800 等，这种是最常见的，其中前面的字母有的是厂名代号，如天津 LG 的 TL-800；有的是有其他含义，如上海氯碱 WS 和齐鲁石化 S 中的 S 是悬浮法树脂的代号，上海氯碱 WS 中的 W 是卫生级的意思，就是 VCM 单体含量在 1×10^{-6} 以下。

（3）**用 K 值表示**　如 K 60、K 55 等，K 值是根据黏数换算出来的一个值，再如 K 57（聚合度 700）、K 60（聚合度 800）、K 66（聚合度 1000）。

按国家标准《悬浮法通用聚氯乙烯树脂》（GB/T 5761—2006），PVC 树脂分类见表 3-5，悬浮法 PVC 树脂型号及主要用途见表 3-6。

表 3-5　PVC 树脂分类

树脂型号	SG0	SG1	SG2	SG3	SG4	SG5	SG6	SG7	SG8	SG9
黏数/(mL/g)	>156	156～144	143～136	135～127	126～119	118～107	106～96	95～87	86～73	<73
K 值	>77	77～75	74～73	72～71	70～69	68～66	65～63	62～60	59～55	<55
平均聚合度	>1785	1785～1536	1535～1371	1370～1251	1250～1136	1135～981	980～846	845～741	740～650	<650

表 3-6　悬浮法 PVC 树脂型号及主要用途

型号	级别	主要用途
SG1	一级 A	高级电绝缘材料
SG2	一级 A	电绝缘材料、薄膜
	一级 B、二级	一般软制品
SG3	一级 A	电绝缘材料、农用薄膜、人造革表面膜
	一级 B、二级	全塑凉鞋
SG4	一级 A	工业用薄膜和民用薄膜
	一级 B、二级	软管、人造革、高强度管材
SG5	一级 A	透明制品
	一级 B、二级	硬管、硬片、单丝、导管、型材
SG6	一级 A	唱片、透明片
	一级 B、二级	硬板、焊条、纤维
SG7	一级 A	瓶子、透明片
	一级 B、二级	硬质注塑管件、过氯乙烯树脂

3.4.2　增塑剂体系

增塑剂的加入，可以降低 PVC 分子链间的作用力，使 PVC 塑料的玻璃化温度、流动温度与所含微晶的熔点均降低，增塑剂可提高树脂的可塑性，使制品柔软、耐低温性能好。

增塑剂在 10 份以下时对机械强度的影响不明显，当加 5 份左右的增塑剂时，机械强度反而最高，这是所谓的反增塑现象。一般认为，反增塑现象是加入少量增塑剂后，大分子链活动能力增大，使分子有序化产生微晶效应。加入少量增塑剂的硬制品，其冲击强度反而比没有加时小，但加大到一定剂量后，其冲击强度就随用量的增大而增大，满足普适规律了。此外，增加增塑剂后，制品的耐热性和耐腐蚀性均有所下降，每增加一份增塑剂，马丁耐热下降 2～3℃。因此，一般硬制品不加增塑剂或少加增塑剂，有时为了提高加工流动性才加入几份增塑剂。而软制品则需要加入大量的增塑剂，增塑剂量越大，制品就越柔软。

（1）**PVC 常用增塑剂**　增塑剂的种类有邻苯二甲酸酯类、直链酯类、环氧类、磷酸酯类等。就其综合性能看，DOP 是一个较好的品种，可用于各种 PVC 制品配方中；直链酯类如 DOS 属耐寒增塑剂，常用于农膜中，它与 PVC 相容性不好，一般以不超过 8 份为宜；环氧类增塑剂除耐寒性好以外，还具有耐热、耐光性，尤其与金属皂类稳定剂并用时有协同效应，环氧增塑剂一般用量为 3～5 份。电线、电缆制品需具有阻燃性，且应选用电性能相对优良的增塑剂。PVC 本身具有阻燃性，但经增塑后的软制品大多易燃，为使软 PVC 制品具有阻燃性，应加入阻燃增塑剂如磷酸酯及氯化石蜡，这两类增塑剂的电性能也较其他增塑剂优良，但随增塑剂用量增加，电性能总体呈下降趋势。对用于无毒用途的 PVC 制品，应采用无毒增塑剂如环氧大豆油等。至于增塑剂总量，应根据对制品的柔软程度要求及用途、工艺及使用环境不同而有所不同。一般以压延工艺生产的 PVC 薄膜，增塑剂总用量在 50 份左右；吹塑薄膜略低些，一般在 45～50 份。

PVC 常用增塑剂的主要性能特点见表 3-7。

表 3-7　PVC 常用增塑剂的主要性能特点

名称	主要性能特点
邻苯二甲酸二（2-乙基）酯（DOP），也称邻苯二甲酸二异辛酯	无色或淡黄色油状透明液体。分子量 391。相对密度（25℃）0.980～0.986。折射率（20℃）1.4830～1.4859。凝固点－53℃。沸点 286℃（760mmHg[①]）。着火点 241℃。溶于大多数有机溶剂。与 PVC 相容性好，增塑效率高，是主增塑剂，挥发性和迁移性小，耐水抽出和耐紫外线性能良好
己二酸二（2-乙基）酯（DOA），也称己二酸二异辛酯	无色透明油状液体。分子量 371。相对密度（25℃）0.927。折射率（25℃）1.444～1.448。凝固点－75℃。着火点 229℃。与 PVC 相容。属于典型的耐寒增塑剂。耐寒性、耐热变色性好，但耐水性、耐迁移性较差。一些国家允许用于食品包装材料
癸二酸二（2-乙基）酯（DOS），也称癸二酸二异辛酯	无色或淡黄色透明油状液体。分子量 426。相对密度（25℃）0.911～0.913。折射率 1.449～1.451。凝固点－40℃。沸点 377℃（760mmHg）。着火点 257～263℃。与 PVC 相容，耐寒增塑剂。耐寒、耐热、耐光性较好，但耐迁移性、耐水性较差。一些国家允许用于食品包装材料
环氧大豆油酸（2-乙基）酯，也称环氧大豆油酸异辛酯	浅黄色油状液体。相对密度（25℃）0.920～0.980。折射率（25℃）1.4580～1.4585。闪点（开杯法）>200℃。辅助增塑剂兼辅助热稳定剂。耐寒性、耐迁移性、耐油抽出性较好，无毒
环氧硬脂酸（2-乙基）酯，也称环氧硬脂酸辛酯或环氧十八酸异辛酯	浅黄色油状液体。分子量 410。相对密度（20℃）0.900～0.910。折射率（25℃）1.4537，凝固点－13.5℃。闪点 265℃。与 PVC 相容。辅助增塑剂兼辅助热稳定剂。耐热性、耐寒性、耐候性、耐挥发性、耐抽出性较好。一些国家允许用于食品包装材料
乙酰柠檬酸三正丁酯	无色油状液体。分子量 402。相对密度（25℃）1.046。折射率（25.5℃）1.4408。凝固点－80℃。闪点（开杯法）204℃。柠檬酸酯类增塑剂中应用较广泛的品种，与 PVC、PVDC 等相容，可作为 PVDC 的增塑剂。耐热、耐寒、耐水性较好，无毒、无臭。一些国家已允许用于食品包装材料
乙酰柠檬酸三（2-乙基）酯	无色油状液体。分子量 571。相对密度（25℃）0.983。流动点－19.4℃。闪点（开杯法）224℃。PVC、PVDC 的增塑剂。耐寒、耐挥发性好，无毒。一些国家允许用于食品包装材料

① 1mmHg＝0.133kPa。

表 3-7 中所列增塑剂均为低分子增塑剂，为了克服其向 PVC 制品表面迁移和在制品表面析出的缺点，国内外已开发出高分子增塑剂。例如，用热塑性聚氨酯（TPU）替代 DOP 制得的 PVC/TPU 弹性体（TPU 占 50％）拉伸强度为 23MPa，断裂伸长率为 450％。又如，在 PVC 中共混 41％E/VA/CO 三元共聚物（杜邦公司 Elvaloy 742）可制得拉伸强度为 17MPa，断裂伸长率为 350％的软 PVC 制品。研究结果表明：高分子增塑剂的增塑效率不如低分子增塑剂，将两者配合使用较好。近些年，欧美国家已用高分子增塑剂特别是 Elvaloy 742 生产了多种软 PVC 制品。

（2）增塑剂的选择方法

① 主、辅增塑剂协同选用

a. 主增塑剂与 PVC 相容性好，增塑效率高，大量加入不析出，常用的为苯二甲酸酯类和磷酸酯类（DOP、DBP、DIOP、DIBP、DOTP、TCP、DPOP、TOTM）。

b. 辅助增塑剂与 PVC 相容性差，增塑效率一般，加入量受到限制，一般不单独使用，常用的有脂肪族二元酸酯类、环氧类、聚酯类、氯化石蜡类、石油苯磺酸酯类、柠檬酸酯类等。

② 按制品的软硬程度选用

a. 硬制品：增塑剂加入量为 0～5 份。

b. 半硬制品：增塑剂加入量为 6～25 份。

c. 软制品：增塑剂加入量为 26～60 份。

③ 按制品的性能要求选用

a. 耐寒类制品：选用脂肪族二元酸酯类（如 DOS）为辅助增塑剂。

b. 无毒类制品：不选磷酸酯类、氯化石蜡类、DOP、DOA，尽可能改用 DHP、DNP、DIDP、环氧类和柠檬酸酯类。

c. 农用制品：不选 DBP、DIBP，对农作物有害。

d. 耐高温制品：选用 TCP、DIDP、DNP、聚酯类及季戊四醇类。

e. 绝缘类制品：选耐热绝缘类增塑剂，如 TOTM、TCP、DPOP、DIDP、DOTP 等。

f. 阻燃类制品：选用磷酸酯类、氯化石蜡类。

g. 低成本制品：选用氯化石蜡类和石油酯类。

3.4.3　稳定剂体系

PVC 在高温下加工，极易放出 HCl，形成不稳定的聚烯结构。同时，HCl 具有自催化作用，会使 PVC 进一步降解。另外，如果有氧存在或有铁、铝、锌、锡、铜和镉等金属的离子存在，都会对 PVC 降解起催化作用，加速其老化。因此，塑料将出现各种不良现象，如变色、变形、龟裂、机械强度下降、电绝缘性能下降、发脆等。为了解决这些问题，配方中必须加入稳定剂，尤其热稳定剂更是必不可少。PVC 用的稳定剂包括热稳定剂、抗氧剂、紫外线吸收剂和螯合剂。配方设计时应根据制品使用要求和加工工艺要求选用不同品种、不同数量的稳定剂。

3.4.3.1　热稳定剂

热稳定剂必须能够捕捉 PVC 树脂放出的具有自催化作用的 HCl，或是能够与 PVC 树脂产生的不稳定聚烯结构起加成反应，以阻止或减轻 PVC 树脂的分解。一般根据在配方中选用的热稳定剂的特点、功能与制品的要求来考虑。例如：

(1) 硬质 PVC 配方中热稳定剂的选用　要求热稳定剂的加入量大、稳定效果好。铅盐稳定剂主要用在硬制品中。铅盐类稳定剂具有热稳定性好、电性能优异、价廉等特点，但是其毒性较大，易污染制品，只能生产不透明制品。近年来复合稳定剂大量出现，单组分的稳定剂已有被取代的趋势。复合稳定剂具有专用性强、污染小、加工企业配料简便等优点，但由于无统一的标准，所以各家的复合稳定剂差异很大。有机锡类热稳定剂性能较好，是用于 PVC 硬制品与透明制品的较好品种。

不透明制品：选用三碱式硫酸铅/二碱式亚磷酸铅（2/1～1/1），3～5 份。

透明制品：选用金属皂类（3～4 份）、有机锡类（1～2 份）、稀土类。

(2) 软质 PVC 配方中热稳定剂的选用　热稳定剂的加入量小，在增塑剂加入量较大时也可不加入。钡镉类稳定剂是性能较好的一类热稳定剂，在 PVC 农膜中使用较广，通常是钡镉锌和有机亚磷酸酯及抗氧剂并用。

不透明制品：选用铅盐（1～2 份）和金属皂类（1～2 份）协同加入。

半透明制品：选用几种金属皂类并用，总加入量为 2～3 份。

透明制品：选用有机锡类（0.5～1 份）和金属皂类（1～2 份）协同加入，也可用稀土类代替有机锡类。

（3）无毒 PVC 配方中热稳定剂的选用　在无毒配方中，铅盐类不宜选用。钙锌类稳定剂可作为无毒稳定剂，用在食品包装与医疗器械、药品包装中，但其稳定性相对较低，钙类稳定剂用量大时透明度差，易"喷霜"。钙锌类稳定剂一般多用多元醇和抗氧剂来提高其性能，最近国内已经有用于硬质管材的钙锌复合稳定剂出现。除铅皂和镉皂外，其他金属皂类热稳定剂都可以选用；有机锡类应选用无毒品种，辛基锡几乎成为无毒包装制品不可缺少的稳定剂，但其价格较贵。有机锑类、稀土类、环氧类无毒，可选用。

（4）热稳定剂的协同作用

① 三碱式硫酸铅和二碱式亚磷酸铅之间有协同作用。

② 不同金属皂类间有协同作用（Ca/Zn、Cd/Ba、Ba/Pb、Ba/Zn、Ba/Cd/Zn）。

③ 金属皂类与有机锡类有协同作用（用于透明配方中）。

④ 稀土类和有机锡类有协同作用（用稀土类取代有机锡类可降低成本）。

⑤ 环氧类稳定剂通常作为辅助稳定剂。这类稳定剂与钡镉钙锌类稳定剂并用时能提高制品对光与热的稳定性，其缺点是易渗出。作为辅助稳定剂的还有多元醇类、有机亚磷酸酯类。近年来还出现了稀土类稳定剂和水滑石系稳定剂，稀土类稳定剂的主要特点是加工性能优良，而水滑石系稳定剂则是无毒稳定剂。

3.4.3.2　抗氧剂

PVC 制品在加工使用过程中，因受热、紫外线的作用发生氧化，其氧化降解与产生自由基有关。主抗氧剂是链断裂终止剂或称自由基消除剂。其主要作用是与自由基结合，形成稳定的化合物，使连锁反应终止。PVC 用主抗氧剂一般是双酚 A。还有辅助抗氧剂或氢过氧化物分解剂，PVC 辅助抗氧剂为亚磷酸三苯酯与亚磷酸苯二异辛酯。主辅抗氧剂并用时可发挥协同作用。

3.4.3.3　紫外线吸收剂

在户外使用的 PVC 制品，因受到其敏感波长范围内的紫外线照射，PVC 分子呈激发态，或其化学键被破坏，引起自由基链式反应，促使 PVC 降解与老化。为了提高抗紫外线的能力，常加入紫外线吸收剂。PVC 常用的紫外线吸收剂有三嗪-5、UV-9、UV-326、TBS、BAD、OBS，以三嗪-5 效果为最好，但因呈黄色使薄膜略带黄色，加入少量酞菁蓝可以改善。在 PVC 农膜中常用 UV-9，一般用量为 0.2～0.5 份。属水杨酸类的 TBS、BAD 与 OBS 作用温和，与抗氧剂配合使用，会得到很好的耐老化效果。对于非透明制品，一般通过添加遮光的金红石型钛白粉来改善耐候性，这时如果再添加紫外线吸收剂，则需要很大用量，不十分合算。

3.4.3.4　螯合剂

在 PVC 塑料稳定体系中，常加入的亚磷酸酯类不仅是辅助抗氧剂，而且也起螯合剂的作用，它能与促使 PVC 脱 HCl 的有害金属离子生成金属配合物。常用的亚磷酸酯类有亚磷酸三苯酯、亚磷酸苯二异辛酯与亚磷酸二苯辛酯。在 PVC 农膜中，一般用量为 0.5～1 份，单独用时初期易着色，热稳定性也不好，一般与金属皂类并用。

3.4.4　润滑剂

润滑剂的作用在于减小聚合物和设备之间的摩擦力，以及聚合物分子链之间的内摩擦。前者称为外润滑作用，后者称为内润滑作用。具有外润滑作用的如硅油、石蜡等，具有内润滑作用的如单甘酯、硬脂醇及酯类等。至于金属皂类，则二者兼有。另外需要说明的是，内外润滑的说法只是我们的一种习惯称谓，并没有明显的界限，有些润滑剂在不同的条件下起不同的作用。如硬脂酸，在低温或少量的时候能起内润滑作用，但当温度升高或用量增加时它的外润滑作用就逐渐占优势了；还有一个特例是硬脂酸钙，它单独使用时作外润滑剂，但当它和硬铅及石蜡等并用时就成为促进塑化的内润滑剂。

3.4.4.1 润滑剂的选用方法

（1）按 PVC 的加工方法选用

① 压延成型　内、外润滑剂配合使用，以金属皂类为主。

② 挤出、注塑　以内润滑剂为主，酯、蜡配合使用。

③ 模压、层压　以外润滑剂为主，常用蜡类润滑剂。

（2）按 PVC 制品不同选用

① 在软制品配方中，润滑剂用量一般较少；用量太多，会"起霜"并影响制品的强度及高频焊接和印刷性。而润滑剂太少则会粘辊，对吹塑薄膜而言，润滑剂太少会粘住口模，易使塑料在模内焦化。同时，为了改善吹膜的发黏现象，宜加入少量的内润滑剂，可选用硬脂酸单甘油酯。生产 PVC 软制品时，润滑剂加入量一般小于 1 份。在电缆类配方中，如加入填料，可采用高熔点蜡（0.3～0.5 份）为润滑剂。

② 在硬质 PVC 塑料中，润滑剂用量大于软制品，由于加工温度高、热程长，对润滑剂的要求较高。润滑剂过量会导致强度降低，也影响工艺操作。对于注射制品会产生脱皮现象，尤其是在浇口附近会产生剥层现象。对注射制品，硬脂酸和石蜡总用量一般为 0.5～1份；挤出制品一般不超过 1 份。

③ 在透明配方中，一般选用金属皂类和液态复合稳定剂，配合使用硬脂酸（小于 0.5份）。常用的有 OP 蜡、E 蜡等，加入量为 0.3～0.5 份，也可与 0.5 份硬脂酸正丁酯或 0.5份硬脂酸配合使用。

④ 对不透明制品，如板材、管材和日用品等，常将金属皂（0.5～2 份）、石蜡、硬脂酸（0.2～0.5 份）并用。

3.4.4.2 润滑剂的用量

一般内、外润滑剂并用，用量随加工方法有所改变：

① 压延成型　内润滑剂 0.3～0.8 份，外润滑剂 0.2～0.8 份。

② 挤出、注塑　内润滑剂 0.5～1.0 份，外润滑剂 0.2～0.4 份。

3.4.4.3 润滑剂与其他助剂的关系

① 热稳定剂兼有润滑作用，采用热稳定剂时可适当减少润滑剂的用量。热稳定剂的润滑性大小：金属皂＞液态复合金属皂类＞铅盐＞月桂酸锡＞马来酸锡、硫醇有机锡。

② 加工助剂大都具有外润滑功能，采用加工助剂时可适当减少外润滑剂的用量。

③ 配方中含有大量非润滑填料时，应相应增加润滑剂用量。

3.4.5 填充体系

填料又称为填充剂，其主要目的是降低塑料制品的成本。其他正面作用包括可改善制品的耐热性、刚性、硬度、尺寸稳定性、耐蠕变性、耐磨性、阻燃性、消烟性及可降解性，降低成型收缩率以提高制品精度；副作用有导致制品某些性能的下降甚至是大幅度下降，下降最明显的性能有冲击强度、拉伸强度、加工流动性、透明性及制品表面光泽度等。常用的填料主要为天然矿物及工业废渣等。此外，还有木粉及果壳粉等有机填料及废热固性塑料粉等。填料是塑料助剂中应用最广泛、消耗量最大的一类助剂。塑料填充的目的：对于热塑性塑料，主要是降低成本；对于热固性塑料是降低成本与改性兼而有之。填充时除降低成本外，还可以改善制品的某些性能：普遍可以改善的性能包括刚性、耐热性（无机填料）、尺寸稳定性、成型收缩率及抗蠕变性等；有的还可以改善绝缘性、阻燃性、消烟性及隔声性等。

在硬质挤压成型过程中，PVC制品的填料一般为碳酸钙和硫酸钡。对注塑制品，要求有较好的流动性和韧性，一般宜用钛白粉和碳酸钙。硬质制品的填料量在10份以内对制品的性能影响不大。为了降低成本而大量添加填料，对制品的性能，特别是力学强度是极为不利的。

在软制品方面，加入适量的填料，会使薄膜具有手感很好的弹性，光面干燥而不显光亮，并有耐热压性高和永久形变小等优点。在软制品配方中常用到滑石粉、硫酸钡、碳酸钙、钛白粉与陶土等填料，其中滑石粉对透明性影响较小。生产薄膜时，填料用量可达3份，多了会影响性能。同时要注意填料细度，否则易形成僵块，使塑料断裂。在普通级电缆附层中主要添加碳酸钙；绝缘级电缆附层中加入煅烧陶土，可以提高塑料的耐热性和电绝缘性。此外，三氧化二锑也可作为填料加入软制品中，以提高制品的耐燃性。

3.4.6　着色剂

用于PVC塑料的着色剂主要是有机颜料和无机颜料。PVC塑料对颜料的要求较高，如耐加工时的高温，不受HCl影响，加工中无迁移，耐光等。常用的有：①红色主要是可溶性偶氮颜料、镉红无机颜料、氧化铁红颜料、酞菁红等；②黄色主要有铬黄、镉黄和荧光黄等；③蓝色主要有酞菁蓝；④绿色主要为酞菁绿；⑤白色主要用钛白粉；⑥紫色主要是塑料紫RL；⑦黑色主要是炭黑。另外，荧光增白剂用于增白，金粉、银粉用于彩色印花，珠光粉使塑料具有珍珠般的光泽。

3.4.7　发泡剂

PVC用的发泡剂主要是ADC发泡剂和偶氮二异丁腈及无机发泡剂。另外，铅盐和镉盐也有助于发泡，可使AC发泡剂的分解温度降到150～180℃左右。发泡剂的用量根据发泡倍率而定。

3.4.8　阻燃剂

阻燃剂是塑料配方中常用的助剂，是一类能够阻止塑料引燃或抑制火焰传播的助剂，其消耗量仅次于填料和增塑剂而成为塑料的第三大助剂品种。阻燃剂的种类很多，目前已见报道的已达上千种，而且经常使用的已达百余种。用于建材、电气、汽车、飞机的塑料均要求有阻燃性。一般含卤素、锑、硼、磷、氮等元素的化合物均有阻燃作用，可作为阻燃剂。比较常用的阻燃剂按其分子组成可分为：卤系化合物、磷系化合物、氮系化合物、有机硅化合物及各类无机物，如 $Al(OH)_3$、$Mg(OH)_2$ 及 Sb_2O_3 等。

硬质PVC塑料由于含氯量高，本身具有阻燃性；对于PVC电缆、装饰墙壁及塑料布掺入阻燃剂，可增加其耐火焰性。常用的有氯化石蜡、三氧化二锑（2～5份）、磷酸酯等阻燃剂。磷酸酯类和含氯增塑剂也有阻燃性。

3.5　PVC材料配方实例

3.5.1　PVC普通压延膜配方

PVC普通压延膜配方请见表3-8。

表 3-8　PVC 普通压延膜配方

PVC(SG5 型)	100	HSt	0.2
DOP	45	石蜡	0.3
PbSt	0.9	重质超细 $CaCO_3$	20
BaSt	0.6	钛白粉	适量
液体 Ba/Cd/Zn	0.5	色浆	适量

3.5.2　PVC 普通管材配方

PVC 普通管材配方请见表 3-9。

表 3-9　PVC 普通管材配方

PVC(SG4 型)	100	BaSt	0.8
三碱式硫酸铅	4	石蜡	1
二碱式亚磷酸铅	0.8	$CaCO_3$	5
PbSt	1.2	炭黑	0.01

3.5.3　PVC 透明软管配方

PVC 透明软管配方请见表 3-10。

表 3-10　PVC 透明软管配方

PVC(SG5 型)	100	液体 Ba/Cd/Zn	0.5
DOP	40	MBS	5～10
DBP	10	C-102	3(主要为二月桂酸二丁基锡)
PbSt	1.0	PE 蜡	0.3
BaSt	0.5	酞菁蓝色母粒	适量

3.6　热固性塑料加工配方设计

热固性塑料的模压成型是将缩聚反应到一定阶段的热固性树脂及其填充混合料置于成型温度下的压模型腔中，闭模施压，借助热和压力的作用使物料熔融成可塑性流体而充满型腔，取得与型腔一致的形状；与此同时，带活性基因的树脂分子产生化学交联而形成网状结构，经一段时间保压固化后，脱模，制得热固性塑料制品的过程。

3.6.1　酚醛树脂配方设计

(1) 酚醛树脂压塑粉　生产模压制品的压塑粉（表 3-11）是酚醛树脂的主要用途之一。采用辊压法、螺旋挤出法和乳液法使树脂浸渍填料并与其他助剂混合均匀，再经粉碎过筛即可制得压塑粉。常用木粉作为填料，为制造某些高电绝缘性和耐热性制件，也采用云母粉、石棉粉、石英粉等无机填料。压塑粉可用模压、传递模塑和注射成型法制成各种塑料制品。热塑性酚醛树脂压塑粉主要用于制造开关、插座、插头等电气零件，日用品及其他工业制品。热固性酚醛树脂压塑粉主要用于制造高电绝缘制件。增强酚醛塑料是以酚醛树脂（主要是热固性酚醛树脂）溶液或乳液浸渍各种纤维及其织物，经干燥、压制成型的各种增强塑料。它不仅机械强度高、综合性能好，而且可进行机械加工，是重要的工业材料。以玻璃纤维、石英纤维及其织物增强的酚醛塑料主要用于制造各种制动器摩擦片和化工防腐蚀塑料；高硅氧玻璃纤维和碳纤维增强的酚醛塑料是航天工业的重要耐烧蚀材料。

表 3-11　酚醛树脂压塑粉配方

酚醛树脂	100	硬脂酸镁	2
六次甲基四胺	13	炭黑	1.5
轻质氧化镁	3	云母	0.6

（2）酚醛树脂的发泡材料　酚醛树脂（PF）泡沫产品的特点是保温、隔热、防火、质轻，作为绝热、节能、防火的新材料可广泛应用于中央空调系统、轻质保温彩钢板、房屋隔热降能保温、化工管道的保温（尤其是深低温的保温）、车船等场所的保温、隔热领域，在火烧时，不熔融，无滴落物，发烟少，不产生一氧化碳有毒气体。酚醛树脂泡沫因其热导率低，保温性能好，被誉为"保温之王"。酚醛树脂泡沫不仅热导率低，保温性能好，还具有难燃、热稳定性好、质轻、低烟、低毒、耐热、力学强度高、隔声、抗化学腐蚀能力强、耐候性好等多项优点，酚醛树脂泡沫塑料原料来源丰富，价格低廉，而且生产加工简单，产品用途广泛。PF 泡沫塑料配方请见表 3-12。

表 3-12　PF 泡沫塑料配方

PF	50～100	催化剂	1～3
聚醚多元醇	50～100	发泡剂	35～70
匀泡剂	2～5	PAPI(指数)	1～1.1

注：1. 80℃发泡工艺，按配方充分混合均匀，加入一定量的硫酸水溶液作为酸催化剂，搅拌 1～10min 后，立即注入模腔内，在 80℃下发泡至固化。

2. 50℃发泡工艺，按配方充分混合均匀，立即注入模腔内，在 50℃下发泡 2h，再在室温下放置 3d 进行固化。

3. 还有用大片栓皮、栎皮经粉碎，过筛，然后在 180℃烘烤，制得软木粒，加入 PF 中发泡，来代替软木砖，作为绝热材料用。

3.6.2　其他热固性树脂配方设计

3.6.2.1　环氧树脂胶黏剂

环氧树脂胶黏剂主要由环氧树脂和固化剂两大部分组成，其配方见表 3-13，为改善某些性能，满足不同用途，还可以加入增韧剂、稀释剂、促进剂、偶联剂等辅助材料。由于环氧树脂胶黏剂的粘接强度高、通用性强，曾有"万能胶""大力胶"之称，广泛应用于航空、航天、汽车、机械、建筑、化工、轻工、电子、电器以及日常生活等领域。

环氧树脂胶黏剂的优点：①环氧树脂含有多种极性基团和活性很大的环氧基，因而与金属、玻璃、水泥、木材、塑料等多种极性材料，尤其是表面活性高的材料具有很强的粘接力，同时环氧固化物的内聚强度也很大，所以其胶接强度很高。②环氧树脂固化时基本上无低分子挥发物产生。胶层的体积收缩率小，约 $1\%\sim2\%$，是热固性树脂中固化收缩率最小的品种之一，加入填料后可降到 0.2% 以下。环氧固化物的线膨胀系数也很小，因此内应力小，对胶接强度影响小，加之环氧固化物的蠕变小，所以胶层的尺寸稳定性好。

环氧树脂胶黏剂的缺点：①不增韧时，固化物一般偏脆，抗剥离、抗开裂、抗冲击性能差；②对极性小的材料（如聚乙烯、聚丙烯、氟塑料等）粘接力小，必须先进行表面活化处理；③有些原材料如活性稀释剂、固化剂等有不同程度的毒性和刺激性，设计配方时应尽量避免选用，施工操作时应加强通风和防护。

表 3-13　室温固化环氧树脂胶黏剂配方

甲组分		乙组分	
环氧树脂	100	苯酚	60
聚醚树脂	15～20	甲醛(37%)	13.6

续表

甲组分		乙组分	
		乙二胺	70
		2,4,6,-三(二甲氨基甲基)苯酚等	26

注：1. 双组分室温固化环氧树脂胶黏剂的甲组分是双酚 A 环氧树脂，用聚醚树脂增韧；乙组分以苯酚-甲醛-多胺缩合物为固化剂。使用前甲、乙组分以 2∶3（质量比）的比例混合。

2. 甲组分：在配料釜中加入聚醚树脂和环氧树脂，开动搅拌，搅拌 0.5h 左右，混合后出料装桶。

3. 乙组分：苯酚加热熔化后投入反应釜中，搅拌，加入乙二胺，保持物料温度在 45℃下滴加甲醛溶液，加完后继续反应 1h，减压脱水，放料（红棕色黏稠液体）。产品 450kg 与 2,4,6,-三(二甲氨基甲基)苯酚等 90kg 混合配成乙组分。

3.6.2.2 其他热固性塑料的配方

表 3-14 列出了不饱和聚酯树脂常用配方，表 3-15 列出了聚酯树脂玻璃钢材料用量。表 3-16 和表 3-17 列出了环氧玻璃钢材料用量。

表 3-14 不饱和聚酯树脂常用配方

189# 聚酯树脂	100	环烷酸钴-苯乙烯溶液(10%)	1～4
过氧化环己酮二丁酯糊(50%)	1～4	邻苯二甲酸二丁酯	5～10

表 3-15 聚酯树脂玻璃钢材料用量　　　　　单位：kg/(10m²)

组分	底漆	腻子	衬布	面漆
环氧树脂	1.17	0.23		
双酚 A 型不饱和聚酯树脂			1.76	1.17
乙二胺	0.09	0.02		
丙酮	0.53	0.30		
二丁酯	0.18	0.02		
过氧化环己酮二丁酯糊(50%)			0.07	0.05
环烷酸钴-苯乙烯溶液(10%)			0.04	0.02
石英粉	0.23	0.46	0.26	0.120
乙醇	1.50			

表 3-16 环氧玻璃钢材料用量（一）　　　　　单位：kg/(10m²)

组分	底漆	腻子	衬布	面漆
环氧树脂 6101	1.17	0.25	1.76	1.17
乙二胺	0.09	0.02	0.14	0.09
丙酮	0.53	0.30	0.70	0.53
邻苯二甲酸二甲酯	0.18	0.02	0.18	0.12
石英粉(180 目)	0.25	0.46	0.26	0.12

表 3-17 环氧玻璃钢材料用量（二）　　　　　单位：kg/(10m²)

组分	底漆	腻子	衬布	面漆
环氧树脂 E44	100	100	100	100
乙二胺	6～8	6～8	6～8	6～8
丙酮	20～30	0～10	10～15	10～15
邻苯二甲酸二甲酯	0～10		0～10	0～10
粉料	0～10	适量	5～10	0～10

3.7 其他热塑性塑料配方设计

3.7.1 聚丙烯（PP）配方设计

聚丙烯（PP）是一种应用十分广泛的塑料，具有原料来源丰富、合成工艺较简单、密度小、价格低、容易加工成型等优点。PP 的拉伸强度、压缩强度等都比低压聚乙烯高，而且还有很突出的刚性和耐折叠性，以及优良的耐腐蚀性和电绝缘性。PP 均聚物的主要缺点是抗冲击性能不足，特别是低温条件下易脆裂，且成型收缩率较大，热变形温度不高等。PP 的耐磨性和染色性也有待提高。

通过配方设计，可以使 PP 的性能得到显著改善。

3.7.1.1　PP 树脂品种简介与选用

PP 树脂主要分为均聚 PP 与共聚 PP 两大类，应根据性能需要选用。均聚 PP 的缺口冲击强度通常为 $3\sim5kJ/m^2$，抗冲击性能较低；共聚 PP 则通常具有较高的韧性，缺口冲击强度较高。PP 及其共聚物的英文缩写：PPH 为均聚物，PPB 为嵌段共聚物，PPR 为无规共聚物。

熔体流动速率（MFR）也是 PP 树脂选用时需考虑的重要指标，与加工性能密切相关，应根据成型加工方法予以选用。注塑、吹塑、流延、挤出等不同成型方法，对熔体流动速率都有不同要求。此外，热变形温度、刚性（以弯曲弹性模量表征）也要根据用途予以考虑。譬如，缺口冲击强度较高的 PP 树脂，其弯曲弹性模量通常会较低。

PP 树脂品种型号很多，型号的命名方法也有多种，选用时应注意其具体性能指标和应用范围。表 3-18 是 PP 型号举例。

表 3-18　PP 型号举例

型号	聚合方法	MFR/[g/(10min)]	用途	备注
F1608	均聚	8	吹塑薄膜	
HP510M	均聚	9	流延薄膜	
K8303	共聚	1.0～3.0	注塑,器具,汽车部件	高抗冲
K7708	共聚	8～10	注塑,洗衣机桶等部件	高抗冲
EP340S	共聚	40	注塑,洗衣机内桶,薄壁成型	高抗冲

3.7.1.2　高分子弹性体在 PP 配方中的应用

与高分子弹性体共混，是 PP 增韧改性的主要方法，也是 PP 配方设计的重点。PP/弹性体共混体系是弹性体增韧塑料的代表性体系，其研究已有数十年的历史，早已实现了工业化。常用于 PP 配方的弹性体有三元乙丙橡胶（EPDM）、乙烯-1-辛烯共聚物（POE）、苯乙烯-丁二烯-苯乙烯嵌段共聚物（SBS）等。

近年来，共聚 PP 得到大规模开发、生产与应用。与均聚 PP 相比，共聚 PP 通常具有较高的抗冲击性能，适合于制造高抗冲制品。共聚 PP 也可以与弹性体共混，使抗冲击性能进一步得到提高。

PP/弹性体共混配方体系可以是二元体系，也可以添加第三种聚合物而成为三元体系。在二元体系中，EPDM、POE 对 PP 的增韧改性效果为最佳。

(1) EPDM　EPDM 是最常用于 PP 增韧的弹性体。汽车工业所用的 PP 保险杠，通常就是 PP/EPDM 的共混体系，是 PP/弹性体共混物的重要应用范例。采用共聚 PP 与 EPDM 共混，缺口冲击强度可进一步提高。

(2) POE　POE 是近年来开发的新型热塑性弹性体，已应用于塑料增韧等领域。PP/POE 共混体系已得到深入研究和大规模工业化应用。

POE 是以茂金属为催化剂，乙烯、1-辛烯共聚生成的热塑性弹性体，易于在 PP 基体中分散，形成较小的分散相粒径和较为均匀的粒径分布，因而适用于 PP 的抗冲改性，可以获得较好的抗冲改性效果和综合力学性能。此外，POE 在加工流动性、耐老化性能等方面都有优势。

采用一种均聚 PP（悬臂梁缺口冲击强度为 $4.66\ kJ/m^2$）与 POE 共混，当 POE 用量为 15%时，冲击强度达到 $21.01\ kJ/m^2$。可以看到，POE 具有显著的抗冲改性效果。

EPDM、POE 与 PP 的相容性较好，因而一般不需要在共混时添加相容剂，就可以获得良好的增韧效果。EPDM、POE 都有许多不同牌号，性能上各有差异，应根据与 PP 的相容性、熔融流动性等因素，加以适当选择。

（3）SBS　苯乙烯-丁二烯-苯乙烯嵌段共聚物（SBS）是最早应用于 PP 增韧的热塑性弹性体之一。采用一种共聚 PP 与 SBS 制备共混材料，其缺口冲击强度如表 3-19 所示。SBS 不仅提高了 PP 的常温冲击强度，而且可以提高其低温冲击强度。

表 3-19　共聚 PP/SBS 共混试样的冲击强度

序号	配比（质量份）		简支梁缺口冲击强度/（kJ/m²）	
	共聚 PP	SBS	23℃	−20℃
1	100		16.7	7.6
2	100	10	47.6	10.2

3.7.1.3　PP 配方中的抗氧剂、紫外线吸收剂、填充剂等助剂

为防止 PP 在加工和使用过程中发生热氧化降解，PP 配方中需添加抗氧剂。抗氧剂按照化学结构可分为如下几类：酚类，包括单酚、双酚、三酚、多酚；胺类，包括苯胺、二苯胺、对苯二胺、喹啉衍生物；另外，还有亚磷酸酯类、硫酯类以及其他一些种类。在以上几类中，酚类、胺类是抗氧剂的主体，其产耗量约占总量的 90% 以上。一般来说，胺类抗氧剂的防护效能比酚类高，但胺类抗氧剂在受到光、氧作用时会发生不同程度的变色，不适用于浅色、艳色和透明制品，因此在 PP 板材中应用较少，多用于橡胶中。

用于户外用途的 PP 制品，配方中需添加紫外线吸收剂。PP 常用紫外线吸收剂包括三嗪-5、UV-9、UV-326、UV-531 等。为提高耐候性，白色制品可添加氧化锌，黑色制品可添加炭黑。

PP 配方中使用填充剂，可提高材料的刚性、耐热性，降低成型收缩率并降低成本。PP 的常用填充剂为滑石粉，也可采用云母粉等。玻璃纤维/PP 复合材料的应用也很广泛。

为改善性能或满足某些制品的性能要求，PP 配方中可相应添加结晶成核剂、抗静电剂、阻燃剂、开口剂、着色剂、润滑剂等。

3.7.1.4　PP 配方举例

PP 在薄膜、管材、板材、家电部件、汽车部件、中空容器、包装材料等方面有广泛应用。PP 制品参考配方举例见表 3-20 及表 3-21。

表 3-20　PP 制品参考配方（耐候性较好）

组分	白色制品	黑色制品	组分	白色制品	黑色制品
PP	100	100	三嗪-5	0.5	0.5
抗氧剂 1010	0.5	0.5	氧化锌	2	
抗氧剂 DSTP	0.3	0.3	炭黑		0.5

表 3-21　PP 汽车保险杠专用料参考配方

组分	用量	组分	用量
PP(F401)	60	滑石粉(2500 目)	5
PP(EPS30R)	20	抗氧剂 1010	适量
POE	15	硬脂酸钙	适量

注：1. F401 为均聚物。

2. EPS30R 为共聚物。

3.7.2　聚乙烯（PE）配方设计

聚乙烯（PE）是产量最高的塑料品种，具有价格低廉、原料来源丰富、综合性能较好等优点。但它也有一些缺点，如软化点低、拉伸强度不高、耐大气老化性能差等。对 PE 进行配方设计，可以改善 PE 的一些性能，使之获得更为广泛的应用。

3.7.2.1　PE 的主要品种

PE 有许多品种，主要品种按密度不同分为高密度聚乙烯（HDPE）、低密度聚乙烯（LDPE）两大类。按聚合压力不同，高密度聚乙烯又称为低压聚乙烯，低密度聚乙烯又称为高压聚乙烯。此外，还有线型低密度聚乙烯（LLDPE），是乙烯与 α-烯烃的共聚物。

PE 的不同品种之间在性能上是有差别的。如 HDPE 与 LDPE 相比，具有相对较高的硬度、拉伸强度、软化温度，而断裂伸长率则较低。参见表 3-22。

表 3-22　LDPE 与 HDPE 的性能对比

项目	LDPE	HDPE	项目	LDPE	HDPE
密度/（g/cm³）	0.910～0.925	0.950～0.965	洛氏硬度	D41～D46	D60～D70
拉伸强度/MPa	4～16	20～40	结晶熔点/℃	108～126	126～136
断裂伸长率	较高	较低	气体透过率	较高	较低

还有一类超高分子量聚乙烯（UHMWPE），分子量一般为 200 万～400 万，分子结构与 HDPE 相同。UHMWPE 力学性能较高，但较难加工。

3.7.2.2　PE 配方中的抗氧剂、紫外线吸收剂等助剂

耐大气老化性能差是 PE 的主要缺点之一，而 PE 的重要用途之一是农用薄膜，需要有较好的耐候性。因而，改善耐大气老化性能就成为农用薄膜等 PE 制品配方设计首先要解决的问题。抗氧剂、紫外线吸收剂是这类产品配方中必须添加的。此外，PE 在加工过程中会发生热氧化降解，也需要添加抗氧剂。

3.7.2.3　PE 的共混配方体系

对 PE 性能做进一步改善时，通常采用共混改性的途径，不同共混配方体系分述如下。

（1）LDPE/HDPE 共混配方体系　LDPE 与 HDPE 在性能上各有所长，也各有不足。将 LDPE 与 HDPE 共混，可以在性能上达到互补，使综合性能得到提高。LDPE 与 HDPE 的性能对比如表 3-22 所示。HDPE 硬度大，因缺乏柔韧性而不适宜制造薄膜等制品；LDPE 则因强度和气密性较低（气体透过率较高）而不适宜制造容器等。将 HDPE 与 LDPE 共混，可以制备出软硬适中的 PE 材料，具有更广泛的用途。在 LDPE 中添加适量 HDPE，可降低气体透过率和药品渗透性，还可提高刚性，更适合于制造薄膜和容器。不同密度的 PE 共混可使熔融的温度区间加宽，这一特性对发泡过程有利，适合于 PE 发泡制品的制备。

（2）PE/EVA 共混配方体系　PE 为非极性聚合物，印刷性、粘接性能较差，且易于应力开裂。EVA 则具有优良的粘接性能和耐应力开裂性能，且挠曲性和韧性也很好。将 PE 与 EVA 共混，可制成具有较好印刷性和粘接性，且柔韧性、加工性能优良的材料。

在 PE/EVA 共混体系中，EVA 中的 VAc 含量、EVA 的分子量、EVA 的用量以及共混工艺等因素都会影响共混物的性能。EVA 的加入会降低 HDPE 的拉伸强度，在 EVA 用量较大时，拉伸强度下降较为明显。因而，考虑到力学性能，EVA 的加入量不宜过多。

添加少量 EVA，可使 HDPE 的加工流动性明显改善。HDPE/EVA 共混物还适合于制造发泡制品。

（3）PE/CPE 共混配方体系　PE/CPE 共混体系，可用于提高 PE 的印刷性能。所用的 CPE 宜采用氯含量较高的品种。例如，采用氯含量为 55% 的 CPE 与 HDPE 共混，当 CPE

用量为 5% 时，共混物表面与油墨的粘接力比 HDPE 可提高 3 倍。

PE/CPE 共混物的力学性能也与 CPE 中的氯含量有关。当 CPE 的氯含量为 45%～55% 时，与 HDPE 相容性良好，共混物的力学性能与 HDPE 基本相同。

CPE 中因有含氯的成分而具有阻燃性。将 CPE 与 PE 共混，可以提高 PE 的耐燃性。此外，阻燃剂三氧化二锑需在有卤素存在的条件下才能发挥阻燃作用。在 PE/CPE 中加入三氧化二锑，可获得较好的阻燃效果。

此外，CPE 还可改善 HDPE 的耐环境应力开裂性。HDPE 对环境应力开裂极为敏感，与 CPE 共混后，可使其抵抗开裂的能力大为提高。

（4）PE/弹性体共混配方体系　HDPE 与 SBS 共混体系是颇有应用价值的 PE/弹性体共混体系。SBS 是一种用途广泛的热塑性弹性体。HDPE/SBS 共混体系具有卓越的柔软性和良好的拉伸性能、冲击性能，还具有优良的加工性能和高于 100℃ 的软化点。HDPE/SBS 共混体系适合采用常规的挤出吹塑法生产薄膜。

除 HDPE/SBS 共混体系外，HDPE/SIS、HDPE/丁基橡胶（IIR）也是重要的 HDPE/弹性体共混体系。SIS 是苯乙烯-异戊二烯-苯乙烯嵌段共聚物。HDPE/SIS 共混体系的伸长率大大高于 HDPE，且加工流动性良好。HDPE/丁基橡胶共混体系可显著提高 HDPE 的冲击性能。

LDPE 也可与丁基橡胶共混。LDPE/丁基橡胶共混体系可提高 LDPE 的耐应力开裂性能。

（5）LLDPE 的共混配方体系　线型低密度聚乙烯（LLDPE）的分子链基本为线型，有许多短小而规整的支链。与 LDPE 相比，在分子量相同的情况下，LLDPE 的主链较长，分子排列较为规整，结晶也更完整。因而，LLDPE 比 LDPE 有较高的拉伸强度和耐穿刺性。用 LLDPE 制造的薄膜，在强度相同的条件下，可以减小膜的厚度，从而可以使生产单位面积薄膜的成本降低。

但是，LLDPE 也有一些缺点，如熔体在挤出机中易产生高背压、高负荷、高剪切发热，易于发生熔体破裂等。这些弊病可以通过共混改性加以避免。

将 LLDPE 与 LDPE 共混，可以改善 LLDPE 的加工流动性。LLDPE/LDPE 共混体系已在吹塑薄膜中获得广泛应用。当两者以等质量共混时，吹塑薄膜的力学性能明显优于 LDPE，而接近 LLDPE。在 LLDPE 中添加低分子聚合物，也可改善 LLDPE 的加工流动性。

3.7.2.4　PE 配方举例

PE 广泛应用于各种薄膜、电缆料、中空容器、管材等方面。配方举例参见表 3-23 及表 3-24。

表 3-23　农用大棚膜参考配方

组分	用量	组分	用量
LDPE	100	抗氧剂 2246	0.2
UV-327	0.125	DLTP	0.2
UV-9	0.125	抗氧剂 CA	0.1

表 3-24　护层用黑色 LDPE 电缆料参考配方

组分	用量	组分	用量
LDPE	100	抗氧剂 1010	0.1
丁基橡胶	10	抗氧剂 DSTP	0.3
槽黑	2.6		

表 3-24 中，槽黑为炭黑的一个类型，是以天然气为原料，用槽法生产的炭黑。炭黑在低压电缆护套层中起光屏蔽剂的作用。

3.7.3 聚苯乙烯（PS）配方设计

聚苯乙烯（PS）透明性好，电绝缘性能好，刚性强，耐化学腐蚀性、耐水性、着色性、加工流动性良好且价格低廉，在电子、日用品、玩具、包装、建筑、汽车等领域有广泛应用。

3.7.3.1 PS 品种简介

PS 的主要品种，包括通用级聚苯乙烯、高抗冲聚苯乙烯（HIPS）等。此外，可发性聚苯乙烯也是 PS 的重要品种。

(1) 通用级 PS 通用级 PS 为无色透明的珠状或粒状热塑性树脂，具有良好的刚性、光泽度和耐化学腐蚀性，还具有优良的电绝缘性能，易于成型加工。其最大的缺点是冲击性能较差。提高 PS 的冲击性能，是使其更具应用价值的重要途径。

(2) HIPS 早在 1948 年，DOW 化学公司就开发出了抗冲聚苯乙烯；1952 年，DOW 化学公司又开发出高抗冲聚苯乙烯（HIPS）。

HIPS 采用接枝共聚-共混法生产，是以橡胶为骨架，接枝苯乙烯单体而制成的。聚合过程中要经历相分离和相反转，最终得到以 PS 为连续相，橡胶粒为分散相的共混体系。接枝共聚-共混法又可分为本体-悬浮聚合与本体聚合两种制备方法。

本体-悬浮聚合法是先将橡胶（聚丁二烯橡胶或丁苯橡胶）溶解于苯乙烯单体中，进行本体预聚并完成相反转，使体系由以橡胶溶液相为连续相转化为以 PS 溶液相为连续相。当单体转化率达到 33%～35% 时，将物料转入装有水和悬浮剂的釜中进行悬浮聚合，直至反应结束，得到粒度分布均匀的颗粒状聚合物。

本体聚合法首先将橡胶溶于苯乙烯单体中进行预聚，当转化率达 25%～40% 时，物料进入若干串联反应器中进行连续本体聚合。

在 HIPS 中，橡胶含量一般在 10% 以下，过高的橡胶含量会导致共混物的刚性下降。但因在 HIPS 的橡胶粒子中包藏有微小的塑料粒子，形成包藏结构，使橡胶粒的体积分数大为增加，可超过 20%，这就大大提高了增韧效果，且对刚性的降低较小。

HIPS 具有良好的韧性、刚性、加工性能，可通过注射成型制造各种仪器外壳、纺织用纱管、电器零件、生活用品等，也可采用挤出成型方法生产板材、管材等。

(3) 其他苯乙烯共聚物 其他苯乙烯共聚物包括 ABS、AS 等改性 PS 产品。

ABS 为丙烯腈-丁二烯-苯乙烯共聚物，是一种增韧改性的 PS，具有良好的抗冲击性能、电绝缘性能、尺寸稳定性，易于成型加工，且制品手感良好，在家电、仪表、汽车配件、箱包、家具等方面应用很广泛。

丙烯腈-苯乙烯共聚物（AS）具有优良的透明性和较好的抗冲击性能，易于成型加工，用于家电配件、车灯罩壳等。

(4) 可发性聚苯乙烯 可发性聚苯乙烯是含有发泡剂（一般为烃类）的聚苯乙烯树脂，用于聚苯乙烯泡沫塑料的制造。

3.7.3.2 PS 配方中的抗氧剂、阻燃剂等助剂

PS 耐日光性较差，配方中需添加紫外线吸收剂和抗氧剂。UV-9 等紫外线吸收剂可用于 PS 配方。

PS 易燃，用于阻燃制品时，需添加阻燃剂。可用于 PS 的阻燃剂包括磷系、硅系、金属氢氧化物等。

3.7.3.3 PS 的共混配方体系

通用级 PS 可以通过共混改性，使其性能得到改善。HIPS 也可以共混改性，进一步改善其性能。

(1) PS/聚烯烃共混体系 通用级 PS 与聚烯烃共混，有助于提高 PS 的抗冲击性能。但是，PS 与聚烯烃相容性差，需采取措施提高 PS 与聚烯烃的相容性。

在 PS/PE 共混体系中，可以添加 SEBS（即氢化 SBS）作为相容剂，用于制备具有一定抗冲击性能的 PS/PE 共混物。此外，反应共混也可应用于提高 PS/聚烯烃共混体系的相容性。

PS 与聚烯烃都是通用塑料，在回收废旧塑料时往往难以分拣。因此，研究 PS/聚烯烃的共混，对于废旧塑料的回收再利用也很有意义。

(2) HIPS 的共混改性 HIPS 也可以进行共混改性。譬如，将 HIPS 与 SBS 共混，可使冲击强度提高，但拉伸强度、硬度等有所下降。

HIPS 与 PP、PPO 共混，可提高其耐环境应力开裂性能。

(3) ABS 的共混改性 ABS 作为 PS 的改性产品，以其优良的综合性能，已经获得了广泛应用。ABS 还可与其他聚合物共混，制成具有特殊性能和功能的塑料合金材料，以满足不同应用领域的不同要求，如 ABS/PC、ABS/PVC、ABS/PA、ABS/PBT、ABS/PET、ABS/PMMA 等共混体系。ABS 有许多牌号，力学性能、流变性能各有差异。例如，其丁二烯含量不同，会使冲击强度不同，因而有高抗冲 ABS、中抗冲 ABS 等品种。在研究 ABS 共混物时，采用不同性能的 ABS，共混效果也会有差别。

以 ABS/PMMA 共混体系为例，ABS 和 PMMA 都可以用于制作板材等装饰、装修材料，ABS 的冲击强度优于 PMMA，而 PMMA 的表面光洁度优于 ABS。研究结果表明，在 ABS/PMMA 共混体系中，ABS、PMMA 的品种及配比对共混体系的性能有很大影响。有选择地采用 ABS、PMMA 品种，当 PMMA 含量达到 40% 时，共混物的表面光洁度提高，拉伸强度由 44.8MPa 提高到 55.3MPa，冲击强度则有所下降。

3.8 通用工程塑料配方设计简介

通用工程塑料的品种有 PA、PC、PPO、POM、PET、PBT 等。高性能工程塑料包括 PPS、PEK、PEEK、PES、PSF、PAR 等。

通用工程塑料配方设计以共混改性为主要思路，因而本节重点介绍通用工程塑料的共混配方体系。以工程塑料为主体的共混体系通常称为主体塑料的合金，如 PA 合金、PPO 合金等。

3.8.1 聚酰胺 (PA) 配方设计

聚酰胺（PA）通常称为尼龙，主要品种有尼龙 6、尼龙 66、尼龙 1010 等，是应用最广泛的通用工程塑料。

PA 为具有强极性的结晶型聚合物，它有较高的弯曲强度、拉伸强度，耐磨、耐腐蚀，有自润滑性，加工流动性较好；其缺点是吸水率高、低温冲击性能较差。其耐热性也有待提高。

PA 共混改性的主要目的之一是提高冲击强度。一般认为，改性尼龙的缺口冲击强度小于 $50kJ/m^2$ 的为增韧尼龙，缺口冲击强度大于 $50kJ/m^2$ 的则称为超韧尼龙。

此外，PA 共混体系还包括增强体系、阻燃体系等。这些体系也可以相互组合，形成增韧增强体系、增韧阻燃体系等，以满足相应的应用需求。

3.8.1.1　PA 配方体系的组成

根据需要，PA 的配方体系有不同组成，包括抗冲改性剂、增容剂、增强剂、阻燃剂等，分述如下。

(1) 抗冲改性剂　PA 增韧体系所用的抗冲改性剂（增韧剂）主要是弹性体。常用的弹性体为三元乙丙橡胶（EPDM）。1975 年，美国 Du Pont 公司开发出超韧尼龙，开发的品种中包括 EPDM 增韧 PA，此后，世界各大公司相继开发出增韧、超韧 PA 产品。

热塑性弹性体，如 SBS，也可以用于 PA 的增韧。此外，POE 作为新兴的热塑性聚烯烃弹性体，也可以在 PA 增韧中应用。近年来，PP/POE 共混体系的研究报告较多。

另一类应用于 PA 的弹性体增韧剂是具有"核-壳"结构的弹性体。这种增韧剂是通过共聚方法制备的，以微小的弹性体粒子为核，以塑料（如 PMMA）为壳。由于弹性体粒子的粒径在聚合中已控制在适宜范围内，可以不受共混工艺的影响，因而有利于获得较好的增韧效果。

(2) 其他聚合物组分　除弹性体之外，PA 还可以与其他聚合物组分共混，以改善有关性能。常见的 PA 共混体系包括 PA/PP、PA/ABS、PA/PET、PA/PPO 等。

(3) 增容剂　相容剂又称增容剂。PA 的共混体系，如 PA/弹性体、PA/PP 等，相容性较差，因而需添加增容剂以改善相容性。用于 PA 共混体系的增容剂，其分子上应含有能与 PA 的极性基团反应的基团，主要有如下类型：

其一，马来酸酐接枝共聚物，如 EPDM-g-MAH、PP-g-MAH、PE-g-MAH 等，分别用于 PA/EPDM、PA/PP 等共混体系。马来酸酐接枝聚合物目前是 PA 共混体系中应用最为普遍的增容剂。

其二，丙烯酸（AA）、甲基丙烯酸（MAA）等接枝共聚物，如 EPDM-g-AA、PP-g-AA 等。例如，PP-g-AA 可用于 PA/PP 共混体系，可显著提高相容性；PS-g-AA 可用于 PA/PS 共混体系。

其三，甲基丙烯酸缩水甘油酯（GMA）接枝共聚物，这类环氧型接枝共聚物具有很高的反应活性，已越来越多地用作聚合物共混体系的增容剂，在 PA 共混体系中也有应用。

此外，也可以采用接枝率较低的马来酸酐接枝共聚物（或其他接枝共聚物），不是作为第三组分（相容剂）使用，而是直接作为增韧剂添加。这样的经接枝改性的增韧剂与 PA 基体有良好的相容性。

(4) 增强剂、阻燃剂　增强尼龙复合材料，主要采用玻璃纤维。此外，碳纤维、芳纶纤维也可用于增强尼龙复合材料。

阻燃尼龙所用的阻燃剂，可以采用卤素阻燃剂、磷系阻燃剂、氮系阻燃剂，以及氢氧化镁阻燃剂。由于卤素阻燃剂对于环境有不利影响，无卤阻燃体系的开发正在深入进行。

3.8.1.2　PA 共混配方体系

PA 共混配方体系包括 PA/聚烯烃弹性体共混配方体系、PA/PP 共混配方体系、PA/苯乙烯系共聚物共混配方体系等，分述如下。

(1) PA/聚烯烃弹性体共混配方体系　PA 与聚烯烃弹性体共混，主要目的在于提高 PA 的冲击强度。PA 与聚烯烃的相容性不佳，因而要添加增容剂。目前主要采用马来酸酐（MAH）接枝共聚物作为增容剂。所用的弹性体一般为聚烯烃共聚物，如 EPDM、POE。

也可直接采用马来酸酐接枝聚烯烃弹性体作为增韧剂，能够显著提高 PA 的冲击强度。Du Pont 公司以马来酸酐改性的聚烯烃弹性体对 PA66 进行改性，制得的超韧尼龙的冲击强度可达 PA66 的 17 倍，同时还保留了 PA 的耐磨性、抗挠曲性和耐化学药品性。

（2）PA/PP 共混配方体系 PA/PP 共混体系也是常见的 PA 共混体系。由于 PA 与 PP 相容性不好，所以共混中要添加增容剂，常用的增容剂为马来酸酐接枝聚丙烯（PP-*g*-MAH）。

马来酸酐接枝热塑性弹性体（TPE-*g*-MAH）可作为 PP/PA6 共混体系的增容剂，使 PP/PA6 共混物的韧性大大提高，同时拉伸强度及模量仍保持较好水平。

（3）PA/苯乙烯系共聚物共混配方体系 有多种苯乙烯系共聚物，如苯乙烯-丙烯腈共聚物（AS）、ABS、苯乙烯-马来酸酐共聚物等，都可以与 PA 共混。

PA 与 ABS 之间有一定的相容性。为进一步提高 ABS 与 PA 的相容性，可先用丙烯酰胺接枝改性 PA，再与 ABS 共混。PA/ABS 共混物具有良好的耐热性，热变形温度明显高于 PA。此外，ABS 对 PA 还有增韧作用。

3.8.2 聚碳酸酯（PC）配方设计

聚碳酸酯（PC）是指主链上含有碳酸酯基的一类高聚物，可分为芳香族 PC、脂环族 PC 和脂肪族 PC。通常所说的聚碳酸酯是指芳香族聚碳酸酯，其中，双酚 A 型 PC 具有更为重要的工业价值。现有的商品 PC 大部分为双酚 A 型 PC。

PC 是透明且冲击性能好的非结晶型工程塑料，且具有耐热、尺寸稳定性好、电绝缘性能好等优点，已在电器、电子、汽车、医疗器械等领域得到广泛应用。

PC 的缺点是熔体黏度高，流动性差。尤其是制造大型薄壁制品时，因 PC 的流动性不好，难以成型，且成型后残余应力大，易于开裂。此外，PC 的耐磨性、耐溶剂性也不好，而且售价也较高。

通过共混改性，可以改善 PC 的加工流动性。PC 与不同聚合物共混，可以开发出一系列各具特色的合金材料，并使材料的性价比得到优化。

（1）PC/ABS 共混体系 PC/ABS 合金是最早实现工业化的 PC 合金。这一共混体系可提高 PC 的抗冲击性能，改善其加工流动性及耐应力开裂性，是一种性能较为全面的共混材料。

PC/ABS 共混物的性能与 ABS 的组成有关。PC 与 ABS 中的 AS 部分相容性较好，而与 PB（聚丁二烯）部分相容性不好。因此，从相容性方面考虑，在 PC/ABS 共混体系中，不宜采用高丁二烯含量的 ABS。但是，高丁二烯含量的 ABS 对 PC 的增韧效果较好。所以，两方面的因素应综合加以考虑，选择适宜的 ABS 品种。为改善 PC/ABS 共混体系的相容性，可以添加马来酸酐接枝 ABS 作为增容剂。ABS 具有良好的加工流动性，与 PC 共混，可改善 PC 的加工流动性。GE 公司已开发出高流动性的 PC/ABS 合金。

PC/ABS 合金还有阻燃级产品，可用于汽车内装饰件、电子仪器的外壳和家庭用具等。

（2）PC/PE 共混体系 PE 可以改善 PC 的加工流动性，并使 PC 的韧性得到提高。此外，PC/PE 共混体系还可以改善 PC 的耐热老化性能和耐沸水性能。PE 是价格低廉的通用塑料，PC 与 PE 共混也可起降低成本的作用。PC 与 PE 相容性较差，可加入 EPDM、EVA 等作为相容剂，也可采用马来酸酐进行反应增容。在 PC 中添加 5% 的 PE，共混材料的热变形温度与 PC 基本相同，而冲击强度可显著提高。美国 GE 公司和日本帝人化成公司分别开发了 PC/PE 合金品种。PC/PE 合金适于制作机械零件、电工零件以及容器等。

（3）PC 与其他聚合物的共混体系 PC/PS 共混体系，可改善 PC 的加工流动性。在 PS 用量为 6～8 份时，共混物的冲击性能可以得到提高。

PC 与 PMMA 共混，产物具有珍珠光泽。由于 PC 的折射率为 1.59，PMMA 的折射率为 1.49，相差较大，共混后形成的两相体系因光的干涉现象而产生珍珠光泽。PC/PMMA 共混物适于制作装饰品、化妆品容器等。

PC 与热塑性聚氨酯（TPU）共混，可获得具有优异的低温冲击性能、良好的耐化学药品性及耐磨性的材料，可用作汽车车身部件。

3.8.3　聚苯醚（PPO）配方设计

聚苯醚（PPO）是一种耐热性较好的工程塑料，其玻璃化温度为 210℃，脆化温度为 -170℃，在较宽的温度范围内具有良好的力学性能和电性能。PPO 具有高温下的耐蠕变性，且成型收缩率和热膨胀系数小，尺寸稳定，适于制造尺寸精密的制品。PPO 还具有优良的耐酸、耐碱、耐化学药品性，水解稳定性也极好。PPO 的主要缺点是熔体流动性差，成型温度高，制品易产生应力开裂。

PPO 与 PS 相容性良好，可以以任意比例与 PS 共混。PS 具有良好的加工流动性，可以改善 PPO 的加工性能。工业上应用的 PPO 绝大部分是改性产品。除了 PPO/PS 共混体系外，PPO 还可以与 PA、PBT、PTFE 等共混。

(1) PPO/PS 共混体系　PPO/PS 共混体系是最主要的改性 PPO 体系。为提高 PPO/PS 共混体系的抗冲击性能，要加入弹性体，或采用 HIPS 与 PPO 共混。

PPO/PS/弹性体共混物的力学性能与纯 PPO 相近，加工流动性能明显优于 PPO，且保持了 PPO 成型收缩率小的优点，可以采用注射、挤出等方式成型，特别适合于制造尺寸精密的结构件。改性 PPO 的代表性品种有美国 GE 公司的 Noryl。Noryl 适应不同用途的品级牌号达 30 余种。

PS 改性 PPO 的耐热性比纯 PPO 低。纯 PPO 热变形温度（1.82MPa 负荷下）为 173℃，改性 PPO 的热变形温度因不同品级而异，一般在 80~120℃之间。

PS 改性 PPO 主要用于电器、电子行业中。

(2) PPO/PA 共混体系　将非结晶型 PPO 与结晶型 PA 共混，可以使两者性能互补。PPO/PA 共混体系综合了 PPO 的尺寸稳定性、耐热性好和 PA 的加工流动性好等优点。但是，PPO 与 PA 的相容性差。因此，制备 PPO/PA 合金的关键是使两者相容。

PPO/PA 合金主要采用反应型增容剂，如 MAH-*g*-PS。如果加入的相容剂本身又是一种弹性体，则可以进一步提高 PPO/PA 共混物的冲击强度。这样的弹性体相容剂有 SEBS-*g*-MAH、SBS-*g*-MAH 等。

国外一些公司已商品化的 PPO/PA 合金具有优异的力学性能、耐热性、尺寸稳定性，热变形温度可达 190℃，冲击强度达到 20kJ/m^2 以上，适合于制造汽车外装材料。

(3) PPO/PTFE 共混体系　PPO 可与聚四氟乙烯（PTFE）共混。PPO/PTFE 合金保留了 PTFE 的耐磨性、润滑特性，适合于制造轴承部件。由于 PPO/PTFE 合金尺寸稳定性好，成型收缩率小，更适合于制造大型的轴承部件。

PTFE 具有极好的自润滑性能，可以和 PPO、POM 等多种工程塑料共混，以改善摩擦性能。但添加 PTFE 的共混体系也要面对一些问题。其一，PTFE 的熔点高、熔融黏度很大，难以采用常规的熔融共混。因而，通常是采用 PTFE 粉末与基体聚合物（如 PPO、POM）熔融混合的方法制备共混材料。其二，PTFE 极低的表面活性和不粘性限制了其与其他聚合物的复合，因此必须对 PTFE 进行一定的表面改性，以提高其表面活性。常用技术有表面活化技术等，可以采用高能射线的辐射使其表面脱氟，在一定装置和条件下进行接枝改性；或用低温等离子法处理 PTFE 材料，发生碳-氟键或碳-碳键的断裂，生成大量自由基以增加 PTFE 的表面自由能。

3.8.4　聚甲醛（POM）配方设计

聚甲醛（POM）是高密度、高结晶型聚合物，其密度为 $1.42g/cm^3$，是通用工程塑料中最高的。POM 具有硬度高、耐磨、自润滑、耐疲劳、尺寸稳定性好、耐化学药品等优点。但是，POM 的抗冲击性能不是很高，抗冲击改性是 POM 共混改性的主要目的。

由于 POM 大分子链中含有醚键，与其他聚合物相容性较差，因而 POM 合金的开发有一定难度，开发也较晚。

与 POM 共混的聚合物为各种弹性体。其中，热塑性聚氨酯（TPU）是 POM 增韧改性的首选聚合物。

POM/TPU 共混的关键问题是增容剂的选择。以甲醛与一缩乙二醇缩聚，缩聚物经TDI 封端，再经丁二醇扩链，制成 POM/TPU 共混物的增容剂。将该增容剂应用于 POM/TPU 共混物，在 POM/TPU 的比例为 90∶10，增容剂用量为 TPU 用量的 5％时，共混物的冲击强度可达 $18kJ/m^2$。

美国 Du Pont 公司于 1983 年开发成功超韧聚甲醛，牌号为 Derlin 100ST（S 表示超级，T 表示增韧）。Derlin 100ST 是采用 TPU 增韧的 POM，其悬臂梁冲击强度比未增韧的 POM提高了 8 倍，达到了 907 J/m。

在 POM 的增韧体系中，目前只有 POM/TPU 体系实现了工业化生产，其他增韧体系尚在研究之中。

3.8.5　聚对苯二甲酸乙二醇酯（PET）、聚对苯二甲酸丁二醇酯（PBT）配方设计

聚对苯二甲酸乙二醇酯（PET）的早期用途主要是制造涤纶纤维。在塑料用途方面，PET 主要用于制造薄膜和吹塑瓶。在塑料薄膜中，PET 薄膜是力学性能最佳者之一。但是，PET 的结晶速度较慢，因而不适合注射和挤出加工成型。对 PET 进行共混改性，可使上述性能得到改善。此外，PET 共混体系还可用于制备共混型纤维等。

聚对苯二甲酸丁二醇酯（PBT）是美国在 20 世纪 70 年代首先开发的工程塑料，具有结晶速度快、适合于高速成型的优点，且耐候性、电绝缘性、耐化学药品性、耐磨性优良，吸水性低，尺寸稳定性好。PBT 的缺点是缺口冲击强度较低。另外，PBT 在低负荷（0.45MPa）下的热变形温度为 150℃，但在高负荷（1.82MPa）下的热变形温度仅为 58℃。PBT 的这些缺点可通过共混改性加以改善。此外，PET、PBT 都适合于以纤维填充改性，大幅度提高其力学性能。

（1）PET/PBT 共混体系　PET 与 PBT 化学结构相似，共混物在非晶相是相容的，因而 PET/PBT 共混物只有一个 T_g。但是二者在晶相中分别结晶，而不生成共晶，于是共混物就出现了两个熔点。

PET 与 PBT 共混：对于 PET 而言，可以使结晶速度加快；对于 PBT 而言，在 PET 用量较高时，可提高抗冲击性能。此外，共混物具有较好的表面光泽。

PBT 与 PET 共混过程中易发生酯交换反应，最终可生成无规共聚物，使产物性能降低。因此，PBT/PET 共混物应避免酯交换反应发生，可采取的措施包括预先消除聚合物中残留的催化剂，控制共混时间，外加防止酯交换的助剂等。

美国 GE 等公司有 PET/PBT 共混物商品树脂。PET/PBT 共混物价格较 PBT 低，表面光泽好，适于制造家电把手、车灯罩等。

（2）PET/弹性体共混体系　用于 PET 增韧的弹性体包括 EPDM、EPR、SEBS、POE

等。为改善弹性体与 PET 的相容性，需进行增容改性。

采用 EPDM 对 PET 增韧改性，加入烷基琥珀酸酐改善两者的相容性，可制成高抗冲 PET 合金，可用于制造电子仪器外壳、汽车部件等。采用 EPR 与 PET 共混，添加少量的 PE-*g*-MAH 接枝共聚物，也可获得良好的增韧效果。PE-*g*-MAH 不仅起到相容剂的作用，还可提高 PET 的结晶速度。也可采用甲基丙烯酸缩水甘油酯接枝乙烯-辛烯共聚物（POE-*g*-GMA）作为增韧剂。

此外，PET 与 PC 及弹性体（EPDM）共混，也可制成高抗冲 PET 合金。

(3) PBT 的共混体系　PBT 的主要缺点是冲击强度不高。将 PBT 与乙烯类共聚物共混，可以提高 PBT 的冲击强度。EVA 与 PBT 有一定的相容性，与 PBT 共混，在 PBT/EVA 的比例为 85：15 时，冲击性最佳，且 PBT 原有的优良性能保持率也较高。

选用适当品种的 ABS 对 PBT 进行改性，用含环氧官能团的聚合物作为相容剂，使共混体系分散良好，能有效地改善 PBT 的性能，得到性能稳定的共混物。

参 考 文 献

［1］ 王国全，王秀芬．聚合物改性．北京：中国轻工业出版社，2016.

［2］ 侴庆波，张启忠，刘长玲，姚姗姗．ACR 的组成对 PVC 性能的影响．吉林化工学院学报，2012，29（01）：16-18.

［3］ 王慧卉，梁国正．聚丙烯共混改性研究进展．广东化工，2014，41（23）：73-74.

［4］ 薛刚，喻慧文，李彬，徐百平．非对称同向双螺杆挤出机加工 PP/HDPE/POE 共混复合材料的研究．塑料科技，2014，42（04）：57-61.

第④章

涂料配方设计原理与应用

涂料,在中国其传统名称为油漆,用不同的施工工艺涂覆在物件表面,形成具备一定硬度和强度的薄膜,起保护、装饰的作用,并被赋予特种功能,广泛用于家装、建筑、工业、国防等领域,是涉及工业发展和国防安全的重要功能材料。

涂料包括四种基本成分:成膜物质(树脂、乳液)、颜料(包括体质颜料)、溶剂和添加剂(助剂)。成膜物质是涂膜的主要成分,包括油脂、油脂加工产品、纤维素衍生物、天然树脂、合成树脂和合成乳液。成膜物质还包括部分不挥发的活性稀释剂,成膜物质是使涂料牢固附着于被涂物面上形成连续薄膜的主要物质,是构成涂料的基础,决定着涂料的基本特性。助剂包括消泡剂、流平剂等,还包括一些特殊的功能助剂,如底材润湿剂等。助剂一般不能成膜且添加量少,但对基料形成涂膜的过程与耐久性起重要的作用。颜料一般分为两种:一种为着色颜料,常见的有钛白粉、铬黄等;还有一种为体质颜料,也就是常说的填料,如碳酸钙、滑石粉。溶剂包括烃类溶剂(煤油、汽油、苯、甲苯、二甲苯等)、醇类、醚类、酮类和酯类物质。溶剂和水的主要作用在于使成膜基料分散而形成黏稠液体。它有助于施工和改善涂膜的某些性能。

4.1 涂料的分类

涂料的分类方法很多,通常采用以下几种分类方法:

① 按产品形态,可分为:液态涂料、粉末型涂料、高固体分涂料。

② 按涂料使用分散介质,可分为:溶剂型涂料、水性涂料(乳液型涂料、水溶型涂料)。

③ 按用途,可分为:建筑涂料、汽车涂料、家电涂料、木器涂料、桥梁涂料、塑料涂料、纸张涂料、船舶涂料、风力发电涂料、核电涂料、管道涂料、钢结构涂料、橡胶涂料、航空涂料等。

④ 按性能,可分为:防腐蚀涂料、防锈涂料、绝缘涂料、耐高温涂料、耐老化涂料、耐酸碱涂料、耐化学介质涂料。

⑤ 按是否有颜色,可分为:清漆、色漆。

⑥ 按施工工序,可分为:封闭漆、腻子、底漆、二道底漆、面漆、罩光漆。

⑦ 按施工方法，可分为：刷涂涂料、喷涂涂料、辊涂涂料、浸涂涂料、电泳涂料等。

⑧ 按功能，可分为：不粘涂料、特氟龙涂料、装饰涂料、导电涂料、示温涂料、隔热涂料、防火涂料、防水涂料等。

⑨ 按家装用部位，可分为：内墙涂料、外墙涂料、木器漆、金属用漆、地坪漆。

⑩ 按漆膜性能，可分为：防腐涂料、绝缘涂料、导电涂料、耐热涂料等。

⑪ 按成膜物质，可分为：天然树脂类涂料、酚醛类涂料、醇酸类涂料、氨基类涂料、硝基类涂料、环氧类涂料、氯化橡胶类涂料、丙烯酸类涂料、聚氨酯类涂料、有机硅树脂类涂料、氟碳树脂类涂料、聚硅氧烷类涂料、乙烯树脂类涂料等。

⑫ 按基料的种类，可分为：有机涂料、无机涂料、有机-无机复合涂料。有机涂料按溶剂不同，又分为有机溶剂型涂料和有机水性（包括水乳型和水溶型）涂料两类。常见的涂料一般都是有机涂料。无机涂料指的是用无机高分子材料为基料所生产的涂料，包括水溶性硅酸盐系、硅溶胶系、有机硅及无机聚合物系。有机-无机复合涂料有两种复合形式：一种是涂料在生产时采用有机材料和无机材料共同作为基料，形成复合涂料；另一种是有机涂料和无机涂料在装饰施工时相互结合。

⑬ 按装饰效果，可分为：平面涂料（俗称平涂）、砂壁状涂料、复层涂料等。

⑭ 按在建筑物上的使用部位，可分为：内墙涂料、外墙涂料、地面涂料、门窗涂料和顶棚涂料。

⑮ 按照使用颜色效果，可分为：金属漆、本色漆（或者叫作实色漆）、透明清漆等。

4.2 成膜机理

涂料首先是一种流动的液体，在涂布完成之后才形成固体薄膜，因此涂料成膜是玻璃化温度不断升高的过程。成膜方式主要包括以下几种：

4.2.1 物理成膜

依靠涂料中溶剂的蒸发或热熔的方式而得到干硬涂膜的干燥过程称为物理机理固化。一般可塑性涂料均为此种成膜方式。为了得到平整光滑的漆膜，必须选择好溶剂。如果溶剂挥发太快，浓度很快升高，表面的涂料会因黏度过高失去流动性，导致漆膜不平整；由于溶剂蒸发时失热过多，表面温度有可能降至零点，使水凝结在膜中，导致漆膜失去透明性而发白，或使漆膜强度下降。溶剂不同会影响漆膜中聚合物分子的形态，导致漆膜的微观形态出现很大差异。物理成膜的主要成膜物包括硝酸纤维素、过氯乙烯、SBS、氯化橡胶、高氯化聚乙烯、石油树脂、热塑性树脂类等。聚合物粒子凝聚成膜在分散介质挥发时，引起高聚物粒子接近、接触、挤压变形而聚集联结，形成连续涂膜。主要成膜物是水分散乳液（如聚丙烯酸酯系乳液、硅氧烷丙烯酸酯微乳液等）、有机溶胶和水分散胶体（如硅溶胶）。

4.2.2 化学成膜

化学成膜是指先将可溶的（或可熔的）低分子量的聚合物涂覆在基材表面，然后在加热或其他条件下，分子间发生反应而使分子量进一步增加或发生交联而成坚韧薄膜的过程，这种成膜方式是热固性涂料的成膜方式。这类成膜方式又包括如下六类反应：

（1）自动氧化聚合反应 含碳-碳双键的成膜物通过自由基链式聚合反应，形成交联固化网络结构涂膜。利用钴、锰、锌、铁及过渡金属的离子促进氧的传递，加速固化。主要成膜物是天然树脂、醇酸树脂、环氧酯树脂、含碳-碳双键的活性稀释剂等。特征是氧活化双

键相邻的 α-碳原子，产生自由基，金属离子促进氧的传递。

（2）自由基引发聚合反应 不饱和聚酯、乙烯基酯树脂和含相同官能团的活性稀释剂等成膜物经自由基引发聚合反应，形成交联固化网络涂膜。特征是过氧化物引发剂产生自由基，引发碳-碳双键聚合反应。通常，由引发剂和促进剂组成氧化-还原引发体系，在常温下分解产生自由基，引发成膜物自由基聚合。自由基引发聚合体系主要有三种：成膜物-过氧化酮类-钴盐类、成膜物-过氧化物-钴促进剂-助促进剂和成膜物-过氧化物-叔胺类。对于任何氧化-还原引发体系，都应选用适合的阻聚剂有效地控制反应程度并确保储存稳定。

（3）辐射固化反应 辐射固化反应是能量引发聚合反应，紫外线（UV）和电子束（EB）作为能量引发聚合的主要形式。在光引发剂存在下，成膜物的自由基加聚反应非常迅速，几秒钟内就会形成交联固化网络涂膜。主要成膜物与（2）类反应相同。特征是光引发剂分子吸收光能后，生成自由基，引发碳-碳双键聚合。

（4）催化聚合反应 亲核试剂、亲电试剂和金属醇盐等都能引发环氧基催化聚合反应；含羟基的叔胺可催化潮气固化型异氰酸酯预聚物的固化反应。主要成膜物是环氧树脂、含环氧基活性稀释剂和异氰酸酯。催化剂有叔胺、无机碱、BF_3-胺配合物、三苯基锍化六氟砷酸盐、异丙醇铝和甲基二乙醇胺等。潜伏催化剂有金属（锰、铁、铜、镍、钴等）乙酰丙酮螯合物。特征是：①亲核试剂引发阴离子聚合；②亲电试剂引发阳离子聚合；③金属盐引发配位催化聚合。

环氧树脂-酸酐的催化聚合反应如表 4-1 所示。

表 4-1 环氧树脂-酸酐的催化聚合反应

反应物	催化剂	聚合过程
环氧基	亲核试剂 （如叔胺）	亲核试剂分别与 及 反应产生烷氧阴离子及羧基阴离子,这两种阴离子引发环氧树脂及酸酐的阴离子催化聚合
酸酐	亲电试剂 （如三氟化硼配合物）	亲电试剂分别与 及 反应产生碳阳离子及羰基阳离子,两种阳离子引发环氧树脂及酸酐的阳离子催化聚合
	配位催化剂 ［如辛酸锌、Co(Ⅱ)螯合物］	环氧基-酸酐-配位催化剂产生配位离子,该离子可将环氧基及酸酐交替开环,生成酯键结构固化物

（5）加成固化反应 加成固化反应属于氢转移聚合反应。成膜物由基料和固化剂构成。基料是环氧树脂及其活性稀释剂、含羟基树脂、含氨基化合物等。固化剂是活泼氢化合物、质子给予体化合物、异氰酸酯低聚物及其封闭物等。除异氰酸酯封闭物与活泼氢化合物的加成、氨基甲酸酯及脲类与环氧基的加成反应外，所有可转移氢化合物与—NCO 及—C—CH₂ 发生的加成固化反应都不产生小分子化合物。

可转移氢的化合物等在异氰酸酯基（—NCO）和环氧基 $\left(\begin{array}{c}\text{—C—CH}_2\end{array}\right)$ 上发生亲核加成

反应，形成交联固化网络结构涂膜。值得注意的是，—NCO 与 $\overset{H}{\underset{O}{-C-CH_2}}$ 可以在季铵盐催化下进行亲核加成环化反应，但不发生氢转移。

① 异氰酸酯加成固化反应　含羟基树脂（如醇酸树脂、聚酯树脂、环氧树脂、丙烯酸树脂、氟碳树脂等）、氨基化合物、酚类和高活性 α-H 化合物等都能与—NCO 发生亲核加成反应，可生成含氨酯键或脲键的交联固化网络涂膜，也可生成异氰酸酯预聚物或封闭物，作为聚氨酯涂料的固化剂。

主要固化反应包括：a. 羟基树脂与—NCO 反应→聚氨酯键固化物（ $\overset{H\ O}{\underset{}{R-N-C-OR'}}$ ）；

b. 含氨基化合物与—NCO 反应→聚脲键固化物（ $\overset{H\ O\ R}{\underset{R}{-N-C-N}}$ ）；c.—NCO 与 $\overset{H}{\underset{O}{-C-CH_2}}$ 反应→含五元杂环的噁唑烷酮；d. R′NHCOOR 与 $\overset{H}{\underset{O}{-C-CH_2}}$ 反应→噁唑烷酮＋ROH；e. 封闭物与羟基树脂（或含氨基化合物）反应→氨酯键/脲键＋封闭剂。主要催化剂（也称促进剂）为叔胺类、金属盐和有机膦类。

② 环氧树脂加成固化反应

a. 含活泼氢化合物与 $\overset{H}{\underset{O}{-C-CH_2}}$ 反应　多元胺、硫醇类、醇胺、醚胺、酚醛胺、二氰二胺、咪唑、气体胺和聚酰胺等均能与环氧树脂的环氧基进行亲核加成反应，形成交联固化网络结构材料。

$$R-NH_2 + 2R-\overset{H}{\underset{O}{C-CH_2}} \longrightarrow R-N \begin{matrix} \overset{H_2}{C}-\overset{OH}{\underset{H}{C}}-R \\ \overset{H}{C}-\overset{}{\underset{OH}{C}}-R \\ H_2 \end{matrix}$$

b. 羧基树脂与 $\overset{H}{\underset{O}{-C-CH_2}}$ 反应　含羧基丙烯酸树脂和含羧基聚酯树脂分子内的羧基与环氧树脂分子内的环氧基发生加成酯化反应，同时，羧基与环氧树脂分子内的羟基也会发生缩聚反应。在亲核型促进剂存在时，有利于加成酯化反应进行。

c. 脲与 $\overset{H}{\underset{O}{-C-CH_2}}$ 反应

$$R-\overset{H}{\underset{O}{C-CH_2}} + R^1-\overset{H\ O\ R^2}{\underset{R^3}{N-C-N}} \longrightarrow R-\overset{OH\ O\ R^2}{\underset{}{CH-C-N}} \begin{matrix} R^3 \\ \overset{H_2}{C}-\overset{}{\underset{R^1}{N}} \end{matrix}$$

（6）缩聚固化反应　这类固化反应根据反应的官能团不同主要包括以下两类：

① 酯化缩聚固化反应　含羧基树脂（如丙烯酸树脂、聚酯树脂等）与交联剂（如氨基树脂、酚醛树脂、脲醛树脂、含 N 烷氧甲基的丙烯酰胺、含烷氧甲基的马来酰胺和羟烷基酰胺等）在酸性催化剂存在下发生酯化缩聚反应形成含酯键的交联固化网络涂膜，同时产生 H_2O 和醇等低分子化合物。主要反应有：a. 羧基与烷氧基反应；b. 羧基与羟甲基反应；

c. 羧基与羟烷基酰胺反应；d. 羧基与肼基反应（制造水性涂料）。

② 醚化缩聚固化反应　含羟基树脂（如聚酯树脂、丙烯酸树脂、短油醇酸树脂、有机硅改性树脂、环氧树脂和氟碳树脂等）与交联剂在酸性或复合催化剂存在下发生醚化缩聚固化反应，形成含醚键的交联固化网络涂膜，同时产生水和醇等低分子化合物。主要反应有：a. 羟基与氨基树脂的烷氧基反应；b. 羟基与丁醇醚化的酚醛树脂反应；c. 羟基与四甲氧甲基甘脲反应；d. 羟基与交联剂的羟烷基反应。

羟基树脂的羟基与交联剂的羟烷基在碱性催化剂存在下会发生醚化缩聚固化反应；酸性催化剂与碘化钠组成复合催化体系，可催化 SN_2 反应。

聚合物粒子凝聚成膜和六种化学成膜的固化反应是涂料配方设计的重要依据。

现代涂料是通过两种或两种以上的固化反应机理形成涂膜，为配方设计者拓展了深入探讨的空间，将不同固化机理的体系复配、融合，产生新型固化体系，提升成膜质量，推出创新型产品。

4.2.3　乳胶的成膜

乳胶一般是通过乳液聚合制备的，固体微粒分散在连续相水中，其特点是黏度和聚合物的分子量无关。虽然其固含量达到 50％ 以上，且分子量很高，但可有较低的黏度。乳胶涂布以后，随水分蒸发，胶粒互相靠近，最后可形成透明、坚韧、连续的薄膜，但有的乳胶干燥后只得到粉末而不成膜。乳胶是否成膜和乳胶自身性质特别是玻璃化温度有关，也与干燥条件有关。乳胶在涂布以后，乳胶粒子仍以布朗运动形式自由运动，当水分蒸发时，其运动受限，最终乳胶粒子相互靠近成紧密的堆积。由于乳胶粒子表面的双电层的保护，乳胶中的聚合物之间不直接接触，但此时乳胶粒子之间可形成曲率半径很小的空隙，相当于很小的"毛细管"，毛细管中被水所充满。由水的表面张力引起的毛细管力可对乳胶粒子施加很大的压力，其压力（p）的大小可由 Laplace 公式估计：

$$p = \gamma \left(\frac{1}{r_1} + \frac{1}{r_2} \right) \tag{4-1}$$

式中　γ——表面张力（或界面张力），mN/m；

r_1，r_2——曲面的主曲率半径，m。

水分进一步挥发，表面压力随之不断增加最终克服双电层的阻力，使聚合物间直接接触，又形成了聚合物-水界面。此界面张力引起新的压力，此种压力大小也和曲率半径有关，同样可用 Laplace 公式计算。毛细管力与聚合物-水的界面张力互相补充，这个综合的力可使聚合物粒子变形并导致膜的形成。压力的大小和粒子大小相关，粒子越小，压力越大。

除上述促使乳胶成膜的原因，乳胶粒子能否成膜还决定于其本身的性质。如果乳胶粒子是刚性的，具有很高的玻璃化温度，即使压力再大，也不会变形，更不能互相融合。粒子间的融合需要聚合物分子相互扩散，这要求乳胶粒子的玻璃化温度较低，使其有较大的自由体积供分子运动。扩散融合作用又称自黏合作用，通过这种作用最终可使粒子融合成均匀的薄膜，并将不相容的乳化剂排出表面。因此，一方面，乳胶是否成膜取决于由表面（或界面）张力引起的压力，这种力是和粒子大小相关的；另一方面，又要求粒子本身有较大的自由体积，如果成膜时的温度为 T，乳胶粒子的玻璃化温度为 T_g，$T-T_g$ 必须足够大，否则不能成膜。例如聚氯乙烯乳胶在室温下不能成膜，为使其成膜，必须加热至某一温度，此温度称为最低成膜温度。也可在乳胶中加增塑剂，降低乳胶的 T_g，可将"最低成膜温度"降至室温。涂料中往往加一些可挥发的增塑剂（溶剂）以降低最低成膜温度，这种可挥发的增塑剂又称为助成膜剂，在乳胶成膜后可挥发掉，使薄膜恢复到较高的 T_g。

4.3 新配方设计的思路

4.3.1 成分的改性与创新

对现有涂料的改性和创新主要包括以下几个方面：

(1) 成膜结构的更新 成膜物质的更新主要有三种方法。①开发新型成膜物，如制造聚合物互穿网络、触变树脂、特性低聚物，利用基团转移聚合技术合成丙烯酸系低聚物等。②利用含特性元素的成膜物，如含氟、磷、氮、硼、硅和钛等元素的成膜物质，含氟改性聚酯可以使涂料的耐候性增强，含硅丙烯酸低聚物可以耐酸雨，而含硅甲基的树脂可降低表面能。③特殊功能性成膜物可赋予涂料特殊功能，如聚苯胺、聚吡咯等导电聚合物可制备耐腐蚀涂料，另外液晶树脂、纳米改性聚合物都可以成为成膜物。

(2) 协同增效技术的运用 通过树脂间、树脂与助剂间、助剂与助剂间的结合，实现一加一大于二的效果。比如聚氨酯和丙烯酸树脂以 80：20 组成的聚合物互穿网络，拉伸强度为 49MPa，比纯聚氨酯的 42MPa 和纯丙烯酸树脂的 11.7MPa 都大；最大伸长率＞80％，介于纯聚氨酯的 640％ 和纯丙烯酸树脂的 15％ 之间。三种颜料 K-白、氧化锌和绢云母以 1：0.25：0.5 的比例混合在涂料配方中，可使涂料的防锈性能增强，而使用纳米涂料粒子会增强抗老化性能。助剂如催干剂、促进剂、阻燃剂、光引发剂、防霉剂等，要尽量选用具有协同效应的进行配伍使用，如间苯二酚-二氰二胺协同固化，效果更佳。

(3) 复配改性技术的运用 合成树脂复配技术包括物理法与化学法。主要通过物理法复配的有环氧树脂-氨基树脂-丙烯酸树脂复配、气干型醇酸-丙烯酸水分散体复配、胶态分散体-气干型醇酸乳液复配和聚氨酯乳液-丙烯酸乳液复配。化学复配法包括聚合物互穿网络的制备，如环氧树脂和聚氨酯以 90：10（质量比）进行复配制备导电涂料；单体共聚法制备成膜聚合物，如丙烯酸缩水甘油酯与丙烯酸酯单体共聚制备彩色阴极电泳漆；加成、自由基引发制备成膜聚合物，如聚氨酯-丙烯酸复合乳液的核-壳乳液、互穿聚合物网络乳液和封端型聚氨酯复合乳液；接枝共聚制备成膜聚合物，如丙烯酸酯单体与环氧树脂可以通过阴离子聚合接枝制备阳极电泳涂料基料；也可通过阳离子聚合制备阴极电泳涂料基料；环氧化制备成膜聚合物，如双酚 F-间苯二酚共聚型环氧树脂比双酚 F 环氧的静态黏度低、玻璃化温度高、拉伸强度高、弯曲强度低。

(4) 助剂匹配技术的运用 助剂匹配技术主要要注意防止负面效应的出现，以使稳定性更强为宜。敏感性助剂，用量小，作用突出，注意匹配，避免负面效应，应坚持少而精的原则；注意助剂与成膜物等成分的适应性及相容性，确定适用的品种；用量要在合适的范围内，确保凸显特性有利条件，注意特性的保持效果；发挥协同效应；注意特性叠加效应，几种特性相同或相异的助剂组配后，在涂料的储存及涂装中要展现组配助剂的正面效应，避免产生负面效应的组配。

4.3.2 配方设计的操作方法

(1) 分步法 分步法是传统的操作方法，通常按基料、交联（固化）剂、颜填料、助剂和溶剂的顺序进行选择试验；确定上述组成后再进行条件优化试验和确定试验；提供配方及制造工艺后进行中试生产；产品经试用考核后进行批量生产。

(2) 优选法 20 世纪 60 年代，由数学家华罗庚提出，在治理环境污染等方面取得良好效果。采用优选法设计烧蚀隔热涂料等品种，可缩短科研时间，提高工作效率。

（3）**预测法**　计算有效交联密度（e）和渗透指数（IP）。预测防腐蚀介质的渗透能力，确定成膜物品种、配比及固化体系，减少试验次数，提升设计水准。如：利用聚酯树脂的分子量与 r'（二元酸与二元醇的摩尔比）成正比关系，降低 r' 值，制造低分子量的聚酯树脂，设计高固体分涂料。

（4）**参比法**　也称对比法，通常对已有产品进行改进、提高或创新。将原有产品与改进后的产品进行对比试验，达到要求的新性能时，配方设计成功。

（5）**逆向法**　也称倒置法，直接面对涂料使用性能，不做涂料组分的选择试验，在短时间内取得效果。利用基础理论知识、创新技术和实践经验提出预选配方；利用 2～3 个配方进行性能测试；根据测定结果强化重点组分，优化加工，确证配方组成。

（6）**经验法**　依据已有成果的经验，确定成膜物、颜填料和助剂等基元组分品种、用量，组配成新品种。试验是配方设计的基础，试验推翻理论，才可创建新理论。

（7）**计算机法**　此法包括：①试验设计与优化；②配方理论与数学模型；③混合物试验设计法；④流程控制、配色、配方程序软件等。

总而言之，配方设计的操作方法存在诸多特点，具体如下：

（1）**设计方法的多样性**　多样化无处不在，多样化丰富着涂料配方设计的惊奇感和创新性。无论用哪种方法都不具有排他性，都不是唯一的方法，这反映配方设计的复杂性和历史真实性。

（2）**设计方法的相对有效性**　人们采用相对有效且实用的方法，设计出满足使用要求的产品。但不宜硬性规定某种方法，应给配方设计者足够的创造空间，可以利用适合自己个性的方法，只要开发出适宜性价比且满足应用要求的新产品就可达到目的。

（3）**设计方法的协同性**　深入挖掘并探寻各种方法间的内在逻辑及指导效果，使配方设计丰富多彩，具有活力与创新力。根据配方设计原理与技术，可采用两种或两种以上方法，使之交叉融合、协同增效，以便达到目的。

（4）**创造性思维方法的指导性**　配方设计的关键是创新，对配方设计的探讨比对配方的占有更重要、更可贵。配方设计全过程都要用创造性思维方法作指导，它是产品创新的灵魂。

4.4　热固性涂料的储存稳定性与固化速度问题

对于热固性涂料，希望它们在室温下有较长的储存寿命（对于单组分涂料）或操作寿命（对于双组分涂料），同时又希望加热时它们能以较快的速度固化。为此，要很好地设计配方。但配方设计受动力学参数限制，不能任何要求都达到。为了解这种限制，首先要了解温度和反应速率的关系，反应速率 r 与反应物浓度的关系有如下表达式：

$$r = K[C] \text{ 或 } r = K[A][B] \tag{4-2}$$

式中　$[C]$、$[A]$ 和 $[B]$——反应物浓度，mol/L；

　　　K——反应速率常数，$mol/(L \cdot s)$。

对于同一个固化体系，虽浓度相同，但低温和高温下反应速率不同。反应速率 r 和反应速率常数 K 成正比，可用反应速率常数表示反应速率的高低，反应速率常数和温度的关系可用阿伦尼乌斯公式表示：

$$K = A e^{-E_a/(RT)} \tag{4-3}$$

$$\ln K = \ln A - E_a/(RT) \tag{4-4}$$

式中　E_a——活化能，kJ/mol；

T——温度，K；

A——碰撞因子，min^{-1}。

用 lnK 和 $1/T$ 作图可得一直线（图 4-1），直线的斜率为 $-E_a/R$，在温度无限高处（$1/T=0$）的截距为 A_0，若以 T_a 表示环境温度，T_c 表示固化温度，与此相应的 K_a 和 K_c 分别为环境温度下的反应速率常数和固化温度下的反应速率常数。增加室温稳定性也就是要降低 T_a 下的反应速率；降低固化时间，也即增加在 T_c 下的反应速率，比较图 4-1(a)中的直线 1 和直线 2，直线 2 在 T_a 时 K_a 较低，在 T_c 时 K_c 较高。直线 2 的斜率的绝对值较直线 1 的大，截距大。这意味着公式中的 E_a 和 A 都增大了，因此要想增加室温稳定性并同时增大固化速率需要同时增大体系的反应活化能和碰撞因子。如果仅仅增大 A 值，可得两条相平行的直线[图 4-1(b)]，增加室温稳定性就会牺牲高温固化速率。如果 A 值不变，则提高固化速率时，室温下反应速率也随之增加[图 4-1(c)]。

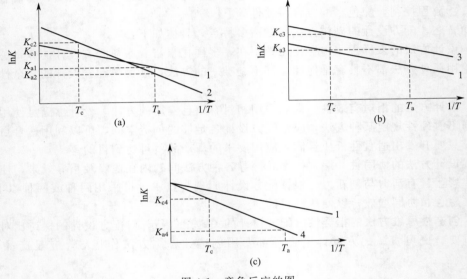

图 4-1　竞争反应的图

(a) $A(1)<A(2)$，$E_a(1)<E_a(2)$；(b) $A(3)>A(1)$，$E_a(1)=E_a(3)$；

(c) $A(4)=A(1)$，$E_a(4)>E_a(1)$

若想将体系设计成具有高的 E_a 值和 A 值的体系，首先要根据要求计算出所需的 A 值和 E_a 值，然后看看在实际中有无可能。根据动力学公式和必要的简化，可以按要求计算出所需的 E_a 值和 A 值，如假定反应程度低于 5% 以前都属于稳定期，反应程度达 80% 时固化，结果如表 4-2 所示。

表 4-2　固化温度的动力学参数

环境稳定性(30℃)	固化温度(10 min)	$E_a/(kJ/mol)$	A/s^{-1}
6 个月	175℃	109	10^{10}
6 个月	150℃	121	10^{12}
6 个月	125℃	146	10^{17}
6 个月	100℃	188	10^{24}
48 h	100℃	126	10^{15}
48 h	75℃	180	10^{24}
30 min	75℃	92	10^{11}
30 min	60℃	130	10^{18}

因此，如果要求涂料能在 30℃ 储存半年，在 125℃、10min 固化，则需要 E_a 为 146kJ/mol 和 A 为 $10^{17}\,\mathrm{s}^{-1}$。从动力学上看，E_a 与反应活化能相关，是键的断裂和形成的平衡，反应有较多键断裂时 E_a 较大；当有较多键形成时 E_a 较小。一般单分子反应有较高的 E_a 值。而 A 值与反应体系的熵变（ΔS）相关，ΔS 愈大，反应后混乱度愈大，A 值愈大。在表 4-2 中，要求的 E_a 值为 $188\sim92$kJ/mol，是比较容易达到的，关键在于 A 值。相关研究表明，在溶液中单分子反应的 A 值可达 $10^{16}\,\mathrm{s}^{-1}$，而双分子反应则低于 $10^{11}\,\mathrm{s}^{-1}$，由此可知单分子反应对低温稳定性和高温快速固化是有利的。交联固化一般都是双分子反应，这对提高 A 值很不利，因此要设法将双分子反应体系变为单分子反应控速体系。利用潜伏催化剂或封闭的反应物可以达到这一目的，反应过程用下式表示：

$$C\text{-}X \longrightarrow C+X \quad 慢$$
$$A+B \longrightarrow A\text{-}B \quad 快$$
$$A\text{-}X \longrightarrow A+X \quad 慢$$
$$A+B \longrightarrow A\text{-}B \quad 快$$

式中，C 为催化剂；A、B 为反应物；C-X 为潜伏催化剂；A-X 为封闭的反应物。潜伏催化剂，如加热分解生成强酸的潜酸催化剂，属于前一类型；低分子物和异氰酸酯反应生成的封闭型异氰酸酯在高温下可分解出异氰酸酯，属于第二类型。无论如何，单分子反应的 A 值不可能大于 $10^{16}\,\mathrm{s}^{-1}$，所以单从动力学考虑，涂料的室温稳定性为 6 个月，而要求在 125℃、10min 固化是不可能的；作为双组分涂料要求操作寿命为 30min，而在 60℃ 用 10min 固化也是不可能的。

改善室温稳定性与提高固化速率，还可以采取以下措施：

① 反应物之一是在固化条件下才出现的，在储藏时体系中没有此种反应物或其前体。例如，对于湿气固化的聚氨酯，水作为与异氰酸酯反应的物质存在于大气中，而不存在于树脂中。

② 挥发性阻聚剂或挥发性单官能团反应物　丙烯酸酯类单体的聚合被空气中的氧气所阻聚，当排除空气之后便可迅速固化；在作为交联剂的六甲氧基甲基三聚氰胺（HMMM）中加入过量的甲醇和丁醇，使其在室温下比较稳定，在高温下，由于甲醇、丁醇可挥发掉，反应活性大大提高。

③ 利用相变的方法　反应物之一或催化剂是不溶于体系的固体，只有当温度上升到熔点时，才能参与反应。

④ 微胶囊法　将反应物之一或催化剂包于微胶囊中，微胶囊可在机械搅拌下被破坏，或其膜的玻璃化温度与固化温度相当，因此可析出催化剂或反应物参加反应。

4.5　涂装技术

将涂料薄而均匀地涂布于基材表面的施工工艺称为涂装。为了使涂料取得应有的效果，涂装施工非常重要。俗话说"三分油漆，七分施工"，虽然过分一点，但也说明了施工的重要性，涂料施工首先要对被涂物表面进行处理，才可进行涂装。涂装的方法很多，要根据涂料的特性、被涂物的性质和形状及质量要求而定。关于涂装技术已有很多专著可供参考，这里只做简要介绍。

4.5.1　被涂物的表面处理

表面处理有两种意义：一方面是消除被涂物表面的污垢、灰尘、氧化物及水分、锈渣等；另一方面是对表面进行适当改造，包括进行化学处理或机械处理以消除缺陷或改进附着力。不同的材质有不同的处理方法，这里仅对金属、木器、塑料三种最常见的材质进行简要介绍。

(1) 金属表面的处理

① 除锈　金属表面的氧化物和锈渣必须在涂漆之前除尽，否则会严重影响附着力、装饰性与寿命。除锈的办法有手工除锈，用砂纸、钢丝刷等工具除锈；机械除锈，用电动刷、电动刷轮及除锈器等除锈；喷砂除锈，是一种效率高、除锈比较彻底的方法，附着在金属表面的杂质可一并清除干净，且能在表面造成较好的粗糙度，有利于漆膜的附着。除了用物理方法除锈外，还可用化学方法除锈，例如将钢铁部件用酸浸泡以洗去氧化物。

② 除油　最常用的除油方法是碱液清洗、有机溶剂和乳液（有机溶剂分散于水中的乳液）清洗以及表面活性剂清洗。清洗方式可以采用浸渍法，也可以采用喷射法。

③ 除旧漆　在各种涂装施工中，经常有一些旧漆需脱除。脱除方法有：火焰法，用火焰将漆膜烧软然后刮去；碱液处理法，如用 5%～10% 的氢氧化钠溶液浸洗擦拭金属器件；脱漆剂处理法，主要是借助有机溶剂对漆膜的溶解或溶胀作用来破坏漆膜对基材的附着，以便于清除。脱漆剂中通常用的有机溶剂为酮、酯、芳烃和氯代烃等，配方中还加有石蜡以防溶剂过快地挥发，同时还加有增稠剂，如纤维素醚等以防流挂。当脱漆剂将漆膜软化后即可刮除漆膜并用水冲洗。

④ 磷化处理　磷化处理是通过化学反应在金属表面上生成一层不导电的、多孔的磷酸盐结晶薄膜，此薄膜通常又被称为转化涂层。由于磷化膜有多孔性，涂料可以渗入这些孔隙中，因而可显著地提高附着力；又由于它是一层绝缘层，可抑制金属表面微电池的形成，因而可大大提高涂层的耐腐蚀性和耐水性。磷化的方法很多，有化学磷化、电化磷化和喷射磷化，也可用涂布磷化底漆来代替磷化处理。磷化处理材料的主要组成为酸式磷酸盐，可以用 $Me(H_2PO_4)_2$ 来代表。为了防止酸和金属反应时放出的氢气对磷化膜结晶造成损害，并将二价铁离子转变为三价铁离子，磷化液内应加有氧化剂，如亚硝酸钠。磷化过程可用下面反应式表示：

$$4Fe + 3Me^{2+} + 6H_2PO_4^- + 6[O] \longrightarrow 4FePO_4 \downarrow + Me_3(PO_4)_2 + 6H_2O$$
（淤渣）　　　（磷化膜）

⑤ 钝化处理　经磷化处理或经酸洗的钢铁表面，为了封闭磷化层孔隙或使金属表面生成一层很薄的钝化膜，使金属与外界各种介质分离，可进行钝化处理，以取得更好的防护效果，例如经铬酸盐处理，能生成三价铬和六价铬的钝化层。

(2) 木材表面的处理　木材施工前要先晾干或低温（70～80℃）烘干，控制含水量在 7%～12%，这样不仅可防止木器因干缩而开裂、变形，也可使涂层不易开裂、起泡、脱落。施工前还要去除未完全脱离的毛束（木质纤维），方法是多次砂磨，或在表面刷上虫胶清漆，使毛束竖起发脆，然后再用砂磨除去。木器上的污物要用砂纸或其他方法除去，并要挖去或用有机溶剂溶去木材中的树脂。为了使木器美观，在涂漆之前还要漂白和染色。

(3) 塑料表面的处理　塑料一般为低能表面，不经处理很难有满意的涂装质量。为了增加塑料表面的极性，可用化学氧化处理，例如用铬酸处理，也可用火焰、电晕或等离子体等进行处理；为了增加涂料中成膜物和塑料表面间的扩散，也可用溶剂如三氯乙烯蒸气进行侵蚀处理，处理后即涂装。另外，塑料上往往残留脱膜剂和渗出的增塑剂，必须预先进行清洗。

4.5.2　涂装方法

(1) 手工涂装　包括刷涂、滚涂、揩涂、刮涂等。其中刷涂是最常见的手工涂装法，适用于多种形状的被涂物，节省涂料，工具简单。涂刷时，机械作用较强，涂料较易渗入底材，可增强附着力。滚涂多用于乳胶涂料的涂装，但只能用于平面的涂装物。揩涂又称皮革指浆,是轻革涂饰的一种方法,适用于革的底层涂饰。刮涂则多用于黏度高的厚膜涂装,一般用来涂布腻子和填孔剂。

(2) 浸涂和淋涂　将被涂物浸入涂料中,然后吊起滴尽多余的涂料,经过干燥而达到涂装目的的方法称为浸涂。淋涂则是用喷嘴将涂料淋在被涂物上以形成涂层,它和浸涂方法一样适用于大批量流水线生产方式。对于这两种涂装方法最重要的是控制好黏度,因为黏度直接影响漆膜的外观和厚度。

(3) 空气喷涂　空气喷涂是通过喷枪使涂料雾化成雾状液滴,在气流带动下,涂到被涂物表面的方法。这种方法效率高,作业性好。喷涂装置包括喷枪、压缩空气供给和净化系统、输漆装置等。喷涂应在具有排风及清除漆雾的喷漆室中进行。如果在施工前将涂料预热至 $60\sim70$ ℃ 再进行喷涂,称为热喷涂。热喷涂可节省涂料中的溶剂。

(4) 无空气喷涂　无空气喷涂是靠高压泵将涂料增压至 $5\sim35$ MPa,然后从特制的喷嘴小孔(口径为 $0.2\sim1$ mm)喷出,由于速度高(约 100 m/s),随着冲击空气和压力的急速下降,涂料内溶剂急速挥发,体积骤然膨胀而分散雾化并高速地附着在被涂物上。这种方法大大减少了漆雾飞扬,生产效率高,适用于高黏度的涂料。

(5) 静电喷涂　静电喷涂是利用被涂物为阳极,涂料雾化器或电栅为阴极,形成高压静电场,喷出的漆滴由于阴极的电晕放电而带上负电荷,它们在电场作用下,沿电力线被高效地吸附在被涂物上。静电喷涂是手工喷涂的发展,可节省涂料,易实现机械化和自动化或由机器人操作,生产效率高,适用于流水线生产且所得漆膜均匀、质量好。用于静电喷涂的涂料的电阻和溶剂的挥发性需要进行适当调节。

(6) 粉末涂装和电泳涂装　分别是粉末涂料和水性电泳涂料的涂装方法,均为低污染的现代涂装方法。

4.6　涂料发展概述

21世纪涂料产品结构以环境友好涂料为主导,其涂料品种主体是水性涂料、粉末涂料、高固体分涂料和辐射固化涂料四大支柱,约占全部涂料的 75.5%。

4.6.1　环境友好涂料

环境友好涂料的基本要求是实现绿色化、高性能化和高功能化,因此环境友好涂料是涂料品种发展的新方向,是未来涂料发展的趋势。

4.6.1.1　粉末涂料的发展与应用

① 粉末涂料品种开发的热点是低温固化粉末、快速固化粉末、汽车在线涂装(OEM)罩光粉末浆料、非封闭异氰酸酯固化的聚酯粉末、高光泽粉末、复合型粉末和含氟粉末涂料等新品种。

② 新工艺的利用,包括:a. VAMP制造新工艺,降低加工温度,防止制粉胶化,制造薄膜型粉末和 UV 固化粉末,可使粉末用于汽车、木质家具和塑料基材;b. 微胶合成新工艺,工艺流程短,水为介质,颜料分散均匀,采用悬浮聚合制造粉末涂料;c. 新技术,薄膜化、助剂匹配、纳米复合、新涂装技术(电磁刷涂装、近红外辐射固化、感应加热固化)。

4.6.1.2　水性涂料的开发现状与发展前景

进入 21 世纪,水性涂料成为涂料工业最突出的关注点和切入点。以水性聚氨酯、水性丙烯酸、水性环氧及其改性体系为基料的水性材料,成为水性涂料(材料)的主导产品。

(1) 水性涂料的开发现状

① 零 VOC 乳液及乳胶漆具有较高的 T_g、较低的最低成膜温度（MFT）、良好的冻融稳定性。

② 水性超薄型钢结构防火涂料　用于厂房、体育馆、候机厅、高层建筑等钢结构。

③ 水性玻璃涂料　双包装、耐水、耐溶剂、耐化学药品、透光率＞96％。

④ 织物涂层胶　用钴辐射法乳液聚合，制备水性 PU-含硅丙烯酸乳液，它具有防雨防风、通气透湿、穿着舒适等特点。

⑤ 水性木器漆　水性醇酸、硝基纤维素、环氧树脂、丙烯酸酯、聚氨酯等。

⑥ 含氟丙烯酸-聚氨酯水性涂料　耐候性好（人工老化 1600h，保光率＞90％），耐蚀性优良（耐酸、碱、盐、水、油）。

⑦ 水性沥青环氧防腐涂料　解决了沥青材料高温流淌、低温冷脆等弊病。

⑧ 仿铜水性涂料　用于器具、装饰品和雕塑品表面，具有硬度高、耐久性好、不变黄、耐高温等优点。

⑨ 水性地坪涂料　以水乳型为主的水性防腐涂料，用于地坪、建筑等。

(2) 水性涂料的发展前景

① 乳液聚合技术　无皂聚合、核-壳乳液聚合、微乳液聚合（微乳液的粒径 10～100nm，固体分＞45％）。

② 乳液改性方法　有机硅改性、交联成膜反应改性、乳液复配改性。

③ 产品创新规划　水性涂料高性能、高档次、产品创新与超越；提升配制技术，提升产品技术含量，开发专用功能性品种；以企业为主体的水性涂料开发应用体系。

④ 明确水性涂料的研发任务　制造水性涂料的原材料开发并提升其效能；水性涂料成膜机理及配方设计研究；改进水性涂料制造工艺及涂装技术，提升应用性能；以建筑涂料为切入点，向使用方便、耐久性强、自洁性突出、无损人类与环境的研发思路发展。

4.6.1.3　开发高固体分涂料的措施

目前的溶剂型涂料一般施工固体分＜46％。若将施工固体分提升到 60％～75％，就会节省可观的资源和能源，会明显降低污染，为保护环境尽一份责任。

① 开发适当分子量的低聚物　适当的分子量、分子量分布，分子中有足够的可反应基团，获得均一交联密度的涂膜。

② 利用无毒无污染的溶剂体系　取代苯系溶剂，采用 N-甲基吡咯烷酮、二价酸酯（DBE）、三氯乙烷和超临界二氧化碳等环保型溶剂。

③ 开发、利用无毒性颜填料。

④ 突出重点，不断开发新产品　高固体分涂料的开发应用要以丙烯酸及其改性体系为核心，开发丙烯酸-醇酸、丙烯酸-聚酯、丙烯酸-聚氨酯、丙烯酸-环氧树脂等高固体分涂料；以丙烯酸为主导带动功能性及专用性高固体分涂料产品创新；以工业涂料和汽车涂料为主战场，开发满足需要的新品种。

4.6.1.4　辐射固化涂料（材料）的发展前景

① 光固化树脂及活性稀释剂的开发。

② 光引发剂的发展方向

a. 自由基与阳离子引发剂形成混杂光固化体系。

b. 采用带光敏基团的低聚物，不用光引发剂。

c. 高分子光引发剂的开发应用。

d. 可见光引发剂的利用。

e. 水性光引发剂的开发应用。

③ UV 固化粉末涂料的发展　适用于复合木材和金属基材的低温固化粉末；UV 固化粉末在纸类基材上的应用。

④ 水性 UV 固化的材料的开发前景　水性超支化聚合物、水性可聚合型光引发剂、双重固化体系和纳米材料的应用。

⑤ 电子束固化涂料的发展　国外占辐射固化的 10%～12%，不加光引发剂，适用于食品材料及医药卫生材料的涂装。固化效果不受填料影响，发展前景好。

4.6.2　重点开发应用的涂料类型——功能性涂料及专用性涂料

4.6.2.1　功能性涂料的发展态势

生态与健康功能性涂料是涂膜对环境无污染，对人居场所有益的健康型涂料，发展迅速，种类很多。

（1）生态功能性涂料

① 空气净化功能涂料　对室内污染物有净化功能。

② 隔热涂料　有阻隔型、反射型及辐射型三种隔热涂料。

（2）健康功能性涂料　此类涂料中添加有功能性化学物质，具有特殊的保护防护作用，如：①杀虫涂料；②抗菌涂料（抗菌、杀菌）；③防辐射涂料（吸收电磁波、防氡等）；④调湿涂料（调节相对湿度）；⑤保健涂料（对人体起生物效应，提高人体新陈代谢及免疫功能）。

（3）多功能性涂料

① 多功能保健乳胶涂料　杀虫、除臭、防霉、消声、保护健康等。

② 能量活性内墙涂料　吸附、除臭及空气净化。

③ 多功能复合生态涂料　装饰、防氡、抗菌、远红外保健、空气净化。

（4）纳米复合功能性涂料

抗菌涂料、UV 屏蔽涂料和新型光催化涂料等。

4.6.2.2　专用性涂料的开发应用

① 专用阻燃涂料及材料　严禁使用污染物作为阻燃剂，联合国环境规划署在 2009 年 5 月 9 日声明：全球再禁止九种有机污染物，其中有六氯环己烷、四（五、六和七）溴联苯醚、六溴联苯、五氯苯和十氯酮等。

② 风、核发电设施用特种涂料。

③ 导电与绝缘新材料。

④ 石油和化工领域专用涂料。

⑤ 建筑、交通（铁路、公路）设施用特种涂料及胶黏剂。

⑥ 纳米复合专用性涂料　具有弹性、耐候性、耐磨性及防垢性等。

人类对生态环境日益重视，传统溶剂型涂料面临巨大冲击与挑战，环境友好涂料正受到社会的青睐。采用环境友好涂料配方设计及产品创新的六项应用技术，可预测涂料及涂膜性能规律，环境友好涂料配方设计的要求、路线、内容、方法及通则，涂料成膜方式设计配方的要点及组成简析等内容，是环境友好涂料配方的技术基础。

参 考 文 献

［1］　李桂林.涂料配方设计与涂料发展概述//中国环氧树脂应用技术学会"第十三次全国环氧树脂应用技术学术交流会"论文集.南京，2009：26-40.

［2］　魏学敏.高固含双组分聚氨酯木器涂料用星形聚酯的合成与性能.广州：华南理工大学，2016.

［3］　洪啸吟，冯汉保.涂料化学.第 2 版.北京：科学出版社，2005.

第5章

胶黏剂配方设计原理与应用

　　胶黏剂是能把两种相同或不同的材料通过粘接作用连接起来，并能满足一定力学性能、物理性能和化学性能要求的一类物质，又称为黏结剂、粘接剂等，我国简称为"胶"。采用胶黏剂把材料连接在一起的工艺技术称为粘接技术。

　　胶黏剂和粘接技术历史悠久，随着人类社会和科学技术的发展而发展，有力地推动了社会的物质文明、科技进步。合成材料的出现为胶黏剂和粘接技术提供了广阔的发展空间，胶黏剂的发展与高分子工业的发展几乎同步，是最体现高分子工业发展状况和水平的产业之一。

5.1　胶黏剂的分类

　　胶黏剂的分类至今尚无统一方法。为便于研究和使用，通常按胶黏剂的来源、用途、组成结构或性能等进行分类。常见的几种分类方法如下：

　　(1) 按胶黏剂的粘接强度分类　按照粘接处受力的要求，可将胶黏剂分为结构胶黏剂和非结构胶黏剂。所谓结构胶黏剂，是指固化后能承受较高剪切负荷（15MPa）和不均匀扯离负荷（在30kN/m以上）的胶黏剂，主要用于粘接受力部件。而非结构胶黏剂的粘接强度一般，广泛用于普通受力部位的粘接。此外，还有满足某种特定性能和在某些特殊场合使用的特殊胶黏剂。按胶黏剂的粘接强度分类如下：

　　　　　　　　┌结构胶黏剂：酚醛-缩醛、酚醛-丁腈、环氧-酚醛、环氧-丁腈、环氧-尼龙等
　　胶黏剂 ┤非结构胶黏剂：聚乙酸乙烯酯、聚丙烯酸酯、橡胶类、热熔胶等
　　　　　　　　└特殊胶黏剂：导电胶、导热胶、光敏剂、应变胶、医用胶、耐超低温胶、耐高温胶、水下胶、点焊胶等

　　(2) 按胶黏剂的来源分类　根据胶黏剂的来源，可将胶黏剂分为天然胶黏剂和合成胶黏剂，而合成胶黏剂又分为热固性树脂胶黏剂、热塑性树脂胶黏剂、橡胶胶黏剂及无机胶黏剂。按胶黏剂的主要来源分类如下：

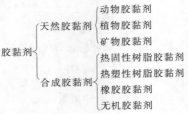

（3）按胶黏剂的化学组成分类　根据胶黏剂的化学组成，可将胶黏剂分为有机胶黏剂和无机胶黏剂两大类。有机胶黏剂又可分为天然有机胶黏剂和合成有机胶黏剂，合成有机胶黏剂又分为树脂型、复合型或更细分的类型。具体如下：

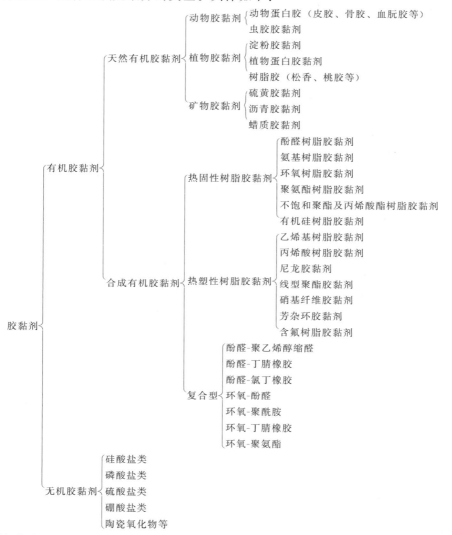

（4）按胶黏剂的外观形态分类　根据胶黏剂的外观形态，将胶黏剂分为液态、固态、膏状、薄膜、胶带等类型。主要类型如下：

(5) 按胶黏剂的固化条件分类 根据胶黏剂使用时的固化温度不同，可将胶黏剂分为室温固化胶黏剂、高温固化胶黏剂、光固化胶黏剂和辐射固化胶黏剂等。

5.2 胶黏剂的组成

胶黏剂通常由几种材料配制而成。这些材料按其作用不同，一般分为基料和辅助材料两大类。基料是在胶黏剂中起粘接作用并赋予胶层一定力学强度的物质，如各种树脂、橡胶、淀粉、蛋白质、磷酸盐、硅酸盐等。辅助材料是胶黏剂中用以改善主体材料性能或为便于施工而加入的物质，如固化剂、增塑剂和增韧剂、稀释剂和溶剂、填料、偶联剂等。

(1) 基料 在胶黏剂配方中，基料是使两被粘物体结合在一起时起主要作用的成分，它是构成胶黏剂的主体材料。胶黏剂的性能主要与基料有关。

一般来讲，基料应是具有流动性的液态化合物或能在溶剂、热、压力的作用下具有流动性的化合物。实际使用中，用作基料的物质有天然高分子物质、无机化合物、合成高分子化合物。

天然高分子物质中淀粉、蛋白质、天然树脂等均可作为基料。它们一般都是水溶性的，使用方便、价格便宜，且多低毒或无毒；但由于受多种自然条件影响，如地区、季节、气候不同，其性能不一致，因而质量不稳定，且品种单一，粘接力较低，近年来大部分被合成高分子代替。

用作基料的无机化合物有硅酸盐、磷酸盐、硫酸盐、硼酸盐、氧化物等，一般性脆，且耐高温、不燃烧，某些以无机化合物为基料的胶黏剂耐高温可达 3000℃。

热塑性高分子、热固性高分子、合成橡胶等高分子已广泛应用在胶黏剂领域，是最重要的基料。

(2) 固化剂 胶黏剂必须在流动状态涂布并浸润被粘物表面，然后通过适当的方法成为固体，才能承受各种负荷，这个过程称为固化。固化分为物理固化和化学固化，溶剂挥发、乳胶凝聚、熔融体凝固等为物理固化，也称硬化；而化学固化是通过聚合反应形成固体高分子的过程。胶黏剂中直接参与化学反应，使胶黏剂主体发生固化的成分称为固化剂。

热固性高分子化合物是具有三维交联结构的聚合物。结构胶是以热固性树脂为基料，由多官能团单体或预聚体聚合而成的三维交联结构树脂。固化剂使多官能团单体交联固化，是环氧树脂类胶黏剂中最主要的辅助材料。固化剂的种类很多，要按不同基料的固化反应情况、对胶黏剂性能的要求、工艺条件等进行选择。

(3) 增塑剂和增韧剂 增塑剂和增韧剂是指胶黏剂中改善胶层的脆性、提高其柔韧性的成分。它们的加入能改善胶黏剂的流动性，提高胶层的抗冲击强度和伸长率，降低其开裂程度，但用量过多反而有害，会使胶层的力学强度和耐热性能下降，应根据使用条件确定用量。

增塑剂是能与基料相混溶的不活泼物质，不参与固化反应，在固化过程中有从体系中离析出来的倾向，如邻苯二甲酸二丁酯、磷酸三酚酯等。增韧剂是一种单官能团或多官能团的化合物，能与基料起反应，成为固化体系的一部分，大都是黏稠液体，常用的有不饱和聚酯树脂、聚硫橡胶、低分子聚酰胺树脂等，也可作为环氧树脂的固化剂。

(4) 稀释剂和溶剂 用来降低胶黏剂黏度的液体物质称为稀释剂。分子中含有活性基团的、能参与固化反应的稀释剂称为活性稀释剂；分子中不含活性基团、在稀释过程中仅降低黏度、不参加反应的稀释剂称为非活性稀释剂。活性稀释剂多用于环氧型胶黏剂，加入后，固化剂的用量应增大；非活性稀释剂多用于橡胶、聚酯、酚醛、环氧等类型的胶黏剂。一般而言，粘接强度随稀释剂的用量增加而下降。

能溶解其他物质的成分称为溶剂。溶剂在橡胶型胶黏剂中使用较多，在其他类型的胶黏剂中使用较少。溶剂与非活性稀释剂的作用相同，主要是降低黏度，便于施工。

（5）填料 为了改善胶黏剂的加工性、耐久性、强度及其他性能或降低成本等而加入的非黏性固体物质称为填料。填料的种类很多，常用的主要是无机物，金属、金属氧化物、矿物的粉末都可以用作填料，要根据具体要求进行选择，并要考虑到填料的粒度、形状和添加量等因素。

（6）偶联剂 在粘接过程中，为了提高原来直接接触不粘或难粘的材料间的粘接力，在胶黏剂和被粘物表面之间形成一层牢固的界面层而添加的物质称为偶联剂。偶联剂也有许多种，如硅烷、钛酸酯等，主要用于提高被粘物（如玻璃、陶瓷、金属等无机物）与胶黏剂的粘接能力。偶联剂分子的化学结构含有性质不同的两类基团：一类是水解基团（X），水解后能与无机物的表面形成化学键；另一类是有机亲和基团（R），与有机高分子链结合，从而使两种不同性质的材料"偶联"起来。偶联剂对被粘物表面进行处理，或者加到胶黏剂中，均能提高粘接强度。偶联剂目前也是现代胶黏剂的重要组分。

（7）其他助剂 为了满足某些特殊要求，改善胶黏剂的某一性能，胶黏剂中还要加入其他助剂，如增稠剂，增加黏度；阻聚剂，防止胶黏剂在储存运输过程中自行交联而变质失效，提高其储存性能；防老剂，提高胶层耐环境老化特性；防霉剂，防止胶层霉变；阻燃剂，使胶层不易燃烧等。

5.3 粘接技术简介

（1）粘接机理 用胶黏剂将物体连接起来的方法称为粘接。要达到良好的粘接，必须具备两个条件：胶黏剂要能很好地润湿被粘物表面；胶黏剂与被粘物之间要有较强的相互结合力，这种结合力的来源和本质就是粘接机理。

粘接的过程可分为两个阶段。第一阶段，液态胶黏剂向被粘物表面扩散，逐渐润湿被粘物表面并渗入表面微孔中，取代并解吸被粘物表面吸附的气体，使被粘物表面间的点接触变为与胶黏剂之间的面接触。施加压力和提高温度，有利于此过程的进行。第二阶段，产生吸附作用形成次价键或主价键，胶黏剂本身经物理或化学变化由液体变为固体，使粘接作用固定下来。当然，这两个阶段是不能截然分开的。胶黏剂与被粘物之间的结合力，大致有以下几种可能：

① 由于吸附以及相互扩散而形成的次价键结合。

② 由于化学吸附或表面化学反应而形成的化学键。

③ 配价键，例如金属原子与胶黏剂分子中的 N、O 等原子所生成的配价键。

④ 被粘物表面与胶黏剂由于带有异种电荷而产生的静电吸引力。

⑤ 由于胶黏剂分子渗进被粘物表面微孔中以及凹凸不平处而形成的机械啮合力。

不同情况下，这些力所占的相对比重不同，因而就产生了不同的粘接理论，如吸附理论、扩散理论、化学键理论及静电吸引理论等。

（2）粘接工艺过程 粘接工艺过程一般可分为初清洗、粘接接头机械加工、表面处理、上胶、固化及修整等步骤。初清洗是将被粘物表面的油污、锈迹、附着物等清洗掉，然后根据粘接接头的形式和形状对接头处进行机械加工，如表面机械处理，以形成适当的表面粗糙度等。粘接的表面处理是粘接好坏的关键。常用的表面处理方法有溶剂清洗、表面喷砂和打毛、化学处理等。化学处理一般是用铬酸盐和硫酸溶液、碱溶液等除去表面疏松的氧化物和其他污物，或使某些较活泼的金属"钝化"，以获得牢固的粘接层。上胶厚度一般以 0.05～0.15mm 为宜。固化时，应掌握适当的温度。固化时施加压力，有利于粘接强度的提高。

(3) 粘接强度 根据接头受力情况的不同，粘接强度可分为抗拉强度、抗剪强度、劈裂（扯裂）强度及剥离强度等。

一般而言，接头的抗拉强度约为抗剪强度的 2～3 倍，为劈裂（扯裂）强度的 4～5 倍，而比剥离强度要大数十倍。

影响粘接强度的因素可分为胶黏剂分子结构及粘接条件（粘接工艺）两个方面。胶黏剂分子中含有能与被粘物形成化学键或强力次价键（如氢键）的基团时，可大幅度提高粘接强度。胶黏剂分子若能向被粘物中扩散，也可提高粘接强度。影响粘接强度的外界条件主要有温度、被粘物表面情况、黏附层厚度等。提高温度、被粘物表面有适度的粗糙度均有利于提高粘接强度；黏附层不宜过厚，厚度越大，产生缺陷和裂纹的可能性越大，因而越不利于粘接强度的提高。被粘物和胶黏剂热膨胀系数不宜相差过大，否则由于产生较大的内应力而使粘接强度下降。合理的粘接工艺可创造最适宜的外部条件而提高粘接强度。

(4) 粘接技术的特点 粘接连接方法与传统连接方法相比，有其独特的优点，其他连接方法无法代替。通常情况下，粘接可作为铆接、焊接和螺纹连接的补充。在特定条件下，粘接可根据设计要求提供所需的功能。其优点主要表现在以下几方面：

① 可以粘接不同性质的材料。两种性质完全不同的金属是很难焊接的，若采用铆接或螺纹连接，容易产生电化学腐蚀。至于陶瓷等脆性材料，既不易打孔，也不能焊接，而采用粘接事半功倍。粘接可用于金属-金属间或非金属-非金属间的连接，也可用于金属-非金属间的连接，适用范围广阔。

② 可以粘接异形、复杂部件及大的薄板结构件。有些结构复杂部件的制造和组装，采用粘接比焊接、铆接等工艺省工、方便，并可避免焊接时产生的热变形和铆接时产生的机械变形。大面积薄板结构件如果不采用粘接方法，是难以制造的。因此，粘接适用于一些传统连接方法无法解决的场合。

③ 粘接件外形平滑。粘接的这一特点对航空工业和导弹、火箭等尖端工业是非常重要的。

④ 粘接接头有较高的抗剪强度。相同面积的粘接接头与铆接、焊接接头相比，其抗剪强度可提高 40%～100%。

⑤ 粘接接头有良好的疲劳强度。粘接是面连接，不易产生应力集中现象，疲劳强度比铆接高几十倍。

⑥ 粘接接头具有优异的密封、绝缘和耐蚀等性能。可根据使用要求，选取相应的胶黏剂，赋予粘接接头特定的功能。常见的有导电、导磁、密封、抗特定介质腐蚀等功能的粘接接头。

⑦ 粘接构件可有效减轻重量。不使用铆钉、螺栓等金属构件可减轻接头重量，且可采用薄壁结构，极大减轻了接头重量。

⑧ 粘接接头耐环境应力强。由几种金属材料构成的接头，采用粘接可避免金属接触电偶产生的电化学腐蚀，粘接本身也不存在化学腐蚀。粘接对水、空气及其他介质有很好的密封性能，减小了介质对接头的腐蚀，提高了接头的耐环境应力。

⑨ 粘接工艺简单，对操作的熟练程度要求低，生产易于自动化，生产效率高，成本低。在机械行业中，使用 1t 胶黏剂可节约 5t 金属连接材料，可节约 5000～10000 个工时，经济效益十分可观。

然而粘接技术也有自身的缺点，具体如下：

① 粘接接头剥离强度、不均匀扯离强度和冲击强度较低。以高分子材料作为基料的胶黏剂强度较低，远不如金属材料，一般只有焊接、铆接强度的 1/10～1/2。仅有个别品种胶黏剂的不均匀扯离强度与焊接、铆接相近。

② 某些胶黏剂耐老化性能较差。

③ 多数胶黏剂的耐热性不高，使用温度较低，一般为 -50～150℃。只有耐高温胶黏剂才可长期工作于 250℃的环境下，或者短期工作于 350～400℃的环境下。无机胶黏剂耐热性好，但太脆，经不起冲击。

④ 粘接工艺中，对被粘材料的表面处理要求较严。粘接接头强度的影响因素多，对材料、工艺条件和环境应力极为敏感。接头性能的重复性差，使用寿命有限。

⑤ 目前，还没有简便可行的无损检验方法。

以上缺点在一定程度上限制了胶黏剂的应用范围。

5.4　粘接表面的处理

粘接质量不仅取决于胶黏剂，而且与被粘接材料的表面处理、粘接工艺及接头设计等各因素密切相关。某些情况下，被粘接表面的处理是粘接成败的关键。被粘材料的表面特性对粘接效果影响明显。因此，粘接前要对被粘表面进行处理。不同材料表面处理方法不同，如 PE、PP、PTFE、PI 及镁合金、钛合金等材料的表面处理都有严格的条件要求。处理方法不当，直接影响粘接效果。胶黏剂对被粘表面的浸润性和粘接界面的分子间作用力是形成优良粘接的基本条件。

被粘表面的处理包括脱脂、机械处理、化学处理、漂洗及干燥等步骤。对难粘聚合物表面，还需要进行表面改性，用化学、物理方法改变材料表面的分子结构，提高材料表面能和反应活性，改善其可粘性。表面处理和改性时，应考虑以下因素：

① 污染物质的类型及特性。

② 污染物的污染程度，如污染层的厚度，松散、紧密程度等。

③ 被粘材料的种类及特性，尤其是耐溶剂、耐酸碱腐蚀等性能。

④ 胶黏剂的浸润特性及其对清洁度的要求等。

⑤ 操作工艺、设备、环境条件及人身安全等因素。

⑥ 处理方法的经济因素等。

(1) 脱脂处理　脱脂要根据油污性质选用有机溶剂、碱溶液或表面活性剂进行处理。油污包括动、植物油，主要成分是脂肪酸甘油酯，可与碱起皂化反应生成可溶于水的肥皂和甘油，故称为皂化性油；另外还有矿物油，如全损耗系统用油、柴油、凡士林和石蜡等，主要成分是烃类，不发生皂化反应，故称为非皂化性油。

① 有机溶剂脱脂　有机溶剂对上述两类油污均有脱脂洁净作用，脱脂效率很高，是理想的清洗剂。脱脂方法常见的有以下几种：

a. 溶剂擦拭　用脱脂棉浸有机溶剂，擦拭被粘表面。一般需反复多次擦洗，才可达到完全脱脂的目的。常用的材料有乙醇、丙酮、汽油、煤油、甲苯、氯仿及三氯乙烯等。

b. 溶剂浸泡　将被粘物整件浸入溶剂中清洗。但溶剂很快会被污染，无法将被粘表面彻底清洗干净，适于作为预浸脱。一般应与擦洗相结合，才能达到完全脱脂。

c. 溶剂蒸气脱脂　利用脱脂能力强的溶剂，密闭于容器中，经加热、蒸发、冷凝，使容器中被粘物体表面的油脂迅速被清除。常用溶剂有三氯甲烷、四氯乙烯等。操作过程应控制温度，以免温度过高造成溶剂分解。三氯乙烯在光、热、氧和水的作用下，尤其在铝、镁等金属的催化下，极易分解并产生光气和氯化氢。光气腐蚀性大，铝、镁等金属零件脱脂应避免使用此类溶剂。操作时，应适时将被污染的溶剂蒸馏、再生，以免影响清洗效果。

② 碱液脱脂和表面活性剂脱脂　碱液脱脂是利用碱与脂肪发生皂化反应，为较常用的脱脂方法。与溶剂脱脂相比，具有无毒、不燃、操作工艺简单、设备简单、经济等优点，但脱脂速度慢。

矿物油是烃类，不起皂化反应，但可利用表面活性剂的乳化作用脱脂。这类乳化剂常用的有 OP 乳化剂、6501（椰子油酸二乙醇酰胺）、三乙醇胺油酸皂等。

表面活性剂脱脂时，常用的乳化剂有肥皂、硅酸钠（水玻璃）、拉开粉（二丁基萘磺酸钠）等。碱液中除 NaOH 外，还加入 Na_3PO_4 和 Na_2CO_3 等，以稳定碱液 pH 值。

(2) 机械处理　金属表面的氧化物或其他污垢，在粘接操作前也需要除去，制备新生的活性表面和具有一定表面粗糙度的表面。一般脱脂后，通过钢丝刷、砂纸等进行打磨"刷光"，或用喷砂等机械方法对这些窝沟进行脱除。

手工打磨操作简便，重复性、操作均匀性均较差，只适合要求不严格的情况。喷砂不适用于极薄的材料及形状复杂的零件表面处理，也不适用于高分子材料表面处理，因为喷砂产生的凸凹表面缺口会导致高分子材料的内聚性破坏而大大降低其粘接强度。

(3) 化学处理　化学处理方法是指用铬酸盐和硫酸的溶液及其他酸液、碱液或某些无机盐溶液处理被粘表面的方法。从广义上说，化学处理还包括氧化、卤化、磺化等处理方法，以及辐射接枝共聚等特殊处理方法。化学处理适用于金属材料和某些聚合物的表面，是经上述处理后，进一步清除被粘接表面的残留污物，改善表面的可粘性。化学处理可在金属表面形成一层致密、坚固、内聚强度高、极性强的金属氧化膜，提高表面能，使胶黏剂易于浸润，显著提高粘接强度。聚合物经化学处理，可使化学惰性表面变成带有极性基团的活性表面，获得高自由能、浸润性好、可粘性优良的被粘接表面。

(4) 漂洗和干燥　被粘接表面在粘接前应进行漂洗、干燥，方可进行其他表面处理。漂洗时，先用自来水，再用去离子水，晾干，或用冷、热风吹干，或用烘箱烘干皆可；或用丙酮或乙醇等擦干。对于不同的被粘接表面和不同的表面处理方法，其漂洗、干燥工艺也有所不同。

(5) 特殊的表面处理方法　常用表面处理方法效果不理想的难粘聚合物，需要特殊的物理化学方法进行表面处理，以提高被粘接表面的化学活性及表面能，如表面辐射接枝、表面化学接枝和表面化学处理等。表面辐射接枝包括高能辐射接枝（如 γ 射线、X 射线及高能电子束等的辐射引发聚合）和低能辐射接枝（如紫外线引发聚合、等离子体引发聚合等）。表面化学接枝主要通过化学引发剂，如过氧化物、臭氧等引发聚合。表面化学处理除了酸、碱处理外，还包括氧化、卤化和磺化以及氯硅烷处理等。含氟聚合物用液氨中的碱金属改性也属于这一类。

5.5　胶黏剂的配方设计

配方设计在胶黏剂制备和应用中占有重要地位，既是胶黏剂获得所需性能的主要途径，又是其适应用途的必要手段。合理的配方设计能保证胶黏剂性能优良，施工、储存性能良好，生产成本较低并满足使用要求，获得最佳经济效益。因此，在制备胶黏剂时必须重视配方设计。

配方设计涉及配方组分（原料）的品种、类型、用量和制备工艺，对胶黏剂的性能和应用都具有决定性影响。

　　胶黏剂的配方设计，实质上就是在胶黏剂的主体成分中加入一定种类和数量的辅助成分，使胶黏剂获得所需要的性能，达到粘接的使用要求。

5.5.1　配方设计的基本原则

　　配方设计是充分运用助剂组分的性能改善树脂缺陷或不足的过程，必须进行精心分析、研究和反复试验才能设计出满足使用性能要求的配方，为此在配方设计时应坚持如下原则：

　　(1) 满足最终产品使用性能与耐久性　胶黏剂制备过程中的选料、配方设计、配制、粘接与后处理等工序，最终目的就是制备出质量优良、满足应用要求的制品。配方设计的主要任务是必须弄清使用环境条件、使用性能要求，选择合适的黏料和助剂。

　　(2) 抓住主要矛盾选定黏料　通过对黏料性能的了解和分析，解决用于制备所需制品的黏料可能存在的缺陷或不足，再根据制品对性能的要求，找出主次矛盾，加以解决。

　　(3) 充分发挥添加组分（添加剂或助剂）的功能　对添加组分选择力求准确，用量适当。了解各添加组分的功能，结合应用性能要求与本身特性，确定几套方案，通过试验加以确定，这是配方设计的中心任务。

　　(4) 降低成本　配方设计时，除考虑性能外，还必须考虑原材料的来源与成本，在同等性能条件下，选择原材料来源广、产地近、价格低的品种。

5.5.2　配方设计的基本内容

　　首先充分了解已选黏料的性能特点和优缺点，根据材料对使用性能的要求，找出黏料的不足或缺陷，经过分析，选择、确定改性技术或方法。黏料或树脂经改性后，再选定添加剂并确定其最佳用量。在借鉴前人配方设计的经验教训的同时，进行试验，合理设计配方，在确保最终制品使用性能的前提下，尽量降低成本，以最少的组分，最合理的用量，设计出最佳配方。制备出性能优异的胶黏剂是配方设计的根本任务。

5.5.3　配方设计的基本方法

　　(1) 胶黏剂配方设计的优化方法　胶黏剂配方设计的优化方法很多，常用的有单因素优选法、多因素优选法和改进的单纯形法等。

　　① 单因素优选法　在含 n 个组分的胶黏剂体系中，将 $n-1$ 个因素固定，逐步改变一个因素的水平，根据目标函数评定该因素的最优水平，依次求取体系中各因素的最优水平，最后将各因素的最优水平组合成最佳配方。但实际问题比较复杂，应按因素对目标函数影响的敏感程度逐次优选。在常用的单因素优选法中，有适于求极值问题的黄金分割法（即 0.618法）、分数法以及适于解决合格点问题的对分法等。

　　② 多因素优选法　每次取一个因素，按 0.618 法选优，依次进行，达到各因素选优。从第二轮起，每次单因素优选，实际只做一个试验即可比较。该法的试验次数比较多。

　　③ 改进的单纯形法　线性规划实质是线性最优化问题，改进的单纯形法可解决一般线性规划问题。当目标函数为诸变元的已知线性式，且诸变元满足一组线性约束条件（等式或不等式）时，求目标函数的极值。该法是最优化方法中的基础方法之一，其优点是运算量较单纯形法少，适用面广，且便于计算机计算。

　　(2) 胶黏剂配方的正交试验设计法　正交试验设计法也叫正交试验法，是用正交表来安排和分析多因素试验的一种数理统计方法。这种方法的优点是试验次数少，方法简单，使用方便，效果好，效率高。

通过一批试验，对其结果进行统计分析，研究各因素间的交互作用，寻找最佳配方或工艺条件。

在研究比较复杂的问题时，往往都包含着多种因素。准备考察的有关影响试验指标的条件称为因素，如配方中的组分。在试验中准备考察的各种因素的不同状态称为水平，如配方试验中某组分的不同含量（或比例）。为了寻求最优化的生产条件，就必须对各种因素以及各种因素的不同水平进行试验，找出最佳配方和工艺条件。

常规的试验方法为单组分调整轮换法，即先改变其中一个变量，把其他变量固定，以求得此变量的最佳值；然后改变另一个变量，固定其他变量，如此逐步轮换，从而找出最佳配方或工艺条件。用这种方法对一个三变量、每个变量三个试验数值（水平）的配方进行试验，试验次数为 $3 \times 3 \times 3 = 27$ 次，而用正交试验法只需 6 次即可。

5.5.4 胶黏剂的配制及使用

（1）胶黏剂的配制 表面处理之后，要进行调胶配胶。单组分胶黏剂可直接使用，但一些相容性差、填料多、存放时间长的胶黏剂会沉淀或分层，在使用之前必须要混合均匀。若是溶剂型胶黏剂因溶剂挥发而导致浓度变大，还应用适当的溶剂稀释。

对于双组分或多组分胶黏剂，必须在使用前按规定的比例严格称取。因为固化剂（交联剂）用量不够，则胶层固化不完全；固化剂用量太大，又会使胶层的综合性能变差。因此，一般称取各组分时，相对误差最好不要超过 2%～5%，以保证较好的粘接性能。

每次配胶量的多少，应根据不同胶的适用期、季节、环境温度、施工条件和实际用量大小决定，做到随用随配，尤其是室温快速固化胶黏剂，一次配制量过多，放热量大，容易过早凝胶，影响涂胶，也会造成浪费。有的胶黏剂配方中，固化剂或促进剂用量给出了很大范围，一般来说，在夏天气温高时选用含量小的配方，其他情况下选用含量高的配方。由于胶黏剂固化时要放热，因此，对于一些在常温下反应缓慢的胶黏剂，可以一次配足所需要的使用量；而对于一些室温下反应快或固化反应放热量大的胶黏剂，则应该少配、勤配，否则会由于配好的胶液因反应放出的热来不及散发而使胶液温度升高，进一步加快反应速率，结果使胶液在短时间内凝胶，甚至"暴聚"。

调胶时各组分搅拌均匀非常重要。例如，双组分环氧胶，若是固化剂分散不均匀，就会严重损害粘接性能，不是固化不完全，就是局部发黏、起泡。

称取时还应当注意，称取各组分的工具不能混用，调胶的工具也不能接触盛胶容器中未用的各组分，以防失效变质。

配胶的容器和工具，可选用玻璃、陶瓷、金属材质的干净容器，搅拌工具可用玻璃棒、金属棒。但应当注意，这些器具中不能有油污、水或其他污染物，使用前最好用溶剂清洗干净。

配胶的场所宜明亮干燥、灰尘尽量少，对有毒性的胶，应在通风的环境中配制。

配胶原则上应由专人负责，应有适当的技术监督，从而保证获得优质的胶黏剂。胶黏剂的配制应该严格按照胶黏剂研究、生产单位规定的配制程序进行。

（2）涂胶 所谓涂胶，就是以适当的方法和工具将胶黏剂涂布在被粘物表面。涂胶操作正确与否，对粘接质量有很大的影响。涂胶的难易与其黏度的大小有很大关系。对于无溶剂胶黏剂，如果本身黏度太大，或因温度低变得黏稠，而造成涂胶困难，可将被粘物表面用电吹风预热至 40～50℃。当被粘物尺寸较大时，也可用氧乙炔火焰加热，使涂布后的胶黏剂黏度降低，易于浸润被粘表面。如果是溶剂型胶黏剂黏度过大，可用相应的溶剂进行稀释，再进行涂布，有利于浸润。

涂胶最好在被粘物表面处理好后马上就进行，或者在处理后 8 h 内进行。涂胶的方法很多，可采用刷、刮、压滚等方法，依尺寸的大小以及制件的多少来决定。手工刷胶是用漆刷或油画笔等将胶液涂在被粘物表面，这种方法只适用于黏度较小的胶黏剂（一般含有溶剂）和形状复杂的制件；或者是用玻璃棒或刮板等工具均匀地将胶刮在被粘物表面，这种方法适用于黏度大的胶和平面制件。压滚主要用来贴合胶膜或压敏带。对于大型制件的涂胶，可用包有毛毡的辊轴。喷涂法使用与喷漆相同的设备，适合于大面积涂胶。胶黏剂涂覆不当，会出现胶层不均、过厚、夹裹气泡和缺胶等缺陷。这些缺陷都会导致粘接强度下降。

涂胶量的大小会直接关系到胶层厚度，而胶层厚度又是决定粘接强度的因素之一。胶层厚度过大，会因胶层的内部缺陷增加和固化时的体积收缩引起内应力增大而导致粘接强度下降。对于热膨胀系数不同的材料的粘接，则容易因为胶层太薄而产生形变应力。此外，胶层太薄也容易缺胶。对大多数胶黏剂和被粘物而言，胶层厚度以 0.05～0.15mm 为宜。

涂胶时最好顺着一个方向，要慢些，尽量保持厚度均匀。对含有高分子量聚合物的胶液，如含有橡胶或聚乙烯醇缩醛等，往复涂胶会使胶黏剂严重聚集，胶层包裹气泡和缺胶会导致粘接强度下降。

涂胶量的大小与被粘物的种类和胶黏剂的品种有关。对于零件磨损或划伤的修复，胶层一般要达到尺寸要求并留出一定的加工余量。对于结构粘接，在胶层完全浸润被粘物表面的情况下，越薄越好。因为胶层越薄，缺陷越少，变形越小，收缩越小，内应力越小，粘接强度越高，一般认为胶层厚度控制在 0.05～0.15 mm 为宜。此外，应注意对接头的每个被粘接面分别涂胶，这样才能保证每个粘接面都被胶黏剂充分浸润。

（3）晾置　胶黏剂涂覆后是否需要晾置、应在什么条件下晾置以及晾置多长时间，要根据胶黏剂的性质而定。快速固化胶黏剂，如 α-氰基丙烯酸乙酯（502 胶等），晾置时间越短越好。502 胶的晾置时间与粘接强度的关系见表 5-1。

表 5-1　502 胶的晾置时间与粘接强度的关系

被粘材料	拉伸强度/MPa					
	1s	30s	60s	3min	10min	15min
硬质聚氯乙烯	35.0	33.9	24.1	2.8	7.6	1.8
ABS	18.0	17.6	17.2	10.0	6.5	1.4
铁	14.3	14.0	13.0	11.3	9.5	2.5

对于不含溶剂的胶黏剂，如环氧胶，涂胶后进行晾置也是不可缺少的。因为胶液在混合、涂刷过程中不可避免地会裹进一些空气，黏度越大，包裹的空气越多。因此，要等涂于表面的胶液呈现透明无气泡时，才能装配并粘接在一起，否则会严重降低粘接强度。

对于含溶剂的胶黏剂，如含橡胶和塑料等高分子材料的胶黏剂，应多次涂覆，且每涂一层晾置 20～30 min，以保证溶剂充分挥发。有时还需要在一定温度下烘干，如酚醛-缩丁醛胶在 40～60℃下烘干、酚醛-缩醛-有机硅胶黏剂（J-08 胶）需要在更高温度（80℃）下烘干。

环境温度太低时，胶液黏度大，溶剂挥发慢；粘接时环境温度一般要求在 15～30℃之间，环境温度太高时，胶液使用期缩短。

晾置环境的温度一般越低越好，否则溶剂挥发会降低胶层表面温度而凝聚水汽，影响粘接强度。聚氨酯胶、氯丁胶等对潮气敏感，受湿度的影响更大。高温固化的胶黏剂，加热晾置可减少湿气的影响。一般要求操作环境的温度不超过 70～75℃。

（4）粘接　粘接是将涂胶后或经过适当晾置的被粘表面叠合在一起的过程。无溶剂液体胶黏剂的粘接，粘接后最好错动几次，以利于排出空气，紧密接触，对准位置；溶剂型胶黏剂，粘接时把握时机，过早、过晚都不好。初始粘接力大、固化速度快的胶黏剂，如氯丁胶黏剂、聚氨酯胶、502胶等，粘接时要一次对准位置，不可来回错动，粘接后适当按压、锤压或滚压，以赶出空气，密实胶层。粘接后以挤出微小胶圈为宜，确保不缺胶，如有缝隙或缺胶，应补胶填满。

(5) 固化 又称硬化，对于橡胶型胶黏剂也叫作硫化，是胶黏剂通过溶剂挥发、熔体冷却、乳液凝聚的物理作用，或交联、接枝、缩聚、加聚的化学作用，使其变为固体，并且具有一定强度的过程。固化是获得良好粘接性能的关键过程，只有完全固化，粘接强度才会最大。

固化可分为初固化、基本固化、后固化。在一定温度条件下，经过一段时间胶层达到一定的强度，表面已硬化、不发黏，但固化并未结束，此时称为初固化或凝胶。再经过一段时间，反应基团大部分参加反应，达到一定的交联程度，称为基本固化。后固化是为了改善粘接性能，或因工艺过程的需要而对基本固化后的粘接件进行的处理。一般是在一定的温度下保持一段时间，能够补充固化，进一步提高固化程度，并可有效地消除内应力，提高粘接强度。对于粘接性能要求高的情况或具有可能的条件下，都要进行后固化。

为了获得固化良好的胶层，固化过程必须在适当条件下进行。固化条件包括温度、压力、时间，也称为固化过程三要素。

① 固化温度 是胶黏剂固化所需的温度。胶黏剂的品种不同，固化温度不同。温度是固化的主要影响因素，不仅决定固化完成的程度，也决定固化过程进行得快慢。每种胶黏剂都有特定的固化温度，低于此温度是不会固化的，适当地提高温度，会加速固化过程，并且提高粘接强度。对于室温固化的胶黏剂，如能加热固化，除了能够缩短固化时间、增大固化程度外，还能大幅度提高强度、耐热性、耐水性和耐蚀性等。

加热固化的升温速率不能太快，升温要缓慢，加热要均匀，最好阶梯升温，分段固化，使温度的变化与固化反应相适应。所谓分段固化，就是室温放置一段时间，然后加热到某一温度，保持一定时间，再继续升温到所需要的固化温度。加热固化不要在涂胶装配后马上进行，需凝胶之后再升温。如果升温过早、温度上升太快、温度过高，会因胶的黏度降低而增大胶的流动性，导致溢胶过多，造成缺胶，达不到固化效果，使被粘件错位。

加热固化一定要严格控制温度和时间，温度过高、时间过长均可能导致过固化，令胶层炭化变脆，损害粘接性能。

加热固化完成后，不能立即撤走热源，急剧冷却，以免因收缩不均而产生热应力，带来后患；应缓慢冷却至一定温度，再从加热设备中取出，以随炉冷却到室温为最好。

② 固化压力 在胶黏剂固化过程中施加一定的压力有利于粘接。施压能提高胶黏剂的流动性，易润湿、渗透和扩散，可保证胶层与被粘物紧密接触，防止气孔、空洞和分离，还可使胶层厚度更为均匀。压力随胶黏剂种类和性质而异，分子量低、流动性好、固化不产生低分子产物的胶黏剂，如环氧型胶黏剂、氰基丙烯酸酯胶、第二代丙烯酸酯胶、不饱和聚酯胶、聚氨酯胶等，只需接触压力就够了。所谓接触压力，就是被粘物自身重量产生的压力。一些溶剂型胶黏剂或固化过程中放出低分子产物的胶黏剂，如酚醛-缩醛胶、酚醛-丁腈胶、环氧-丁腈胶等需要施加 $0.1 \sim 0.5 \text{MPa}$ 的压力。

压力要均匀一致，施压时机也很重要。当胶流动性尚大时，施压会挤出更多的胶，应在基本凝胶后施压。

③ 固化时间 是指在一定的温度、压力下，胶黏剂固化所需的时间。由于胶黏剂的品种不同，其固化时间差别很大。有的可在室温下瞬间固化，如 α-氰基丙烯酸乙酯胶、热熔

胶；有的则需几小时进行固化，如室温快速固化环氧胶；有的要长达几十小时进行固化，如室温固化环氧-聚酰胺胶。固化时间的长短与固化温度密切相关。升高温度可缩短固化时间，降低温度可延长固化时间，但低于胶黏剂固化的最低温度，无论多长时间也不会固化。

无论是室温固化还是加热固化，都必须保证足够的固化时间才能固化完全，获得最大粘接强度。

（6）检验　粘接之后，应当对质量进行认真检验。目前，检验方法包括一般检验和无损检测两大类。

① 一般检验

a. 目测法　就是用肉眼或放大镜观察胶层周围有无翘曲、脱胶、裂纹、疏松、错位、炭化、接缝不良等。若是挤出的胶是均匀的，说明不可能缺胶，没有溢胶处很可能缺胶。

b. 敲击法　用圆木棒或小锤敲击粘接部位，发出清脆声音表明粘接良好；声音变得沉闷沙哑，表明里面很可能有大气孔或夹空、离层和胶黏剂缺陷。

c. 溶剂法　胶层是否完全固化，可用溶剂去检验。最简单的方法是用丙酮浸脱脂棉覆在胶层表面，浸泡 1~2min，看胶是否软化、黏手、溶解、膨胀；若出现以上现象，说明胶固化不完全。

d. 试压法　对于密封件（如机体、水套、油管、缸盖等）的粘接堵漏可用水压法或油压法检查是否有漏水、漏油现象。

e. 测量法　对于尺寸恢复的粘接，可用量具测量其是否达到所要求的尺寸。

② 无损检测　工业生产中，已采用的无损检测方法包括声阻法、液晶检测法等。

a. 声阻法　声阻法粘接质量检测装置由三个基本部分组成，即振荡器、换能器和测量放大器。振荡器是能源装置，提供频率为 1~9 kHz 的等幅连续的音频信号（该频段适用于检查金属蜂窝夹层结构的粘接质量）。换能器将音频信号转变为相应频率的机械振动，并作用于被检测件的表面。试件粘接质量不同，其振动阻抗也不同。通过换能器将机械振动阻抗转化为电信号，通过测量放大器直接测量粘接件的机械振动阻抗，根据测得的机械振动阻抗来检测粘接质量。

b. 液晶检测法　液晶检测法是利用不同物质（或结构）的热传导差异对粘接质量进行检测的方法。其主要原理是：根据粘接结构内部粘接质量的不均匀或缺陷导致结构密度、比热容和热导率的不同，而引起结构对外部热量传导的不一致，造成结构表面温度的不均匀分布；然后利用液晶随温度不同呈现不同颜色的特性，观测结构表面的温度分布，即可探测结构的粘接质量。

（7）修整或后加工　经初步检验合格的粘接件，为满足装配和外观等需求，需进行修整加工，刮掉多余的胶，将粘接表面磨削得光滑平整；也可进行铣、车、刨、磨等机械加工。在加工过程中，要尽量避免胶层受到冲击力和剥离力。

参 考 文 献

[1]　黄世强，孙争光，吴军. 胶黏剂及其应用. 北京：机械工业出版社，2011.
[2]　王慎敏，王继华. 胶黏剂——配方、制备、应用. 北京：化学工业出版社，2011.
[3]　李红强. 胶黏原理、技术及应用. 广州：华南理工大学出版社，2014.

第 6 章

高聚物基复合材料配方设计原理与应用

6.1 高聚物基复合材料设计原理

高聚物基复合材料（PMC）是以有机聚合物为基体，以连续纤维或分散粒子为增强材料组合而成的。聚合物基体材料虽然强度低，但由于其粘接性能好，能把纤维牢固地粘接起来，同时还能使载荷均匀分布并传递到增强材料上去，并允许增强材料承受压缩和剪切载荷，而纤维和分散粒子等的高强度、高模量的特性使其成为理想的承载体。纤维和增强材料之间的良好结合充分展示各自优点，并能实现最佳结构设计，具有许多优良特性。

实用 PMC 通常按两种方式分类：一种以基体性质不同分为热固性树脂基复合材料和热塑性树脂基复合材料；另一种按增强剂类型及其在复合材料中的分布状态分类，如玻璃纤维增强热固性塑料（俗称玻璃钢）、芳香族聚酰胺纤维增强塑料、碳纤维增强塑料、碳化硅纤维增强塑料、矿物纤维增强塑料、石墨纤维增强塑料、木质纤维增强塑料、碳材料增强聚合物、层状硅藻土增强聚合物复合材料等。这些聚合物基复合材料具有上述共同的特点，同时还有其本身的特殊性能。

6.1.1 热固性树脂基复合材料

热固性树脂按其固化机理可分为三类：①自由基链增长固化树脂（不饱和聚酯和丙烯酸酯类）；②逐步加成固化树脂（环氧类，虽然也有离子固化机理）；③缩合树脂（芳香化合物类）。

6.1.1.1 自由基链增长固化树脂

（1）**不饱和聚酯树脂** 不饱和聚酯树脂有两种主要成分，一种是含有可聚合双键的聚酯，另一种是可共聚溶剂单体，其中最常用的共聚溶剂单体是苯乙烯。典型的不饱和聚酯树脂是由马来酸酐和饱和二酸混合物与二元醇酯化而成的（图 6-1）。"醇酸"一词被用来描述低分子量的聚酯类，在这种情况下，分子量被广泛地通过非化学计量数的多羟基和多羧基反应来控制，或者通过对单羧酸进行修饰来控制。因此，不饱和聚酯树脂常被称为苯乙烯中不饱和烷基。另一种为用自由基链生长机制来固化的树脂，也有一种低分子量的具有双键功能的物质溶解在溶剂共聚单体中，但是由于这些物质不是聚酯，它们不能被称为醇酸。常用术语低聚物来描述它们，尽管它们不能严格地使用这个术语，因为这些物质并不总是由多重性的重复单元构成。

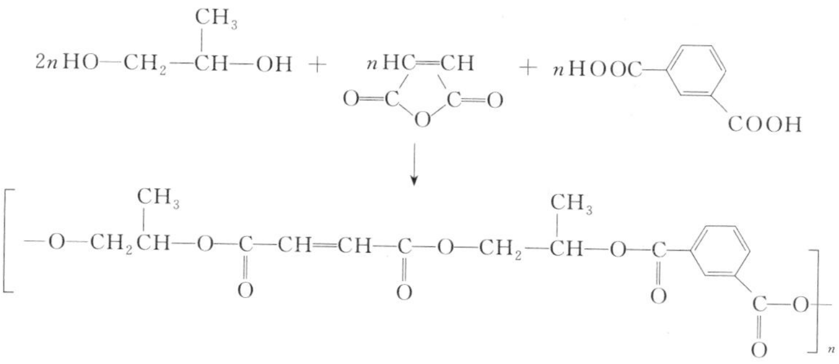

图6-1　不饱和聚酯树脂的制备

通过对二元酸和二元醇的选择，以及马来酸酐与饱和二元酸的摩尔比的选择，可以改变聚酯树脂最终聚合物的性能。这一比例通常在(1:1)～(3:1)（质量比），这对固化过程中的反应性和固化后的交联密度尤为重要。马来酸酐与二元酸的高反应性使树脂具有快速凝胶化和固化的特性，最后聚合物具有高的热变形温度（HDT），但由于其高交联密度，导致其耐疲劳性能差。较高的双键含量也会导致固化时体积大量收缩。与之相反，降低马来酸酐含量可以降低反应性和交联密度，并降低热变形温度，因此固化过程中会使体积收缩形成脆性较好的聚合物。

最常见的二元酸是邻苯二甲酸、邻苯二甲酸酯（邻苯二甲酸二酸酐），这些二元酸可以获得一般用途的树脂，而对苯二甲酸可以提高树脂的耐蚀性。在需要柔韧性的链时，脂肪酸也被小范围使用。最常用的二元醇是丙二醇，因为它不会导致聚酯链上有分支，也不会有结晶的倾向。

其他二元醇被用于获得特殊性能，例如丙氧基化双酚，以赋予树脂耐腐蚀性。通常情况下，树脂会包含三种成分，马来酸酐∶苯二酸酐∶丙二醇（摩尔比）为5∶5∶11。

一种典型的不饱和聚酯在图6-1中显示。酯化的三个组分产生的物质的分布和之前的配比会产生数均分子量（M_n）约2000、重均分子量（M_w）约4500的聚酯树脂，但从分子的分布范围来说，会有从500到10000的分子量。这种材料每个聚酯链有3～15个不饱和基团，而不饱和基团主要是在链内，只有一个统计不饱和终端。虽然马来酸酐是一种起始物质，但酯化反应则将其中的大部分都与富马酸酯混在一种物质中，而由此产生的聚酯则可能含有70％～90％的未饱和物，如富马酸盐。

不饱和聚酯树脂和固化聚合物的性能也受到溶剂性质和用量的影响。溶剂单体聚合物与不饱和的聚酯聚合，并在聚酯链之间形成桥梁或交联。

苯乙烯含量高会导致树脂的黏度低，如果需要高填料量，这是可取的，但是如果要达到一个可接受的固化方法，那么对聚酯/苯乙烯的比率有严格的限制。如果苯乙烯∶马来酸/富马酸酯的比例过低[小于1∶1(质量比)]，则没有足够的苯乙烯以交替的方式连接马来酸或富马酸酯，或者树脂在使用的模塑条件下进行过低的转化。结果是，尽管所有的苯乙烯都是聚合的，但只有75％的马来酸和富马酸酯会被反应。相反地，如果苯乙烯∶马来酸/富马酸酯的比例过高[大于3∶1(质量比)]，由于苯乙烯的均相反应速率相对较慢，固化是缓慢且不充分的。在典型的引发条件下，引发剂的分解速率相对于苯乙烯的均相反应速率快，导致了初级自由基终止的趋势增加，并导致了固化率低和苯乙烯基残留高。因此，首选苯乙烯∶

马来酸/富马酸酯的比例在 2:1（质量比）左右，聚酯链之间的平均交联长度是 1～2 个苯乙烯单元，在"良好实践"的固化条件下，这一比例下苯乙烯和马来酸/富马酸酯的反应程度预计会达到 95% 以上。在聚合作用的这些边界条件下苯乙烯的含量通常限制在 30%～40%（质量分数）的范围内，这使得不饱和聚酯树脂的黏度大约限制在 0.2Pa·s。2:1（质量比）比例产生的树脂，双键浓度约为 6mol/L，固化体积含量约为 8.5%。

在组成接近优选苯乙烯与聚酯比例的情况下，整体转化率取决于苯乙烯与马来酸及富马酸的反应活性，马来酸与富马酸的比例，以及苯乙烯与自身的反应性。有关反应活性比的文献资料是相互矛盾的，但证据一致的是，苯乙烯与富马酸的反应活性比与马来酸的反应活性高，而且比与其本身更容易反应。同样地，马来酸和富马酸酯对苯乙烯的反应活性比与它们本身的反应活性更强，因此形成了苯乙烯、马来酸和富马酸酯不饱和的交替共聚物。甲基丙烯酸甲酯有时被用作不饱和聚酯的组分，以降低折射率，因此当聚合物被颗粒或玻璃填充时，就会产生变化。

然而，甲基丙烯酸甲酯不能完全取代聚酯树脂，因为与苯乙烯不同，甲基丙烯酸甲酯与自身的反应活性要比与马来酸及富马酸的反应活性更大，因此，倾向在不饱和聚酯/甲基丙烯酸甲酯组合物中均聚。然而，苯乙烯和甲基丙烯酸甲酯很容易发生共聚，并且甲基丙烯酸甲酯掺入的上限是存在足够的苯乙烯连接马来酸/富马酸酯和甲基丙烯酸甲酯。

(2) 乙烯基酯和乙烯基聚氨酯树脂 在树脂的低聚体组分中，通过自由基链增长固化的第二组热固性材料是采用甲基丙烯酸酯或者含有双键的丙烯酸酯衍生物制备的。不饱和基团始终在终端是这些树脂的一个特征，尽管这类中的某些树脂也包含马来酸和富马酸链内的不饱和基团。该组分包括乙烯基酯、乙烯基聚氨酯以及聚氨酯丙烯酸树脂/甲基丙烯酸树脂，这些树脂由低聚物的分子特性以及溶剂共聚单体的选择来区分。这些完全具有丙烯酸功能的低聚物树脂能与苯乙烯、甲基丙烯酸甲酯发生反应，反应单体可以单独使用或以任意比例混合使用。如果想要达到完全固化，含有某些链内不饱和基团马来酸/富马酸的这类树脂一定需要适量的苯乙烯。当苯乙烯被用作溶剂共聚单体时，由于苯乙烯相对缓慢的同种增长，如果想要避免固化不完全，组分限制仍需要考虑。另外，苯乙烯与低聚物的不饱和度比通常＜3:1（质量比），低聚物的平均交联长度是 2～3 个苯乙烯单元。

乙烯基酯以环氧树脂、双酚 A 与环氧氯丙烷的加合物为原料，通过甲基丙烯酸与末端环氧基团的反应制备（图 6-2）。因此，这些树脂只有末端有不饱和基团，但是在低聚物中只有羟基官能团。

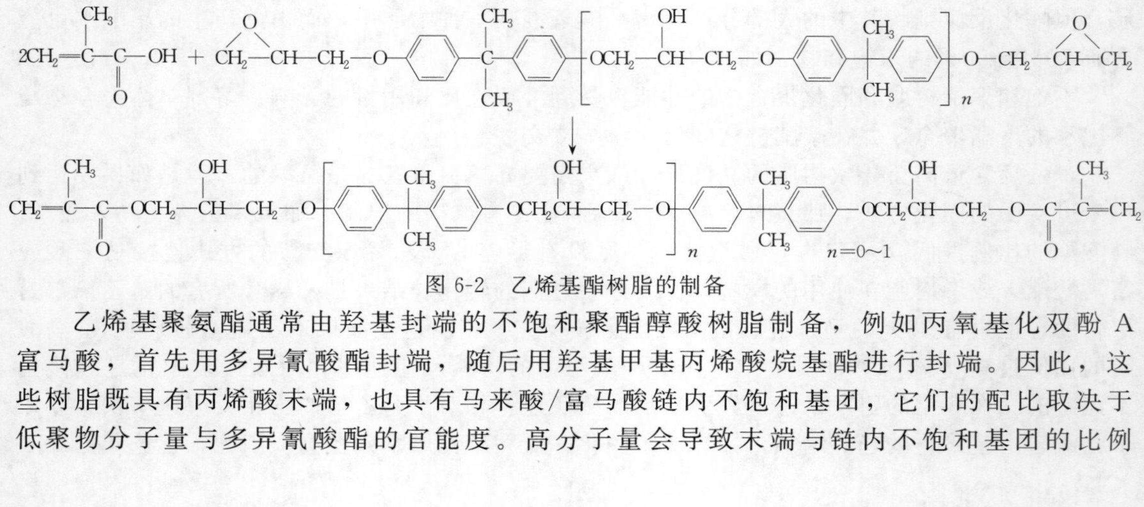

图 6-2 乙烯基酯树脂的制备

乙烯基聚氨酯通常由羟基封端的不饱和聚酯醇酸树脂制备，例如丙氧基化双酚 A 富马酸，首先用多异氰酸酯封端，随后用羟基甲基丙烯酸烷基酯进行封端。因此，这些树脂既具有丙烯酸末端，也具有马来酸/富马酸链内不饱和基团，它们的配比取决于低聚物分子量与多异氰酸酯的官能度。高分子量会导致末端与链内不饱和基团的比例降低，然而当多异氰酸酯的官能度＞2时会增加它们的比例。一种典型的低聚物结构如图 6-3 所示。

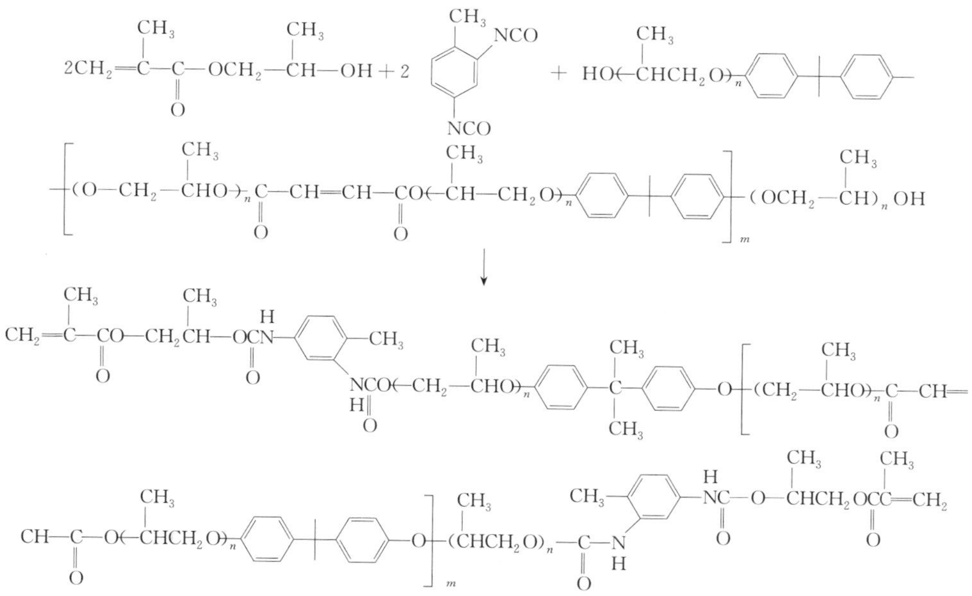

图 6-3　乙烯基聚氨酯树脂的制备

（3）聚氨酯甲基丙烯酸酯树脂　聚氨酯甲基丙烯酸酯由封端的端异氰酸酯、携带甲基丙烯酸羟烷基酯的低分子量聚氨酯制备，该合成在图 6-4 中进行了说明。虽然图 6-4 中表明单一的分子种类由二异氰酸酯、二元醇和甲基丙烯酸羟烷基酯反应引起，但是实际上，低聚物是由 ABA、ABCBA、ABCBCBA 和更高的种类混合组成，这里的 A 是甲基丙烯酸羟烷基酯，B 是二异氰酸酯，C 是二元醇。在商业树脂中，这些结构很可能通过采用官能度＞2 的异氰酸酯和多元醇进一步复杂化，这就意味着在低聚物中引入支链。在这些聚氨酯低聚物的生产中，采用低分子量的多元醇是常用方法，例如丙二醇以及分子量＞2000 的聚丙烯醚二醇。在诸多例子中，低聚物分子量分布实际上呈现双峰分布（或者多峰分布），因为一些低聚物包含高分子量的二元醇，还有一些只包含低分子量的二元醇甚至没有二元醇。在以上的分布中，用数均分子量和重均分子量描述几乎没有任何意义。

不饱和的聚酯醇酸树脂和乙烯基聚氨酯很少含高分子量的二元醇，这些树脂的联合将会导致反应活性低，甚至黏度高。因此，聚酯通常符合分子量单峰分布。乙烯基聚氨酯也符合单一分子量分布。

在聚酯丙烯酸甲酯树脂的低聚物中，有关不饱和多元醇的联合的相关报道很少，但是可以合理地假设含有聚氨酯低聚物的商业聚酯中只有末端位置有不饱和基团。低聚物的实际平均官能度取决于多元醇和异氰酸酯的平均官能度，如图 6-4 所示。带有丙烯酸官能团的低聚物可以用苯乙烯与甲基丙烯酸甲酯制备，但要求苯乙烯与低聚物的不饱和度之比＜3∶1（质量比）。

相反，带有丙烯酸不饱和官能团的低聚物可以发生共聚，因此，可以采用任何比例的甲基丙烯酸甲酯制备且可在相对较短的时间内实现高转化。甲基丙烯酸甲酯的聚氨酯丙烯酸酯低聚物的高稀释特性使这种树脂特别适合填充以达到高的体积分数，因为可以调整树脂黏度以满足特定的体积分数和流变学要求，所以不会削弱固化。稀释确实会增加凝胶化时间，但是当达到峰值时间时，稀释作用的影响会削弱。即使甲基丙烯酸甲酯与低聚物的不饱和度比为 10∶1（质量比）时，"瞬间"固化仍会发生。完全固化是由于发生在甲基丙烯酸甲酯均聚过程中的自动加速现象 。这种现象不会发生在苯乙烯均聚过程中。

图 6-4　聚氨酯甲基丙烯酸酯树脂的制备

6.1.1.2　逐步加成固化树脂

（1）环氧树脂　环氧树脂是一个涵盖各种各样分子类型的术语，环氧基团存在的共同特征是通过固化发生交联。

在一般的描述性术语中，还包括硬化剂和共反应物，用于连接实际的环氧树脂，多样的分子类型只与功能官能团与环氧基的反应有联系。更多常见的环氧树脂类型在这里被讨论。常见的环氧树脂分成以下 4 种分子类型：

① 双酚 A 的衍生树脂。

② 环氧酚醛树脂。

③ 缩水甘油胺。

④ 脂环族环氧化合物。

在①和②中，环氧氯丙烷与双酚或多酚发生反应；在③中，环氧氯丙烷与二胺或多胺发生作用；④是由双环烯烃的过氧化反应生成的。决定官能度和分子量的一个特征参数是"环氧当量"：含有一个环氧基团树脂的重量（有时候也可以用每千克环氧基团的数目表示）。当考虑到固化反应时，这个参数必须是已知的。大多数环氧树脂在分类①～③中，来源于环氧氯丙烷，因此环氧基团就会存在于缩水甘油实体中。在碱的作用下，通过两步法，环氧氯丙烷与带有活跃氢原子的化合物发生反应，通过氢氧化钠的闭环作用，初步合成氯醇和一种新环氧基团。

（2）双酚 A 型环氧树脂　最常见的环氧树脂是双酚 A 与过量的环氧氯丙烷的反应产物，如图 6-5 所示。因为单一的双氧化合物（$n=0$）能与双酚 A 的酚基发生反应，发生链扩展、链发展，产生高分子量的产物（$n=1,2,3,\cdots$），每一个链扩展反应都会产生一个羟基。当 $n<1$ 时，树脂在室温下为过冷液体；分子量增加，当 $n>2$ 时，树脂为固体，软化点超过 70℃。如果需要，控制反应物的比例和 NaOH 的添加速率可保持低的分子量，通常 $n=0.1$ ～0.2，即使对于最低分子量的树脂也是如此。典型的低分子量树脂的凝胶渗透色谱仪可以显示 $n=0（84\%）$、$n=1（11\%）$、$n=2（4\%）$和 $n=3（1\%）$ （按质量计算），平均值 n

=0.12。

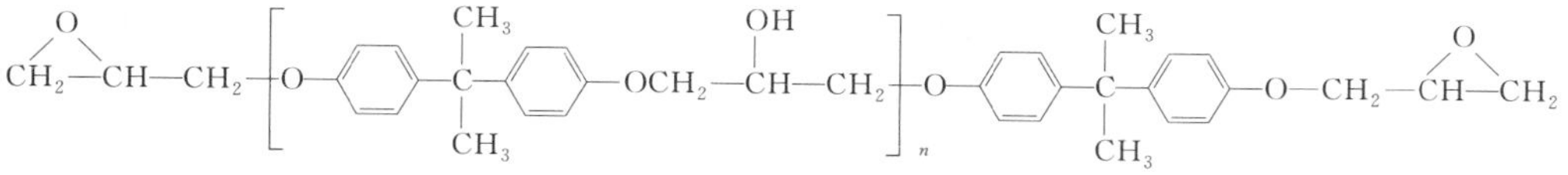

图 6-5　双酚 A 型环氧树脂

　　由于在制备过程中存在副反应，环氧官能度略小于 2，通常为 1.95。然而，随着 n 增加，羟基与环氧化物的比例增加，对于分子量非常高的树脂，在固化过程中，羟基基团的反应比环氧化物的开环反应更重要。

　　(3) 环氧酚醛树脂　环氧酚醛树脂可通过苯酚与甲醛进行缩聚反应制备，在过量苯酚和酸性催化条件下，苯酚和甲醛形成低分子量热塑性缩合产物。环氧酚醛树脂的结构见图 6-6，亚甲基桥以邻-对位的连接方式存在。环氧酚醛树脂的分子量显然取决于起始酚醛树脂的分子量，类似于双酚 A 型环氧树脂，分子量低的部分在室温下是液体（$n<2$），但随着分子量的增加（$n>2$）变为固态。酚醛树脂中存在的最简单的物质（$n=0.15$）是双酚 F 的双环氧化物。与双酚 A 型环氧树脂相比，酚醛树脂的环氧官能度随着分子量的增加而增加；同样地，酚醛树脂并不具有脂肪族羟基，而是具有 $o\text{-}o$、$o\text{-}p$ 和 $p\text{-}p$ 形式的结合。

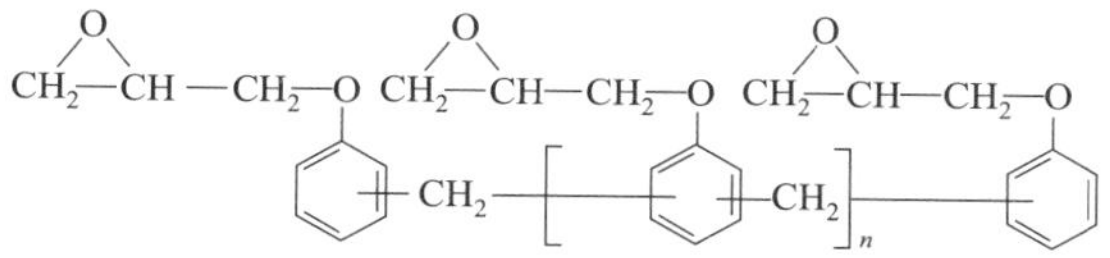

图 6-6　环氧酚醛树脂

　　(4) 缩水甘油胺树脂　缩水甘油胺树脂由环氧氯丙烷与主要的二元胺、一元胺或者氨基酚反应制备。每个伯胺会产生两个环氧基。反应涉及两步：环氧氯丙烷与活性氢原子反应形成氯乙醇，通过氢氧化钠的闭环作用产生新的环氧基。常见的缩水甘油胺是环氧氯丙烷与二氨基二苯甲烷以及对氨基苯酚的反应产物。

　　与双酚 A 双环氧化物一样，双环氧化物与胺的反应仍会生成较高分子量的物质。就缩水甘油胺来说，扩链会导致环氧官能度和支链的增加，以及羟基的生成。此外，高官能度以及叔胺与羟基的存在都催化环氧化物均聚，缩短合成缩水甘油胺的时间。因此，尤其是商业活动旨在使这些树脂保持低的分子量。二氨基二苯基甲烷基树脂的典型环氧当量为 115～130g/mol，而对于简单的非扩展四环氧化物，理论分子量为 105，相对于理论分子量为 92 的三环氧化物，对氨基酚类树脂的环氧当量为 105～115g/mol。

　　(5) 活性稀释剂　活性稀释剂通常加入环氧树脂中以降低黏度并易于加工。它们通常是低分子量缩水甘油基化合物，它们要么是单官能团，例如正丁基缩水甘油醚和 C_{12}～C_{14} 脂肪族缩水甘油醚，要么是双官能团，例如丁二醇二甘醇醚、新戊二醇二甘醇醚。当使用胺作为固化剂时，有时使用多官能团的丙烯酸酯作为稀释剂，通过加入伯胺或仲胺来实现稀释剂的固化。

6.1.1.3　缩合树脂

　　酚醛树脂通常是甲醛（通常以甲醛水溶液的形式存在）和苯酚的反应产物。有时候烷基酚，如甲酚和二甲苯酚，被加入以降低交联密度和脆性，尽管反应性也降低。依据不同的加工和固化方法的特性，酚醛树脂可分为两种形式，即线型酚醛树脂和可溶性酚醛树脂。

(1) 线型酚醛树脂 使用过量的苯酚和强酸性催化剂可以制备酚醛树脂，其本质上是线型或轻度分支、低分子量的热塑性树脂。甲醛：苯酚摩尔比通常为（0.6～0.85）：1。在水溶液中甲醛主要以甲二醇及其相关低聚物的形式存在并且它们之间存在一定的可逆反应，并且在强酸存在下，酚核在 2 或 4 位置上通过乙二醇的质子化形式进行亲电性取代，如图 6-7 所示。其他酚核可以通过质子化的羟甲基苯酚等来进行亲电取代，平均分子量由起始甲醛和苯酚的比值决定。用这种方法得到了广泛的分子量分布。较低的甲醛比（甲醛与苯酚的比值）使平均分子量在 100 左右，"n" 为 1，如图 6-7 所示。较高的甲醛比使平均分子量约为 1000，平均 "n" 约为 6～9，如图 6-7 所示。在低分子量下，由于双取代苯酚单元反应活性较低，支化很小，但随着分子量的增加，支化也同样发生。强酸催化作用主要是 2,4 位结合占主导地位，而较弱的酸，如二价金属乙酸盐，则主要是 2,2 位偶合占优势。

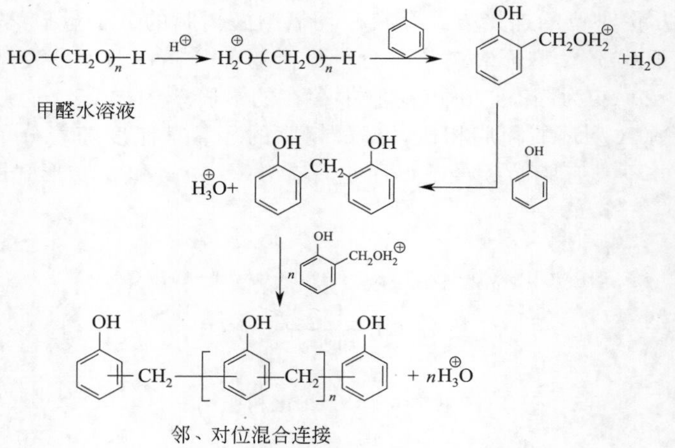

图 6-7 线型酚醛树脂的制备

(2) 可溶性酚醛树脂 用碱性催化剂（通常是氢氧化钠）和过量的甲醛可以制备水溶性酚醛树脂，典型的甲醛：苯酚的摩尔比为(1.2～3)：1。反应的第一步是羟甲基酚类混合物的制备，然后它们进行部分缩合形成较高分子量的结构，通过消除水或亚甲基连接，并且在较高温度下进一步消除甲醛而获得二亚甲基醚的连接。液态的可溶性酚醛树脂凝结程度较低，平均每个分子少于两个苯环。固体酚醛树脂更容易浓缩，平均每个分子 3～4 个苯环。

6.1.2 热塑性树脂基复合材料

热塑性基体如聚丙烯、聚酰胺、聚碳酸酯、聚醚砜、聚醚醚酮等，它们是一类线型或有支链的固态高分子，可溶可熔，可反复加工成型而无任何化学变比。常见热塑性树脂的性能和应用分别介绍如下：

(1) 聚乙烯

① 低密度聚乙烯（LDPE），线型低密度聚乙烯（LLDPE）

a. 性能：柔软、半透明、耐寒、耐候性好、耐化学性好、吸水率低、易加工、成本低。

b. 用途：挤瓶、玩具、手提袋、高频绝缘、化学箱内衬、通用包装、气体和水管。

② 高密度聚乙烯（HDPE）

a. 性能：半刚性、半透明、耐候性好、低温韧性好（至－60℃）、易加工、成本低、耐化学性强。

b. 用途：化工桶、玩具、野餐用具、家用和厨房用具、电缆绝缘、手提袋、食品包装材料。

（2）聚丙烯（PP）

a. 性能：半刚性、半透明、耐化学性好、韧性好、抗疲劳性好、整体铰链性能好、可蒸汽灭菌、耐热性好。

b. 用途：可消毒的医院用具、绳索、汽车电池箱、座椅外壳、整体压合铰链、包装膜、电水壶、汽车保险杠、内饰件等。

（3）聚氯乙烯（PVC）

a. 性能：刚性或挠性、透明或不透明、耐候性好、阻燃性好、耐冲击性强、绝缘性能好、耐低温性能好。

b. 用途：窗框、排水管道、污水管、屋面板、电缆和线材绝缘、地砖、软管、固定套、时装鞋、皮革布。

（4）聚苯乙烯 聚苯乙烯分为一般用途聚苯乙烯（GPPS）与高冲击聚苯乙烯（HIPS）

① 一般用途聚苯乙烯（GPPS）

a. 性能：脆性、刚性、透明、低收缩、低成本、优异的 X 射线抗阻、不受气味和味道的影响、易于加工。

b. 用途：玩具、硬包装、冰箱托盘和箱子、化妆包和服装首饰、照明扩音器、录音带和 CD 盒。

② 高冲击聚苯乙烯（HIPS）

a. 性能：高硬度、半透明、冲击强度高达 GPPS 的 7 倍，其他性能类似。

b. 用途：酸奶罐、冰箱衬里、自动售货杯、浴室柜、马桶座、水箱、仪器控制旋钮。

（5）聚酯（热塑性）（PET）

a. 特性：刚性、极硬、耐蠕变性和抗疲劳性好、耐温性好（−40～200℃）。

b. 用途：碳酸饮料瓶、合成纤维、视频和录音带、微波餐具。

（6）聚醚醚酮（PEEK） 它是一种半结晶型热塑性树脂，其玻璃化温度为 143℃，熔点为 334℃，结晶度与其加工热历史有关，一般在 20%～40%，最大结晶度为 48%。PEEK 具有优异的力学性能和耐热性，其在空气中的热分解温度达 650℃，加工温度在 370～420℃，以 PEEK 为基体的复合材料可在 250℃的高温下长期使用。在室温下，PEEK 的模量与环氧树脂相当，强度优于环氧树脂，而且断裂韧性极高（比韧性环氧树脂还高一个数量级以上）。PEEK 的耐化学腐蚀性可与环氧树脂媲美，而吸湿量比环氧树脂低得多。PEEK 耐绝大多数有机溶剂和酸碱，除液体氢氟酸、浓硫酸等个别强质子酸外，PEEK 不被任何溶剂所溶解。此外，PEEK 还具有优秀的阻燃性、极低的发烟率和有毒气体释放率，以及极好的耐辐射性。碳纤维（AS-4）增强 PEEK 的第二代产品称为 ACP-2，耐疲劳性超过环氧/碳纤维复合材料，耐冲击性好，在室温下具有良好的耐蠕变性能。ACP-2 的层间断裂韧性很高。PEEK 基复合材料已经在飞机结构上大量使用。

（7）聚醚砜（PES） 它是一种非晶聚合物，其玻璃化温度高达 225℃，可在 180℃温度下长期使用。但是，由于 PES 的耐溶剂性差，限制了它在飞机结构等领域中的应用，但 PES 基复合材料在电子产品、雷达天线罩、靶机蒙皮等方面得到大量应用，它也可用于宇宙飞船的关键部件。

6.1.3 高聚物基复合材料的增强体

6.1.3.1 纤维

用于纤维增强复合材料的纤维品种很多，主要品种有玻璃纤维、碳纤维、芳纶纤维。此外，还有尼龙、聚酯纤维以及硼纤维、晶须等。

（1）玻璃纤维　玻璃纤维是一种高强度、高模量的无机非金属纤维，其化学组成主要是二氧化硅、三氧化硼及钠、钾、钙、铝的氧化物。玻璃纤维的主要性能如下：

① 拉伸强度很高，但模量较低，它的扭转强度和剪切强度均比其他纤维低。

② 耐热性非常好。玻璃纤维的主要成分是二氧化硅（石英），石英的耐热值可以达到2000℃，因此玻璃纤维的软化点也可以达到850℃左右。

③ 是良好的绝缘材料。其电绝缘性能取决于其成分尤其是含碱金属的量。因碱金属离子在玻璃结构中结合不太牢固，因此作为载流体存在，玻璃的导电性主要取决于碱金属离子的导电性。

④ 具有不燃、化学稳定、尺寸稳定、价格便宜等优点。

由于玻璃纤维具有以上优异性能，所以它被广泛地应用于交通运输、建筑、环保、石油化工、电子电气、航天航空、机械、核能等领域。最常见的就是玻璃纤维增强塑料（GFRP），即玻璃钢。

（2）碳纤维　碳纤维属于聚合的碳。它是由有机纤维经固相反应转化而来的，如PAN（聚丙烯腈）纤维或者沥青纤维在保护气氛下热处理生成含碳量在90%～99%范围内的纤维。碳纤维的主要性能如下：

① 力学性能　碳纤维密度小，具有较高的比强度和比模量，断裂伸长率低。其弹性模量比金属高2倍；抗拉强度比钢材高4倍，比铝高6倍。一根手指粗的碳纤维制成的绳子可吊起几十吨重的火车头。其比强度是钢材的16倍，铝的12倍。

② 热性能

a. 碳纤维的耐高低温性能良好。一般在－180℃低温下，石墨纤维仍然很柔软。在惰性气体保护下，2000℃以上时碳纤维仍可保持原有的强度和弹性模量。此外，碳纤维还具有耐高温蠕变性能，一般在1900℃以上时才能出现永久塑性变形。

b. 碳纤维的导热性能好，而且随着温度升高，热导率由高逐渐降低。

c. 碳纤维的线膨胀系数很小，是钢材的几十分之一，接近于0。在急冷急热的情况下，很少变形，尺寸稳定性好，耐疲劳性能好，所以用它制成的复合材料可制造精密仪器零件。

③ 化学性能　碳纤维比玻璃纤维有更好的耐腐蚀性，它可以在王水中长期使用而不被腐蚀。

④ 电性能　碳纤维沿纤维方向的导电性好，其导电性可以与铜相比，它的电阻值可通过在制造中控制炭化温度来调节，其值可以达到很高，成为有前途的电阻加热材料。

此外，碳纤维的摩擦系数小，具有自润滑性，有很好的抗辐射能力且耐油，可吸收有毒气体，具有减速中子的作用。以碳纤维织成的布或毡既不怕酸、碱腐蚀，又耐高温，是一种高效耐用的吸附材料。

这么多的优良性能使它在科学技术研究、工业生产、国防工业等领域起着相当重要的作用，尤其是为宇航工业的发展提供了宝贵的材料。当前，国内外碳纤维主要运用于航空与航天工业，其次是汽车工业、体育用品与一般民用工业。对于飞行器工业，首先要求碳纤维有足够的抗拉强度、模量和断裂伸长率。其中，以断裂伸长率尤为重要，因为复合材料构件设计方法之一是采用限制应变法，当材料的弹性模量相同时，断裂伸长率越大，它的许用应变值就越高。

（3）芳纶纤维　芳香族聚酰胺（凯芙拉纤维，Kevlar）由对苯二甲酸和对苯二甲酰氯缩聚制得。芳纶纤维的性能特点如下：

① 力学性能

a. 具有无机纤维一样的刚性，它的强度超过了任何有机纤维。

b. 密度最小，强度高，弹性模量高，强度分散性大。

c. 具有良好的韧性、抗压性能，抗扭性能较低。

d. 抗蠕变性能好，抗疲劳性能好。

② 热性能

a. 耐热性很好，可以在 $-195\sim260℃$ 的温度范围内使用。

b. 热稳定性好，不易燃烧。

③ 阻尼性能好，电绝缘性好。

④ 其他性能

a. 抗摩擦，磨耗性能优异。

b. 易加工，耐腐蚀。

c. 具有良好的尺寸稳定性，与树脂黏附力强。

芳纶纤维是一种密度小、强度高、模量高的增强材料，可以与塑料复合制成代替钢材的结构材料。它主要用于橡胶增强，制造轮胎、三角皮带、同步带等。芳纶纤维复合材料当前在航空与航天工业中已大量应用，20 世纪 70 年代以来，很多品种的玻璃纤维复合材料制件被它取代。

（4）晶须 晶须是直径小于 $30\mu m$，长度只有几微米的针状单晶体，是强度和弹性模量很高的增强材料。

晶须又分为金属晶须和陶瓷晶须。其中陶瓷晶须的强度极高，接近原子结合力。它的密度低，弹性模量高，耐热性能好，如气相法生产的硼化硅晶须。在金属晶须中，主要有铁晶须，它的特点是可以在磁场中取向，容易制成定向纤维增强复合材料。此外，还有铜晶须、铝晶须等。

由于晶须可制成高弹性模量、高强度的复合材料，所以它被认为是航空和航天工业中最具有潜力的增强材料。

（5）石棉纤维 石棉纤维是天然矿产，比玻璃纤维便宜，而且强度较高，是一种较好的增强材料。石棉的种类较多，但主要使用的是温石棉和闪石棉，闪石棉又分为透闪石棉和直闪石棉。

如果把天然石棉加热到 $300\sim500℃$，除个别品种外，其强度要比室温时降低很多。以温石棉为例，其强度要下降到室温时的 $1/3$，而且材料变脆，因而在加工和应用时均不能使其温度过高。但直闪石棉例外，直闪石棉在加热至较高的温度时仍能保持其强度。大量研究表明，石棉吸入体内对人体健康有很大的危害作用。

（6）碳化硅纤维 碳化硅纤维是一种连续纤维，直径为 $10\sim15\mu m$。

碳化硅纤维的性能特点如下：

① 力学性能 密度小，为 $2.55g/cm^3$，抗拉强度和弹性模量较高。

② 化学性能 有良好的耐化学腐蚀性，它的线膨胀系数很小。

③ 电性能 具有半导体的性能，在某种程度上，可以控制其导电性。

（7）钛酸钾纤维 钛酸钾纤维也叫作钛酸钾毛晶，它是纯白色微细的单晶体纤维。它的平均直径为 $0.1\sim0.3\mu m$，长度只有 $20\sim30\mu m$。它有很高的强度和弹性模量，抗拉强度为 $70GPa$（$1GPa=10^3MPa$），而弹性模量为 $2.8GPa$。

钛酸钾纤维与玻璃纤维相比有同样的力学性能，同时它又克服了玻璃纤维的一些缺点。例如，玻璃纤维的加入导致复合材料表面不平整，焊接时焊接部位强度不够，加工时模具易损伤等缺点。而钛酸钾纤维由于细又短，而且很轻，不会产生上述缺点，是一种很有希望的增强材料。

(8) 矿物纤维　矿物纤维是由矿渣棉派生出来的一种短玻璃纤维。其呈白色或浅灰色，直径为 $1\sim10\mu m$，长度为 $40\sim60\mu m$，密度为 $2.7g/cm^3$，质脆，但不易燃烧，耐热温度为 $760℃$，熔点为 $1260\sim1315℃$，单纤维的抗拉强度为 $490MPa$，弹性模量为 $1050GPa$。

PMF 近年来主要用来增强聚丙烯、聚酯等。加入 PMF 与加入碎玻璃的效果相同，但使用 PMF 的成本仅为使用碎玻璃成本的 1/3，所以用它来代替碎玻璃作为复合材料的填充物更为有利。

(9) 金属纤维与陶瓷纤维　金属纤维过去只用于导线、电热丝、织金属网等，现在已用它作为增强材料。特别是熔点较高的钨丝、钼丝等金属纤维和不锈钢纤维等更引人注目。其中应用较多的是不锈钢纤维，它多用于作为导电、屏蔽电磁波等复合材料的分散质。

另外，还有碳化硼、二氧化钴等陶瓷纤维。这些纤维作为复合材料的增强剂，可提高复合材料的力学性能和耐热性。

(10) 天然纤维　天然纤维增强塑料由天然纤维和基体组成。纤维作为增强体分散在基体中，起最主要的承载作用。目前已经把麻、竹纤维大量用作木材、玻璃纤维的替代品来增强聚合物基体；与合成纤维相比，天然纤维具有价廉质轻、比强度和比模量高等优良特性。最为关键的是天然纤维属可再生资源，可自然降解，不会对环境构成负担。

天然植物纤维增强热固性塑料是一种新型、可持续发展的绿色环保型复合材料，具有广阔的应用前景。剑麻纤维（SF）作为高性能天然纤维中的一种，与许多无机及合成纤维相比具有价廉、易得、密度低、纤维长、拉伸强度和模量较高、耐摩擦、耐海水腐蚀等优良性能，且具有生物降解性及可再生性等优点，但是亲水性植物纤维与疏水聚合物基体之间相容性很差；同时，较强的纤维分子内氢键使其在和聚合物基体共混时易聚集成团造成分散性不佳。这使得应力不能在界面有效传递，导致复合材料性能下降。

(11) 混杂纤维　混杂纤维是将两种或者两种以上的连续纤维用于增强同一种树脂基体。混杂纤维与单一纤维的不同是多了一种增强纤维，因此混杂纤维复合材料除了具有一般复合材料的特点外，还具备一些新的性能。通过两种或者多种纤维混杂，可以得到不同的混杂复合材料，以提高或改善复合材料的某些性能，同时还可能起到降低成本的作用。如玻璃纤维与碳纤维制成的混杂复合材料，可以不降低纤维复合材料的强度，而且又可提高其韧性，并降低材料的成本，同时可根据零件和实际使用要求进行混杂纤维复合材料的设计。常用的增强纤维有碳纤维、凯芙拉纤维、玻璃纤维、碳化硅纤维等。

6.1.3.2　粒子

粒子一般包括天然来源的颗粒填料（矿物填料）和人工合成的颗粒填料。

矿物填料是世界聚合物工业的重要组成部分。目前估计，塑料的使用将以每年 8%～12%的速度增长。大多数使用的是低成本产品，在这些产品中，价格是主要的规格属性。尽管这将继续成为矿物填料的一个重要领域，但越来越复杂的塑料、橡胶和复合材料的应用意味着对填充剂的要求和它们所赋予的特性将变得更加苛刻。它们作为功能添加剂，赋予产品某种特有的应用性能。因此，了解矿物的内在性质是很重要的，比如它们如何影响体积特性，以及它们如何影响最终填充的聚合物。

最重要的矿物填料是碳酸盐、陶土和滑石，而其他硅酸盐也是令人感兴趣的。方解石（钙）和白云石（钙镁）是主要的碳酸盐填料，非常普遍，在许多国家得到开发利用。碳酸盐矿物实际上是两种碳酸盐的混合物：水镁石［一种水化的碱性镁碳酸盐：$Mg_5(CO_3)_4$ $(OH)_2\cdot4H_2O$］和碳酸钙镁石（$CaCO_3\cdot3MgCO_3$）。黏质矿物是两层的高岭土或三层蒙脱土类型的铝硅酸盐。在聚合物工业中，通常只有高岭土、蒙脱石和绿泥石三种黏土矿物。

人工合成的颗粒填料按化学成分可分为有机颗粒和无机颗粒两大类。有机颗粒大多数为合成高分子微球和纳米颗粒，而实际应用广泛的为无机颗粒，如钛白粉、氧化锌、氧化铝、氧化镁、三氧化二锑、炭黑、碳纳米管等。现将一些主要填充剂品种简介如下：

(1) 碳酸钙 碳酸钙（$CaCO_3$）是用途广泛且价格低廉的填料。因制造方法不同，其可分为重质碳酸钙和轻质碳酸钙。重质碳酸钙是石灰石经机械粉碎而制成的，其粒子呈不规则形状，粒径在 $10\mu m$ 以下，密度为 $2.7\sim2.95$ g/cm^3。轻质碳酸钙是采用化学方法生产的，粒子形状呈针状，粒径在 10 μm 以下，其中大多数粒子在 $3\mu m$ 以下，密度为 $2.4\sim 2.7 g/cm^3$。近年来，超细碳酸钙、纳米级碳酸钙也相继研制出来。将碳酸钙进行表面处理，可制成活性碳酸钙。活性碳酸钙与聚合物有较好的界面结合，有助于改善填充体系的力学性能。

在塑料制品中采用碳酸钙作为填充剂，不仅可以降低产品成本，还可改善性能。例如，在硬质 PVC 中添加 $5\sim10$ 份的超细碳酸钙，可提高冲击强度。碳酸钙广泛应用于 PVC 中，可制造管材、板材、人造革、地板革等；也可用于聚丙烯、聚乙烯中，在橡胶制品中也有广泛的应用。

(2) 陶土 陶土又称高岭土，是一种天然的水合硅酸铝矿物，经加工可制成粉末状填充剂，密度为 2.6 g/cm^3。

作为塑料填料，陶土具有优良的电绝缘性能，可用于制造各种电线包皮。在 PVC 中添加陶土，可使电绝缘性能大幅度提高；在 PS 中添加陶土，可用于制备薄膜，具有良好的印刷性能。在 PP 中，陶土可用作结晶成核剂。陶土还具有一定的阻燃作用，可用作辅助阻燃剂。

陶土在橡胶工业中也有广泛应用，可用作 NR、SBR 等的补强填充剂。经硬脂酸或偶联剂处理的改性陶土用作补强填充剂，效果可与沉淀法白炭黑相当。

(3) 滑石粉 滑石粉是天然滑石经粉碎、研磨、分级而制成的。滑石粉的化学成分是含水硅酸镁，为层片状结构，密度为 $2.7\sim2.8$ g/cm^3。

滑石粉用作塑料填料，可提高制品的刚性、硬度、阻燃性能、电绝缘性能、尺寸稳定性，并具有润滑作用。滑石粉常用于填充 PP、PS 等塑料。

粒度较细的滑石粉可用作橡胶的补强填充剂，超细滑石粉的补强效果可更好一些。

(4) 云母 云母是多种铝硅酸盐矿物的总称，主要品种有白云母和金云母。云母为鳞片状结构，具有玻璃般的光泽。云母加工成粉末，可用作聚合物填料，云母粉易于与塑料树脂混合，加工性能良好。

云母粉可用于填充 FE、PP、PVC、PA、PET、ABS 等多种塑料，可提高塑料基体的模量；还可提高耐热性，降低成型收缩率，防止制品翘曲。云母粉还具有良好的电绝缘性能。

云母粉呈鳞片状，当其长度与厚度之比在 100 以上时，具有较好的改善塑料力学性能的作用。在 PET 中添加 30% 的云母粉，其拉伸强度可由 55 MPa 提高到 $76MPa$，热变形温度也有大幅度提高。

云母粉在橡胶制品中的应用，主要用于制造耐热、耐酸碱及电绝缘制品。

(5) 二氧化硅（白炭黑） 用作填料的二氧化硅大多为化学合成产物，其合成方法有沉淀法和气相法。二氧化硅为白色微粉，用于橡胶时可具有类似炭黑的补强作用，故被称为"白炭黑"。

白炭黑是硅橡胶的专用补强剂，在硅橡胶中加入适量的白炭黑，其硫化胶的拉伸强度可提高 $10\sim30$ 倍。白炭黑还常用作白色或浅色橡胶的补强剂，对 NBR 和氯丁胶的补强作用尤佳。气相法白炭黑的补强效果较好，沉淀法白炭黑的补强效果则较差。

在塑料制品中，白炭黑的补强作用不大，但可改善其他性能。白炭黑填充 PE 制造薄膜，可增加薄膜表面的粗糙度，减少粘连。在 PP 中，白炭黑可用作结晶成核剂，缩小球晶结构，增加微晶数量。在 PVC 中添加白炭黑，可提高硬度，改善耐热性。

(6) 硅灰石 天然硅灰石的化学成分为 β 型硅酸钙，经加工制成硅灰石粉，形态为针状、棒状、粒状等多种形态的混合。天然硅灰石粉化学稳定性和电绝缘性能好，吸油率较低，且价格低廉，可用作塑料填料。若对填料性能要求较高，则可用化学合成方法制备 α 型硅酸钙。硅灰石可用于 PA、PP、PET、环氧树脂、酚醛树脂等，对塑料有一定的补强作用。

硅灰石粉白度较高，用于 NR 等橡胶制品，可在浅色制品中代替部分钛白粉。硅灰石粉在胶料中分散容易，易于混炼，且胶料收缩性较小。

(7) 二氧化钛（钛白粉） 二氧化钛俗称钛白粉，在高分子材料中用作白色颜料，也可兼作填充剂。根据结晶结构不同，钛白粉可分为锐钛型、金红石型等，其中金红石型钛白粉效果更好一些。钛白粉不仅可以使制品达到相当高的白度，而且可使制品对日光的反射率增大，保护高分子材料，减少紫外线的破坏作用。添加钛白粉还可以提高制品的刚性、硬度和耐磨性。钛白粉在塑料和橡胶中都有广泛应用。

(8) 氢氧化铝 氢氧化铝为白色结晶粉末，在热分解时生成水，可吸收大量的热量。因此，氢氧化铝可用作塑料的填充型阻燃剂，与其他阻燃剂并用，对塑料进行阻燃改性。作为填充型阻燃剂，氢氧化铝具有无毒、不挥发、不析出等特点，还能显著提高塑料制品的电绝缘性能。经过表面处理的氢氧化铝可用于 PVC、PE 等塑料中。氢氧化铝还可用于氯丁胶、丁苯胶等橡胶中，具有补强作用。

(9) 炭黑 炭黑是一种以碳元素为主体的极细黑色粉末。炭黑因生产方法不同，分为炉法炭黑、槽法炭黑、热裂解法炭黑和乙炔炭黑。

在橡胶工业中，炭黑是用量最大的填充剂和补强剂。炭黑对橡胶制品具有良好的补强作用，且可改善加工工艺性能，兼作黑色着色剂之用。

在塑料制品中，炭黑的补强作用不大，可发挥紫外线遮蔽剂的作用，提高制品的耐光老化性能。此外，在 PVC 等塑料制品中添加乙炔炭黑或炉法炭黑，可降低制品的表面电阻，起抗静电作用。炭黑也是塑料的黑色着色剂。

(10) 粉煤灰 粉煤灰是热电厂排放的废料，化学成分复杂，主要成分为二氧化硅和氧化铝。粉煤灰中含有圆形光滑的微珠，易于在塑料中分散，因而可用作塑料填充剂。可将经表面处理的粉煤灰用于填充 PVC 等塑料制品。粉煤灰在塑料中的应用具有工业废料再利用和减少环境污染的作用，对于塑料制品则可降低其成本。

(11) 玻璃微珠 玻璃微珠是一种表面光滑的微小玻璃球，可由粉煤灰中提取，也可直接用玻璃制造。由粉煤灰中提取玻璃微珠可采用水选法，产品分为"漂珠"与"沉珠"，漂珠是中空玻璃微珠，密度为 $0.4\sim0.8 \ g/cm^3$。

直接用玻璃生产微珠的方法又分为火焰抛光法与熔体喷射法。火焰抛光法是将玻璃粉末加热，使其表面熔化，形成实心的球形珠粒。熔体喷射法则是将玻璃料熔融后高压喷射到空气中，可形成中空小球。

实心玻璃微珠具有光滑的球形外表，各向同性，且无尖锐边角，因此没有应力高度集中的现象。此外，玻璃微珠还具有滚珠轴承效应，有利于填充体系的加工流动性。玻璃微珠的膨胀系数小，且分散性好，可有效防止塑料制品的成型收缩及翘曲变形。实心玻璃微珠主要应用于尼龙，可改善加工流动性及尺寸稳定性，此外，也可应用于 PS、ABS、PP、PE、

PVC以及环氧树脂中。玻璃微珠一般应进行表面处理以改善其与聚合物的界面结合。

中空玻璃微珠除具有普通实心微珠的一些特性外，还具有密度低、热导率低等优点，电绝缘、隔声性能也良好；但是中空玻璃微珠壳体很薄，不耐剪切力，不适用于注射或挤出成型工艺。目前，中空玻璃微珠主要应用于以热固性树脂为基体的复合材料，采用浸渍、模塑、压塑等方法成型。中空玻璃微珠与不饱和聚酯复合可制成"合成木材"，具有质量轻、保温、隔声等特点。

（12）木粉与果壳粉 木粉是松树、杨树等木材经机械粉碎、研磨而制成的，一般多采用边角废料制造。木粉主要用作酚醛、脲醛等树脂的填充剂。

果壳粉由核桃壳、椰子壳、花生壳等粉碎而成。将其填充于塑料之中，制品的耐水性比填充木粉的要好。

用木粉或果壳粉填充塑料，可降低其密度，并使制品有木质感，但也会使力学性能下降，所以用量不宜过多。

6.2 高聚物-碳材料（石墨烯、碳纳米管、膨胀石墨和炭黑）复合材料配方设计

6.2.1 高聚物-石墨烯复合材料

6.2.1.1 石墨烯概述

石墨烯是 sp^2 杂化的碳原子紧密堆积成单层二维蜂窝状晶格结构的碳材料，是目前世界上最薄的即单原子厚度的材料。它具有优异的力学、热学和电学性能：强度达130GPa，比钢高100倍，是目前强度最高的材料；热导率可达 $5000W/(m \cdot K)$，是金刚石的3倍；石墨烯载流子迁移率高达 $15000cm^2/(V \cdot s)$，是商用硅片的10倍以上。石墨烯还有超大的比表面积（ $2600m^2/g$ ）、室温量子霍尔效应和良好的铁磁性，是目前已知的在常温下导电性能最好的材料，电子在其中的运动速度远超过一般导体，达到了光速的 $1/300$ 。

石墨烯以其特殊的结构和优异的物理化学特性吸引着广大科研工作者的密切关注。将单片的石墨烯均匀地分散到高聚物中，集成所得的高聚物-石墨烯复合材料将继承二者的优点，高聚物本身具有高比模量和比强度、易成型与加工等优点，石墨烯的加入又会显著增强其机械强度、电子传导、热传导和微波吸收等物理性能。突出的性能优势也使得高聚物-石墨烯复合材料在汽车工业、航空航天、电子设备等领域有着广阔的应用前景。相比石墨基复合材料，石墨烯具有纳米尺寸，与高聚物基体呈现纳米级分散，结合界面大得多，其对高聚物的增强效果也将显著得多。相比同样微纳米尺寸的碳纳米管，其具有更大的结合表面和结合强度，增强效果同样更为优异。另外，由于石墨烯可以以天然石墨为原料，通过简单的化学方法就能获得，其生产成本比碳纳米管更低，因此其应用前景更大。

到目前为止，科研工作者将各种各样的高聚物与石墨烯进行复合制备复合材料，比如环氧树脂、聚甲基丙烯酸甲酯、聚乙烯醇、聚苯乙烯、聚丙烯、聚乙烯、聚碳酸酯、聚酰亚胺等。人们广泛地研究经过石墨烯复合之后高聚物复合材料的机械强度、电学、热学、磁学等性能。石墨烯容易出现褶皱，或者使用品质较低的石墨烯，或者石墨烯、高聚物分散不够均匀等问题依然存在，高聚物-石墨烯复合材料依旧面临着各种各样的难题与挑战。在科研工作者不懈的坚持与努力下，这些问题也在不断地被克服，石墨烯在增强或改性高聚物复合材料中的潜力也在不断地被挖掘和实现。

6.2.1.2 石墨烯的制备

制备石墨烯的方法主要有如下四种：机械剥离法、化学气相沉积（CVD）法、外延生长法、氧化还原法。这些方法中，化学气相沉积法制备的石墨烯具有较完整的晶体结构，品质最高，但产量较低，成本太高，难以实现高聚物复合材料规模化生产。氧化还原法是目前已经实现规模化石墨烯生产的技术，成本最低，但是所制备的石墨烯或中间产物氧化石墨烯均存在不同程度的缺陷。机械剥离法机械剥离的石墨烯质量很高，剥离出来的一般是几百个纳米或者微米级的石墨烯片层，一般用于石墨烯的性质研究，产量非常低，转移也很具有挑战。外延生长法是最有可能获得大面积、高质量石墨烯的制备方法，所获得的石墨烯具有较好的均一性，其中对温度的控制是整个实验的工艺关键。

6.2.1.3 石墨烯的改性

石墨烯和高聚物基体之间的相互作用和相容性是实现高性能高聚物基纳米复合材料的关键。由于石墨烯具有高的表面能，各片层间因存在较强的范德瓦耳斯力而易发生聚集，加上其表面的化学惰性，与其他介质相互作用较弱，与高聚物的相容性很差，很难与高聚物均匀复合和形成高强度结合界面，这是高聚物-石墨烯复合材料制备的一大难题。为了获得良好的相互作用和相容性，使石墨烯能够均匀地分散于高聚物基体中，如何改性和功能化石墨烯表面，实现与高聚物基体间强的界面结合成为急需解决的问题。目前，石墨烯表面改性的方法可分为共价键功能化改性和非共价键功能化改性。

(1) 共价键功能化改性　共价键功能化改性主要是通过引入基团与石墨烯或氧化石墨烯表面的活性双键或其他含氧基团发生化学反应生成共价键来实现。石墨烯的骨架是稳定的多环芳烃结构，而边缘或缺陷部位具有较高的反应活性。氧化石墨烯表面含有大量的羟基、羧基、环氧基，用这些基团可以通过常见的化学反应，如异氰酸酯化反应、羧基酰化反应、环氧基开环反应、重氮化反应以及环加成反应等进一步改性氧化石墨烯。

① 羟基反应　氧化石墨烯的片层上含有大量的羟基官能团，基于羟基的功能化改性一般利用酰卤或异氰酸酯与氧化石墨烯的羟基反应生成酯，然后进一步进行不同功能化的修饰。Yang 等报道了将氧化石墨烯表面的羟基经酯化和取代反应后，制备了叠氮基化的氧化石墨烯。制备过程如图 6-8 所示，首先将氧化石墨烯和 2-溴异丁酰溴常温下搅拌 48 h，经酯化反应后分散在二甲基甲酰胺中，室温下加入 NaN_3 搅拌 24 h，反应制得叠氮基改性的氧化石墨烯（GO—N_3），最后用含炔基的聚苯乙烯（HC≡C—PS）通过酯化反应将聚苯乙烯接枝到氧化石墨烯表面上，得到石墨烯基聚苯乙烯。经过改性的氧化石墨烯在四氢呋喃、二甲基甲酰胺和氯仿等极性溶剂中有较好的溶解性。

② 环氧基反应　氧化石墨烯上的环氧基能与带氨基或巯基的有机分子发生亲核开环反应。Swager 等用丙二腈阴离子和氧化石墨烯作用，在丙二腈阴离子的进攻下，环氧基开环，一端接上羟基，另一端接上丙二腈。当用丙二腈磺酸盐试剂和氧化石墨烯反应时，由于磺酸盐的强亲水性，得到的功能化石墨烯在水中分散性很好，如图 6-9 所示。基于环氧基的亲核反应提供了一种简单的制备改性石墨烯材料的方法，有着潜在的应用前景。

③ 点击化学反应　点击化学反应具有反应条件温和、产率高、无副产物等优点，而且可和活性/可控自由基聚合反应相结合。其对石墨烯的改性主要是利用石墨烯或氧化石墨烯的芳香环中的 C═C 键进行反应。Strano 等使用溶液相石墨烯作为原料，分散在 2%的胆酸钠（作为表面活性剂）水溶液中，在 45℃下与 4-炔丙氧基重氮苯四氟硼酸盐搅拌 8 h，生成了 4-炔丙氧基苯基石墨烯（G—C≡CH）。然后，再与叠氮基聚乙二醇羧酸进行点击化学反应（如图 6-10 所示），实现了对石墨烯碳骨架的加成反应，从而可以进一步对石墨烯进行功能化修饰。此方法灵活方便，能改变连接石墨烯的功能化改性基团。

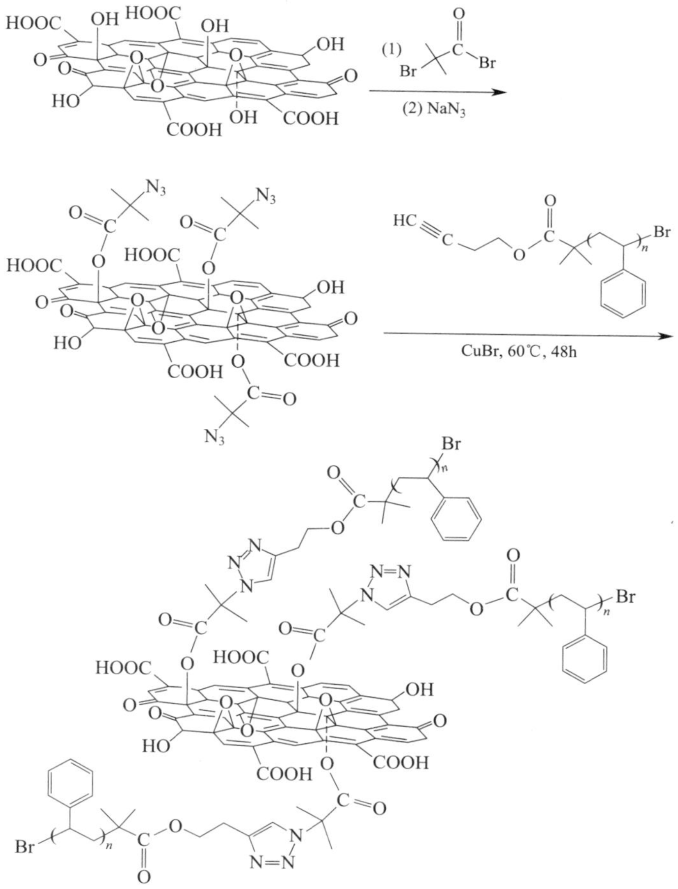

图 6-8 氧化石墨烯通过羟基接枝聚苯乙烯

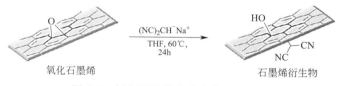

图 6-9 氧化石墨烯发生亲核开环反应

④ 羧基反应　氧化石墨烯边缘存在大量羧基，而羧基属于活性很高的反应基团，关于氧化石墨烯的羧基功能化研究较多。羧基功能化步骤一般先是反应的活化，然后再与含有氨基和羟基的基团脱水，形成酯或者酰胺键。常用于羧基活化的试剂包括二氯亚砜（$SOCl_2$）、2-(7-氮杂-1H-苯并三唑-1-基)-1,1,3,3-四甲基脲六氟磷酸、N,N-二环己基碳化二亚胺（DCC）、1-乙基-3-(3-二甲基氨基丙基)碳化二亚胺（EDC）等。Yang 等使用氧化石墨烯作为催化剂载体，通过对羧基进行改性与 CuPt 纳米粒子连接，并应用于催化剂领域。具体步骤如图 6-11 所示，首先用 $SOCl_2$ 活化氧化石墨烯，再与炔丙醇经过酯化反应得到含炔基活性基团的氧化石墨烯（GO—C≡CH），然后通过配位交换制得叠氮化 CuPt 功能纳米材料。

（2）非共价键功能化改性　利用非共价键对石墨烯或氧化石墨烯进行功能化改性，最大的优点是能保持石墨烯或氧化石墨烯本体结构和优良性能不被破坏，同时还可以改善石墨烯

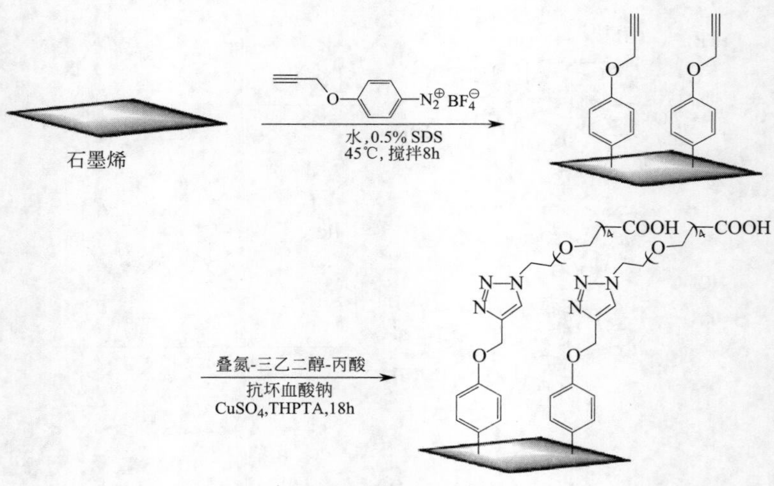

图 6-10　石墨烯发生点击化学反应

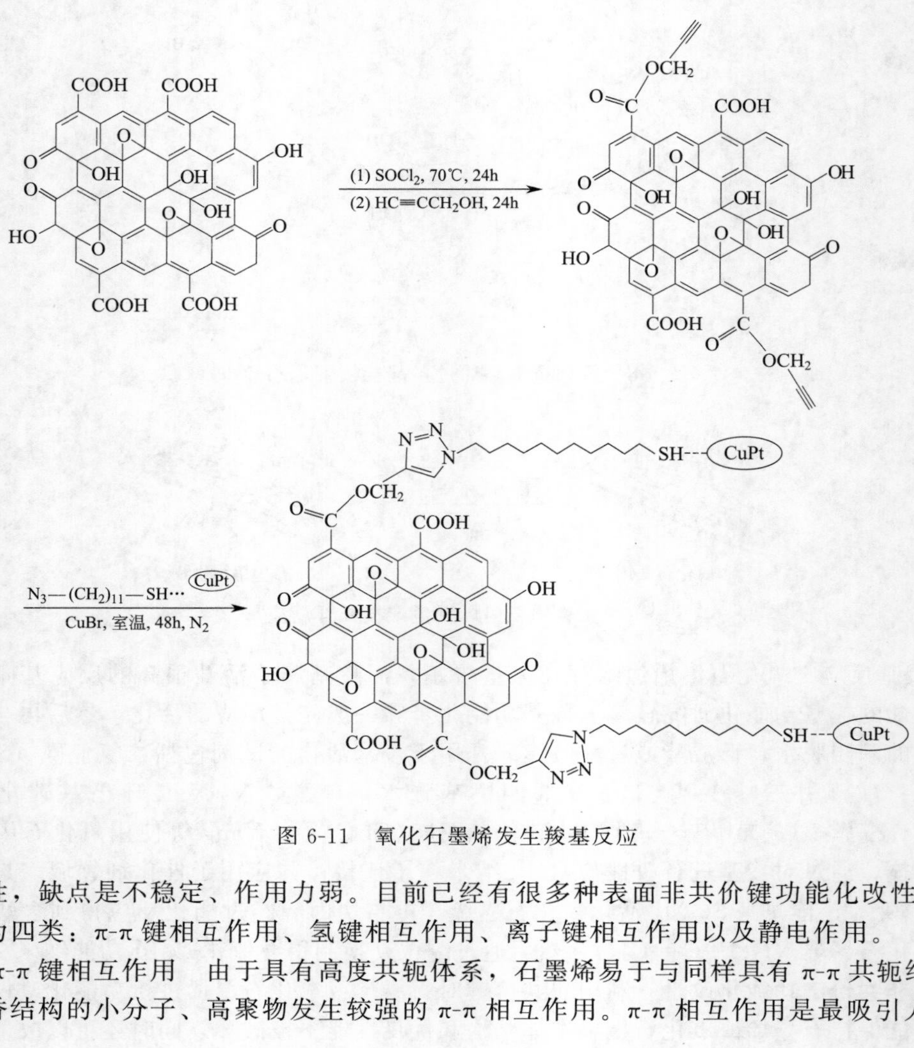

图 6-11　氧化石墨烯发生羧基反应

的分散性，缺点是不稳定、作用力弱。目前已经有很多种表面非共价键功能化改性的方法，主要分为四类：π-π 键相互作用、氢键相互作用、离子键相互作用以及静电作用。

① π-π 键相互作用　由于具有高度共轭体系，石墨烯易于与同样具有 π-π 共轭结构或者含有芳香结构的小分子、高聚物发生较强的 π-π 相互作用。π-π 相互作用是最吸引人的非共

价相互作用。石墨烯中富电子和缺电子区域 π-π 相互作用主要存在两种方式，即面面正对和面面相对滑移。对于氧化石墨烯，π-π 相互作用形式与石墨烯类似，含氧基团主要位于或邻近于边缘而实现结合。

2008 年，Shi 等将水溶性的 1-芘丁酸（PB）和氢氧化钠加入氧化石墨烯中，用水合肼在 80℃下反应 24h 还原得到了 PB 功能化的石墨烯薄膜，PB 中的芘环与石墨烯之间 π-π 作用使得水溶性的 PB 起到稳定的作用。PB 功能化的石墨烯薄膜电导率达到 $2×10^2$ S/m，几乎是氧化石墨烯的 7 倍。这种简单的方法拓宽了带平面芳香环类物质作为稳定剂功能化改性石墨烯的方案，开创性地为通过 π-π 键进行非共价键功能化修饰石墨烯提供了新途径。Lee 等使用带树枝状聚醚支链的四芘衍生物作为改性剂，利用芳香环芘骨架与石墨相互作用以及聚醚链诱发高亲水性的协同效应，去剥离石墨和稳定石墨烯层，如图 6-12 所示。研究发现，相同的芘衍生物却不能改善单壁碳纳米管的分散性，说明碳纳米材料的平面结构是形成有效的 π-π 堆叠的关键因素。

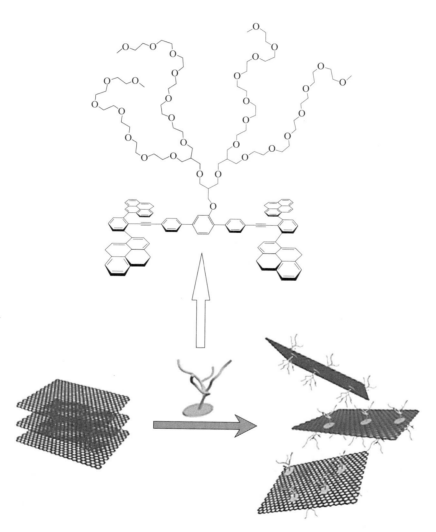

图 6-12　四芘衍生物通过 π-π 作用剥离石墨以及稳定石墨烯

② 氢键相互作用　氢键是一种极性较强的非共价键。由于氧化石墨烯表面带有羧基、

羟基等含氧基团，这些基团易于与其他物质产生氢键作用，从而利用氢键来对石墨烯产品进行功能化改性。Chen 等采用改进 Hummers 法以石墨为原料制备了氧化石墨烯，利用超声辅助将盐酸阿霉素（DXR）负载在氧化石墨烯上，傅里叶红外光谱和紫外光谱分析结果证实了盐酸阿霉素中羟基、氨基与氧化石墨烯羟基之间的作用为氢键。

③ 离子键相互作用　离子键相互作用也是一种石墨烯的非共价键功能化方法，利用石墨烯与改性分子之间正负电荷的静电吸引使体系稳定分散。一般对石墨烯表面进行离子键功能化有两种途径：一是加入带有与石墨烯表面电荷相反电荷的物质，通过静电吸引的方式引入新的基团；二是直接使石墨烯表面带电荷，再进一步拓展其功能化改性。Chang 等用阴离子型表面活性剂十二烷基苯磺酸钠（SDBS）与氧化石墨烯在超声作用下混合，再用水合肼还原，得到 SDBS 改性的石墨烯，该改性后的石墨烯可在水中稳定分散，如图 6-13 所示。

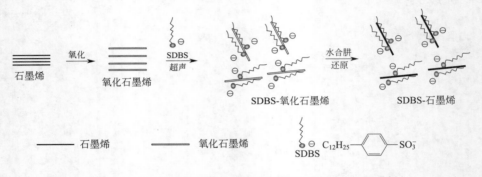

图 6-13　十二烷基苯磺酸钠通过离子键相互作用改性石墨烯

④ 静电作用　同种电荷间的静电排斥作用也是改善石墨烯分散性的一种方法。Shi 等将单层化学转化石墨烯（CCG）悬浮液与聚苯胺纳米纤维（PANI-NF）在超声辅助作用下，利用静电作用组装制备得到 PANI-NF/CCG 复合物的稳定分散悬浮液（G-PNF），并通过抽滤诱导组装的方法制备得到柔性的 G-PNF 薄膜。CCG 的片层边缘处有大量羧基，但片层中间却几乎没有，它的整个片层像一个特殊的大分子表面活性剂：边缘带负电亲水，而中间则是疏水的共轭区域。二者的复合物作为一个整体，带有 CCG 带来的负电荷，可以通过静电斥力分散在水中。即使失去了静电作用，CCG 的共轭区域也能与 PANI-NF 通过疏水、π-π 等相互作用牢固地结合。PANI-NF 的非共价修饰调节了石墨烯的片层作用，层状 PANI-NF/CCG 复合物为三明治结构，能实现自支撑。

Wallace 等以联氨为还原剂，通过控制还原，在除去氧化石墨烯的羟基、环氧键等官能团的同时，保留了其中的羧基负离子，利用电荷排斥作用获得了可以很好地分散于水中的化学转化石墨烯。石墨烯氧化物之所以能够溶解于水，是由于其表面负电荷相互排斥，形成了稳定的胶体溶液，如图 6-14 所示。

6.2.1.4　高聚物-石墨烯复合材料的制备方法

高聚物-石墨烯复合材料制备的重点在于使石墨烯材料均匀分散于复合材料的基体当中，使石墨烯与基体材料保持最大接触界面，从而最大限度地改善复合材料的性能，使复合材料具备石墨烯的诸多优异性能。然而，石墨烯比表面积和表面自由能很大，片层间有着很强的静电作用力和范德瓦耳斯力，非常容易发生堆叠或聚集。这不仅不能发挥石墨烯本身的优异性能，而且会导致高聚物复合材料产生内部缺陷，不利于材料性能的改善。因此，实现石墨烯在高聚物基体中的良好分散是制造理想复合材料的一个重要前提。目前，高聚物-石墨烯

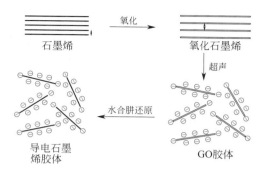

图 6-14 静电排斥作用改善石墨烯的分散性

复合材料的制备方式主要有以下几类：溶剂混合法、原位聚合法、熔融混炼法、层层组装法制备复合薄膜以及纺丝法制备复合纤维。

(1) 溶剂混合法 溶剂混合法是利用溶剂的作用将高聚物分子插入具有片层结构的石墨烯（GPL）中，形成纳米填料-高聚物复合材料。其主要步骤是将石墨烯分散在溶剂中，然后加入高聚物基体，通过物理方法（如超声、机械搅拌等）混合均匀，再经过真空或旋蒸将溶剂除去，最后加入固化剂，经过真空排除气泡和高温固化，从而制备得到高聚物基纳米复合材料（图 6-15）。

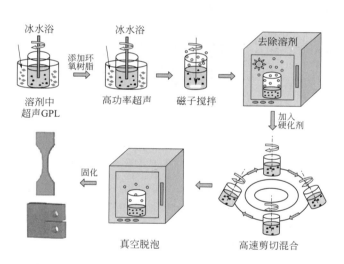

图 6-15 溶剂混合法制备石墨烯-环氧树脂复合材料

溶剂混合是基于溶剂体系的高聚物以及石墨烯可以溶解或分散在其中，然后高聚物会吸附在剥离的石墨烯片层上，当溶剂挥发掉时，片层会重新堆叠并将高聚物夹在层间形成纳米填料-高聚物复合材料。

在溶剂的选择上，需要考虑两点：①石墨烯的分散；②高聚物的溶解。目前使用较多的石墨烯是通过氧化还原的方法制得的，或者直接采用氧化石墨烯，所得到的石墨烯表面都有少量含氧官能团。因此，溶剂一般选择如二甲基甲酰胺、四氢呋喃和 N,N-二甲基吡咯烷酮等极性溶剂。也有以水作为介质的，如聚乙烯醇、全氟磺酸体系等；也有以丙酮、乙醇等有机溶剂作为分散溶剂的，如环氧树脂、聚氨酯、聚甲基丙烯酸甲酯、聚苯乙烯等。

溶剂混合法的主要优点是可以制备基于低极性或非极性的纳米填料-高聚物复合材料。不过该方法也存在一些缺陷，如在使用溶剂制备材料的过程中，有机溶剂能够强烈地、永久性吸附在石墨烯表面，使其无法去除，进而影响复合材料的性能。

（2）原位聚合法　原位聚合法是将石墨烯与高聚物单体相混合，可加入部分溶剂，在引发剂引发条件下，发生聚合反应。可以采用原位聚合法制备石墨烯-高聚物复合材料的体系有聚苯乙烯、聚甲基丙烯酸甲酯、聚二甲基硅氧烷、聚氨酯、环氧树脂等。

原位聚合法的主要优点是改性基团或还原后的残留基团可以与高聚物分子基体或单体本身发生接枝，从而有效地提高分散性能，增强石墨烯与高聚物之间的界面，改善应力传递效率，显著提高复合材料的性能。

然而，具有高比表面积的石墨烯也会影响聚合反应的速率，甚至影响复合材料的性能。Kim 等对比研究了 3 种不同的制备方法（溶剂混合法、原位聚合法、熔融混炼法）对石墨烯-聚氨酯复合材料性能的影响，对石墨烯的分散性而言，原位聚合法优于溶剂混合法和熔融混炼法（图 6-16）。然而，原位聚合法使石墨烯形成了较强的交联网络结构，使聚氨酯分子链段之间氢键减少，进而导致原位聚合法制备的石墨烯-聚氨酯纳米复合材料模量提升幅度小于溶剂混合法和熔融混炼法所得到的石墨烯-聚氨酯纳米复合材料。

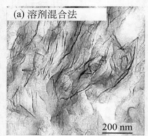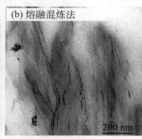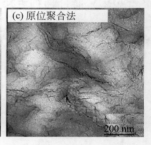

图 6-16　不同制备方法制备的石墨烯-聚氨酯复合材料的 TEM 图

原位聚合法虽然步骤简单有利于工业化大生产，但是反应过程不易控制。另外，改性后石墨烯的诸多官能团对聚合反应的链引发与链增长反应也有一定影响，从而影响了复合材料的性能。

（3）熔融混炼法　熔融混炼法是将石墨烯直接添加到高聚物基体中，通过双螺杆挤出机或三辊机等机械加工方式，调节好适当的条件（如温度、转速、时间等），制备复合材料的一种方法。相比较上述两种方法，熔融混炼法具有通用性、环保性和经济性，是制备热塑性高分子复合材料的常用方法，一些不含活性官能团或者不适合原位聚合的高分子体系也可采用这种方法，比如聚氨酯、聚丙烯、尼龙 6、聚碳酸酯等。

不过该方法仍很难实现石墨烯在高聚物基体中的良好分散，导致材料力学性能得不到明显提高，甚至导致一定的降低。目前，采用熔融混炼法与化学表面处理法或其他混合方法相结合是实现石墨烯在高聚物基体中良好分散和剥离的有效途径。一方面通过化学表面处理可以改变石墨烯表面性质，使其与液相介质、石墨烯片层间的相互作用发生变化，增强排斥力，产生持久抑制絮凝团聚的作用，得到理想的剥离效果；另一方面，在机械搅拌下，石墨烯的特殊表面结构容易产生化学反应，形成有机化合物支链或保护层使其更易分散。Shen 等采用溶剂混合法与熔融混炼法相结合制备了石墨烯-聚苯乙烯（PS）复合材料，如图 6-17 所示。在挤出机较强的剪切力作用下，PS 链段与石墨烯片发生 π-π 堆积，与石墨烯 π-π 堆积的 PS 链段阻止了石墨烯的团聚，有效地剥离石墨烯，提高其在基体中的分散性，有效地构筑石墨烯在 PS 基体中的导电网络结构，进而改善复合材料的导电性能。

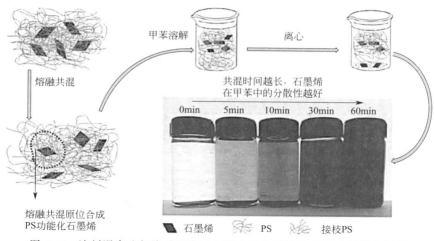

图 6-17　溶剂混合法与熔融混炼法相结合制备石墨烯-聚苯乙烯复合材料

（4）层层组装法制备高聚物-石墨烯复合薄膜　众所周知，层层组装法是一种制备高强度薄膜、涂层的常用技术。该技术为制备高聚物-石墨烯复合薄膜提供了思路。由于石墨烯在溶液中分散性较差且其表面呈惰性，目前，很少采用此方法制备高聚物-石墨烯复合组装体，通常采用氧化石墨烯（GO）或表面功能化的石墨烯进行层层组装。例如，Zhao Xin 等采用聚乙烯醇（PVA）分散液和 GO 分散液循环浸泡基底即得到 GO 水平排列的聚乙烯醇复合薄膜。其原理如下：在自组装过程中，由于 GO 表面的含氧官能团和聚乙烯醇链上的羟基间存在氢键作用，使得 GO 片层被迫调整至与基体平行的形态，并被牢牢地吸引到聚乙烯醇表面，完成 GO 的定向排列，如图 6-18 所示。利用层层组装法制备高聚物-石墨烯复合材料，能对复合薄膜材料的构造、界面结合、厚度、组成实现分子水平的控制，具有较大的可控性，但最大的不足在于成膜缓慢，不易推广到工业生产中。

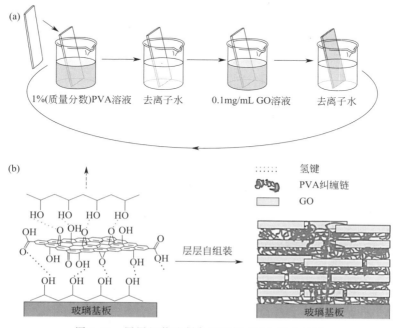

图 6-18　层层组装法制备石墨烯-PVA 复合材料

① 抽滤诱导 抽滤诱导自组装是一种依靠溶剂流动作用诱导二维材料层层堆叠定向排列的组装方法。将 GO 分散液用真空抽滤，GO 纳米片会受到取向作用力，从而在滤膜上水平堆积，形成 GO 定向排列的层状膜。图 6-19 描述了其实现石墨烯定向排列的原理。

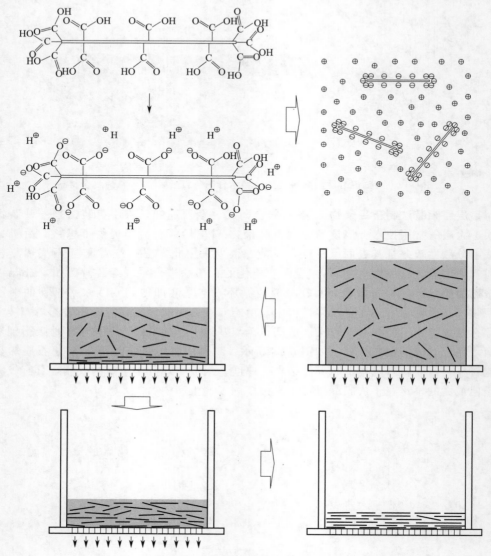

图 6-19 抽滤诱导自组装实现石墨烯定向排列的原理示意图

抽滤诱导自组装制备高聚物-定向石墨烯复合材料目前有两种方式：一种是对石墨烯与高聚物的混合液抽滤，例如 S. Park 等将还原的氧化石墨烯（rGO）与吐温 20 的混合胶体悬浮液用真空抽滤，制备出 rGO 水平排列的高聚物复合膜；另一种方式即真空抽滤石墨烯的分散液得到"石墨烯饼"，然后再用树脂单体液浸泡，使液体渗入石墨烯片层的缝隙中，原位聚合得到石墨烯定向排列的树脂复合材料，制备过程如图 6-20 所示。

研究表明，石墨烯在高聚物基体中的取向度与其尺寸大小、添加量均有密切相关。N. Yousefi 等采用抽滤诱导法制备环氧树脂复合薄膜，制备过程如图 6-20 所示。他们考察了 rGO 的添加量对片层取向度的影响。结果表明，在添加量较低时，石墨烯片趋于乱序排列；而当石墨烯含量较高时，纳米片层与其排除体积间的空间位阻更加明显，使得石墨烯趋于在界面水平堆叠。

采用抽滤诱导自组装合成的高聚物-定向石墨烯复合膜，由于石墨烯层层堆叠接触紧密，通常具有优异的力学性能和电学性能，可以用于制作没有金属基底的可充电电池的电极、超级电容器或温度传感器等。但是，受真空过滤装置的限制，制备的薄膜尺寸有限，而且由于石墨烯的取向度受多种因素影响，薄膜的性能不稳定，因此还难以应用到工程中。

② 挥发诱导　挥发诱导法是利用溶剂的挥发作用诱导石墨烯在高聚物基体中定向排列。在溶剂的挥发作用下，石墨烯会受到均匀向上的取向力，在溶剂与空气界

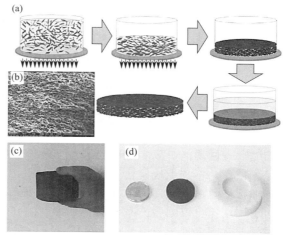

图6-20　(a) 石墨烯-环氧树脂复合材料的制备流程图；(b) 截面SEM图片；(c)、(d) 复合材料外观

面以接近水平的方式堆积，组装成膜。此方法首先用于获得纯的GO薄膜，后来发展为在石墨烯分散液中加入高聚物或高聚物单体，制备出石墨烯定向排列的高聚物复合膜。N. Yousefi等在这方面做了大量研究，他们将超大尺寸GO的分散液与聚氨酯的水性乳液混合，用水合肼还原GO后，加热使溶剂挥发，得到rGO（还原氧化石墨烯）接近水平排列的聚氨酯薄膜（如图6-21所示）。

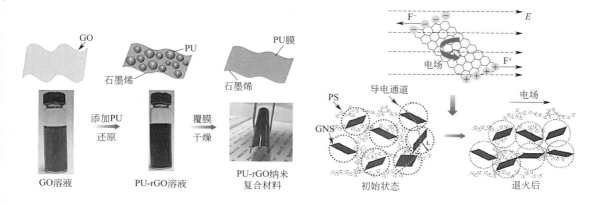

图6-21　溶剂挥发诱导制备石墨烯-聚氨酯复合薄膜　　　　图6-22　电场诱导石墨烯定向排列原理图

同抽滤诱导自组装类似，挥发诱导自组装得到的高聚物-定向石墨烯复合膜通常也具有优异的力学性能与电学性能，应用前景广阔。然而，由于石墨烯在溶剂挥发作用中受到的取向力较弱，有时定向效果并不明显。通过进一步的热压处理能改善石墨烯片层的定向排列，获得结构更规整的石墨烯复合膜。

③ 外加场诱导　以上几种石墨烯定向排列的方法，均存在制备时间长的缺点。而外加场诱导自组装能够利用电场或磁场实现石墨烯在高聚物基体中快速地定向排列。电场诱导的基本原理如下：具有极高的电子迁移率和较大长径比的纳米粒子很容易在电场诱导下发生极化，形成诱导偶极，产生取向扭转，进而沿与电场平行的方向排列。Pang Huan等在制备聚苯乙烯-石墨烯复合薄膜时发现，在退火过程中外加电场，石墨烯会逐渐沿与电场平行的

方向排列，如图 6-22 所示。这使得石墨烯片层间的接触面积增加，因而复合薄膜的体积电阻率下降。无论直流电场还是交流电场均可实现石墨烯的定向排列，但是在直流电场下石墨烯容易发生电泳，导致其在电极附近聚集，因此经常采用交流电诱导石墨烯定向排列。

同电场诱导类似，当石墨烯表面负载磁性纳米粒子时，复合纳米粒子在磁场作用下产生诱导偶极，沿与磁场垂直的方向定向排列。目前的研究主要以纳米 Fe_3O_4 粒子为磁性载体。例如，Liu Chao 等将 Fe_3O_4 负载到石墨烯纳米片表面，在磁场作用下制备出双马来酰亚胺树脂-定向石墨烯复合材料，其摩擦性能明显优于纯双马来酰亚胺树脂。这主要归因于定向排列的石墨烯能够与摩擦试验环充分接触，最大限度地发挥自身的减摩抗磨性。电场诱导与磁场诱导方法均能有效实现石墨烯在高聚物中的定向排列，但是当需要较高电场或磁场强度时成本很高，不利于规模化生产。

（5）纺丝法制备高聚物-石墨烯复合纤维　以石墨烯或功能化石墨烯的液晶原液为原料，采用纺丝技术可以制备出石墨烯有序排列的新型纤维。Xu Zhen 等利用液晶的预排列取向，在国际上首次实现了石墨烯液晶的纺丝，并首次制得连续的石墨烯纤维。随后，研究者用高聚物修饰石墨烯，构筑具有规整层状结构的高聚物-石墨烯复合纤维。例如，Jiang Zaixing 等在 GO 片上接枝聚丙烯酸，凝胶纺丝得到一种强度很高的复合纤维，其中石墨烯片通过聚丙烯酸交联并垂直排列在纤维中。Kou Liang 等用聚乙烯醇修饰 rGO 纳米片，湿式纺丝制备出具有仿珍珠层结构的复合纤维，其制备过程如图 6-23 所示。通过纺丝技术合成的高聚物-石墨烯复合纤维，由于石墨烯含量较高且有序排列（如图 6-24 所示），通常具有非常优异的力学性能，但石墨烯纤维的制备技术还不成熟，有很大的发展空间。

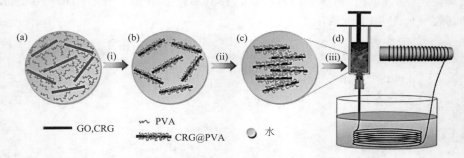

图 6-23　石墨烯-PVA 复合纤维制备过程示意图
（a）氧化石墨烯与 PVA 的混合水溶液；（b）还原氧化石墨烯，除去游离 PVA 后的混合溶液；
（c）取向还原氧化石墨烯与 PVA 的混合溶液；（d）湿法纺丝装置示意图

6.2.1.5　高聚物-石墨烯复合材料的性能

（1）高聚物-石墨烯复合材料的力学性能　石墨烯以其独特完整的片层结构表现出极高的拉伸强度和弹性模量（分别为 130GPa 和 1100GPa），制备复合材料最常用的改性及还原石墨烯的弹性模量也可达到 250 GPa，高出一般的高聚物 2～3 个数量级。因此，在高聚物中加入改性或还原石墨烯同样能有效地增强高聚物的力学性能。一般来讲，高聚物-石墨烯复合材料的弹性模量通常随石墨烯含量的增加而增加，但是，其模量的增强幅度因为基体不同而存在差异。例如，在环氧树脂基体中加入 0.1% 石墨烯时，其弹性模量可提高 31%；而聚氨酯作为复合材料的基体时，当添加 1% 石墨烯时，可使弹性模量增加 120%；在聚硅氧烷泡沫材料中加入 0.25% 石墨烯时，其弹性模量增加了 200%。

影响高聚物-石墨烯复合材料力学性能的因素很多，如石墨烯类型、石墨烯结构、石墨烯含量、石墨烯分散程度、石墨烯排列方式、高聚物种类、界面结合方式等。通常认为石墨

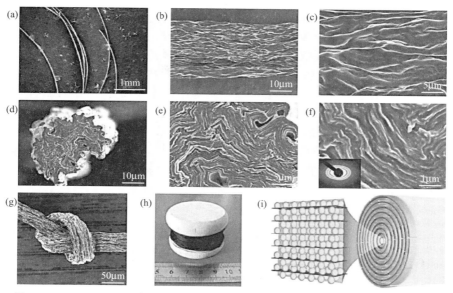

图 6-24 （a)～(f) 石墨烯-PVA 复合纤维的正面与截面不同放大倍数的 SEM 图；
（g）打结纤维的 SEM 图；（h）缠绕纤维的光学照片；（i）取向复合纤维示意图

烯尺寸越大、结构越完整、石墨烯分散越均匀、与基体的界面结合力越强、基体树脂的强度越高，石墨烯高聚物的力学性能越好。将石墨烯进行定向层状排列，可以充分发挥石墨烯的二维片层结构特征、结构高度完整性、高比表面积、高强度和高模量，以及通过表面修饰形成组元间较强的相互作用，得以实现长程高效的应力传递，获得复合材料显著的力学增强效果。Ting Huang 等采用表面改性的石墨烯与聚酰亚胺前驱体通过溶液混合、真空抽滤和热压工艺得到复合薄膜。随着石墨烯含量增加，纤维拉伸强度得到明显增强（如图 6-25 所示）。

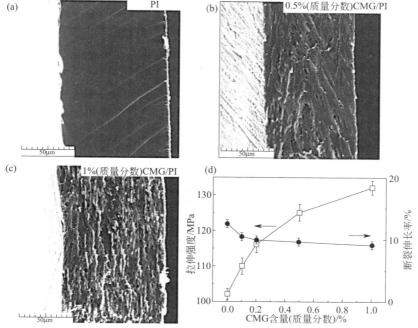

图 6-25 （a)～(c) 不同含量石墨烯-聚酰亚胺复合薄膜的截面 SEM 图；
（d）石墨烯-聚酰亚胺的力学性能

　　研究者们对高聚物-石墨烯复合材料力学性能的研究基本与碳纳米管-高聚物复合材料的设计思路和研究方法类似。迄今为止，石墨烯对复合材料的力学增强效果并不非常突出，尤其是相比于传统连续纤维的增强效果仍有显著差距。究其原因，石墨烯在复合材料内部大多以微/纳米尺度的粉末状形态存在，难以实现在复合材料内部长程有效的应力传递。另外，石墨烯径厚比极高（大于1000），容易在高聚物基体中发生卷曲并形成褶皱，使得石墨烯本身优异的力学性能无法得到有效发挥，很难达到理论的力学增强效果。

　　后来，石墨烯卷曲结构对于复合材料冲击韧性的提升效果正逐渐引起人们的关注。这是因为卷曲的石墨烯表现出高度的柔性，在变形过程中易于吸收能量，从而显著提升高聚物基复合材料的冲击韧性。Wang Han 等采用多层石墨烯（MLG）与聚氯乙烯通过熔融混炼法进行复合，发现当加入少量石墨烯（0.36%，质量分数）时，复合材料的断裂伸长率和韧性模量分别达到220%和53MJ/m^3，相比纯PVC，分别提高了91.3%和71%，如图6-26所示。

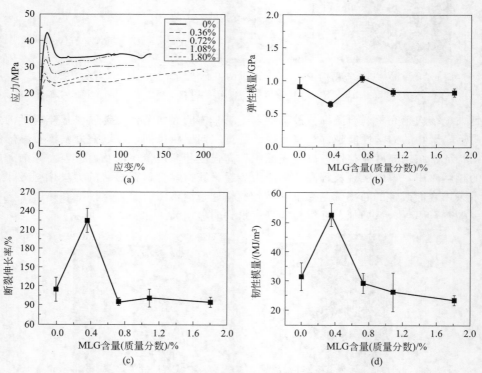

图 6-26　不同石墨烯含量的石墨烯-PVC 的拉伸性能
(a) 应力-应变曲线；(b) 弹性模量；(c) 断裂伸长率；(d) 韧性模量

　　当然，石墨烯也并不总是增强高聚物复合材料。研究发现，在聚氨酯中加入石墨烯反而降低了断裂强度。

　　（2）高聚物-石墨烯复合材料的电学性能　对导电复合材料而言，渗流阈值和电导率是表征电性能的2个重要参数。为了节约成本和保证材料良好的加工性能，高聚物复合材料必须具有较低的渗流阈值和低填料量时较高的电导率。石墨烯以其独特的片层结构、高比表面积以及优异的导电性能，在低掺量构建导电复合材料方面具有显著优势。例如，PS体系复合材料渗流阈值达到0.34%（体积分数），聚氯乙烯-醋酸乙烯酯共聚物系复合材料渗流阈值达到0.15%（体积分数），PET系复合材料渗流阈值低至0.47%（体积分数），聚乙烯体系复合材料渗流阈值只有0.07%（体积分数）。

　　石墨烯在高聚物中的渗流阈值除了与石墨烯本身的尺寸、结构和表面状态有关外，还与制备方法以及高聚物基体有关。以化学还原的氧化石墨烯为原料用溶剂混合法制备的复合材料通常具有较低的渗流阈值；而以热还原的氧化石墨烯为原料，用熔融混炼法制备的复合材料通常渗流阈值较高。平均而言，用溶剂混合法制备的复合材料具有较低的渗流阈值，其次是原位聚合法，因为这两种方法能使石墨烯的分散更均匀。而对比这两种方法，原位聚合法的渗流阈值较高，这可能是因为原位聚合能使高聚物更好地包覆在石墨烯的表面，因此阻碍了石墨烯之间的接触。

　　不同制备工艺所制备的石墨烯高聚物的渗流阈值呈现较大的差异。比如采用熔融混炼法制得的高聚物-石墨烯复合材料的渗流阈值仍高达 2%～4%，相应原料成本增加，极大地限制了高聚物-石墨烯复合材料的应用。而采用层层组装法可以获得石墨烯在基体中的取向排列、较低的渗流阈值，但存在制备工艺复杂、无法与现有工业生产条件有效融合等诸多问题。

　　到目前为止，制备具有低渗流阈值和高电导率的高聚物-石墨烯复合材料大致具有以下几种途径。①通过添加活性剂、改变分散方式、使用改性的石墨烯或使用原位聚合的方法提高导电填料在基体中的分散性，进而提高导电性。Yu 课题组首先在 GO 表面进行共价改性，然后将其与酚醛树脂复合固化得到石墨烯分散更加均匀的纳米复合材料。由于苯酚具有还原作用，GO 在复合材料制备过程中被还原成 rGO，因此得到的 rGO/酚醛树脂纳米复合材料导电性有很大提高，复合材料的导电渗流阈值只有 0.17%（体积分数）。②调整石墨烯结构尺寸或者预先制备石墨烯三维网络结构可获得符合渗流阈值理论的石墨烯导电网络，提高复合材料电导率。例如，Cheng Huiming 等先通过气相沉积制备了三维石墨烯网络，再浸渍聚二甲基硅氧烷（PDMS）获得复合材料，所得复合材料在低石墨烯含量下显示出优异的电导率（如图 6-27 所示）。③通过制备高电导率石墨烯或优化石墨烯高聚物界面结合获得高电

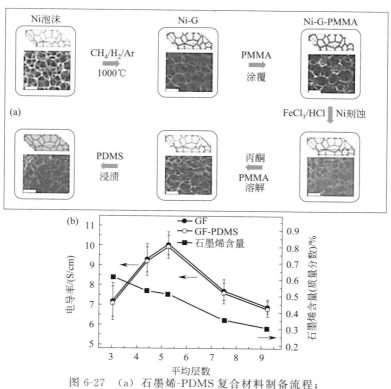

图 6-27　（a）石墨烯-PDMS 复合材料制备流程；
（b）复合材料电导率、石墨烯含量与石墨烯层数的关系图

导率。Ma 等以对苯二胺改性的 GO 为填料，以聚苯乙烯为基体，通过溶剂混合法制备了复合材料，其渗流阈值为 0.34％（体积分数）；而 ODA 改性 GO-PS 的渗流阈值为 0.45％（体积分数），二者都远比氧化石墨烯改性 PS 的渗流阈值要低得多［约 1.5％（体积分数）］，这与改性后 GO 的性质及其分散性紧密相关。

目前石墨烯抗静电/导电复合材料尚未得到实际应用，主要面临如下技术问题：虽然石墨烯具有极高的电导率和径厚比，但其与基体复合时，易于被高聚物所包覆，使得组元间接触电阻急剧增加；石墨烯粉体在高聚物内部易于形成卷曲形态，使得其独特的高径厚比和优异网络搭接特性无法得到充分发挥。

(3) 高聚物-石墨烯复合材料的导热性能　随着电子工业的快速发展，对大规模芯片组和 LED 等电子元器件的高散热/导热性能要求越来越高，石墨烯作为新型轻质散热/导热材料受到了广泛的关注。石墨烯具有极高的热导率［高达 5000W/(m·K)］，相比于石墨而言其具有极薄的片层厚度，是一种极具发展潜力的热界面材料。将石墨烯加入高聚物基体中提高复合材料的导热性能已有诸多报道。例如，Wang 等报道了环氧树脂中加入 1％（质量分数）GO 提高导热性的程度与加入 1％（质量分数）SWNT 相似。添加 5％（质量分数）GO 后热导率为 1W/(m·K)，是纯环氧树脂的 4 倍。这些结果与其他文献报道相一致，此外文献还报道了 GO 添加量为 20％（质量分数）时，热导率为 6.44W/(m·K)。这些结果显示了石墨烯复合材料是有前途的导热材料。石墨烯复合材料的热膨胀研究显示，在 T_g 以下热膨胀系数与 SWNT 加入基体中的效果相似。纯环氧树脂的热膨胀系数约为 $8.2 \times 10^{-50} ℃^{-1}$，然而添加 5％石墨烯的环氧树脂复合材料在 T_g 以下热膨胀系数下降 31.7％。

值得指出的是，虽然石墨烯具有极高的热导率，但将其加入高聚物基体中（以硅橡胶为例）制得的石墨烯-硅橡胶复合材料的热导率仅为 2～4W/(m·K)，虽然相比于硅橡胶的热导率［0.02W/(m·K)］提高了数十倍，但距离电子工业中对高性能散热垫的预期热导率［10W/(m·K)］仍有较大差距。究其原因，一方面由于石墨烯易于被高聚物所包覆，极大地增加了传导热阻；另一方面，石墨烯为典型的各向异性材料［其厚度方向热导率仅为数十 W/(m·K)］，而且石墨烯粉体在基体中的卷曲形态会引入结构缺陷，显著降低高聚物-石墨烯复合材料的热导率。即使采用具有连续三维网络结构的石墨烯泡沫作为导热增强体，但由于这种石墨烯孔隙率较高（其在复合材料中体积分数仅为 0.5％），复合材料的导热效果提升仍不显著。

对于高聚物-石墨烯导热复合材料而言，如何形成石墨烯在基体中的定向排列、充分利用其极高的面内热导率、减少接触热阻、调控其与高聚物基体的相容性，是获得高性能导热复合材料的重要核心技术。例如，将石墨烯进行逐层堆积，获得定向排列的层状结构，可以获得热导率高达 33.5W/(m·K) 的石墨烯-环氧树脂复合材料（如图 6-28 所示），远高于其他填料环氧树脂复合材料，包括不锈钢和铜。

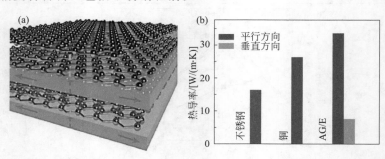

图 6-28　(a) 高定向石墨烯复合材料模拟图；(b) 不同填料环氧树脂复合材料热导率对比

（4）高聚物-石墨烯复合材料的热性能　石墨烯的添加对高聚物基复合材料的热性能，如热稳定性、玻璃化温度（T_g）、熔融温度（T_m）及高聚物结晶度，具有重要影响。相比于陶瓷及金属材料，高聚物较低的热分解温度通常会限制其在高温环境下的应用。高聚物的分解行为通常从以下几个方面来考虑：①起始分解温度，对应于高聚物开始分解时的温度；②分解温度，对应于高聚物出现最大分解速率时的温度；③分解速率。石墨烯对高聚物热稳定性的影响有两个不同的趋势，虽然化学还原和热还原的氧化石墨烯都会提高高聚物的热稳定性，但是未还原的氧化石墨烯对高聚物的热稳定性没有明显影响。石墨烯对高聚物热稳定性的提高通常归因于它的高比表面积、良好的分散状态以及较强的界面结合力。

许多研究都表明，石墨烯能大幅度提高高聚物的 T_g。Fang 等加入 12%（质量分数）的 PS 改性石墨烯使 PS 基体的 T_g 提高了 15℃；Salavagione 等在 PVA 中加入 10%（质量分数）的化学还原氧化石墨烯使 T_g 提高 20℃。这些提高被认为是由于石墨烯与高聚物链之间相互作用限制了链段的运动，导致了 T_g 的提高。实验中观察到的石墨烯对高聚物结晶度的影响也有不同报道。虽然有研究表明膨胀剥离的石墨烯的加入会增加 PVA 的结晶度，一些研究却发现加入氧化石墨烯对 PVA 的结晶度没有太大影响，另外一些研究更是发现加入化学还原的氧化石墨烯降低了 PVA 的结晶度。这些不同结果可能是由于复合材料的热历史、制备过程以及高聚物与石墨烯的界面结合力不同而引起的。

另外，研究还表明石墨烯能显著提高聚苯乙烯、聚乙烯醇、聚甲基丙烯酸甲酯、硅泡沫材料、聚氨酯等高聚物的耐热性。

（5）高聚物-石墨烯复合材料的气体隔离性能　无缺陷的石墨烯对所有气体分子都具有不可渗透性质。当石墨烯均匀分散在有渗透性的高聚物基体中，可以增加气体扩散路径长度，降低高聚物的透气性。Kim 等研究了功能化石墨烯对聚（乙烯-2,6-萘二甲酸乙二醇酯）（PEN）阻隔性能的影响。结果表明，当功能化石墨烯质量分数为 4% 时，PEN 的氢渗透系数下降 60%，而相等填充量的石墨使氢渗透系数仅下降 25%。Kim 等研究发现，质量分数为 3% 的异氰酸酯改性石墨烯使聚氨基甲酸酯的氮渗透率降低了 90%。研究表明石墨烯的纵横比、分散性、石墨片的取向、界面结合作用以及高聚物基体的结晶状况对复合材料气体阻隔性能均有较大影响。

（6）高聚物-石墨烯复合材料的其他性能　石墨烯相比于其他碳材料（如炭黑、碳纳米管等）而言，其独特优势在于极薄的二维片层结构与高的比表面积，表现出优异的防液体渗漏、层间自润滑减摩性能、阻止烟气扩散等显著优势。近年来，石墨烯在透明导电薄膜、防腐涂料、润滑减摩、防火阻燃等方面的应用研究已取得突破性进展。

将磺化石墨烯与聚 3,4-亚乙基二氧噻吩（PEDOT）复合可以得到具有优异透明度和导电性以及良好柔韧性和高热稳定性的薄膜材料。厚度为 33nm、58nm、76nm 和 103nm 的 PEDOT-石墨烯复合材料薄膜在波长为 550nm 时的光透射率分别为 96%、76%、51% 和 36%。沉积在石英和 PMMA 基板上的复合材料薄膜的电导率分别为 7S/m 和 10.8S/m，且与薄膜厚度无关。材料坚固、柔韧，变形后仍保持原来的导电性，适合透明导电材料的多种应用，所以其潜在应用很有前景。将石墨烯与环氧树脂配成防腐涂料，利用石墨烯独特的片层结构与优异的防渗透性能，可以有效阻隔溶剂等腐蚀性介质对金属基板的侵蚀、延长材料的使用寿命。将石墨烯加入润滑油中可以显著降低摩擦系数、增加极压强度。将石墨烯加入高聚物中还可以显著提高高聚物复合材料的耐摩擦性能，这要归因于石墨烯优异的自润滑性能以及其对基体的增强增韧作用。

另外，利用石墨烯的大面积包裹特性，在高聚物燃烧时石墨烯起到保护膜的作用，相比于碳纳米管、石墨、炭黑、黏土而言，石墨烯的加入可以显著抑制发烟量、降低热释放率、减小氧气渗透率，有效地提升复合材料的阻燃效果。

6.2.2 高聚物-碳纳米管复合材料

6.2.2.1 碳纳米管概述

碳纳米管（CNT）自 1991 年被发现以来，其优异的物理、化学和力学性能，巨大的潜在应用价值得到了全球科学家和研究人员的广泛关注。

碳纳米管（carbon nanotube）又称巴基管，属富勒碳系，是石墨的碳原子层卷曲成圆柱状、径向尺寸很小的碳管。管壁一般由六边形碳环构成。此外，还有一些五边形碳环和七边形碳环存在于碳纳米管的弯曲部位。碳纳米管的直径一般在 1~30nm 之间，长度则为微米级。这种针状的碳纳米管管壁为单层或多层，称为单壁碳纳米管（SWNT）和多壁碳纳米管（MWNTs），如图 6-29 所示。多壁碳纳米管是由许多柱状碳管同轴套构成的，层数在 2~50 层不等，层间距离约为 0.34nm，观察发现多数碳纳米管的两端是闭合的。

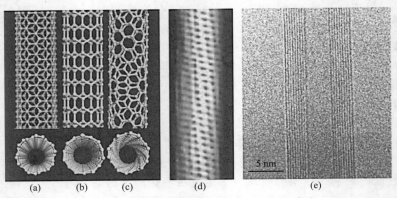

图 6-29 碳纳米管的 SEM 和 TEM 照片

(a) 椅状；(b) 锯齿状；(c) 手性型；(d) 直径为 1.3nm 螺旋状单壁
碳纳米管的隧道 SEM 照片；(e) 9 层嵌套的多壁碳纳米管 TEM 照片

特殊的结构使得碳纳米管具有优异的物理性能。①优异的力学性能：碳纳米管拉伸强度的理论计算值高达 177GPa，远高于碳纤维（2~5GPa）、晶须（20GPa）和高强度钢（1~2GPa）。1997 年，E. W. Wong 等使用原子力显微镜（AFM）测出电弧法制备的 MWNTs 平均弹性模量为 1.28TPa（1TPa＝10^6MPa），平均弯曲强度为 14GPa。2000 年，M. Yu 等的研究中测得 MWNTs 的模量在 0.27~0.95TPa 之间，还发现 MWNTs 在应变为 12％时会发生断裂，此时强度为 11~63GPa。②碳纳米管还具有优异的可弯曲性能：碳纳米管在发生弹性变形时，可吸收很高的能量。如果将碳纳米管置于 1011MPa 的水压下，碳纳米管会被压扁；撤去压力后，碳纳米管像弹簧一样立即恢复了形状，表现出良好的韧性。利用这一性能制成的复合材料在防弹装甲、汽车、火车减震装置等领域有潜在的用途。③碳纳米管具有良好的导电性能：由于碳纳米管的结构与石墨的片层结构相同，所以具有很好的电学性能。理论预测其导电性能取决于其管径和管壁的螺旋角。当管径小于 6nm 时，CNT 可以被看成为具有良好导电性能的一维量子导线。④碳纳米管也是优良的热传导材料。碳纳米管的热导率超过 3000W/(m·K)，高于天然金刚石和石墨原子基面的热导率 [2000W/(m·K)]。⑤碳纳米管还是很好的超导材料。单壁碳纳米管（SWNT）的超导温度和直径相关，直径越小超导温度越高，计算认为直径为 0.7nm 的碳纳米管具有超导性，尽管其超导转变温度只有 1.5×10^{-4}K。由于碳纳米管具有优良的电学和力学性能，它被认为是复合材料的理想添加相。若以其他工程材料为基体与碳纳米管制成复合材料，可使复合材料表现出良好的强度、弹性、抗疲劳性及各向同性，给复合材料性能带来极大改善，在复合材料领域有着巨大的应用潜力。根据基体高聚物的不同，通常 3%～5%加载量即可获得消除静电堆积的效果。研究表明，添加 2%碳纳米管可达到添加 15%碳粉及添加 8%不锈钢丝的导电效果。由于加入量低及纳米级的尺寸，高聚物在取得良好的导电性能时不会降低高聚物的力学性能及其他性能，并适合于薄壁塑料件的注塑成型。这种导电高聚物（塑料）已在汽车燃料输送系统、燃料过滤器、半导体芯片等要求防静电器件的内包装、汽车导电塑料零部件的制造等领域得到应用，并已取得很好的效果，特别是在汽车导电塑料零部件的制造方面，比传统的制造工艺有明显优势。

目前关于碳纳米管复合材料的研究重点放在利用其优良的力学性能将其作为增强体来大幅度提高材料强度或韧性或利用其良好的电学性能，将其作为改性体来大幅度提高材料的导电性。为了充分利用碳纳米管高弹性模量和拉伸强度这一优异的力学性能，碳纳米管-高聚物复合材料作为结构材料使用的研究正在世界范围内加紧进行。研究表明：在充分分散的情况下，在环氧树脂中只要添加 0.1%～0.2%的单壁碳纳米管（SWNT）就能达到 10 倍于直径 200nm 气相法生长碳纤维加入量的效果。研究还发现，添加 2%的单壁碳纳米管（SWNT）可导致高聚物韦氏硬度提高 3.5 倍；添加 1%的单壁碳纳米管（SWNT）可导致高聚物的热传导性增加 1 倍；添加 1%的多壁碳纳米管（MWNTs）使聚苯乙烯的弹性模量和断裂应力分别提高 42%和 25%。此外，碳纳米管-高聚物复合材料用于电磁辐射屏蔽材料及微波吸收材料的研究也取得了重要进展，在人体电磁辐射防护，移动电话、计算机、微波炉等电子电器设备的电磁屏蔽方面具有广泛的应用潜力。碳纳米管优异的微波吸收性能可用于隐身材料的制造，在飞机、导弹、火炮、坦克等军事装备隐形等军事领域里有巨大的应用价值，军事大国目前正在加紧研究开发之中。随着 CNT 的生产方法越来越简便，成本越来越低，其作为高聚物复合材料填料的应用前景将极为广阔。

6.2.2.2 碳纳米管的制备与改性

目前碳纳米管的制备工艺很多，主要包括：激光蒸发合成法、电弧法、化学气相沉积（CVD）法、低温固态热解法、离子轰击生长法、太阳能法、电解法、高聚物制备法、原位催化法、爆炸法及水热合成法等。其中激光蒸发合成法、电弧法和 CVD 法为主导工艺，并已在碳纳米管（CNT）的工业化生产中使用。激光蒸发合成法和电弧法主要用于单壁碳纳米管（SWNT）的生产，而 CVD 法主要用于多壁碳纳米管（MWNTs）的生产。由于高压一氧化碳工艺的研制成功，CVD 法也成为单壁碳纳米管（SWNT）生产的主导工艺。

由于各种工艺制备的碳纳米管纯度不高，难以满足对碳纳米管的应用要求，必须对碳纳米管进行提纯处理，以获取高纯碳纳米管，满足研究及应用需求。碳纳米管原产品中，除催化剂残余物外，在碳纳米管制备过程中还同时伴随着非晶碳的生成。非晶碳成分主要包括非定形碳、碳纳米颗粒及碳纤维。碳纳米管有多种提纯方法，主要分为酸氧化、气体氧化、过滤提纯及色层法四类。

由于特殊一维纳米结构，碳纳米管极易相互缠绕在一起，导致其在溶剂、高聚物基体中分散不均匀，限制了其应用。为进一步发挥碳纳米管的功能，提高复合材料的综合性能，对碳纳米管进行表面改性处理尤为关键。

与石墨烯表面改性类似，碳纳米管表面改性的方法主要也分为共价键功能化改性和非共价键功能化改性。共价键功能化改性即通过牢固的化学键将一些功能性基团或高分子链接枝到 CNT 表面。这种改性的方法会不同程度地破坏碳纳米管的结构并影响其原有性能。非共价键功能化改性是指对碳纳米管表面进行物理处理，通过范德瓦耳斯力、氢键、辐射或静电吸引等弱相互作用力来促进碳纳米管在溶液或复合材料中的分散，但其改性效果不明显。表面改性后的碳纳米管可溶于水和有机溶剂，易于在高聚物基体中均匀分散，甚至可以与高分子材料发生界面反应，为碳纳米管在高聚物及其他基体复合材料中的应用开辟了广阔的空间。

6.2.2.3　高聚物-碳纳米管复合材料的制备方法

制备高聚物-碳纳米管复合材料的核心思想是要对复合材料中碳纳米管的自身几何参数、空间分布参数和体积分数进行有效控制，尤其是要通过对制备条件（空间限制条件、反应动力学、热力学因素等）的控制，来控制碳纳米管的初级结构；其次是考虑控制碳纳米管聚集体的次级结构。一般来说，高聚物-碳纳米管复合材料的制备方法可以分为以下几种：溶液共混法、熔融共混法、原位聚合法、乳液混合法、高聚物浸渗法以及纺丝法。

（1）溶液共混法　溶液共混法是制备高聚物-碳纳米管复合材料最常用的方法。一般是将碳纳米管分散在高聚物的溶液中，根据不同的高聚物，溶剂可以是甲苯、环己烷、乙醇、氯仿等，然后搅拌，分散均匀后静置一段时间，采用喷涂、提拉等方法在不同的基体（如 Au、Ag、Cu 或 KBr、石英玻璃）上让溶剂挥发成膜。这种方法的优点是碳纳米管在溶剂中的搅拌有利于其分散与解聚。搅拌可以是磁力搅拌、剪切混合、回流及超声波分散。

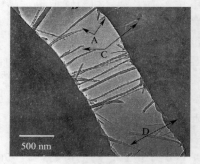

图 6-30　碳纳米管-PS 复合材料
裂纹原位 TEM

Qian 等利用溶液共混法制备了碳纳米管-聚苯乙烯（PS）复合材料。首先将 PS 溶解在甲苯中，而后加入碳纳米管，通过高能超声实现了碳纳米管在复合材料中的均匀分散。结果显示只需要添加 1%（质量分数）碳纳米管，即能使复合材料机械强度得到显著增强，强度测试和原位 TEM（如图 6-30 所示）观察显示外部载荷能够有效地传递到碳纳米管上。

除了以上碳纳米管与高聚物溶液混合以外，这里将碳纳米管-热固性高聚物复合材料的制备方法也归纳为溶液混合法。因为这类材料的主要制备过程与溶液混合法相似，不同之处仅在于碳纳米管或碳纳米管溶液不是与高聚物溶液混合，而是与一定的热固性高聚物预聚体混合。利用一定的混合设备将碳纳米管与预聚体混合均匀后，加入一定的固化剂，最终在一定温度下固化成型。

由于 CNT 的团聚作用，如何使高含量的碳纳米管分散于溶剂或高聚物溶液中是溶液混合法面临的最大问题。另外，该法制备的复合材料中碳纳米管取向性较差，这也不利于复合材料性能的提高。

（2）熔融共混法　尽管溶液共混法加工方便、简单，有利于碳纳米管的分散，但是对于一些不溶于常用溶剂的高聚物，可以采用熔融共混法来制备碳纳米管增强复合材料。熔融共混法是一种工业上较常用的制备高聚物复合材料的方法，主要是在常用的高聚物混炼设备中，将高聚物加热到黏流温度以上后，加入碳纳米管，利用混炼过程中产生的高聚物黏性流体的剪切力对碳纳米管进行分散。一般认为，熔融共混法在混炼过程中，会对碳纳米管产生一定的切断破坏作用，并且碳纳米管的添加量也会受到一定限制。熔融共混法不仅可以用于制备块体材料，还可以用于制备复合材料纤维。对于热塑性树脂而言，均可以利用熔融共混法来制备其与碳纳米管的复合材料。目前利用熔融共混法进行研究的热塑性高聚物有聚丙烯（PP）、聚酰胺（PA）、聚苯乙烯（PS）、聚碳酸酯（PC）、聚甲基丙烯酸甲酯（PMMA）、聚酰亚胺（PI）和苯氧树脂等。

T. X. Liu 等通过熔融共混制备了 MWNTs-PA6 复合材料。与纯 PA6 相比，当碳纳米管含量为 2%时，复合材料的弹性模量和屈服强度分别提高了 214% 和 162% [图 6-31(a)]。还发现复合材料中只存在 α 相，这与 PA6-黏土复合材料中所观察到的现象完全不同。作者认为拉伸后的碳纳米管表面类似于串珠状 [图 6-31(b)]，这可能是碳纳米管的缺陷处与 PA6 基体具有很强的界面交互作用，有利于应力的传递，使材料强度提高。Emilie 等在制备碳纳米管-聚酰亚胺复合纤维时，首先将碳纳米管和聚酰亚胺颗粒熔融混合 (596K)，然后将所得混

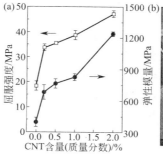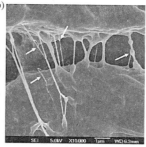

图 6-31　MWNTs-PA6 复合材料

(a) 不同碳纳米管添加量复合材料的力学性能；
(b) 拉伸断裂处碳纳米管表面串珠的 SEM 照片

合物挤压通过直径为 1mm 的孔得到复合材料纤维。由于挤出过程中剪切力的作用改善了碳纳米管在基体中的定向性，添加质量含量 1% 的 SWNT，复合纤维的弹性模量从 2.2GPa 增加到 3.2GPa，屈服强度从 74MPa 增加到 100MPa。Manchado 等在熔融的等规聚丙烯中添加了少量 SWNT，结果表明，添加 0.75%（质量分数）的 SWNT 材料的弹性模量从 0.85GPa 增加到 1.19GPa，添加 0.5%（质量分数）的 SWNT 材料的屈服强度从 31MPa 增加到 36MPa；并且通过对比研究发现，SWNT 的增强效果要好于炭黑。

(3) 原位聚合法　原位聚合法可分为原位化学聚合法和原位电化学聚合法。原位化学聚合法是碳纳米管和高聚物单体混合，在引发剂的作用下，单体发生聚合，碳纳米管表面的 π 键参与链式聚合反应，混合液的黏度增大，完成由液态到固态的聚合反应。碳纳米管均匀地分散在高聚物的矩阵内，碳纳米管的加入不仅对链式高聚物的聚合过程和复合强度有很大影响，而且影响碳纳米管在高聚物中的分散度。原位聚合最大的特点是可以减少上述两种方法可能引起的碳纳米管在高聚物体系中分散不均匀的现象，也适用于不宜用溶液共混法和熔融共混法制备的高聚物材料。由于碳纳米管具有封端作用，所以用此方法制备的高聚物的长链一般很短，分子量较小。待单体聚合一段时间后，再加入碳纳米管，时间的控制既要保证碳纳米管在高聚物中分散均匀又要尽可能使碳纳米管延迟加入，使高聚物分子链尽可能长，保证一定的力学性能。

1999 年，Jia 等最先报道了利用原位聚合法制备的碳纳米管-PMMA 复合材料。他们首先将碳纳米管、MMA 单体和少量的引发剂混合，而后逐步添加剩余的引发剂，在 358～363K 条件下聚合得到碳纳米管-PMMA 复合材料。发现对碳纳米管进行适当的球磨和浓硝酸处理，有利于提高最终复合材料的力学性能。Dae Ho Shin 等采用原位聚合法制备碳纳米管增强的聚对苯二甲酸乙二醇酯复合材料。发现与超声时间相比，回流时间对多壁碳纳米管表面羧基化影响更大。经酸化处理的碳纳米管具有更好的分散性。碳纳米管的加入会增加复合材料的黏度，由于酸化处理及后续的聚合反应会破坏碳纳米管的结构，所以经酸化处理的碳纳米管的高聚物体系的黏度小于未经酸化处理的碳纳米管增强体系。H. J. Lee 等采用原位聚合法制备不同功能的 MWNTs-PET 高聚物复合材料。发现功能化的 CNT 含有的官能团种类对分散性及最后产物的性能有很大影响。在直径为 10～20nm 的碳纳米管的表面上分别接枝甲氧基（MeO—）和乙氧基（EtO—），发现由于后者与乙二醇具有相似的结构，所以在乙二醇中的分散性更好。加入 0.4% 的 EtO-MWNTs 在乙二醇中可形成均相体系，而加入同样量的 MeO-MWNTs 所形成的体系却是非均相的。采用同样的方法制备了 MWNTs-PET、MeO-MWNTs-PET、EtO-MWNTs-PET，均相分布

程度依次递增。EtO-MWNTs-PET 中碳纳米管的分散性最好，几乎是完全均相分布，碳纳米管与基体的界面几乎很难辨清。

(4) 乳液混合法 乳液混合法是将碳纳米管与高聚物进行复合的一种相对较新的方法。这一方法通常是先分别制备高聚物胶体分散液和碳纳米管分散液，然后进行剪切混合和冷冻干燥。一般以水作为分散介质，高聚物胶体或者通过乳液聚合而成或者直接引入胶体。由于改性后的碳纳米管在水中的分散良好，因此大多数高聚物可以通过此方式实现均匀的分散与复合。与原位聚合法的区别是，乳液混合法中碳纳米管的加入发生在高聚物胶体得到以后。Dufresne 等在制备碳纳米管-聚苯乙烯-丙烯酸丁酯共聚物［P（S-co-BA）］复合材料时，首先用十二烷基硫酸钠（SDS）将碳纳米管均匀分散在水中，而后与高聚物乳液混合，混匀后在 308K 条件下干燥 15d 得到复合材料。

乳液混合法的优势很明显。①其过程简单，只需要将两种分散液混合即可；②普适，适用于绝大部分的高聚物；③重现性好，可实现精确控制，不可控过程少，结果稳定；④适用于高黏度高聚物。另外，乳液混合法采用水作为介质，安全性高，更加环保和节约成本。随着工业上高聚物乳液的制备技术越来越成熟，乳液混合法制备高聚物-碳纳米管复合材料这一技术具有良好的前景。

(5) 高聚物浸渗法 上述几种方法都是基于 CNT 粉末与高聚物的复合材料的制备方法。在这些方法中，复合材料中 CNT 质量分数一般不高于 5%，即使提高了 CNT 的含量，复合材料的质量和性能也不能得到充分改善。制备高 CNT 含量高聚物复合材料一般采用高聚物浸渗法。Wang 等将碳纳米管纸（Bucky paper）铺放在模具中，然后用环氧树脂的丙酮溶液沿厚度方向浸渗模具中的 Bucky paper，然后将浸渍环氧树脂的 Bucky paper 转移到热压机中热压固化成型，其复合材料的 SWNT 含量接近 40%（质量分数），但是其复合材料的拉伸强度达到 13GPa 左右（见表 6-1）。采用同样的方法，Blighe 等采用真空浸渍技术得到碳纳米管含量在 22%～82% 的 CNT-PS 复合材料，所得复合材料的电导率达到 7000S/m。

表 6-1 碳纳米管纸-环氧树脂复合材料的动态力学性能

SWNT 含量(质量分数)/%	拉伸强度/GPa	提高率/%	SWNT 含量(质量分数)/%	拉伸强度/GPa	提高率/%
0	2.55	0	37.7	13.49	429
28.1	11.45	349	39.1	13.24	419
31.3	15.10	492			

在树脂浸渗工艺中，Bucky paper 的孔隙率非常关键：孔隙率太大，浸渗树脂就比较多，那么在热压过程中，大量熔融的树脂产生流动将导致 Bucky paper 中 CNT 随树脂流动，导致 CNT 连接网络的破裂和复合材料的破坏。因此，要进一步提高复合材料中 CNT 的含量就必须改进工艺方法。采用传统预浸料热压成型工艺能有效解决上述问题。将 Bucky paper 浸渍在合适浓度的树脂溶液中，待溶剂挥发后得到 Bucky paper 树脂预浸料，之后将多层 Bucky paper 预浸料铺叠起来在热压机中热压固化成型即可。预浸料工艺制备的 Bucky paper 纳米复合材料中碳纳米管的质量分数可以达到 60% 以上。Cheng 等将长碳纳米管纸进行拉伸，使碳纳米管具有一定取向，浸渍双马来酰亚胺（BMI）树脂后热压固化成型制备成纳米复合材料，其拉伸强度和弹性模量分别达到了 2088MPa 和 169MPa（如图 6-32 所示）。

(6) 纺丝法 尽管碳纳米管-高聚物复合材料大多制成块材或板材，然而在很多场合，纤维却比块体更加适用。更重要的是，纤维制备工艺可以使碳纳米管在高聚物基体中取向，可以说，碳纳米管的优越性能在高聚物纤维中的体现更为突出。Haggenmueller 等开创性地将高聚物-碳纳米管复合熔体从 0.6mm 的喷丝孔中挤出并牵伸形成高聚物-碳纳米管复合纤维。作者观察到碳纳米管在纤维中呈现良好的取向，使得纤维的拉伸强度得到显著增强。

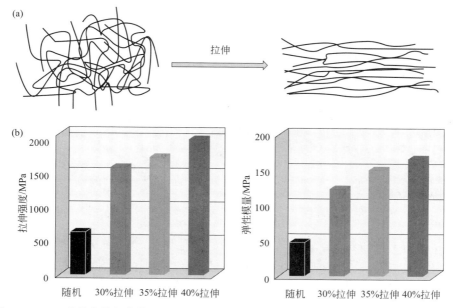

图 6-32 （a）碳纳米管纸拉伸示意图；（b）不同拉伸比例下拉伸强度与弹性模量的柱状图

William E. Dondero、Russell E. Gorga 等先将碳纳米管与高聚物熔融共混，然后用一个带有特殊设计的缠丝器件的双螺杆微型挤出设备熔融拉伸制备了多壁碳纳米管-聚丙烯（MWNTs-PP）复合材料。结果发现，碳纳米管在聚丙烯中的分散性和定向排列都得到改善。拉伸试验结果表明，当碳纳米管的含量达到 0.25% 时，复合材料的韧性比纯 PP 增加了 32%，而模量增加了 138%。碳纳米管的加入促进了复合材料中 PP 的相态由 α 相和中间相共存向 α 相转化，而且碳纳米管的加入使 PP 晶体均质化，拉伸通过取向过程增强了晶体的定向排列。

　　在熔融纺丝基础上，研究人员又进一步发展了干喷湿法技术，用于制备 CNT-高聚物复合纤维。干喷湿法是将熔融的 CNT-高聚物混合体从喷丝口挤出，流体经过一段 1～10cm 的空气段后进入凝固浴，凝固浴一般为室温。采用此种工艺，加入 CNT 后的纤维强度也得到明显提升。Satish Kumar 等采用干法喷射湿法纺纱的工艺制备碳纳米管（CNT）-聚对亚苯基苯并双噁唑（PBO）复合纤维。与不加入碳纳米管在同样条件下得到的 PBO 纤维相比，含有 2%（质量分数）CNT 的 PBO 纤维具有更好的耐热性，拉伸强度提高了 21%～62%，如表 6-2 所示。

表 6-2　PBO 和 PBO-SWNT 复合纤维的力学性能

样品	纤维直径/μm	拉伸强度/GPa	弹性模量/GPa	断裂伸长率/%
PBO	22±2	2.6±0.3	138±20	2.0±0.6
PBO-SWNT(95/5)	25±2	3.2±0.3	156±20	2.3±0.6
PBO-SWNT(90/10)	25±2	4.2±0.3	167±15	2.8±0.6

　　除了传统的熔融纺丝，复合纤维也可以通过凝胶纺丝工艺制得。Vigolo 等将单壁碳纳米管（SWNT）在十二烷基硫酸钠（SDS）的水溶液中分散，然后注入聚乙烯醇（PVA）溶液中，由于层流场作用，碳纳米管定向排列相互粘在一起，形成碳纳米管纤维或带。与通常碳纤维不同的是，这种碳纳米管纤维可强烈弯曲甚至打结也不断裂，拉伸强度达到 150MPa，弹性模量达到 9～15GPa，显示出很好的弹性。另外，提高牵伸比增强碳纳米管的取向是提高复合纤维性能的有效手段。Vigolo 等在高湿环境下实现了 PVA-碳纳米管复合纤

维的进一步牵伸，如图 6-33 所示。从扫描电镜上可以明显看到纤维的取向得到加强，并且直径变小了很多，牵伸之后的纤维的拉伸强度达到 230MPa，拉伸模量达到 40GPa，而未牵伸之前纤维的拉伸强度达到 125MPa，拉伸模量达到 10GPa。

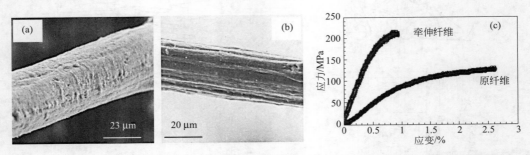

图 6-33   (a)、(b) 为牵伸前后的纤维的 SEM 照片；(c) 牵伸前后的纤维的应力-应变曲线

Baughman 等对凝胶纺丝工艺做了进一步改进。他们将 SWNT 分散液注入 PVA-水的同轴液流中，复合纤维在缠绕之前随着液流在管道中前行。相比旋转的液流，管道中的液流更加稳定和可控，因此这种工艺得到的纤维结构更加可控且性能更加稳定，所得纤维的拉伸强度和弹性模量分别达到 1.8GPa 和 80GPa。Miaudet 等发现在 PVA 玻璃化温度以上进行热牵伸可以实现纤维强度的进一步提高，他们分别对以 SWNT 和 MWNTs 制得的碳纳米管-PVA 复合纤维进行热牵伸，所得纤维的拉伸强度分别达到 1.4GPa 和 1.8GPa，弹性模量分别达到 35GPa 和 45GPa。

另外一类复合纤维的制备方法是静电纺丝法。Hou 等将 MWNTs 加入 PAN 的 DFM 溶液中，通过静电纺丝得到 MWNTs-PAN 复合纳米纤维。如图 6-34 所示，通过透射电镜观察到 MWNTs 沿着纳米纤维的方向平行排列，作者发现当碳纳米管在一定范围内增加时，材料的力学性能增强，然而超过一定含量且进一步增加 CNT 含量时，纤维强度反而下降，这是由于碳纳米管分散不均和形成结构缺陷所致。Ge 等采用静电纺丝法用 SWNT 增强天然蚕丝纤维，发现加入 CNT 后，强度下降，但是弹性模量得到显著的提高。

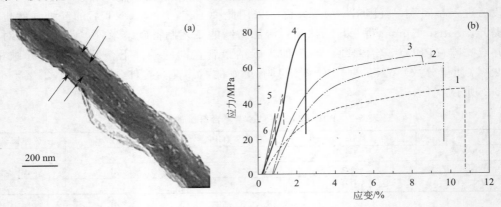

图 6-34   MWNTs-PAN 复合纳米纤维
(a) TEM 照片；(b) 纤维膜应力-应变曲线 [1～6 对应 MWNTs 添加量 (质量分数)
为 0%、2%、3%、5%、10% 和 20%]

6.2.2.4 影响高聚物-碳纳米管性能的因素

虽然理论预测和微观实验测试均表明碳纳米管具有极其优异的性能，但是在现实中的碳纳米管复合材料的性能，尤其是力学性能，远未达到科学家们的预测水平。究其原因，主要

有 5 个因素阻碍了碳纳米管复合材料高性能化的实现。

(1) 碳纳米管在基体中的分散 碳纳米管容易相互缠结聚集,使碳纳米管复合材料中力学载荷的有效传递明显减弱,因此,要充分发挥碳纳米管在复合材料中的作用,就必须保证碳纳米管在复合材料树脂基体中充分分散。

提高碳纳米管在高聚物中分散性的方法主要包括超声分散法和高速剪切法等物理手段、表面活性剂分散以及碳纳米管的表面改性。另外,复合材料的制备工艺也会对分散效果造成影响,其中高能超声和化学修饰不可避免地会破坏碳纳米管的结构,导致碳纳米管表面缺陷增多。Sandler 就采用高速剪切的方法制备了碳纳米管环氧树脂基复合材料,Tang 和 Cochet 等则先将 CNT 机械分散在高聚物单体或其溶液中,然后原位聚合使生成的高聚物包裹在 CNT 表面,从而保证 CNT 在高聚物中的良好分散。Gong 等研究了非离子型表面活性剂($C_{12}EO_8$)对碳纳米管在环氧树脂高聚物中分散性的影响,加入表面活性剂后,添加 1%(质量分数)的碳纳米管可使高聚物的玻璃化温度由 63℃ 提高到 88℃,弹性模量增加 30%(如表 6-3 所示)。研究表明,表面活性剂起到分散和增塑的效果,活性剂的憎水端靠近碳纳米管而亲水端与环氧树脂形成氢键作用。

表 6-3 不同样品的弹性模量与玻璃化温度

样品	弹性模量/GPa			玻璃化温度/℃	
	—60℃	—20℃	20℃	损耗因子(Tanδ)	损耗模量(G″)
环氧树脂	1.90	1.65	1.43	63	50
环氧树脂+$C_{12}EO_8$	1.53	1.38	1.20	62	47
环氧树脂+1%碳纳米管	2.12	1.90	1.60	72	53
环氧树脂+$C_{12}EO_8$+1%碳纳米管	2.54	2.18	1.80	88	64

(2) 碳纳米管复合材料的界面 碳纳米管几乎是由排列成正六边形的 sp^2 杂化的碳原子组成,因此它对绝大多数有机物来说是惰性的。这种惰性导致纳米复合材料的界面粘接很差,影响复合材料性能的提高。对 CNT 进行表面改性是改善复合材料界面的首要方法。

主要采用的改性方法可分为两大类。一类是通过化学反应,或表面官能团修饰或表面分子链接枝,在 CNT 的表面接枝化学基团或高聚物分子。化学接枝法主要通过卤化、氢化、开环加成、自由基加成、亲电加成、接枝大分子和加成无机化合物的方式实现。

Zheng 等利用苯基($—C_6H_5$)对 CNT 表面进行修饰,并采用位移加载拔出法研究了修饰密度对 CNT-聚甲基丙烯酸甲酯复合材料和 CNT-聚乙烯复合材料界面结合性能的影响。低密度修饰的 CNT-高聚物复合材料具有较大的界面结合能和界面剪切强度,修饰密度为 5.0% 的 CNT-高聚物复合材料的界面剪切强度增加了 1000%。随后,他们又研究了不同类型官能团($—COOH$、$—CONH_2$、$—C_6H_{11}$、$—C_6H_5$)修饰的 CNT-聚乙烯复合材料的界面结合性能(图 6-35)。5.0% 苯基修饰的 CNT-聚乙烯复合材料的界面剪切强度提高了 1700%。

相对于表面官能团修饰的 CNT-高聚物复合材料,表面分子链接枝的 CNT 对复合材料界面结合性能的增强效果更加显著。Goh 等采用熔融共混法制备了 1-(3-氨基丙基)咪唑接枝的 MWNTs-苯氧基树脂复合材料,并利用 TEM 对复合材料的界面结合性能进行了分析。MWNTs 上的咪唑基团与苯氧基树脂中的羟基间存在氢键相互作用,从而使 MWNTs 与苯氧基树脂基体间产生较强的界面相互作用,因此,复合材料具有优异的界面结合性能。

另一类是通过 CNT 表面的碳原子与高聚物分子基团间的非键相互作用使有机高分子物理缠绕包裹 CNT,如图 6-36 所示,进而改善 CNT 与其他有机物的相容性。CNT 的侧壁化学接枝方法是改善复合材料界面和 CNT 分散性的最有效方法。

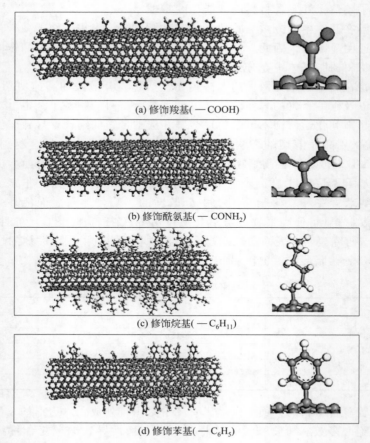

(a) 修饰羧基(—COOH)

(b) 修饰酰氨基(— CONH$_2$)

(c) 修饰烷基(—C$_6$H$_{11}$)

(d) 修饰苯基(—C$_6$H$_5$)

图 6-35　不同官能团（—COOH、—CONH$_2$、—C$_6$H$_{11}$、—C$_6$H$_5$）
修饰的 CNT-聚乙烯复合材料示意图

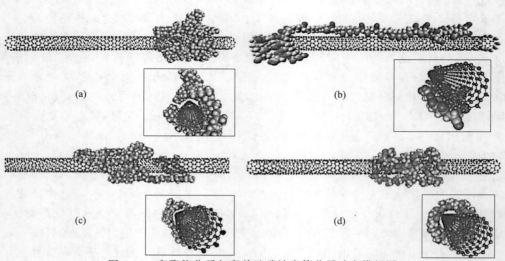

图 6-36　高聚物分子包裹单壁碳纳米管分子动态模拟图
(a) PP；(b) PAN；(c) PEO；(d) PLA

Li 等分别制备了原始 CNT-环氧树脂复合材料和双嵌段共聚物功能化 CNT-环氧树脂复

合材料，并利用 SEM 对两类复合材料的撕裂面进行了分析。原始 CNT 可从环氧树脂基体中拔出［如图 6-37(c) 所示的失效模式］，而双嵌段共聚物功能化 CNT 在复合材料撕裂面处发生断裂［如图 6-37(a) 所示的失效模式］，说明双嵌段共聚物功能化 CNT-环氧树脂复合材料较原始 CNT-环氧树脂复合材料具有更强的界面结合性能。

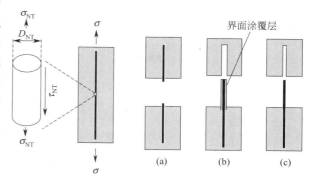

图 6-37 高聚物-碳纳米管复合材料的三种失效模式
(a) 碳纳米管断裂；(b) 界面涂覆层与高聚物基体脱粘解离；(c) 碳纳米管与高聚物基体界面脱粘解离

（3）碳纳米管在复合材料中的取向

提高碳纳米管在复合材料中的取向度是提高复合材料力学性能的又一有效措施。当碳纳米管在高聚物基体中定向排列时可以充分体现碳纳米管的优异性能。使碳纳米管取向的方法很多，主要包括：磁场诱导取向、交流电场诱导取向、剪切取向、拉伸取向、常规纺丝（实质为剪切力场）或静电纺丝取向、电泳取向等。

拉伸取向是最简单也是使用最广泛的方法之一。对于导电复合材料，只有分散在高聚物中的 CNT 含量较高且有一定的缠结方可进行拉伸取向，否则拉伸时 CNT 不能有效取向与搭接。Y.Bin 等在 135℃时对 CNT 质量分数为 15% 的 CNT-超高分子量聚乙烯复合材料进行热拉伸，CNT 和基体均发生取向，发现可以将该复合材料拉伸至 100 倍而电导率几乎不变；并且拉伸后的复合材料室温的储能模量高达 58GPa，接近于金属铝的模量，是未拉伸材料室温模量的 35 倍。Bao 等通过机械拉伸方式制备了 CNT 高度取向的 CNT-双马来酰亚胺树脂复合材料，平行于取向方向上的拉伸强度和弹性模量分别达到 2088MPa 和 169GPa，电导率达到 5500S/cm。

剪切取向基于高聚物及其复合材料的剪切变稀和诱导取向的特性，J.Huang 等在 MWNTs-聚丙烯-聚苯乙烯嵌段共聚物复合材料的熔融状态下通过剪切诱导 CNT 取向，制备了各向异性的导电复合材料，复合材料在剪切取向和垂直取向方向上的电导率相差 6 个数量级，如图 6-38 所示。

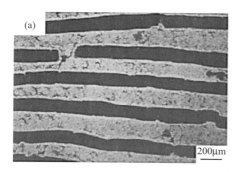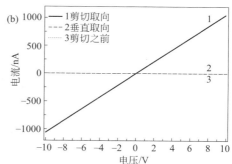

图 6-38 MWNTs-聚丙烯-聚苯乙烯嵌段共聚物复合材料
(a) 薄膜的光学照片；(b) 不同方向上的电流-电压曲线

电场取向也是一种被广泛采用制备定向排列 CNT 的方法。在电场取向中，处于介质中的 CNT 会受到电场的作用，产生诱导偶极矩，经历旋转、平移等过程，最后沿着电场的方向定向取向和排列。C.A.Mariin 等首次使用电场将 CNT 在环氧树脂中取向，发现电场的诱导作用可使得 CNT 在环氧树脂中发生明显取向，而所制备的复合材料具有明显的电学各向异性。

类似于电场取向，磁场取向同样是力作用于填料，但是使 CNT 在高聚物基体中定向排列需要较高的磁场强度（大于 9T），且填料趋于旋转至磁场方向，相互间吸引较差。Kimura 等在 10T 磁场中原位聚合制备高聚物基复合材料，所得复合材料中 MWNTs 具有较高的取向度，四探针测试显示，平行于碳纳米管取向方向上的电导率比垂直方向上的电导率高出 1~2 个数量级。

在纺丝制备纤维的过程中，可实现 CNT 的取向，并发现 CNT 的部分取向有利于降低渗流阈值，而高度取向则不利于渗流阈值的降低。静电纺丝是最近发展起来的一种制备纳米纤维的方式，G. Y. Liao 等通过静电纺丝制备了高度取向的 CNT-聚乳酸-聚己内酯（PLA-PCL）复合纳米纤维。通过 TEM 可以观察到 CNT 在基体中高度取向 [如图 6-39（a）、（b）所示]。当碳纳米管含量为 1.25％（质量分数）时，纤维膜的拉伸强度增加 76.2％，模量增加 39.9％，当碳纳米管含量为 3.75％（质量分数）时，纤维膜的拉伸强度增加 134.6％，模量增加 101.8％。

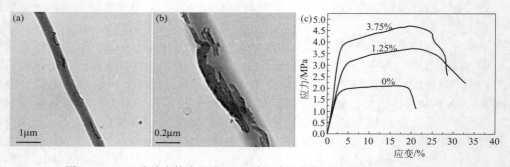

图 6-39 （a）碳纳米管含量为 1.25％（质量分数）的纤维的 TEM 照片；
（b）碳纳米管含量为 3.75％（质量分数）的纤维的 TEM 照片；（c）纤维膜的应力-应变曲线

（4）碳纳米管的长径比 碳纳米管的长径比也是影响复合材料性能的重要因素。在通常情况下，MWNTs 的长径比约为几百，SWNT 的长径比约为 1000。如果 SWNT 以 SWNT 束的形式存在，其长径比会小得多。CNT 的长径比越大，越有利于复合材料载荷的传递，也就是有利于提高复合材料的力学性能。对于高长径比碳纳米管纸，采用机械拉伸的方法可以有效提高 CNT 的取向度，进而显著增强复合材料的力学性能。Zheng 等合成了长达 4cm 的 SWNT，这种超长的 SWNT 易于被制备成 CNT 纤维作为复合材料增强材料。

（5）碳纳米管在复合材料中的含量 目前主要的复合工艺采用将 CNT 粉末与高聚物或树脂进行物理混合。该工艺所得复合材料 CNT 质量分数通常低于 5％，力学性能的提高有限。为提高 CNT 在复合材料中的含量，采用高性能复合材料是一条可行思路。而为了保证分散的均匀性，目前能够获得高 CNT 含量复合材料的工艺中仅采用高聚物浸渗法。例如，Cheng 等借鉴传统复合材料的预浸工艺，然后热压成型复合材料，将 CNT 复合材料的 CNT 质量分数提高到了 55％以上，并且复合材料的力学性能得到显著提高。

6.2.2.5 高聚物-碳纳米管复合材料的性能

（1）高聚物-碳纳米管复合材料的力学性能 碳纳米管的一维特性、低的密度、高的长径比、优越的力学性能，使其成为一种优异的高聚物增强体。人们通过改变 CNT 种类、化学改性、高聚物种类、加工工艺等因素来获得更佳的力学性能。普遍认为，复合材料的强度取决于以下两个因素：

一是碳纳米管与高聚物基体的界面结合力。只有足够高的界面结合力，才能有效地传递应力。如果界面结合力太弱，那么碳纳米管就好似一个孔洞或者是纳米级缺陷，不仅发挥不出碳纳米管的力学优势，反而会削弱复合材料的强度。Wanger 等测定了高聚物薄膜中应力引发的多壁碳纳米管（MWNTs）的断裂。由于碳纳米管和高聚物的良好润湿和黏合，应力测试没有发现碳纳米管从高聚物中滑脱出来，碳纳米管的断裂发生在基体的孔洞区。他们认为碳纳米管的断裂是由高聚物固化过程引起的应力或高聚物变性产生的拉伸应力传递给碳纳米管而导致的，并测得碳纳米管-环氧树脂复合材料界面载荷传递能力在 500MPa 以上，碳纳米管的载荷传递效率至少比碳纤维高一个数量级。此外，他们还观察了高聚物-碳纳米管复合材料的压缩强度和拉伸强度。

二是碳纳米管的分散均匀程度。如果分散不匀，会形成碳纳米管聚集体，而聚集体对高聚物强度具有削弱的作用。通过对 CNT 进行表面改性提高其在基体中的分散性能有效提高复合材料力学性能。Cheng 等通过熔融共混法制备了 PP-MWNTs 复合材料，发现加入十二烷基硫酸钠和十二烷基苯磺酸钠对 MWNTs 进行非共价键修饰的复合材料中 MWNTs 分散性更好，力学性能优于未加入表面活性剂的 PP-MWNTs 复合材料。

另外，高聚物-CNT 复合材料的力学性能还受到 CNT 在基体中的分布方式影响。当碳纳米管垂直于断裂面取向时，所得复合材料在平行于碳纳米管方向上的强度会显著增强。Jin 等通过机械拉伸使薄膜复合材料中无取向分布的碳纳米管定向排列，获得阵列式高聚物-碳纳米管复合材料。在 100℃ 拉伸后室温卸载，结果显示复合材料拉伸 5 倍而不断裂。Dintcheva 等使用 MWNTs 与几种不同高聚物熔融共混并纺成纤维，研究发现随着拉伸比增大，纤维内 CNT 发生取向，拉伸强度和弹性模量都有明显提高。

除了分散、界面和取向等因素外，研究还显示碳纳米管的表面积、碳纳米管的聚集程度和高聚物基体模量的大小等均对高聚物-碳纳米管复合材料力学性能具有一定影响。一般认为，半径较小的多壁碳纳米管增强效果最好；基体模量越大，碳纳米管的增强效果越差。在模量小、韧性好的基体中，碳纳米管的增强效果好。

（2）高聚物-碳纳米管复合材料的电学性能　碳纳米管除了具有优异的力学性能以外，还具有优异的导电性能，因此将其添加到高聚物中可以使原本绝缘的高聚物具有一定的导电性，利用这种方法可以容易地制备导电纤维、导电涂料和导电壳体材料等，可应用到抗静电、防辐射和电磁屏蔽等领域。碳纳米管具有很高的长径比，与以往导电填料（如炭黑）相比，可以极大地降低复合材料的渗流阈值。另外，CNT 与有机物的相容性优于金属，故材料的性能更加稳定而且质量更轻，这是其他填料无法达到的。

A. Allaoui 等研究了碳纳米管-环氧树脂复合材料的导电性能和频率特性。添加碳纳米管 0.5%（质量分数），电导率提高一个数量级（10^{-11}S/cm），但复合材料和环氧树脂（电导率 10^{-12}S/cm）具有相似的频率特性，频率增加，电导率也随之增加。当碳纳米管添加量为 1%（质量分数）和 4%（质量分数）时，碳纳米管成为导体，复合材料的电导率分别高达 10^{-3}S/cm 和 10^{-2}S/cm（图 6-40）。环氧树脂中含有 1%（质量分数）的碳纳米管即可满足消除静电的要求。

在一些高聚物合金中，由于 CNT 与不同高聚物的相容性不同，会发生选择性分布，因此可以通过调整高聚物比例以改变复合材料的导电性能。Xu 等通过熔融共混法制备聚乳酸（PLA）-聚己内酰胺（PCL）-MWNTs 复合材料，发现强酸氧化的 MWNTs 会选择性分散在聚己内酰胺中。通过改变聚乳酸和聚己内酰胺的比例可以改变复合材料的相形态，从而改变材料的导电性。当复合材料中 MWNTs 含量为 1.0%（质量分数），聚乳酸和聚己内酰胺比例为 6:4 时，材料的导电性最好。

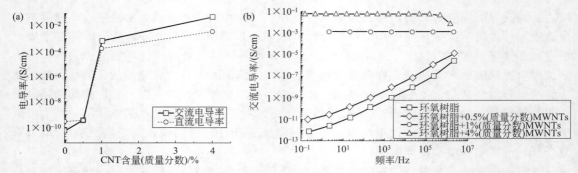

图 6-40　环氧树脂-MWNTs 复合材料电导率与碳纳米管含量的关系及交流电导率与频率的关系

(a) 电导率与碳纳米管含量的关系；(b) 交流电导率与频率的关系

卢伟哲等采用共混纺丝的方法将 CNT 加入丙纶中，并且通过测量其摩擦静电荷量来研究其抗静电性能的变化。结果表明：单独添加少量 CNT 难以提高聚丙烯（PP）纤维的抗静电性能，而添加含有碳纳米管的复合抗静电剂，可以有效提高 PP 纤维的抗静电性能。

(3) 高聚物-碳纳米管复合材料的光学性能　碳纳米管具有优异的非线性光学性质，近些年人们逐渐将目光转移到高聚物-碳纳米管复合材料的光学性质研究。因为碳纳米管表面含有高度离域化的大 π 键。这部分 π 电子可与含有 π 电子的高聚物通过 π-π 非共价键作用相结合，从而使得碳纳米管与这类高聚物之间结合更稳定。而具有共轭结构的有机高聚物材料也是一类具有优异非线性光学性质的材料，两者的有效结合不仅可以改进碳纳米管的可加工性，还有望进一步提高材料的光导电和光限幅性质。Jin 等研究将聚乙二醇（PEG）、聚 2-乙烯基吡啶（P2VP）、聚 4-乙烯基吡啶（P4VP）、聚环氧乙烷（PEO）和聚乙烯基苯酚（PVPh）包覆在多壁碳纳米管表面。结果表明，高聚物可以提高多壁碳纳米管分散液的稳定性，高聚物包覆的多壁碳纳米管和接枝高聚物的多壁碳纳米管具有强的非线性光学性能，并且和多壁碳纳米管（MWNTs）悬浮液非常相似。对 PEO 的研究表明，无论 PEO 是简单地包覆到 MWNTs 表面，还是接枝到 MWNTs 表面，最终溶液的光限幅性质均没有改变。同时，他们还研究了 MWNTs 在聚偏氟乙烯（PVDF）-二甲基甲酰胺（DMF）溶液中的光限幅行为，发现 MWNTs 的长径比越大，其光限幅性质越好。Curran 等将多壁碳纳米管加入某种共轭的发光高聚物中，发现由于多壁碳纳米管的存在提高了导电性和载流子的流动速度，使复合材料在比原高聚物电流密度低的情况下就可发生场致发光。进一步的研究表明，这种复合材料的三阶非线性系数 $X^{(3)}$ 为 10^{-10} esu。Wang 等研究了聚［2-甲氧基，5-(2'-乙烯基己氧基)对苯亚乙烯］（MEH-PPV）和聚乙烯基吡咯烷酮（PVP）包覆的 MWNTs 的非线性光学性质，发现具有共轭结构的 MEH-PPV 可以和 MWNTs 形成较好的分子内 π-π 相互作用，从而使其比 MWNTs-PVP 具有更高的三阶非线性光学系数。

(4) 高聚物-碳纳米管复合材料的摩擦学性能　夏军宝等以 CNT 为填料制备了聚四氟乙烯（PTFE）基复合材料，并研究了该复合材料在干摩擦条件下与不锈钢对摩时的摩擦磨损行为。实验结果表明，CNT-PTFE 复合材料的摩擦系数随着 CNT 含量的增加呈降低趋势，其耐磨性能明显优于纯 PTFE。当 CNT 的体积分数为 15％～20％时，其抗磨性能最好。SEM 观察发现纯 PTFE 的断面上分布着大量的带状结构，而填充了 CNT 后，则未观察到这种带状结构，这说明 CNT 有效地抑制了 PTFE 结构的破坏。对 PTFE 和 CNT-PTFE 复合材料的摩擦表面进行 SEM 观察发现，前者的摩擦表面分布着较明显的犁削和黏着磨损的痕迹，而后者的摩擦表面则平整光滑，这表明以 CNT 作为填料可有效地抑制 PTFE 的磨损。

（5）高聚物-碳纳米管复合材料的阻燃性能 胡小平等利用合成的两种新型阻燃剂 SPS 和 PTE 与聚磷酸铵（APP）及 MWNTs 复配，并应用于低密度聚乙烯（LDPE），得到膨胀型阻燃 LDPE-MWNTs 复合材料。通过氧指数（LOI）、垂直燃烧（UL-94）、锥形量热试验（CONE）对膨胀型阻燃 LDPE-MWNTs 复合材料的阻燃性能和燃烧性能进行了研究。结果表明，在该膨胀型阻燃体系中，膨胀型阻燃剂（IFR）与 MWNTs 之间存在明显的协效阻燃作用，并且大大降低了低密度聚乙烯的可燃性和热释放速率（HRR），而且燃烧后的残碳量大大增加。实验的最佳配方可使 LDPE 的氧指数值达 30.6，UL-94 达 V-0 级。

6.2.3 高聚物-膨胀石墨复合材料

6.2.3.1 膨胀石墨概述

膨胀石墨是由天然石墨通过氧化、插层反应在石墨层间插入化合物而形成的具有层间插层物的石墨，插层物经高温分解气化使得石墨迅速膨胀，膨胀倍数可达数百倍甚至上千倍。膨胀石墨外观呈疏松多孔的蠕虫状，大小在零点几毫米到几毫米之间，内部具有大量独特的网络状微孔结构。膨胀石墨具有四级孔结构（图 6-41）：一级孔为表面 V 形开放孔，即微胞之间较大的孔隙，尺寸约为几十微米到几百微米；二级孔为片层有序区内部亚片层之间的柳叶形孔，横向相互贯通，尺寸约为几微米到几十微米；三级孔为亚片层内部的多边形孔，取向无规并呈互相连通的网络状，尺寸在微米、$0.1\mu m$ 量级；四级孔为三级孔孔壁上纳米尺度的微孔且数量很少。

膨胀石墨具有很多优异的特性：①软、轻质、多孔、吸附性能好，由于膨胀石墨孔隙发达而且多以中大孔为主，所以易吸附大分子物质，尤其是非极性大分子；②耐高低温，膨胀石墨的耐温范围非常宽，能承受－200℃的超低温直至 3600℃的高温；作为密封材料，在非氧化介质或惰性气体中，在 200～2500℃范围内使用时，高温不软化，低温不变脆，尤其不因压力和高温交变或受到震动，而出现密封失效；③耐氧化、耐腐蚀，在低于 450℃的空气中不氧化；除王水、浓硝酸、发烟硫酸和高温下的重铬酸钾、高锰酸盐等少数几种强氧化剂外，几乎能抗所有化学介质的腐蚀，对绝大多数无机酸、碱和盐类都适用；④耐辐射，能承受中子射线、α射线、γ射线等放射性射线的长期照射而不分解、不变形、不老化；⑤各向异性，膨胀石墨在传热、导电和热膨胀等方面有优异的各向异性，平面层方向的热导率比厚度方向大 28 倍，电导率大 500 倍；⑥表面活性高，由于表面自由能迅速增加，表面活性增强，因而具有强的吸附性和自粘性，即使在不加任何胶黏剂的情况下也可直接压制成各种制品；⑦自润滑性好，在外力的作用下，容易沿平面层方向产生相对滑移形成自润滑性，并有低的摩擦系数；⑧膨胀石墨还具有不渗透性、可挠性、回弹性优良等性质。因此，将膨胀石墨添加到高聚物基体中同样能够赋予高聚物一些特殊的性能。

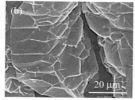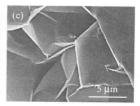

图 6-41 膨胀石墨 SEM 图

6.2.3.2 膨胀石墨的制备

膨胀石墨的制备方法通常有两种：化学法和电化学法。化学法是指在一定条件下，将氧化剂、插层剂和天然鳞片石墨混合反应制备可膨胀石墨的方法，这是目前最成熟的方法。传统方法一般以 HNO_3 为氧化剂，H_2SO_4 为插层剂，但制得产品中含硫量高，易放出有毒气体。目前研究较多的氧化剂有 $KMnO_4$、K_2CrO_7 等，插层剂有乙酸等。电化学法是利用电解的方法使得插层剂插层并对可膨胀石墨进行氧化的方法。电化学法和化学法相比，无毒、无害且插层剂用量较少，但化学法生产成本低廉。

6.2.3.3　高聚物-膨胀石墨复合材料的制备方法

　　高聚物-膨胀石墨纳米复合材料制备的实质是将单体或高聚物分子插入膨胀石墨孔隙或片层间，借助适宜的复合工艺实现高聚物与石墨在纳米尺度上的复合。其制备方法除了纳米填料-高聚物复合材料通用的三种方法（溶液共混法、熔融共混法和原位聚合法）以外，还有固相物理混合。固相物理混合是将高聚物与石墨混合、研磨、剥离、分散，实现具有弱层间结构石墨的层间剥离以及与高聚物的纳米复合，进而制备出高聚物-膨胀石墨纳米复合材料。固相物理混合法的提出与发展开辟了一种高聚物纳米插层复合新技术并丰富了相关插层复合理论，具有简便、高效、清洁、可调等优点。石墨氧化与膨胀、石墨有机化处理、高聚物特性、容器结构特征、加工条件等是影响其插层复合效果以及复合材料性能的主要因素。李侃社等采用磨盘碾磨固相剪切复合新技术，借助磨盘形力化学反应器提供的一种摩擦、挤压、拉伸、三维剪切和物料螺旋运动复合力场实现粉碎、分散、混合功能，促成了石墨片层滑移、剥离及与聚丙烯的纳米复合，制备出聚丙烯-膨胀石墨（PP-膨胀石墨）导电纳米复合材料。TEM 分析表明其具有纳米插层复合结构，石墨纳米片层相互搭接形成导电网络，具有纳米间隙的石墨插层结构可形成隧道电流，从而大幅度降低其导电渗流阈值；与熔体插层复合相比，导电渗流阈值由 4.30% 降低到 0.55%，石墨体积含量为 4.01% 时其电导率提高 10 个数量级。

6.2.3.4　高聚物-膨胀石墨复合材料的性能

　　(1) 高聚物-膨胀石墨复合材料的密封性能　在密封材料领域，一方面膨胀石墨制得的柔性石墨可直接作为密封材料使用；另一方面，将膨胀石墨与高聚物进行纳米复合，可以实现二者优势互补，得到气体阻隔性能以及密封性能优良的新型密封材料。高聚物-膨胀石墨纳米复合材料中纳米尺度分散、具有很大径厚比、沿材料表面取向的无数石墨片层组成无数气体阻隔层，使气体小分子扩散处处受阻，增加了其等效扩散路径，减慢其扩散速度，使材料的气体阻隔性能大幅提高。有研究表明：添加量为 30%～40%（体积分数）的情况下，以石墨与炭黑为填料得到的硫化橡胶，其透气系数下降程度分别在 60%～70% 与 30%～40% 范围内；石墨薄片插层、剥离与纳米分散情况的进一步改善，将进一步提高其对气体的阻隔性能。就实现纳米复合而言，提高高聚物分子与石墨晶片之间的插层与剥离效果以及实现纳米级尺度上石墨网络形态的固定与保持，才是进一步提高纳米复合材料气体阻隔性能的关键所在。

　　(2) 高聚物-膨胀石墨复合材料的导热性能　高温膨胀使得膨胀石墨（EG）形成一种近乎纯石墨的材料，具有很高的热导率，且由于其独特的网络微孔结构使得膨胀石墨具有较大的比表面积，使得 EG 更适合与高聚物复合制备高聚物基导热复合材料。Sabyasachi Ganguli 等采用改性后的膨胀石墨与环氧树脂复合，当膨胀石墨的加入量为 20% 时，其热导率提高了 28 倍，从 0.2W/(m·K) 提高到 5.8W/(m·K)。

　　(3) 高聚物-膨胀石墨复合材料的导电性能　膨胀石墨经高温膨胀及与高聚物插层复合后，进一步剥离产生大量纳米级厚度（约几十纳米）的石墨薄片，相互剥离又相连不断的石墨薄片组成网络形态，高聚物分子插入膨胀石墨孔隙与石墨片层间形成纳米复合结构。纳米石墨薄片在高聚物基体中以立体方式彼此接近或接触，易于形成导电通路，使得复合材料具有优良的导电性能。就高聚物-膨胀石墨纳米复合材料研究与应用现状来看，导电性方面的研究明显占主导地位。

N. Jovic 等研究了可膨胀石墨纳米薄片填充的环氧树脂纳米复合材料的导电性能。复合材料的导电渗流阈值为 3% 左右。当石墨含量从 0% 增加到 8% 时，复合材料的电导率提高了 11 个数量级。研究还发现，当环境温度升高至 120℃ 时，纳米复合材料发生了一个相变过程，材料从"接触导电（contact conductivity）"转变为了"隧道导电（tunneling conductivity）"。

Sabyasachi Ganguli 等在制备环氧树脂-石墨复合材料时采用 3-氨基丙基三乙氧基硅烷对膨胀石墨进行改性（如图 6-42 所示）。化学改性后的石墨复合材料的储能模量比改性前有所提高。但是，改性后复合材料的导电性有所降低：当石墨含量为 8% 时，电阻率是未改性时的 2 倍；当填料含量高于 16% 时，改性石墨填充材料与未改性材料在电导率上没有什么差别。

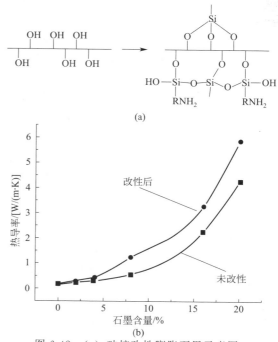

图 6-42　(a) 硅烷改性膨胀石墨示意图；(b) 改性前后环氧树脂-膨胀石墨的热导率

目前已成功制备出的高聚物-膨胀石墨纳米导电复合材料，其基材主要涉及聚甲基丙烯酸甲酯、聚苯乙烯、聚乙烯、聚丙烯、马来酸酐接枝聚烯烃、聚苯胺、尼龙 6、聚乙烯醇、聚芳双硫醚、聚丙烯酰胺、丁二烯-苯乙烯共聚物等。就其制备而言，石墨剥离程度对导电性的影响较大，相同填充量下，未完全剥离的石墨粒子间接触概率较小，当剥离成纳米厚度后粒子间接触概率大大增加，更易形成导电网络。因此，欲提高复合材料的导电性能，就必须提高石墨的剥离程度，也就必须进一步改进其纳米复合工艺。

(4) 高聚物-膨胀石墨复合材料的摩擦性能　高聚物-膨胀石墨纳米复合材料的减摩机理在于：比表面积和径厚比均很大的纳米石墨薄片均匀地分散在高聚物基体中。与常用的石墨粉填充相比，摩擦界面上石墨碳原子数量大大增加，由碳原子构成的石墨碳层之间的润滑作用更为明显。黄仁和等利用超声波粉碎膨胀石墨制备出纳米石墨薄片，用其作为固体润滑剂，以耐热的双马来酰亚胺树脂为基材，采用插层原位聚合法制备出双马来酰亚胺-膨胀石墨（BMI-膨胀石墨）纳米减摩复合材料。研究表明：纯双马来酰亚胺树脂固化物最小摩擦系数在 0.3 左右，添加 2%～5% 的膨胀石墨或纳米石墨薄片后最小摩擦系数降低约 50%；而添加 40%～50% 普通石墨粉时最小摩擦系数却只降低 20%～30%。同时指出：以膨胀石墨作为优良的纳米级固体润滑剂，将有望制备出高性能自润滑的高聚物-膨胀石墨纳米减摩复合材料。

(5) 高聚物-膨胀石墨复合材料的阻燃性能　高聚物与可膨胀石墨复合所制备的复合材料，在有火灾发生引起燃烧时，瞬间高温可使可膨胀石墨迅速高倍膨胀，石墨膨胀后可起到吸热降温、隔绝空气、中断燃烧、降低热传导、阻止火势蔓延等作用，还可阻止有毒气体释放，达到阻燃的目的。膨胀石墨阻燃具有无毒、无污染等优点，且用量远小于普通阻燃剂。

M. Thirumal 等研究了可膨胀石墨对聚氨酯泡沫塑料阻燃性能的影响。当石墨（粒径为

$300\mu m$）含量为 50％时，复合材料的热导率提高了约 13％。当石墨（粒径分别为 $300\mu m$ 和 $180\mu m$）含量为 50％时，两种复合材料的极限氧指数分别提高了 36.4％ 和 29.5％。研究发现，复合材料的阻燃性随着石墨添加量的增加而增加，且大粒径石墨比小粒径石墨具有更好的阻燃性能。因为大粒径石墨能产生更多的热稳定性好的残渣，这些残渣能阻碍能量和空气进一步向没有燃烧的基体树脂传递。

(6) 高聚物-膨胀石墨复合材料的相变储能性能 膨胀石墨具有大比表面积和孔隙率，与某些热塑性高聚物进行复合可得到相变材料。在膨胀石墨微孔的表面张力和毛细管吸附力共同作用下，熔融态高聚物被吸附至孔内并被锁定其中，从而避免了相变材料在固-液相变过程中的泄漏问题。同时，膨胀石墨具有较高的热导率，所得的复合相变材料具有更快的热响应。赵建国等制备了聚乙二醇-膨胀石墨复合相变储能材料。该复合材料的相变温度在 60℃ 左右，且相变温度不随聚乙二醇含量变化而改变，但是热导率随着聚乙二醇含量的增大而降低，相变潜热随着聚乙二醇含量的增加而增加，介于 $110\sim180J/g$（图 6-43）。张倩倩等以膨胀石墨（EG）为基体，聚乙二醇（PEG）为相变储热介质，利用 EG 对 PEG 良好的吸附性能，制备了 PEG-膨胀石墨-聚丙烯（PP）复合相变材料。结果表明：膨胀石墨吸附 PEG 后仍然保持原有的疏松多孔形态，PEG 被膨胀石墨均匀吸附。由于毛细管作用力和表面的物理化学吸附作用，PEG 在固-液相变时很难从微孔中渗透出来。复合相变材料的流变、形态和热性能较好时 PEG-膨胀石墨-PP 的质量比为 73.2∶1.8∶25.0。

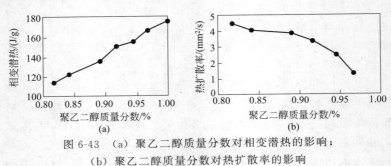

图 6-43　（a）聚乙二醇质量分数对相变潜热的影响；
（b）聚乙二醇质量分数对热扩散率的影响

6.2.4　高聚物-炭黑复合材料

6.2.4.1　炭黑概述

高聚物通常是绝缘的，其电导率很低，一般为 $10^{-15}\sim10^{-19}S/cm$。为了改善高聚物的电导率，一般是将导电填料（如炭黑、碳纳米管、碳纤维、金属粉末等）加入单一或多相高聚物中。

炭黑是一种微观结构、粒子形态和表面性能都极为特殊的碳材料，是利用烃类物质（油类或天然气等烃类）裂解和不完全燃烧而生成的细小粒状黑色粉末状物质。炭黑粒子具有微晶结构，在炭黑中，碳原子的排列方式类似于石墨，组成六角形平面，通常 3～5 个这样的层面组成一个微晶。由于在炭黑微晶的每个石墨层面中，碳原子的排列是有序的，而相邻层面间碳原子的排列又是无序的，所以又叫准石墨晶体。

尽管碳纳米管、石墨烯因其大的长径比以及优异的物理性能被很多国内外科研实验室所研究，但在实际使用过程中会发现，碳纳米管、石墨烯的分散性很难控制，在某种程度上这种难于控制的因素严重影响复合材料的性能。相对而言，炭黑的生产工艺更加成熟可靠，其产品种类较多，性能稳定，而且成本比石墨烯、碳纳米管低得多，因而在实际的使用中，炭黑更为广泛。

6.2.4.2 高聚物-炭黑复合材料的制备工艺

一般来讲，炭黑与高聚物复合的工艺主要包括以下三种：①高聚物与炭黑共混；②炭黑表面接枝高聚物；③高聚物包覆炭黑。以下便从这三个方面进行介绍。

（1）高聚物与炭黑共混

① 单一高聚物与炭黑共混 将炭黑分散到基体中通常采用熔融共混，当达到渗流阈值后，将获得连续的导电路径。通常渗流阈值是由高聚物与炭黑间的相互作用、结晶度及高聚物的熔体黏度决定的。Miyasaka 等通过对一系列不同表面张力的高聚物的研究，阐述了高聚物结构及其相互作用对渗流阈值的影响。高聚物的表面张力增大，渗流阈值也随之增大。Tchoudakov 等发现：PP、PC 的渗流阈值（质量份）分别为 2、4；而对共聚的酰胺，其值为 14。渗流阈值差别这么大的主要原因是高聚物表面张力不同。通常 PP 的渗流阈值为 2%～4%（质量分数），而尼龙 6 则为 25%。这是由于炭黑与尼龙 6 的相互作用强，减少了炭黑粒子间的接触，因而需加入更多的炭黑才能导电。

对于无定形的高聚物，导电粒子能均匀地分散在基体中；而对于结晶高聚物，由于填料粒子被晶区排挤，导致其在非晶区浓度相对增大，因而渗流阈值降低。Huang 等通过研究不同工艺处理的、具有不同力学性能和导电性的炭黑填充的乙烯-乙酸乙烯酯共聚物，证明了这一点。这是因为高分子量的高聚物更不易在炭黑的表面铺展开，因而延缓了炭黑导电网结构的形成。另外，加入增塑剂，降低了平均分子量及熔体黏度，也会使导电性提高而渗流阈值降低。向高聚物中加入炭黑，在较低的炭黑含量时，复合材料的模量会增加；而在较高的含量下，则会降低材料的拉伸强度。

② 多元高聚物与炭黑共混 炭黑与单一高聚物共混制备导电材料，通常需要填充 15%～20%（质量分数）的炭黑。近年来由于开发了新型的导电炭黑，可使炭黑在一些高聚物中的用量降低至 10%（质量分数）以下，但一般仍需添加 10%（质量分数）左右或更高含量的炭黑。如表 6-4 所示，高填充会带来一些不利影响，如增加复合体系的熔体黏度，使加工性能变差；降低材料的冲击强度；炭黑粒子易脱落，造成洁净室的污染等。而且，由于电阻率-炭黑用量关系曲线在渗滤阈值附近非常陡峭，炭黑含量的微小变化就能引起导电性质突变，很难精确控制适中的电阻率，重现性较差。因此，降低炭黑填充量是改善复合型导电高聚物性能的关键。近年来发展起来的使用共混高聚物作为基体，与炭黑复合制备导电高聚物的方法，较好地解决了这一问题。

表 6-4 聚碳酸酯（PC）-炭黑（CB）-聚丙烯（PP）复合材料不同配比下的力学性能与黏度

PC：CB：PP(质量比)	拉伸强度/MPa	断裂伸长率/%	冲击强度/(J/m)	黏度/Pa·s
100：0：0	59.3	229.0	1221	1735
95：5：0	63.4	20.2	225	2160
90：0：10	44.4	142.0	850	611
85：5：10	49.1	14.1	354	756
80：0：20	41.8	37.8	593	320
75：5：20	43.0	12.8	380	510

以不相容的两相高聚物作基体，添加导电炭黑可以降低炭黑的填充量。这类复合型导电高聚物的渗流阈值与炭黑在两相高聚物基体中的分布状态有关，有两种情况：①炭黑优先分布于其中一相，在该相中形成较为均匀的分布，此时渗流阈值取决于炭黑在所在的高聚物相中的浓度及该相的连续性，当炭黑所在的高聚物相形成连续相时，即实现双重渗流（double perco lation），可以得到比单一组成高聚物-炭黑复合材料低的渗流阈值；②高聚物基体形成双连续相，炭黑位于双连续相的界面处，这样复合体系的渗流阈值将显著降低。

　　Sumita 等研究了在 3 种不同的两相高聚物基体（HDPE/PP、PP/PMMA、HDPE/PM-MA）中填充炭黑而得到的复合体系。通过透射电镜（TEM）对 3 种复合体系进行观察，发现在 HDPE/PP 基体中，CB 主要分布在 HDPE 相中，而且在其中形成较为均相的分布，类似于在单一 HDPE 相中的分布。而在 PP/PMMA 基体中，CB 主要分布在 PMMA 相中，特别是在两相高聚物的界面处集中分布。类似地，在 HDPE/PMMA 基体中，CB 主要分布在 HDPE 相中，并聚集在两相界面处，形成一种类似壳层的结构。他们还对不同共混高聚物组成的基体进行选择性抽提，研究了炭黑所在的高聚物相的结构连续性对复合材料导电性能的影响。结果表明，当炭黑所在的高聚物相形成连续相时，复合体系的电导率显著增大。他们还研究了炭黑经氧化处理对上述复合体系的影响：发现炭黑在共混高聚物基体中的非均相分布主要是由于 CB 对每一组分的亲和力不同引起的；利用界面自由能计算浸润系数，预测了炭黑在复合体系中的分布状态，与 SEM 照片和 TEM 照片的观测结果一致并提出界面自由能是影响 CB 在共混高聚物基体中分布的最重要因素。

　　Gubbles 等研究了炭黑在 PE/PS 复合体系中的分布情况。研究结果表明，PE/PS/CB 同时共混，CB 分布在 PE 相中，当 PE/PS 的质量比为 45/55 时，树脂基体可以形成双连续相，由于双重渗流，复合体系的渗流阈值为 3%（质量分数），而在纯 PE 中该值为 5%（质量分数）。根据炭黑的这一分布倾向，他们先将 CB 与 PS 熔融共混，然后再加入 PE。CB 有从 PS 相向 PE 相迁移的倾向，必然会经过两相的界面处。研究发现，体系的体积电阻率随共混时间变化，在 2min 时出现最小值，该值对应着 CB 位于 45/55 的 PE/PS 共混物的界面处，此时渗流阈值显著降低，仅为 0.4%（质量分数）。他们进一步研究发现，在 PE/PS 共混基体中添加炭黑，增大了形成双连续相的共混高聚物组成比的范围，PE 开始形成连续相的质量分数由 30% 降为 5%。退火处理有利于 CB 在界面的分布及稳定性，因为退火可以使不相容高聚物基体的界面面积减小，同时能保持双连续的相形貌。Calberg 等研究了炭黑在 PS/PMMA 共混基体中的分布。TEM 照片表明，CB 自发地位于两相界面处，表明 CB 与每一高聚物相相互作用都很小。他们同样发现，CB 位于两相界面处大大增加了形成双连续相共混高聚物组成比的范围，而且提高了相形貌的稳定性。由于 CB 是自发地位于 PS/PMMA 界面处，因而不会像动力学控制的 CB 在 PE/PS 基体中的分布那样形成不稳定、难再现的复合体系。

　　炭黑在二元共混物中的分布与炭黑在易于分散的相中的炭黑含量有关。当炭黑浓度提高时，炭黑首先分布在易于分散的相中，当炭黑达到渗流阈值后，额外加入的炭黑将分布在界面和其他相中。这是因为在炭黑易于分散的相中出现渗流后，炭黑粒子间相互接触，能量的变化使炭黑分散在界面上比进入炭黑易于分散的相中更有利，即炭黑更倾向于分散在界面上。然而非极性共混物作为工程材料的应用是有限的，因为大部分高性能的高聚物都含有各种极性基团。但极性高聚物作为基体的报道较少。Cheah 等研究了炭黑填充的聚苯乙烯（PS）和苯乙烯-丙烯腈共聚物（SAN）共混体系。利用简单的熔融共混，发现炭黑聚集在 PS 与 SAN 的共连续相上。由于双重渗流效应，渗流阈值只为 1%。填料在界面聚集可能是由于炭黑与 PS 不相容，而与 SAN 部分相容导致的。由于界面效应以及与 SAN 的强烈相互作用，炭黑起到了稳定共连续相的作用。

　　（2）炭黑表面接枝高聚物　炭黑表面接枝高聚物是将高聚物通过化学键接枝在炭黑粒子表面实现对炭黑的改性。接枝改性分为 "grafting to" 和 "grafting from" 技术。"grafting to" 技术又分为 2 种：一种是利用炭黑表面的官能团（比如羧基、羟基和环氧基等）和含有端羟基、端羧基和端氨基的高聚物反应；另一种是利用炭黑的稠环芳香结构所具有的自由基捕获能力，将具有活性自由基的高聚物终止在炭黑表面，完成接枝。"grafting from" 技术需要首先在炭黑表面引入引发性基团，继而引发单体在炭黑表面聚合，将高聚物接枝在炭黑表面。

"grafting to"技术本质是将高聚物链通过自由基捕获或者化学键作用终止在炭黑表面。通常高聚物自由基通过 γ 辐射、超声作用产生，或者高聚物本身含有偶氮基，通过加热产生自由基。Li 等通过超声降解聚乙烯醇产生长链自由基被炭黑捕获实现接枝（如图 6-44 所示）。由于这种方法对炭黑的表面性质无特殊要求，故适用于包括表面极端惰性的炉法炭黑在内的所有种类的炭黑。但是这种方法所得到的接枝率非常有限，即使对表面含氧基团较高、自由基捕获能力较强的炭黑种类，接枝率也仅能达到 6.23%。

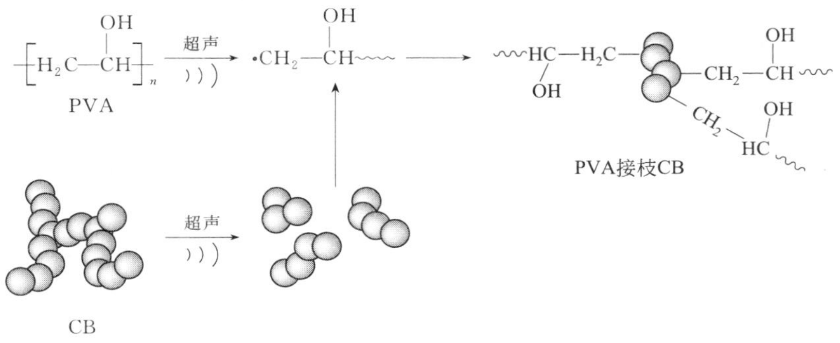

图 6-44　炭黑接枝聚乙烯醇示意图

周晓军等以对苯乙烯磺酸钠（NaSS）为单体，将高能超声辐射引入单体的自由基聚合，生成的高聚物自由基被超声分散在水中的炭黑捕获，完成对炭黑的接枝改性。热失重实验表明，炭黑接枝率为 12.8%。仅利用炭黑自由基捕获作用的高聚物接枝法接枝效率有限，Yang 等将可逆加成-断裂链转移技术引入炭黑的接枝反应中（如图 6-45 所示），在改善炭黑分散性的同时使其具有温敏性。首先将可逆加成-断裂链转移试剂 S-十二烷基-S'-异丙酸三硫代碳酸酯（DSCTSP）通过缩合反应固定在羟基化的炭黑表面，以其作为链转移剂，向体系中加入引发剂和聚合单体（N-异丙基丙烯酰胺）进行聚合，制备出了具有核-壳结构的炭黑（如图 6-46 所示）。

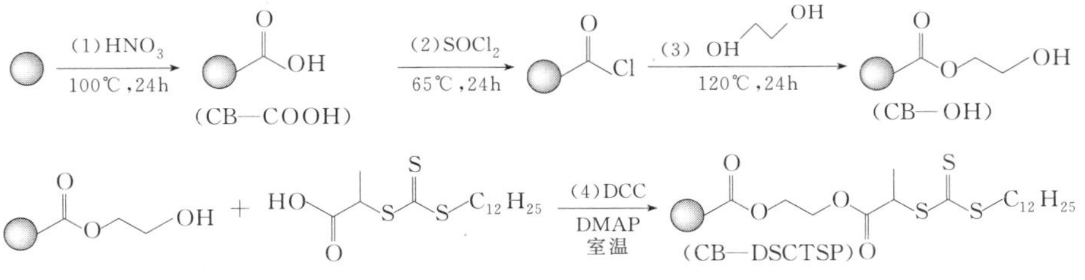

图 6-45　可逆加成-断裂链转移技术实现炭黑接枝改性

"grafting from"技术是将具有自由基捕获能力的炭黑表面活化，引发活性进而引发单体发生聚合。这种方法是单体在炭黑表面直接引发聚合，相对于"grafting to"可以获得更高的接枝率。Yang 等使用甲醛对炭黑进行预处理得到 CB—CH$_2$OH，向聚合体系中加入 3-乙基-3-环氧丙烷甲醇（EHOX）和阳离子聚合催化剂（BF$_3$·OEt$_2$），以炭黑表面的羟甲基为生长点，制备了多羟基超支化聚醚接枝的炭黑（图 6-47）。这种炭黑在极性溶剂如乙醇、氯仿和 DMF 中分散性较好。

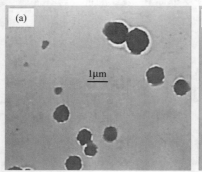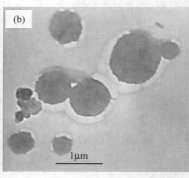

图 6-46　炭黑接枝聚合单体（N-异丙基丙烯酰胺）后的 TEM 照片（水为分散介质）

图 6-47　多羟基超支化聚醚接枝炭黑

（3）高聚物包覆炭黑　通过高聚物包覆炭黑，可形成以高聚物为壳、炭黑为核的核-壳材料。通常是通过异相表面聚合，在炭黑表面包覆一层高聚物，得到稳定的炭黑-高聚物杂化粒子。这种改性方法原料易得，工艺简单，具有重要的应用价值，其关键是保证单体在炭黑粒子表面发生聚合反应，避免形成高聚物白球，工艺要求苛刻。目前实现这种表面聚合的方法包括乳液聚合法、细乳液聚合法以及无皂乳液聚合法等。

Li 等采用超声波辐射下丙烯酸丁酯的乳液聚合法对炭黑进行包覆。利用超声波的粉碎、活化作用将炭黑大聚集体打碎，使用乙烯基单体进行聚合，最终得到尺寸较小、粒径分布较窄的高聚物包覆炭黑，使用热失重对包覆效率进行分析，包覆率达到 11.87%。

细乳液聚合法的成核场所处于单体液滴内部。若能首先将纳米粒子分散在单体内，随后引发单体聚合，既可以保证较高的包覆效率，同时又可以获得较好的包覆形貌。Bechthold 等将阳离子乳化剂和非离子乳化剂复配，采用细乳液聚合法包覆炭黑，提出通过进一步优化疏水性单体与炭黑之间的作用，有望制备粒径更小的包覆炭黑粒子。与直接将炭黑与单体混合形成单体/炭黑细乳液不同，Tiarks 等将炭黑的分散液与单体细乳液进行混合超声，利用细乳液聚合法制备了亲水性高聚物包覆的炭黑复合颗粒。这种方法可以促使单体在炭黑表面重新分配，形成杂化颗粒，继而在炭黑表面聚合形成高聚物膜，且膜厚可由单体的量调节。这种方法可以有效提高炭黑与聚合单体的比例，同时实现极性单体如丙烯酰胺、丙烯酸以及苯乙烯磺酸钠等的聚合。实验成功的关键是表面活性剂具有很好的亲水亲油平衡值（HLB），保证超声之后形成炭黑/单体油滴细颗粒。

为了保证炭黑粒子在聚合单体内部的相容性，Han 等首先使用高锰酸钾和四丁基溴化铵对炭黑表面进行羟基化，接着使用油酸对这种羟基化炭黑进行亲油性处理（图 6-48）。这种油酸修饰的炭黑在苯乙烯单体中分散性较好，可以实现较好的包覆。同时对未油酸化的炭黑进行对比实验，实验结果并不理想，因此前期处理炭黑是关键步骤。研究发现，使用这种油酸化炭黑进行包覆时单体转化率可达 96% 以上，并且降低了在聚合过程中捕获自由基的概率。

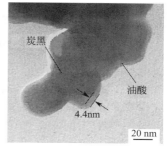

图 6-48　油酸处理的炭黑的 TEM 照片

乳液聚合法与细乳液聚合法在包覆炭黑过程中均会引入大量乳化剂，后处理过程较多。因此，Casado 等使用丙烯酸类单体在无皂乳液体系中包覆表面磺化的炭黑，由于炭黑具有较强的自由基捕获能力，故反应需要提高引发剂与单体的比例。对不同比表面积的炭黑粒子，使用不同种类的引发剂，如 Sterling-4620 使用过硫酸铵，而更大比表面积的 BP-800 使用非氧化性引发剂 4,4-偶氮双（氰基戊酸），通过这种方法可以获得包覆效果良好的炭黑粒子。

6.2.4.3　影响高聚物-炭黑复合材料导电性的因素

炭黑加入高聚物中后，由于炭黑的填充量和分散程度不同，使得炭黑在高聚物中的导电机理是不相同的。一方面是由于炭黑发达的结构，使炭黑粒子之间相互接触形成导电通道，这就是"导电通道学说"；另一方面是由于炭黑粒子数量不足，或分散均匀后，炭黑粒子之间不能相互接触，在炭黑粒子之间有一层薄的树脂形成势垒，电子不能直接流通，但当有电压时，电子可以靠隧道效应导电，即电子要在势垒处发生电子跃迁，形成隧道导电，即称为"隧道效应学说"。实际上，在高聚物复合物导电过程中，这两种导电机理是同时存在的，只是导电效率不同而已。

高聚物-炭黑导电复合材料的导电能力主要取决于填充料炭黑在高聚物基体内的分散、分布状态以及导电网络结构的形成状况。影响复合材料导电性的因素主要有三点：导电介质（炭黑）、高聚物基体、材料加工工艺。

（1）炭黑的影响　炭黑填充复合导电材料的电性能与炭黑的种类、结构、填充量密切相关。作为导电填料的炭黑，其导电性与其比表面积、结构性、表面化学性质有关。一般来讲，炭黑比表面积越大，颗粒尺寸越小，单位体积内的颗粒越多，越容易彼此形成网状导电通路，导电性能越好；炭黑的结构性指的是炭黑聚集体的支化程度，炭黑的结构性越高，形成网状导电结构的概率越大，导电性越好；表面化学性质是指吸附在炭黑表面的活性官能团的数量，官能团的存在影响电子的迁移，使炭黑的导电性下降，表面官能团少的炭黑通常呈弱碱性或中性，具有较好的导电性。

① 炭黑种类的影响　Feng 等研究了炭黑种类（V-XC72、N660 和 Ketjen black EC）对炭黑填充的 PVDF-HDPE 复合材料的 PTC（正温度系数）强度和室温电阻率的影响，如图 6-49 所示。结果表

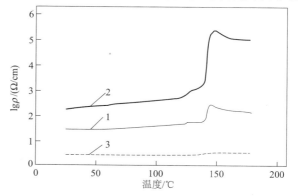

图 6-49　温度对电阻率的影响

1—10% 炭黑（V-XC72）；2—10% 炭黑（N660）；

3—10% 炭黑（Ketjen black EC）

明：控制 PTC 强度和室温电阻率（ρ）的一个重要因素是炭黑的粒子尺寸。在相同的炭黑体积分数下，炭黑的粒子尺寸越小，其 PTC 强度和室温电阻率越低，其复合材料的导电性越好。三种炭黑的粒子尺寸大小顺序为 Ketjen black EC＜V-XC72＜N660，因此，在相同的炭黑体积分数下，Ketjen black EC 的粒子尺寸最小，其复合材料的导电性能最好。

② 炭黑含量的影响　国内外许多研究者对炭黑含量对复合材料导电性能的影响进行了大量研究。研究结果表明：随着炭黑含量增加，复合材料的电阻率下降，导电性能提高。但是电阻率不是随着炭黑含量的增加成比例地下降。当炭黑含量比较低时，随着炭黑含量的增加，体系电阻率略有下降，复合体系仍然表现为绝缘性质，体系电阻率的下降只是由于炭黑的掺杂作用引起的，复合体系还没有形成导电通路；当炭黑含量增加到某一临界值（即渗流阈值）时，体系电阻率急剧下降，导电性迅速提高，如图 6-50 所示。由此可见，可以通过降低渗流阈值来降低炭黑含量而不影响复合材料的导电性能。

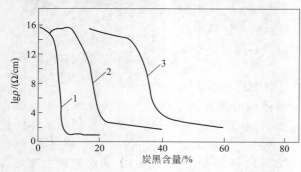

图 6-50　体积电阻率与炭黑含量的关系
1—特导电炭黑；2—乙炔炭黑；3—油炉法炭黑

（2）高聚物基体的影响　在炭黑-高聚物复合材料体系中，基体树脂支撑炭黑的分布、分散以及辅助炭黑聚集，在整个体系中，通常形成连续的主体相区。因此，炭黑-高聚物复合材料的导电性能不仅与炭黑有关，而且与高聚物基体密切相关。国内外的大量研究结果表明，高聚物的黏度、极性、结晶性以及基体与导电填料之间的相容性都对导电复合材料的导电性能和力学性能以及其他性能有不同程度的影响。

Sau 等研究三元共混高聚物复合材料的渗流阈值和炭黑质量之间的关联。实验结果表明，随着炭黑质量的增加，高聚物复合材料的黏度降低，进而导致复合材料的渗流阈值也降低。即对于同一类型的高聚物作为体系基体制备导电复合材料时，高聚物基体的黏度越小，复合材料的导电性能越高。这主要因为导电填料与高聚物基体在混炼设备中进行剪切时，连续相基体的物理黏度越小，分散相导电填料需要的分散力就越弱，对导电填料如炭黑形成葡萄状结构过程的危害影响度越低，因此更加有益于建立导电通道。Gul 等发表了炭黑填充复合材料的相关报道，发现当炭黑含量相同时，炭黑填充酚醛体系比炭黑填充环氧树脂体系的电导率高。这主要因为相比之下，炭黑与环氧树脂的相容性较差，从另一种角度来说，炭黑更加容易均匀分散于酚醛树脂体系中，形成适当的团聚体，这种情况下更益于导电网络结构的形成。

当人们制备导电复合材料的时候，如果利用不同结晶度的高分子高聚物作为体系的连续基底相，那么结晶度的差异会对复合材料的电学性质产生某种程度的干扰。通常，高聚物基体结晶度越大，复合材料的导电性能越强。此外，高聚物基体的聚合度以及分子交联度也对高聚物基导电复合材料的导电性能有影响。

（3）加工工艺的影响　关于导电粒子填充型导电复合材料，不同的加工工艺对复合材料的导电性能和其他性能都产生极大影响。在多种原料剪切混合过程中，两种相互竞争的因素应该进行适当协调处理：第一因素促使位于高聚物体系中的导电填料能够呈现均匀的分散状态，整个体系需要充分地剪切混合，也就是说长时间快速的混合剪切对导电性能的提高产生正面作用；第二因素，速度过快并超长时间的混合剪切会使体系产生多余的剪切力，这将造成导电物质如炭黑聚集体的严重破坏，从而导致高聚物体系中很难形成一定的导电网络结构，这种现象的发生对导电性能的提高产生负面作用。综合考虑这两方面因素，对于制备导电粒子填充型复合材料，必须选择适当的加工工艺，既能保证导电填料在高聚物基体中均匀分散又能够形成一定的导电网络结构。到目前为止，研究者发现，共混时间、加热温度、原料的填料顺序都对复合材料的导电性能有一定的影响。

6.3 高聚物-硅酸盐复合材料设计

6.3.1 层状硅酸盐概述

层状硅酸盐是层状硅酸盐矿物的聚合体，是具有无序过渡结构的微粒质点含水层状硅酸盐矿物。层状硅酸盐材料的结构多为二维平面层状结构，由八面体组成的八面体片（O）、四面体组成的四面体片（T）相间排列而成（T：O=2：1）。层状硅酸盐层间含有的阳离子如 Na^+、H^+、Li^+、Ca^{2+} 等可以和溶液中的离子发生离子交换反应，从而在原硅酸盐层间引入新的有机或无机阳离子，对原硅酸盐进行改性。改性层状硅酸盐在纳米复合材料、化工、环保和造纸业等领域有着广泛应用，还可以作为催化剂和催化剂载体、离子交换剂、吸附剂等。我国层状硅酸盐储量大，以蒙脱土（MMT）、膨润土、高岭土、海泡石等为主，分布在沿海及东北一带，但这些层状硅酸盐大多品质不佳，在实际使用过程中需要对其进行各种改性。

6.3.2 层状硅酸盐的改性

我国的层状硅酸盐含量丰富，据探明我国仅膨润土含量就达 23 亿吨，但由于我国工艺技术水平不高、设备不配套、产品质量不稳定等原因导致我国的层状硅酸盐开发程度低、利用效率低，在国际市场上呈现一种"低出高进"的局面，即出口低级产品，进口高级产品。因此，对我国的层状硅酸盐进行深度开发是摆在众多科研工作者面前的问题。近年来对层状硅酸盐的开发及改性取得了长足进步。层状硅酸盐层间含有可交换阳离子，通过阳离子交换可以将有机阳离子与原层间阳离子进行交换从而使有机物质插入层间并对其进行柱撑，以加大层与层之间的距离。根据插层所用材料的不同可将插层硅酸盐分为有机插层硅酸盐、无机插层硅酸盐、聚合物插层硅酸盐。插层过程在热力学上是不利的，需要有外加能量的输入才能让反应顺利进行。根据插层反应机理不同可将插层方法分为物理插层法和化学插层法。具体分类如图 6-51 所示。

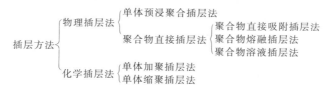

图 6-51 插层方法的分类

物理插层法即通过物理扩散作用，使插层物质进入层状硅酸盐的层间，通过物理作用如范德瓦耳斯力结合到一起。物理插层过程中聚合物不通过任何化学键键合，纯粹地通过物理扩散作用进入夹层。但物理插层所用的溶剂一般对环境都存在一定的危害性。

化学插层法是指聚合物通过化学键作用而进入层状硅酸盐层间。化学键作用力强，进入层状硅酸盐层间的聚合物数量大，使层间距大幅度扩展，形成理想的剥离型纳米插层复合材料。层状硅酸盐间存在的—COOH、$-\overset{\text{O}}{\underset{}{\text{C}}}-$ 以及—OH 等基团与插层剂可形成各种键，如离子键、分子键等。

有机插层柱撑层状硅酸盐所用的插层剂为有机类物质，如有机铵盐、季铵盐、吡啶类衍生物等，其所携带的阳离子易与层状硅酸盐间的阳离子发生交换，因此其所连接的大分子碳链结构随着 NH_4^+ 的进入而进入层间。由于其较大的立体结构增加了层与层之间的距离，支撑起这个距离使其不会坍塌。常用有机插层剂有十六烷基三甲基溴化铵、十八烷基三甲基溴化铵、十二烷基三甲基溴化铵、十八烷基三甲基盐酸铵、溴化十六烷基吡啶等。张凤霞、郭灿雄等以偶氮二甲酰胺对蒙脱土进行插层，其最大层间距由 1.25nm 增大到 1.95nm，在硅酸盐层间以联二脲的形式存在。

不同的有机插层剂将会达到不同的插层效果即达到不同的层间距。这是由于不同的插层剂具有不同的立体构造，其进入层间后必然达到不同的层间距。小分子物质较大分子物质易于插层进入层间，但其柱撑效果较差，对层间距的增大效果不大。陈彦翠等以八烷基三甲基溴化铵、十二烷基三甲基溴化铵、十烷基三甲基溴化铵、十四烷基三甲基溴化铵、十六烷基三甲基溴化铵和十八烷基三甲基溴化铵对蒙脱石进行插层，结果表明层间距随着插层剂分子量的增大而增大，十八烷基三甲基溴化铵插层使其层间距由 1.2nm 增大到 4.14nm。不同碳原子数的插层剂插层后其 XRD 测试 d（001）随碳原子数的变化曲线如图 6-52 所示。

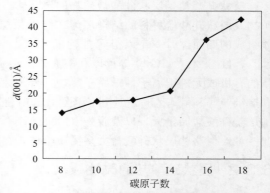

图 6-52　不同碳原子数的插层剂插层后其 XRD 测试 d（001）随碳原子数的变化曲线（1Å＝0.1nm）

无机插层剂一般都具有较大的结构，具有大分子配合物的性质，因其配合了大量基团，增大了自身体积，同时提高了自身活性，对于插层反应的进行有较大的推动作用。目前常用无机插层剂主要有 Al、Cr、Ga、Zr 等的氧化物或者水合物。可通过调节金属离子溶液的 M/OH（M 代表金属）比来使金属离子发生水解，得到金属离子的水合化大分子物质，如以 $AlCl_3$ 和 ZrOCl 溶液调节其酸碱性，改变其 M/OH 比。其水解剂常用具有十二胺的乙醇溶液、Na_2CO_3 和 NaOH。陈鹏、袁继祖等以 Al 柱撑膨润土来吸附重金属离子 Cr^{6+}，其吸附率达到 90%。对于 Al 柱撑膨润土，$AlCl_3$ 和 NaOH 的浓度对于 Al-PLMs 的层间距和热稳定性影响不大，而 OH/Al 比对其的影响较大。当 Fe/Al＜0.5 时 PLMs 的层间距为 19nm，与 Al-PLMs 接近，而当 Fe/Al＞0.5 时，其层间距变小且其热稳定性降低。对 Zr-PLMs 和 Zr-Al-PLMs 的研究表明，在 Zr/膨润土≥0.3mmol/g 时，其层间距达到 21nm，而且其对 Cr^{6+} 的吸附效果显著。

聚合物因其大分子构造以及其立体结构，在层状硅酸盐插层方面具有独特的优势。聚合物分子分子量从几百到几万甚至上千万，它的立体结构对于撑开层间距具有极佳的效果。线型聚合物进入层间以后如果添加适当的交联剂就会形成一定的网状立体结构。聚合物插层按照方式分为两种：①单体通过表面活性剂的帮助插入层间并进行原位聚合插层；②大分子或低聚物在熔体、溶液、溶胶状态下直接插入层间，以增大层间距。

原位聚合法先将聚合物单体分散，插层进入层状硅酸盐片层中，然后引发原位聚合，利用聚合时放出的大量热量，克服硅酸盐片层间的库仑力，从而使硅酸盐片层以纳米尺度与聚合物基体复合。方卫东等以水为介质，醋酸乙烯酯为聚合单体，聚乙烯醇为保护相，加入过硫酸盐作为引发剂，制得聚醋酸乙烯酯-蒙脱土纳米材料，其层间距由 1nm 增大到 2.83nm。聚合物分子插层进入层间可分为熔融插层和溶液插层。将聚合物熔体或溶液与层状硅酸盐混合，利用力化学或热力学作用使层状硅酸盐剥离成纳米尺度的片层并均匀分散在聚合物基体中。李同年等将聚苯乙烯与蒙脱土按一定比例混合，在 180℃混合一定时间后得到聚苯乙烯-蒙脱土复合材料，X 射线衍射表明其层间距由 1.5nm 增大至 2.7nm。

聚合插层常用的插层剂有聚乙烯、聚苯乙烯、聚苯乙烯醇、聚乙二醇、聚丙烯酸-丙烯酰胺、苯乙烯-丙烯腈、聚酰亚胺等聚合物或聚合单体。赵娟等以熔融插层法制得 PP/MMT 插层材料，表明由于 MMT 的适量加入增加了 PP 的强度和抗拉能力。徐玉文等以聚丙烯酸-丙烯酰胺插层膨润土制得有机膨润土，此膨润土具有很强的吸水特性。魏月琳等以高温快速水溶液聚合方法制得膨润土/聚丙烯酸高吸水材料。马继盛等以聚丙烯插层 MMT 的研究表明，PP 的加入极大地扩大了层间距，至少达到 8.8nm。兰州理工大学的王毅等对苯乙烯进行原位聚合插层制得聚苯乙烯/MMT，使 MMT 层间距达到 3.1nm。

原位聚合插层反应中，偶氮二异丁腈、过氧化苯甲酰、氧化-还原引发剂、过硫酸盐以及铵盐是较为常用的引发剂。常用化学交联剂有 N,N-亚甲基双丙烯酰胺、双甲基丙烯酸乙二醇酯、双甲基丙烯酸聚乙二醇酯、二乙烯基苯等。

6.3.3 高聚物-层状硅酸盐纳米复合材料概述

聚合物纳米复合材料因其分散相的高度精细化和纳米尺寸效应而具有与传统复合材料明显不同的力学性能和功能性能。聚合物-层状硅酸盐纳米复合材料因分散相的高形状系数比而具有更为突出或特异的性能，如高刚性、高强度、高阻隔性、高阻燃性等。自从 Fukushima 等首次成功制备黏土-尼龙纳米复合材料以来，此类材料便受到各国学者的广泛关注。

根据层状硅酸盐在聚合物中的分散状况不同，层状硅酸盐-聚合物复合材料大致可分为 3 类：①传统型复合材料，层状硅酸盐分散相的尺寸较大，片层间无聚合物插入，多数属微米级复合材料；②嵌入型复合材料，层状硅酸盐片层间插入一层或多层聚合物分子，层间距增加，但片层仍保持有序排列，X 射线衍射峰向低角度方向移动；③剥离型复合材料，层状硅酸盐片层彼此剥离，均匀分散在聚合物基体中，呈无序状态。除嵌入型和剥离型外，还有混合型，即同时存在嵌入型结构和剥离型结构。聚合物与层状硅酸盐的相互作用越强，相容性越好，越趋向形成剥离型结构的纳米复合材料，层状硅酸盐对聚合物基体的增强效应越明显。

Fukushima 等用 12-氨基月硅酸的盐酸盐将蒙脱土有机化，然后将其加入己内酰胺的单体中溶胀，单体在层间和周围发生原位聚合，层间距随反应的进行逐渐加大，最终蒙脱土以单层均匀分散于聚己内酰胺中，形成蒙脱土-聚己内酰胺纳米复合材料。由于有机改性剂的一端与黏土之间存在较强的静电作用，另一端与聚合物之间可形成化学键，因而黏土分散均匀，材料易形成剥离型结构。

采用预聚体插层反应法时，首先使足够的预聚体插入有机土层间，由于预聚体黏度明显高于单体，一方面削弱了预聚体对有机土的膨胀能力，另一方面也降低了反应性和反应速率。降低预聚体的黏度，可提高预聚体与有机土间的相容性或反应性，因此，该法倾向于获得嵌入型纳米复合材料。

聚合物熔体插层法是聚合物在熔融状态时，直接插入有机改性的硅酸盐层间，从而形成聚合物-层状硅酸盐纳米复合材料。插层驱动力为聚合物与有机改性的硅酸盐的物理或化学作用。为提高聚合物与有机土间的相容性，还可以加入适当的相容剂。如用十八烷基氯化铵有机改性蒙脱土，以聚丙烯接枝马来酸的低聚物为相容剂，相容剂与有机土的质量比最好为 3∶1，在 210℃ 下通过双螺杆挤出机挤出，获得了具有剥离型结构的聚丙烯纳米复合材料。低聚物插入黏土层间的能力以及低聚物与聚丙烯之间的相容性是制备材料的两个关键因素。

Balazs 等对聚合物熔体插层法制备纳米复合材料的相态生成行为进行了模型化描述。从热力学角度看，增加基体聚合物与改性剂之间的相互作用有助于形成具有剥离型结构且相态稳定的复合材料；但这在动力学上是不利的，基体聚合物与改性剂之间的强相互作用会使前者在插入过程中呈现伸展构象，最终形成嵌入型结构的复合材料。要制备具有剥离型结构的复合材料，引入的相容剂应与层间改性剂有较强的相互作用，或者有机改性剂的非极性部分应足够长。

　　Noh 等直接利用钠基蒙脱土与苯乙烯一起通过乳液聚合，制备了聚苯乙烯纳米复合材料。Carrado 等采用溶胶-凝胶法，将聚合物加入硅酸盐凝胶中，通过水热结晶原位形成硅酸盐晶层，从而得到聚合物-层状硅酸盐纳米复合材料。目前已采用专利技术"黏土/聚合物乳液共混共凝法"制备了黏土-丁苯橡胶、黏土/丁腈橡胶、黏土/羧基丁腈橡胶等多种橡胶基的混合型结构纳米复合材料。该方法利用了黏土水化膨胀特性以及大多数商用橡胶具有乳液形式这一优势，将橡胶乳液与黏土水悬浮液进行共混共凝，从而使黏土在橡胶基体中达到纳米级分散。

　　总之，层状硅酸盐和高聚物基体之间的相互作用和相容性是制备高性能高聚物基纳米复合材料的关键。层状硅酸盐具有高的表面能，各片层间因存在较强的范德瓦耳斯力而易发生聚集，加上其表面化学惰性，与高聚物的相容性很差，很难与高聚物均匀复合和形成高强度结合界面，这是高聚物-层状硅酸盐复合材料制备的一大难题。使层状硅酸盐能够均匀地分散于高聚物基体中，如何改性和功能化层状硅酸盐表面，实现与高聚物基体间强的界面结合成了一个亟须解决的问题。

6.3.4　高聚物-蒙脱土纳米复合材料

6.3.4.1　蒙脱土概述

　　蒙脱土（MMT）是一类典型的层状硅酸盐非金属纳米矿物，其具有分散性、膨胀性、吸水性、阳离子交换性等特性以及价格低廉。图 6-53 为蒙脱土的晶体结构示意图。可以看出，其分子结构包含三个亚层，亚层之间以共用氧原子共价键的形式进行连接，而在两个硅氧四面体亚层之间则有一个铝氧八面体亚层。这种四面体和八面体的紧密堆积结构，使其具有了高度有序的晶格排列方式。

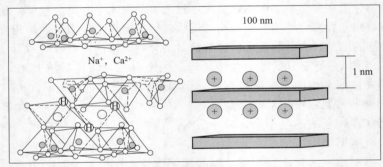

图 6-53　蒙脱土的晶体结构

　　图 6-54 为其扫描电镜照片。蒙脱土晶体一般呈不规则片状，属单斜晶系，呈现为白色带

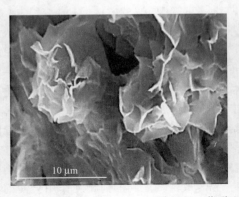
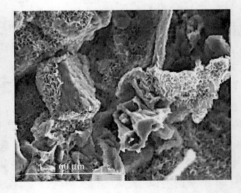

图 6-54　蒙脱土的扫描电镜照片

浅灰、浅蓝或浅红色。这种特殊的晶体结构赋予
了蒙脱土许多特性，如分散性、吸附性、膨胀
性、离子交换性等。图 6-55 为蒙脱土的 X 衍射谱
图。根据 Bragg 方程 $2d\sin\theta = n\lambda$，可以计算出蒙
脱土层间距的大小约为 1.4nm。

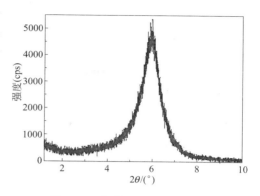

图 6-55　蒙脱土的 X 衍射谱图

6.3.4.2　高聚物-蒙脱土纳米复合材料的类型及制备方法

　　高聚物-蒙脱土纳米复合材料是一种新兴的
高聚物基无机纳米复合材料。与常规复合材料
相比，其需要填料体积分数小、具有良好的热
稳定性及尺寸稳定性、性价比高，成为近年来
新材料和功能材料领域中研究的热点之一。根据蒙脱土在高聚物中的分散情况，可将其
分为常规型复合材料、插层型纳米复合材料、剥离型纳米复合材料三种类型，如图 6-56
所示。①常规型复合材料，即复合材料中蒙脱土一般保持原有的聚集状态，蒙脱土的硅
酸盐片层并没有发生层间扩展等结构上的变化，高聚物大分子没有进入硅酸盐片层间，
蒙脱土仅起到常规填料的填充作用。②插层型纳米复合材料，高聚物进入蒙脱土颗粒中，
并插入硅酸盐片层间，层间距因大分子的插入而明显增大，但片层之间仍存在较强的作
用力，片层与片层的排列仍是规整有序的。③剥离型纳米复合材料，高聚物分子大量进
入蒙脱土片层间，蒙脱土片层完全剥离，层间相互作用力消失，叠层结构被彻底破坏，
硅酸盐片层以单一片层状无序而均匀地分散于高聚物基体中。

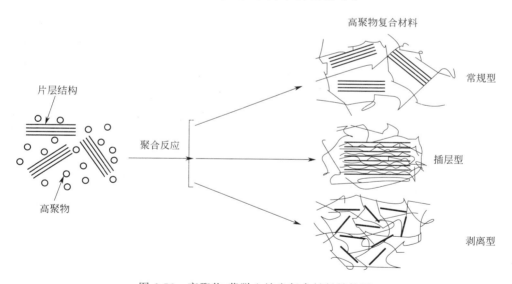

图 6-56　高聚物-蒙脱土纳米复合材料结构图

　　纳米量级的复合材料的制备方法主要有原位插层聚合法和高聚物插层法。高聚物插层法
又可分为高聚物溶液插层、高聚物熔体插层、高聚物乳液插层 3 种。原位插层聚合法是把合
适的单体插入已改性的黏土层中，然后进行聚合反应，其特点是可以将高聚物单体引入黏土
层中制备那些大分子链不易直接插入黏土层间的复合材料。例如章水化等用十六烷基三甲基
溴化铵（CTAB）和甲基丙烯酰氧己基苄基-2-甲基对蒙脱土进行改性，制得聚苯乙烯-蒙脱
土复合材料。

高聚物溶液插层法是制备纳米复合材料最重要的方法之一，高聚物溶液插层法是先把离子交换过的黏土分散在合适的溶液中，然后把它和高聚物溶液混合并搅拌生成杂化物溶液，然后蒸发掉溶剂，制备高聚物-黏土纳米复合材料，其特点是操作简单。张楷亮等用二羟基乙基十六烷基三甲基溴化铵对蒙脱土进行改性，然后按比例将有机蒙脱土与环氧树脂 E-51 进行混合，真空脱泡后加入固化剂及促进剂，搅拌使其混合均匀，再次真空脱泡，模具程序升温固化得环氧树脂-蒙脱土复合材料。高聚物乳液插层法是黏土在强烈的搅拌下分散于水中，加入胶乳和少许助剂，共混均匀，用稀盐酸絮凝，水洗，烘干，得黏土-高聚物纳米复合材料。以上两种方法都需要合适的溶剂，故受到一定限制，而且会污染环境。

高聚物熔体插层法是首先把高聚物和层状硅酸盐混合，然后再加热到高聚物软化点以上进行反应。王胜杰等用十六烷基三甲基溴化铵对蒙脱土进行改性，得硅橡胶-蒙脱土复合材料。此方法的特点是不用溶剂，对环境有利，更经济、方便，而且提供了常规技术，可用于研究在二维空间受限制高聚物的理想体系。

人们近来采用了一种更实用的方法，即高聚物直接熔体嵌入，如聚苯乙烯、聚氧化乙烷。该工艺过程是将高聚物与层状蒙脱土混合，再在高聚物的软化点以上对混合物进行热处理。中科院化学研究所工程塑料国家重点实验室用天然黏土矿物蒙脱土作为分散相，利用插层聚合复合、熔体插层复合等方法对纳米粉体进行了制备，成功地开发了以聚酰胺、聚酯、聚乙烯、聚苯乙烯、环氧树脂、硅橡胶、聚苯胺、聚氨酯等为基材的一系列纳米塑料，并实现了部分纳米塑料的工业化生产。其良好的性能、简单的加工工艺和低廉的价格使得其在高性能管材、汽车及机械零部件、电子和电器部件等领域中有广泛的应用前景。具有优异阻隔性能的纳米复合材料在食品特别是啤酒罐装、肉类和奶酪制品的包装材料市场上潜力巨大。中科院工程塑料研究所开发出了 PET-蒙脱土纳米复合材料 NPET，其各项性能指标均达到或超过了国内外 PET 工程塑料产品。

6.3.4.3 高聚物-蒙脱土纳米复合材料的研究进展

无机矿物蒙脱土的层状结构在 100nm 范围内，每层约 1nm 厚，长、宽约为 100nm，层间距和晶面都在纳米尺度范围，属于纳米级的结构。蒙脱土片层尺寸稳定性好，层层堆叠，在空间不易滑移，刚性强并耐热。传统的常规复合材料中，无机填料的用量较大，而综合性能未见提高。高聚物-蒙脱土纳米复合材料是将纳米结构的层状硅酸盐蒙脱土经过一系列的有机物修饰，使其成为亲油疏水的层状硅酸盐蒙脱土，在热力学条件满足的条件下，将有机物修整的蒙脱土片层与基体融合，形成有机-无机复合交替出现的纳米复合材料，其改性蒙脱土用量不高于总体的 5%，降低了生产成本。

可以与蒙脱土制备高聚物-蒙脱土纳米复合材料的主要有聚氨酯（PU）、聚对苯二甲酸乙二酯、环氧树脂、聚丙烯等。

（1）聚氨酯-蒙脱土纳米复合材料　聚氨酯产业起源于 19 世纪，德国化学家伍尔茨首次制备了聚氨酯的原料之一异聚氰酸酯。在 20 世纪 30 年代后期，拜耳公司合成出了聚氨酯。聚氨酯能够快速发展主要依赖于三大技术的突破性发展：第一是拜耳公司研发了软质聚氨酯泡沫塑料，并实现对其产业化设备的研制和大规模使用；第二是杜邦公司将聚醚多元醇作为原料成功合成出了聚醚型 PU 材料；第三是世界各国对生产设备进行了改造和升级。虽然我国的聚氨酯产业起步晚，但是发展十分快，市场增长率甚至可以达到 20%。随着我国 PU 产业的兴起和快速发展，我国将成为全球 PU 最大的产地和消费地。但是，我国的聚氨酯高品质原料需要进口，而且产品种类少、性能一般，迫切要求我国聚氨酯在技术上的突破和生产的规模化。在可持续经济发展的条件下，聚氨酯产品的研究方向和重点更加明确，如材料的可回收利用、低消耗、多功能等。聚氨酯（PU）的应用包括弹性体、泡沫塑料、聚氨酯涂料、胶黏剂及密封胶等。

聚氨酯-蒙脱土纳米复合材料能够有效提高 PU 的热性能、力学性能，蒙脱土为 PU 的改性研究提供了新的思路。孙宝全等以异氰酸酯、3,5-二甲硫基甲苯二胺和 OMMT 为原料制备出了插层型和剥离型混合型的复合材料。OMMT 的加入使 PU 的邵氏硬度提高到 95，拉伸强度提升至 28.90MPa。马继盛等采用插层聚合法以二羟基聚氧化丙烯醚、甲苯-2,4-二异氰酸酯和 OMMT 为原料制备出了 PU-OMMT 纳米复合材料。OMMT 的 $d(001)$ 在聚氨酯基体中达到了 4.50nm，其拉伸强度是 PU 的 2 倍，断裂伸长率提高 300%，耐热性也有一定程度的提高。王文荣等制备了改性后的 PU 密封胶，系统探究了 OMMT 的最佳比例。XRD 测试结果表明，制备出了插层型的纳米复合材料，$d(001)=4.55nm$，PU 的拉伸强度提高了 48.70%，断裂伸长率提高了 30.10%，实现了对 PU 的增强和增韧。M. A. Osman 等制备了 PU-OMMT 纳米胶黏剂，能够有效地提高对气体的阻隔性。当 OMMT 的添加量为 3% 时，氧气的传输率减少 30%，蒸气的透过率降低了 50%。余泽玲等将聚己二酸丁二醇酯、聚己内酯与 OMMT 进行插层，制备出了纳米结构的 PU 胶黏剂，胶黏剂的热稳定性良好，剥离强度达到了 72N/2.50cm。Dai 等发现 OMMT 可以使 PU 分子链在定向结晶初期时应变达到 700%。Tien 等运用熔体插层法将 OMMT 加入 PU 中，制备出的复合材料相比于纯 PU 的吸水性增强，热降解性提高。Chen 等将经过处理的 MMT 与 PU 插层制备出了不同 OMMT 比例的 PU-OMMT 纳米复合材料，改性后的 PU 拉伸强度和断裂伸长率都接近于原来的 2 倍。Y. C. Chuang 等测试经 OMMT 改性的 PU 复合材料，其应变高达 1000%，拉伸强度大于 50MPa。洪权等采用熔体插层的方式将制备的 OMMT 应用到水性 PU 涂料中。结果表明，PU 涂料的热分解温度提高了 24.11℃。费正新等探究了 OMMT 的加入量对 PU-OMMT 纳米复合材料性能的影响，OMMT 的加入量为 2% 时，复合材料的溶胀性、力学性能和热分解温度都提高。

Jiawen Xiong 等研究了用 MOCA 作为插层剂的蒙脱土增强聚氨酯，得到了模量和热稳定性都增加的复合材料。T. K. Chen 等研究了用联苯二胺和 12-氨基月硅酸作为有机插层剂改性蒙脱土，并用改性的蒙脱土增强聚氨酯弹性体，使复合材料的拉伸性能和断裂伸长率都显著提高。Mariarosaria Tortoral 等研究了有机蒙脱土改性聚氨酯的结构特征和迁移性质。Woo Jin Choi 等合成了骨架上有氨基甲酸酯基、端基含有氨基的大分子插层剂，用它改性的蒙脱土增强聚氨酯复合材料的拉伸性能和热稳定性都显著增强。Cheol Ho Dan 等选用了三种不同的有机插层剂分别改性蒙脱土，发现改性剂的种类对最后的聚氨酯-蒙脱土复合材料的性能有很大影响。Xia Cao 等把有机蒙脱土加入聚氨酯泡沫中，得到了性能优良的泡沫。PU 产品种类繁多，层状硅酸盐改性 PU 的研究复杂而艰巨，还存在下面几个问题：

① 制备聚氨酯-蒙脱土纳米复合材料的方法包括熔体插层法、单体插入原位聚合法、预聚体法和溶液插层法四类。在熔体插层法中，OMMT 分散不均匀对高聚物性能的提高有一定的局限性；而溶液插层法改性 PU 时，会挥发出大量的苯类溶剂，污染环境。制备剥离型和插层型 PLSN 材料的关键是 OMMT 在有机物中的分散性，需要选择合理的有机改性剂制备出亲油性好的 OMMT。

② 聚氨酯-蒙脱土纳米复合材料具有传统复合材料无法具有的综合性能，如阻燃性。实验结果表明，OMMT 的加入可以提高 PS、PP 的阻燃性，同时降低了成本。但是目前对 PU 插层和综合性能的系统研究较少。OMMT 不能大幅度提高聚氨酯-蒙脱土纳米复合材料的阻燃性。下一步的研究思路是将 OMMT 与阻燃剂复合插层为 OMMT 复合阻燃剂，改性高聚物，提高阻燃性。

③ 对于耐热性聚氨酯密封胶,采用 OMMT 改性的研究报道国内不是很多,在理论和技术方面不够完善,对插层方式的选择仍需要探索和研究,特别是对 PU 密封胶需要合理分析 OMMT 与 PU 的相互作用机理及结构性能的表征。

(2) 聚对苯二甲酸乙二酯-蒙脱土纳米复合材料　聚对苯二甲酸乙二酯（polyethylene terephthalate，PET）是最早工业化的聚合物品种之一。PET 主要用于纤维、薄膜、容器及工程塑料等方面。PET 是合成纤维领域第一大品种,且产量仍在迅速增加。在当今的工程塑料市场上,由于性价比优异,PET 大有取代 PE 的趋势；在包装材料领域,特别是瓶装材料,PET 更是发展迅猛。1973 年杜邦公司双轴取向聚对苯二甲酸乙二酯瓶专利技术的工业化被认为是塑料包装领域最重要的成果。至今用于瓶子生产的 PET 已占到其总产量的 20% 以上。PET 的结构单元由柔性链、刚性苯环和极性酯基三部分组成。由于酯基和苯环间形成了共轭体系,成为一个整体,增加了分子链刚性。由于位阻较大,对链段运动起了一定的阻碍作用,从而使得柔性烷基作用无法发挥,所以 PET 大分子链刚性较大,韧性较差,PET 表现为具有较高的玻璃化温度和熔点、脆性以及较低的冲击强度。因此,需要对 PET 进行改性。

纳米材料被称为 21 世纪最有前途的材料,高聚物-层状无机物纳米复合材料由于插层技术的突破而获得了迅速发展,部分研究成果已经开始进入产业化阶段。高聚物-蒙脱土纳米复合材料已成为高聚物基复合材料的热点研究领域。高聚物-蒙脱土纳米复合材料的研究可以追溯到 1987 年日本丰田中央研究所首次报道利用插层法制备的尼龙 6-蒙脱土纳米复合材料。由于获得的材料各种性能与纯尼龙 6 相比显著提高,因此该技术引起了学术界和工业界的广泛重视。

郜君鹏等以改性蒙脱土和聚对苯二甲酸乙二酯（PET）为原料,采用双螺杆挤出机熔体插层法制备出聚对苯二甲酸乙二酯-蒙脱土插层复合材料,系统地研究了 PET-蒙脱土复合材料的非等温结晶动力学,对 PET-蒙脱土复合材料做了流变性能研究及其增韧研究,研制出兼有超韧、增强、耐热性能的 PET 多组分复合材料。结果表明,插层剂的链长、柔顺性和位阻效应对插层效果有重要影响,在一定范围内有机阳离子插层剂的碳链长度越长、链越柔顺、位阻效应越大时,插层效果越好,层间距增加得越大,且有机蒙脱土在复合材料中的分散性也越好。

刘国玉等综述了 PET-OMMT 纳米复合材料的更新研究进展。针对 PET 目前在阻燃性能、力学性能等方面存在的问题,从材料设计角度出发讨论了影响 PET 综合性能的诸多因素,提出了有机-无机纳米复合的研究思路来改善 PET 的性能。刘国玉等以天然钙基膨润土为原料,经过提纯、钠化、有机化改性,制备出了有机膨润土,研究了有机改性剂的类型及体系的 pH 值对有机膨润土性能的影响,并采用 XRD、FTIR、TG 分析等测试手段对其进行表征。研究表明,钠基膨润土在中性偏碱的环境下,以有机阳离子季铵盐为改性剂,可以制备出性能优良的有机膨润土。采用熔体插层法制备出了 PET-OMMT 纳米复合材料,利用 XRD、SEM 观察纳米复合材料的结构及界面特征,测试了阻燃效果并探讨了其阻燃机理。实验结果表明：单一加入 OMMT 可以提高 PET 的阻燃性能,但效果不太明显,而采用 OMMT 与阻燃剂混合使用,起到协同增效的作用,在阻燃性能达标的情况下可使阻燃剂用量降到一半。结合测试结果,从结构与性能的关系出发,对熔体插层过程的机理进行了分析。测试结果表明,加入少量 OMMT 可以提高 PET 的力学性能,加入偶联剂可以提高 OMMT 与 PET 的相容性,加入增韧剂不但可以提高 PET 的力学性能,而且可以增加 OMMT 的添加量,从而降低成本。为进一步提高 PET 的综合性能,采用共混改性和无机改性相结合的方法制备了 PET-PP-OMMT 三元纳米复合材料,讨论了共混次序对材料结构和流变行为的影响，同时拓宽了 PET 树脂的应用范围，增强了产品的竞争力。

徐新宇等采用熔体共混的方法制备了 PET-有机改性黏土纳米复合材料。以 PET 离聚物作为增容剂，提高了 PET 与有机改性黏土之间的相互作用。WAXD 结果表明，当体系中未加入 PET 离聚物时，样品呈现典型的插层结构；含有增容剂的纳米复合材料中有机改性黏土的层间距增加。SEM 和 TEM 进一步证明，PET 离聚物作为增容剂，提高了有机改性黏土与高聚物之间的相容性，进而改善了有机改性黏土在 PET 基体中的分散性，提高了黏土粒子的密度，实现了黏土的部分剥离。

总之，聚对苯二甲酸乙二醇酯（PET）-层状硅酸盐（PLS）纳米复合材料是近十年迅速发展起来的新兴材料。与传统的复合材料相比，高聚物-蒙脱土纳米复合材料具有许多优点，如：①层状硅酸盐的添加量低于 5％，而常规的无机填料需要的量大，在 20％～60％ 范围内，我国硅酸盐资源丰富，价格低廉，可降低生产成本；②层状硅酸盐的比表面积大，刚性的片层在一定程度上对高分子链的运动产生了限制，在二维方向对高聚物不仅可以增加强度，还能够提高韧性；③纳米级层状片层的热稳定性好，热变形的温度较高，能够有效地阻碍燃烧时氧气和热量的传递，提高了复合材料的热稳定性和阻燃性；④高聚物-蒙脱土纳米复合材料除了保留高聚物基体固有的属性特点外，利用纳米粒子的纳米效应还带来了许多新的性能，如光学性能、力学性能和电学性能等。

但是，若使高聚物-蒙脱土纳米复合材料继续得以健康发展，还需要解决以下一些问题：①使无机层状硅酸盐纳米材料在高聚物基体中均匀分散；②充分研究高聚物-蒙脱土纳米复合材料的相界面结构，研究插层剂、层间电荷、高聚物的官能团如何影响纳米复合材料的形成及其界面之间的相容性；③了解蒙脱土的微观结构及添加量对高聚物-蒙脱土纳米复合材料性能的影响；④了解蒙脱土片层与高聚物界面的键类型对高聚物基层状硅酸盐纳米复合材料性能影响的机理；⑤如何进行大规模工业化生产高聚物-蒙脱土纳米复合材料。

（3）环氧树脂-蒙脱土纳米复合材料　环氧树脂是指一个分子中含有两个或两个以上环氧基，并在适当的条件和试剂（固化剂）存在下能够形成三维交联网络状固化物的化合物总称，是当前市场上应用较为广泛的热固性树脂之一。因其固化物具有粘接力强、电绝缘性能好、稳定性强和收缩率小等优良特性，在涂料、电子电气、土木建筑和粘接等领域获得了广泛应用。然而，其固化物脆性大、冲击强度低、易开裂，难以满足日益发展的工程技术的要求，因而限制了环氧树脂的进一步应用。近几十年来，国内外许多学者对环氧树脂的改性做了大量卓有成效的工作，并逐步建立和形成了橡胶类弹性体共混、热塑性树脂共混、互穿网络、液晶高聚物共混等改性体系和方法。然而，前三种方法在获得韧性改善的同时，是以材料的耐热性和其他力学性能下降作为代价。高聚物-黏土纳米复合材料以其卓越的综合性能引起了人们的广泛关注，利用层状无机物制备有机-无机杂化材料成为高分子领域的一大研究热点。

在环氧树脂-黏土纳米复合材料的研究领域中，以美国康奈尔大学的 Giannelis、密歇根州立大学的 Thomas J. Pinnavaia 和瑞典 Luled University 的 X. Kornmann 领导的三个课题组最为活跃。国内浙江大学、中科院化学所、河北工业大学等单位也在进行这方面的研究工作，并取得了一定的成果。

Usuk 使用胺类固化剂在二甲基甲酰胺（DMF）作为溶胀剂的情况下固化环氧树脂，使黏土剥离至层间距大于 5nm。Lan 等研究了一系列有机黏土在环氧树脂中的插层情况，发现黏土经环氧树脂插层后所能达到的层间距与黏土上有机阳离子的链长有关，与原层间距无关。随着有机物烷基链长的增大，有机黏土原有层间距及其经环氧树脂插层后的层间距均增大。他们利用带 $CH_3(CH_2)_{17}$—链的四种不同的铵盐处理蒙脱土，发现尽管蒙脱土的初始层间距不同，但经环氧树脂插层后的层间距却基本相同。Giannelis 等使用酸酐类固化剂制得了剥离型环氧树脂-黏土纳米复合材料，材料的模量尤其是高弹态模量有所提高，使用胺类固化剂时黏土不能实现剥离，只能得到插层型纳米复合材料。

Thomas J. Pinnavaia 等对环氧树脂-黏土纳米复合材料进行了较全面研究，他们认为使用胺类固化剂时，黏土能否实现剥离与采用的固化温度有关，只有在适当的固化温度下才能剥离。他们使用间苯二胺固化剂研究了有机黏土在环氧树脂中的剥离行为，发现低温或高温固化时，黏土都不能剥离，只有在中温（120℃）固化时才能发生剥离。这是由于低温时固化剂向层间迁移的速度太慢，层间固化剂浓度低于层外固化剂浓度，因而层间环氧树脂的固化速度低于层外环氧树脂的固化速度，不能引起黏土剥离；在高温时，因高温环境更有利于层外环氧树脂固化，结果也是使层外环氧树脂的固化速度高于层间环氧树脂的固化速度；只有中温环境时比较有利于固化剂向层间的迁移及层间环氧树脂的固化，使层间环氧树脂和层外环氧树脂固化速度基本相等。他们认为，层间环氧树脂和层外环氧树脂固化速度基本相等是导致黏土剥离的根本原因。X. Kornmann 考察了蒙脱土的离子交换容量（CEC）对纳米复合材料的合成与结构的影响。

吕建坤、益小苏等利用 4,4'-二氨基二苯甲烷（DDM）作为固化剂详细研究了环氧树脂-黏土的固化行为。他们发现，环氧树脂与有机黏土的相容性好，采用直接混合分散法和溶液混合法都能得到表观均匀、稳定的半透明混合物。他们认为插层过程中主要是环氧树脂分子与有机黏土表面的结合能在起作用，即 $\Delta H \geqslant T \Delta S$。

王立新等利用低分子量聚酰胺树脂作为固化剂对环氧树脂的固化做了研究。经过十六胺盐酸盐处理的黏土其晶层间距由原始的 1.29nm 增大到 1.99nm。马丁耐热温度和冲击强度测试表明，复合材料的耐热性随黏土含量的增加、固化温度的提高均有明显增高。当黏土的含量为 3% 时，环氧树脂-黏土纳米复合材料的马丁耐热温度提高了近 20℃，材料的冲击韧性提高了 190%。

金士九、陈春霞等利用 N,N'-二甲基酰胺作为固化剂，不经介质溶胀或超声分散，制备了环氧树脂-黏土纳米复合材料。实验发现，纳米分散的蒙脱土插层复合物在力学性能、热学性能方面有很大提高。当蒙脱土用量为 4% 时，复合材料的弯曲强度由 86MPa 提高到 103MPa，热变形温度由 51℃ 提高到 58℃，热分解温度由 386℃ 提高到 403℃。肖泳等制备的环氧树脂-黏土纳米复合材料，当黏土含量为 4% 时，材料的拉伸弹性模量提高了 4.5 倍，玻璃化温度明显提高。

6.3.5 高聚物-膨润土纳米复合材料

膨润土的有效成分是蒙脱土，其单位晶胞是由两层硅氧四面体中夹一层铝氧八面体构成，硅氧四面体和铝氧八面体靠共用氧原子连接，晶胞平行叠置，其结构单元层厚为 0.96nm，如图 6-57 所示。层中存在阳离子异价类质同象置换，由此产生了层间负电荷，并通过吸附阳离子来达到电荷的补偿，作为补偿电荷的阳离子常为 Na^+、K^+、Ca^{2+}、Mg^{2+}。这些阳离子脱离和吸附所需的能量较低，可以被交换，所以膨润土具有阳离子交换的性质。

基于膨润土具有可交换的离子这一特性，其广泛应用于脱色剂、吸附剂、粘接剂、填充剂、涂料、洗涤剂、催化剂以及催化剂载体等方面。制备高性能环氧树脂-膨润土纳米复合材料，以美国的学者 Pinnavaia 和 Lan 及瑞典的 X. Kornmann 领导的课题组较为活跃；在国内，中科院化学所、浙江大学、湘潭大学等研究机构也取得了相当大的成就。X. Kornmann 等研究了纳米复合材料的合成中蒙脱土的阳离子交换容量（CEC）的影响。在环氧树脂分子浸润插层阶段，CEC 值较小的改性蒙脱土已经剥离，而较大 CEC 值的蒙脱土（CEC＝140mmol/100g）的剥离与插层时间有较大关系，在凝胶点前完成剥离。原因是 CEC 值较小的蒙脱土层间有较多的酸性烷基铵离子，对环氧树脂分子的自聚合反应有催化作用。Pinnavaia 等分别用 CEC 值不同的黏土，制备出了环氧树脂-黏土纳米复合材料；还研究了环氧树脂在酸性铵离子插层蒙脱土存在条件下的开环自聚合现象，同样制得了纳米复合材料。

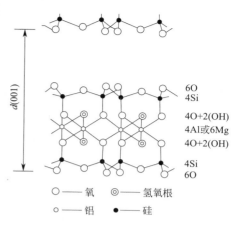

图 6-57　膨润土的结构示意图

天然膨润土是亲水性的，而多数高聚物是疏水性的，两者之间缺乏亲和力，难以混合。因此，要得到好的高聚物-膨润土复合材料，首先必须对膨润土进行有机化处理，使其具有亲油性，经处理的有机膨润土才可以进一步与单体或高聚物反应，在单体高聚或高聚物混合的过程中利用反应放热再次插层或剥离，然后均匀分散于高聚物基体中，从而形成插层型或剥离型复合材料。目前，制备高聚物-膨润土复合材料的方法主要有：原位插层聚合法、聚合物插层法、模板合成法和剥离吸附法。其制备原理如图 6-58 所示。

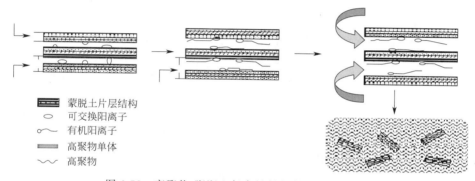

图 6-58　高聚物-膨润土复合材料的制备原理示意图

粟笛等首先对钙基膨润原土进行钠化处理，制得钠基膨润土，利用大分子链烷基胺对钠基膨润土进行了有机化改性。XRD 测试表明运用有机插层剂对钠基膨润土进行插层可以明显增大其层间距，优化工艺所制备的有机膨润土的层间距比钠基膨润土提高了 48％。FTIR 和 TGA 测试表明有机膨润土保持了硅酸盐基本骨架，同时有机物的亚甲基基团已经进入层间结构中，有利于其和有机相的相容和分散。作者利用环氧树脂/有机膨润土/酸酐固化剂制备了复合材料，将有机膨润土与固化剂体系先进行搅拌混合，有利于膨润土在复合材料中较好地分散和提高其综合性能。XRD 测试表明，复合材料一级衍射峰均已消失，环氧树脂的插层使膨润土层间距增大，部分膨润土已达到剥离的程度。在有机膨润土含量为 3％～4％时，复合材料的拉伸强度和冲击强度达到最佳。环氧树脂的断面较为光滑平整，为典型脆性断裂，复合材料的断面有较多银纹，呈现韧性断裂特征。TGA 实验表明，复合材料的初始热分解温度比纯环氧树脂提高了 11.6℃，说明复合材料的耐热性较纯环氧树脂有所改善。此外，复合材料的介电性能也有所改善。

6.3.6　高聚物-高岭土纳米复合材料

高岭土属于典型的层状硅酸盐矿物，其中硅氧四面体和铝氧八面体的个数比为 1：1，通过共用氧原子连接形成晶层单元，在硅氧四面体和铝氧八面体组成的单元层中，四面体的边缘是氧原子，八面体的边缘是氢氧基团，存在非对称效应，层间距只有 0.72nm，层间不易滑动。高岭土具有规整度较高的片层结构、良好的可塑性、吸附性、易分散性、高白度、较大的比表面积和优良的电绝缘性等优点。另外，因其分散在聚合物中具有较高的取向而被广泛应用于电子、陶瓷、橡胶、塑料、造纸、石油化工、涂料等行业。高岭土因其资源丰富、分布较广、开采成本低廉、层间距小、所含杂质少、尺寸稳定性较高等优点，日渐成为近年来取代硅酸盐蒙脱土的最佳选择。但高岭土的特殊结构决定晶格内不存在同晶置换，导致高岭土二维层中基本不能吸附阳离子，即不能像蒙脱土那样通过离子交换的简单方式就可以将有机小分子或者聚合物大分子引入高岭土的层间。高岭土进行有机插层反应要比蒙脱土困难，而且插层剂的选择也比较苛刻。另外，高岭土层间氢键的作用强，也不利于插层反应的进行。高岭土层间由氢键作用和范德瓦耳斯力相互吸引，因此具有较大的内聚能，小分子不易进入其层间。高岭土层间连接紧密，分散度比较低，通过插层改性改变高岭土层间环境一直是高岭土改性的研究热点。

高岭土不能像蒙脱土那样进行阳离子交换，但是可以通过极性有机小分子的嵌合复合进行插层改性。能与高岭土进行插层反应的有机物较少，除一些极性比较大的小分子能插入高岭土层间，如二甲基亚砜、尿素、甲酰胺、乙酰胺、乙酸钾等，其他分子只能通过置换进入高岭土层间，即通过二次插层置换出高岭土层间的强极性小分子制备插层高岭土前驱体。这种前驱体作为聚合反应的单体，在引发剂的作用下发生聚合反应可制备性能优异的高聚物-高岭土复合材料。目前研究工作大多集中在插层剂的选择和插层工艺的探讨。根据插层反应效果的不同插层剂可以分为两种：直接插层剂和间接插层剂。直接插层剂指通过施加一定的条件就能进入高岭土层间的一类物质，如二甲基亚砜、乙酸钾、肼等。间接插层剂指不能与高岭土进行插层反应进入高岭土层间，但可以通过置换反应置换出高岭土层间含有—NH_2、—CO—NH—、—CO—等官能团的极性小分子的一类物质，这类物质通常为有机大分子。根据对高岭土插层改性机理的不同，将插层剂分为如下三类：①小分子脂肪酸或碱金属盐；②含有质子活性的有机分子，可以通过得电子而形成氢键，因为氧为弱电子受体从而与高岭土中的硅氧层形成氢键；③具有较大偶极矩的含有质子惰性的有机分子，这类有机分子是通过失电子形成氢键，主要进攻与高岭土片层中硅氧八面体相连的羟基形成氢键而插层进入高岭土层间。

高聚物-高岭土复合材料是指由高岭土作为分散相与高聚物复合所得的材料。如前所述，插层-解离程度越大，复合材料的性能越好。插层改性后的高岭土经过有机改性，如偶联剂表面改性、表面疏水改性等使高岭土由常规亲水表面转换成亲有机物的表面，提高高聚物对高岭土的润湿能力，改善高岭土在有机物基体中的分散效果，制备高聚物-高岭土纳米复合材料。此外，通过插层改性，高岭土层间引入单体引发聚合反应，提高无机物和基体高聚物的粘接性能。高聚物-高岭土纳米复合材料除了具备高聚物-蒙脱土纳米复合材料所具有的优异综合性能外，还能减少由硅酸盐表面羟基引起的高聚物老化，成本仅相当于高聚物-蒙脱土纳米复合材料的 1/5～1/3。

插层后聚合的方法是制备无机-有机复合材料的一种行之有效的方法。聚氨酯-高岭土复合材料可通过原位插层聚合法制备。X. G. Chen 采用煅烧高岭土和插层高岭土一步原位聚合法分别制备出聚氨酯-改性高岭土泡沫复合材料。经过煅烧的高岭土变为无定形态，在聚氨酯基体中发生团聚。乙酸钾插层高岭土的层间距由 0.715nm 增大为 1.407nm，在聚氨酯基体中分散均匀。FTIR 显示两种高岭土对聚氨酯的结构影响微弱，氢键化作用小。插层高岭土复合材料的分散性和力学性能优于煅烧高岭土复合材料。T. H. Ferrigno 制备了柔性聚氨酯（PU）泡沫-高岭土复合材料，研究了高岭土的不同添加量对泡沫材料性能的影响。加入1.4%的高岭土可制得空洞比较均匀的聚氨酯泡沫塑料，填充高岭土的聚氨酯泡沫在低频区域具有优良的吸声特性。S. Roopa 采用蓖麻油、2,4-甲苯二异氰酸酯和酒石酸作为扩链剂、高岭土为填料合成了一系列高岭土含量不同的浇注型聚氨酯材料。结果表明，添加高岭土改善了材料的物理机械性能及耐化学品性能，高岭土在合适的添加范围内材料的拉伸强度和拉伸模量显著改善，PU 复合材料表现出更佳的耐酸、碱性。

A. K. Krishnan 通过熔融共混法制备出一种聚丙烯（PP）-聚苯乙烯（PS）-高岭土复合材料。结果表明，与未改性的纳米高岭土相比较，纳米高岭土通过表面改性后，能明显提高复合材料的拉伸强度和拉伸模量，纳米高岭土的加入明显提高了高岭土-PP-PS 复合材料的热稳定性。A. Ariffin、A. S. Mansor 用季铵化合物表面处理高岭土，与马来酸酐接枝的聚丙烯经熔融共混制备复合材料。经表面处理的高岭土很好地分散在聚丙烯基体中，改性高岭土的添加提高了马来酸酐接枝聚丙烯材料的冲击强度及韧性，材料的熔体指数及结晶性都得到明显改善。

宋海峰制备了插层改性高岭土，并对其插层条件进行了探索，原位聚合法制备聚氨酯-改性高岭土乳液、熔融共混制备高聚物-改性高岭土复合材料，考察了插层改性高岭土在聚氨酯乳液、聚丙烯、ABS 基体中的应用并研究了插层改性高岭土的用量对高聚物基复合材料的结构及其性能的影响。

6.3.7　层状硅酸盐纳米插层复合水凝胶

水凝胶是一种含有大量水分的具有三维网状结构的高分子溶胀体，由亲水性的高分子化合物交联而成，具有良好的吸水性、柔软性、黏稠性、生物相容性等特性，广泛应用在农林、园艺、纺织、医药、人工器官、石油化工、建材、环保、食品、日用品、化妆品等方面。然而，由于化学交联法制备的传统水凝胶的力学性能差、响应速度慢，使其应用受到了限制。在这类纳米复合材料所具有的特殊性能启发下，在水凝胶中加入硅酸盐作为增强剂成为研究人员的研究方向。特别是 Haraguchi 小组以无机黏土代替传统的化学交联剂制备出聚（N-异丙基丙烯酰胺）-黏土纳米复合水凝胶。这类凝胶具有良好的透明性、较快的消溶胀速率和优异的力学性能，为水凝胶的研究拓展了新的方向。

聚合物直接插层法是将聚合物熔体或溶液与层状硅酸盐混合，利用力学或热力学作用使硅酸盐剥离成纳米尺度的片层并均匀分散在聚合物中。此方法在水凝胶的合成中应用相对较少。在以层状硅酸盐为无机成分的纳米复合水凝胶中，黏土的插层效果是影响凝胶性能的重要因素，当黏土简单地物理填充到有机凝胶网络中，在微米级别上进行混合，所得凝胶强度远低于插层复合形式，而当黏土进一步被剥离后，凝胶的强度则有明显改善。除此之外，黏土表面的羟基与高分子间形成氢键，以及亲水性单体在黏土表面接枝共聚也是提高凝胶性能的因素。

与硅酸盐纳米复合结构不同，Haraguchi 等制备的黏土交联凝胶（NC 凝胶）结构中黏土不再是以简单物理复合的形式存在于凝胶中，而是作为交联剂将有机聚合物交联成网状结构，从而大大提高了凝胶的强度与弹性。相比之下，化学交联剂交联的凝胶，由于交联点之间的不均匀性与固定性，使所得凝胶在承受压力时，易造成压力集中而破碎。与常见的硅酸镁铝类黏土不同，构成 NC 凝胶的无机黏土硅酸镁锂是直径为 30nm、厚度为 1nm 的片层结构，片层表面带有负电荷，片层边缘带有正电荷。当分散在水中时，发生剥离，形成透明均一的溶液；当黏土浓度超过一定值时，由于电荷间的相互吸引，形成所谓的"卡片屋"结构。

Dalaran 等利用丙烯酸、2-(二乙基氨基)甲基丙烯酸乙酯（2-DEAEMA）和蒙脱土

（MMT）通过原位自由基加成聚合制成复合水凝胶，来吸附水溶液中的靛蓝胭脂红。Aydin 等在钠基蒙脱土和有机改性的蒙脱土存在下，以乙二醇二甲基丙烯酸酯为交联剂进行丙烯酰 胺的原位自由基聚合，制备了一系列聚丙烯酰胺-蒙脱土复合水凝胶。当有机改性的蒙脱土 加入量为 0.5% 时，材料具有最大的平衡溶胀比和最高的压缩强度。

　　经过近十年的发展，有机复合水凝胶已经取得了许多令人瞩目的成果，其力学性能不断 提高，反应机理的研究正在深入。但是，从其实际应用来看，围绕凝胶材料的合成方式、所 选用单体的种类、改性剂的效果等方面还有大量工作要做，特别是应该加强对反应机理的研 究。为了提高复合水凝胶的力学性能，可以采用多种交联方式以及利用氢键等物理相互作 用。此外，有机复合水凝胶实际应用的工作还不多见，应该继续加强这方面的工作。总之， 对于有机复合水凝胶材料的合成与应用研究还有许多技术难题尚待解决，随着对其研究的进 一步深入，相信技术难题能够得到突破。

参 考 文 献

[1]　Martin-Gallego M，Verdejo R，Lopez-Manchado M A，Sangermano M. Epoxy-Graphene UV-cured nanocomposites. Polymer，2011，52：4664-4669.

[2]　Teng C C，Ma C C M，Lu C H，Yang S Y，Lee S H，Hsiao M C，Yen M Y，Chiou K C，Lee T M，Thermal conductivity and structure of non-covalent functionalized graphene-epoxy composites. Carbon，2011，49：5107-5116.

[3]　Wang J，Hu H，Wang X，Xu C，Zhang M，Shang X. Preparation and mechanical and electrical prop-erties of graphene nanosheets-poly（methyl methacrylate）nanocomposites via in situ suspension poly-merization. J Appl Polym Sci，2011，122：1866-1871.

[4]　Potts J R，Lee S H，Alam T M，An J，Stoller M D，Piner R D，Ruoff R S. Thermomechanical prop-erties of chemically modified graphene-poly（methyl methacrylate）composites made by in situ polymeri-zation. Carbon，2011，49：2615-2623.

[5]　Zhao X，Zhang Q，Chen D，Lu P. Enhanced Mechanical Properties of Graphene-Based Poly（vinyl al-cohol）Composites. Macromolecules，2010，43：2357-2363.

[6]　Bao C，Guo Y，Song L，Hu Y. Poly（vinyl alcohol）nanocomposites based on graphene and graphite oxide：a comparative investigation of property and mechanism. J Mater Chem，2011，21：13942-13950.

[7]　Yan D，Li X，Ma H L，Tang X Z，Zhang Z，Yu Z Z. Effect of compounding sequence on localization of carbon nanotubes and electrical properties of ternary nanocomposites. Composites Part A Applied Sci-ence & Manufacturing，2013，49：35-41.

[8]　Li W，Tang X Z，Zhang H B，Jiang Z G，Yu Z Z，Du X S，Mai Y W. Simultaneous surface function-alization and reduction of graphene oxide with octadecylamine for electrically conductive polystyrene com-posites. Carbon，2011，49：4724-4730.

[9]　Yun Y S，Bae Y H，Kim D H，Lee J Y，Chin I J，Jin H J. Reinforcing effects of adding alkylated gra-phene oxide to polypropylene. Carbon，2011，49：3553-3559.

[10]　Song P，Cao Z，Cai Y，Zhao L，Fang Z，Fu S. Fabrication of exfoliated graphene-based polypropylene nanocomposites with enhanced mechanical and thermal properties. Polymer，2011，52：4001-4010.

[11]　Kuila T，Bose S，Hong C E，Uddin M E，Khanra P，Kim N H，Lee J H. Preparation of functional-ized graphene-linear low density polyethylene composites by a solution mixing method. Carbon，2011，49：1033-1037.

[12]　Gao J，Chen F，Wang K，Deng H，Zhang Q，Bai H，Fu Q. A promising alternative to conventional polyethylene with poly（propylene carbonate）reinforced by graphene oxide nanosheets. J Mater Chem，2011，21：17627-17630.

[13] Yoonessi M, Gaier J R. Highly Conductive Multifunctional Graphene Polycarbonate Nanocomposites. ACS Nano, 2010, 4: 7211-7220.

[14] Potts J R, Murali S, Zhu Y, Zhao X, Ruoff R S. Microwave-Exfoliated Graphite Oxide-Polycarbonate Composites. Macromolecules, 2011, 44: 6488-6495.

[15] Wang J Y, Yang S Y, Huang Y L, Tien H W, Chin W K, Ma C C M. Preparation and properties of graphene oxide-polyimide composite films with low dielectric constant and ultrahigh strength via in situpolymerization. J Mater Chem, 2011, 21: 13569-13575.

[16] Luong N D, Hippi U, Korhonen J T, Soininen A J, Ruokolainen J, Johansson L S, Nam J D, Sinh L H, Seppälä J. Enhanced mechanical and electrical properties of polyimide film by graphene sheets via in situ polymerization. Polymer, 2011, 52: 5237-5242.

[17] Yang X, Ma L, Wang S, Li Y, Tu Y, Zhu X. "Clicking" graphite oxide sheets with well-defined polystyrenes: A new Strategy to control the layer thickness. Polymer, 2011, 52: 3046-3052.

[18] Collins W R, Schmois E, Swager T M. Graphene oxide as an electrophile for carbon nucleophiles. Chem Commun, 2011, 47: 8790-8792.

[19] Yang H, Kwon Y, Kwon T, Lee H, Kim B J. "Click" Preparation of CuPt Nanorod-Anchored Graphene Oxide as a Catalyst in Water. Small, 2012, 8: 3161-3168.

[20] Chang H, Wang G, Yang A, Tao X, Liu X, Shen Y, Zheng Z. A transparent, flexible, low-temperature, and solution-processible graphene composite electrode. Adv Funct Mater, 2010, 20: 2893-2902.

[21] Wu Q, Xu Y, Yao Z, Liu A, Shi G. Supercapacitors based on flexible graphene-polyaniline nanofiber composite films. ACS nano, 2010, 4: 1963-1970.

[22] Barroso-Bujans F, Cerveny S, Verdejo R, Val J J D, Alberdi J M, Alegría A, Colmenero J. Permanent adsorption of organic solvents in graphite oxide and its effect on the thermal exfoliation. Carbon, 2010, 48: 1079-1087.

[23] Fang M, Wang K, Lu H, Yang Y, Nutt S. Single-layer graphene nanosheets with controlled grafting of polymer chains. J Mater Chem, 2010, 20: 1982-1992.

[24] Guo Y, Bao C, Song L, Yuan B, Hu Y. In Situ Polymerization of Graphene, Graphite Oxide, and Functionalized Graphite Oxide into Epoxy Resin and Comparison Study of On-the-Flame Behavior. Ind eng chem res, 2011, 50: 7772-7783.

[25] Shen B, Zhai W, Cao C, Lu D, Jing W, Zheng W. Melt Blending In situ Enhances the Interaction between Polystyrene and Graphene through π-π Stacking. ACS Appl Mater Interfaces, 2011, 3: 3103.

[26] Lee T, Yun T, Park B, Sharma B, Song H K, Kim B S. Hybrid multilayer thin film supercapacitor of graphene nanosheets with polyaniline: importance of establishing intimate electronic contact through nanoscale blending. J Mater Chem, 2012, 22: 21092-21099.

[27] Zhao X, Zhang Q, Hao Y, Li Y, Fang Y, Chen D. Alternate Multilayer Films of Poly (vinyl alcohol) and Exfoliated Graphene Oxide Fabricated via a Facial Layer-by-Layer Assembly. Macromolecules, 2010, 43: 9411-9416.

[28] Liang Q, Yao X, Wang W, Liu Y, Wong C P. A Three-Dimensional Vertically Aligned Functionalized Multilayer Graphene Architecture: An Approach for Graphene-Based Thermal Interfacial Materials. ACS Nano, 2011, 5: 2392-2401.

[29] Park S, Mohanty N, Suk J W, Nagaraja A, An J, Piner R D, Cai W, Dreyer D R, Berry V, Ruoff R S. Biocompatible, Robust Free-Standing Paper Composed of a TWEEN-Graphene Composite. Adv Mater, 2010, 22: 1736-1740.

[30] Li Q, Guo Y, Li W, Qiu S, Zhu C, Wei X, Chen M, Liu C, Liao S, Gong Y, Mishra A K, Liu L. Ultrahigh Thermal Conductivity of Assembled Aligned Multilayer Graphene-Epoxy Composite. Chem Mater, 2014, 26: 4459-4465.

[31] Yousefi N，Lin X，Zheng Q，Shen X，Pothnis J R，Jia J，Zussman E，Kim J K. Simultaneous in situ reduction，self-alignment and covalent bonding in graphene oxide-epoxy composites. Carbon，2013，59：406-417.

[32] Lin X，Shen X，Zheng Q，Yousefi N，Ye L，Mai Y W，Kim J K. Fabrication of Highly-Aligned，Conductive，and Strong Graphene Papers Using Ultralarge Graphene Oxide Sheets. ACS Nano，2012，6：10708-10719.

[33] Yousefi N，Gudarzi M M，Zheng Q，Lin X，Shen X，Jia J，Sharif F，Kim J K. Highly aligned，ultralarge-size reduced graphene oxide-polyurethane nanocomposites：Mechanical properties and moisture permeability，Composites Part A：Applied Science and Manufacturing，2013，49：42-50.

[34] Ping F，Lei W，Jintao Y，Feng C，Mingqiang Z. Graphene-poly（vinylidene fluoride）composites with high dielectric constant and low percolation threshold. Nanotechnology，2012，23：365702.

[35] Wu S，Ladani R B，Zhang J，Bafekrpour E，Ghorbani K，Mouritz A P，Kinloch A J，Wang C H. Aligning multilayer graphene flakes with an external electric field to improve multifunctional properties of epoxy nanocomposites. Carbon，2015，94：607-618.

[36] Liu C，Yan H，Chen Z，Yuan L，Liu T. Enhanced tribological properties of bismaleimides filled with aligned graphene nanosheets coated with Fe_3O_4 nanorods. J Mater Chem，2015，A3：10559-10565.

[37] Yan H，Wang R，Li Y，Long W. Thermal Conductivity of Magnetically Aligned Graphene-Polymer Composites with Fe_3O_4-Decorated Graphene Nanosheets. J Electron Mater，2015，44：658-666.

[38] Xu Z，Gao C. Graphene chiral liquid crystals and macroscopic assembled fibres. Nature Communications，2011，2：571.

[39] Jiang Z，Li Q，Chen M，Li J，Li J，Huang Y，Besenbacher F，Dong M. Mechanical reinforcement fibers produced by gel-spinning of poly-acrylic acid（PAA）and graphene oxide（GO）composites. Nanoscale，2013，5：6265-6269.

[40] Kou L，Gao C. Bioinspired design and macroscopic assembly of poly（vinyl alcohol）-coated graphene into kilometers-long fibers. Nanoscale，2013，5：4370-4378.

[41] Suk J W，Piner R D，An J，Ruoff R S. Mechanical properties of monolayer graphene oxide. Acs Nano，2010，4：6557-6564.

[42] Ai K，Liu Y，Lu L，Cheng X，Huo L. A novel strategy for making soluble reduced graphene oxide sheets cheaply by adopting an endogenous reducing agent. J Mater Chem，2011，21：3365-3370.

[43] James D K，Tour J M. Graphene：powder，flakes，ribbons，and sheets. Acc Chem Res，2013，46：2307-2318.

[44] Zhu Y，Mural Si，Cai W，Li X，Suk J W，Potts J R，Ruoff R S. Graphene and Graphene Oxide：Synthesis，Properties，and Applications. Adv Mater，2010，41：3906-3924.

[45] Li Z，Wu J，Lei J. Graphene and Its Polymer Nanocomposites. Progress in Chemistry，2014，26：560-571.

[46] Rohini R，Katti P，Bose S. Tailoring the interface in graphene-thermoset polymer composites：A critical review. Polymer，2015，70：A17-A34.

[47] Coleman J N. Liquid exfoliation of defect-free graphene. Acc Chem Res，2013，46：14-22.

[48] Hadden C M，Klimek-Mcdonald D R，Pineda E J，King J A，Reichanadter A M，Miskioglu I，Gowtham S，Odegard G M. Mechanical properties of graphene nanoplatelet-carbon fiber-epoxy hybrid composites：Multiscale modeling and experiments. Carbon，2015，95：100-112.

[49] Saravanan N，Rajasekar R，Mahalakshmi S，Sathishkumar T P，Sasikumar K，Sahoo S. Graphene and modified graphene-based polymer nanocomposites——A review. Journal of Reinforced Plastics & Composites，2014，33：1158-1170.

[50] Tjong S C. Polymer composites with graphene nanofillers：electrical properties and applications. Journal of Nanoscience & Nanotechnology，2014，14：1154.

[51]　Cheng Q，Jiang L，Tang Z. Bioinspired layered materials with superior mechanical performance. Acc Chem Res，2014，47：1256-1266.

[52]　Shah R，Kausar A，Muhammad B，Shah S. Progression from Graphene and Graphene Oxide to High Performance Polymer-Based Nanocomposite：A Review. Polymer-Plastics Technology and Engineering，2015，54：173-183.

[53]　Huang T，Lu R，Su C，Wang H，Guo Z，Liu P，Huang Z，Chen H，Li T. Chemically Modified Graphene-Polyimide Composite Films Based on Utilization of Covalent Bonding and Oriented Distribution. ACS Appl Mater Interfaces，2012，4：2699-2708.

[54]　Wang H，Xie G，Fang M，Ying Z，Tong Y，Zeng Y. Electrical and mechanical properties of antistatic PVC films containing multi-layer graphene. Composites Part B，2015，79：444-450.

[55]　Zang J，Ryu S，Pugno N，Wang Q，Tu Q，Buehler M J，Zhao X. Multifunctionality and control of the crumpling and unfolding of large-area graphene. Nat Mater，2013，12：321-325.

[56]　Wang H，Xie G，Zhu Z，Ying Z，Zeng Y. Enhanced tribological performance of the multi-layer graphene filled poly（vinyl chloride）composites. Composites Part A Applied Science &. Manufacturing，2014，67：268-273.

[57]　Wang H，Xie G，Yang C，Zheng Y，Ying Z，Ren W，Zeng Y. Enhanced toughness of multilayer graphene filled poly（vinyl chloride）composites prepared using melt-mixing method. Polym Compos，2015.

[58]　Kaur G，Adhikari R，Cass P，Bown M，Evans M D M，Vashi A V，Gunatillake P. Graphene-polyurethane composites：fabrication and evaluation of electrical conductivity，mechanical properties and cell viability. RSC Adv，2015，5：98762-98772.

[59]　Appel A K，Thomann R，Mülhaupt R. Polyurethane nanocomposites prepared from solvent-free stable dispersions of functionalized graphene nanosheets in polyols. Polymer，2012，53：4931-4939.

[60]　Pang H，Chen C，Bao Y，Chen J，Ji X，Lei J，Li Z M. Electrically conductive carbon nanotube-ultrahigh molecular weight polyethylene composites with segregated and double percolated structure. Mater Lett，2012，79：96-99.

[61]　Dimiev A，Lu W，Zeller K，Crowgey B，Kempel L C，Tour J M. Low-loss，high-permittivity composites made from graphene nanoribbons. ACS Appl Mater Interfaces，2011，3：4657-4661.

[62]　Verdejo R，Bernal M M，Romasanta L J，Lopezmanchado M A. Graphene filled polymer nanocomposites. J Mater Chem，2011，21：3301-3310.

[63]　Shang J，Chen Y，Zhou Y，Liu L，Wang G，Li X，Kuang J，Liu Q，Dai Z，Miao H. Effect of folded and crumpled morphologies of graphene oxide platelets on the mechanical performances of polymer nanocomposites. Polymer，2015，68：131-139.

[64]　Zhao D，Li Z，Liu L，Zhang Y，Ren D，Li J. Progress of Preparation and Application of Graphene-Carbon Nanotube Composite Materials. Acta Chim Sinica，2014，72：185.

[65]　Yuan F Y，Zhang H B，Li X，Ma H L，Li X Z，Yu Z Z. In situ chemical reduction and functionalization of graphene oxide for electrically conductive phenol formaldehyde composites. Carbon，2014，68：653-661.

[66]　Chen Z，Ren W，Gao L，Liu B，Pei S，Cheng H M. Three-dimensional flexible and conductive interconnected graphene networks grown by chemical vapour deposition. Nat Mater，2011，10：424.

[67]　Ma H L，Zhang H B，Hu Q H，Li W J，Jiang Z G，Yu Z Z，Dasari A. Functionalization and reduction of graphene oxide with p-phenylene diamine for electrically conductive and thermally stable polystyrene composites. ACS Appl Mater Interfaces，2012，4：1948-1953.

[68]　De Bellis G，Tamburrano A，Dinescu A，Santarelli M L，Sarto M S. Electromagnetic properties of composites containing graphite nanoplatelets at radio frequency. Carbon，2011，49：4291-4300.

[69]　Du J，Zhao L，Zeng Y，Zhang L，Li F，Liu P，Liu C. Comparison of electrical properties between

multi-walled carbon nanotube and graphene nanosheet-high density polyethylene composites with a segregated network structure. Carbon, 2011, 49: 1094-1100.

[70] Jones W E, Chiguma J, Johnson E, Pachamuthu A, Santos D. Electrically and Thermally Conducting Nanocomposites for Electronic Applications. Materials, 2010, 501 (3): 500-502.

[71] Araby S, Meng Q, Zhang L, Zaman I, Majewski P, Ma J. Elastomeric composites based on carbon nanomaterials. Nanotechnology, 2015, 26: 112001.

[72] Chu K, Jia C, Li W. Effective thermal conductivity of graphene-based composites. Appl Phys Lett, 2012, 101: 121916.

[73] Chu K, Li W S, Dong H. Role of graphene waviness on the thermal conductivity of graphene composites. Appl Phys, 2013, A111: 221-225.

[74] Li Q, Guo Y, Li W, Qiu S, Zhu C, Wei X, Chen M, Liu C, Liao S, Gong Y. Ultrahigh Thermal Conductivity of Assembled Aligned Multilayer Graphene-Epoxy Composite. Chem Mater, 2014, 26: 4459-4465.

[75] Liu N, Luo F, Wu H, Liu Y, Zhang C, Chen J. One-Step Ionic-Liquid-Assisted Electrochemical Synthesis of Ionic-Liquid-Functionalized Graphene Sheets Directly from Graphite. Adv Funct Mater, 2010, 18: 1518-1525.

[76] Kyhl L, Nielsen S F, AG Č, Cassidy A, Miwa J A, Hornekær L. Graphene as an anti-corrosion coating layer. Faraday Discuss, 2015, 180: 495.

[77] Ji H P, Park J M. Electrophoretic deposition of graphene oxide on mild carbon steel for anti-corrosion application. Surface & Coatings Technology, 2014, 254: 167-174.

[78] Berman D, Erdemir A, Sumant A V. Graphene: a new emerging lubricant ☆. Mater Today, 2014, 17: 31-42.

[79] Li H, Chen L, Zhang Y, Ji X, Chen S, Song H, Li C, Tang H. Synthesis of $MoSe_2$/Reduced graphene oxide composites with improved tribological properties for oil-based additives. Crystal Research & Technology, 2014, 49: 204-211.

[80] Dittrich B, Wartig K A, Hofmann D, Mülhaupt R, Schartel B. Flame retardancy through carbon nanomaterials: Carbon black, multiwall nanotubes, expanded graphite, multi-layer graphene and graphene in polypropylene. Polymer Degradation & Stability, 2013, 98: 1495-1505.

[81] Song P A, Yu Y, Zhang T, Fu S, Fang Z, Wu Q. Permeability, Viscoelasticity, and Flammability Performances and Their Relationship to Polymer Nanocomposites. Industrial & Engineering Chemistry Research, 2012, 51: 7255-7263.

[82] Mulay S R, Desai J, Kumar S V, Eberhard J N, Thomasova D, Romoli S, Grigorescu M, Kulkarni O P, Popper B, Vielhauer V. Helical microtubules of graphitic carbon. Nature, 2016, 354: 56-58.

[83] Gogotsi Y, Libera J A, Yoshimura M. Hydrothermal synthesis of multiwall carbon nanotubes. J Mater Res, 2011, 15: 2591-2594.

[84] Gong X, Liu J, Baskaran S, And R D V, Young J S. Surfactant-Assisted Processing of Carbon Nanotube-Polymer Composites. Chem Mater, 2016, 12: 1049-1052.

[85] Dondero W E, Gorga R E. Morphological and mechanical properties of carbon nanotube-polymer composites via melt compounding. Journal of Polymer Science Part B Polymer Physics, 2010, 44: 864-878.

[86] Kim J Y, Kim S H. Influence of multiwall carbon nanotube on physical properties of poly (ethylene 2,6-naphthalate) nanocomposites. Journal of Polymer Science Part B Polymer Physics, 2010, 44: 1062-1071.

[87] Bellayer S, Gilman J W, Eidelman N, Bourbigot S, Flambard X, Fox D M, De Long H C, Trulove P C. Preparation of Homogeneously Dispersed Multiwalled Carbon Nanotube-Polystyrene Nanocomposites via Melt Extrusion Using Trialkyl Imidazolium Compatibilizer. Adv Funct Mater, 2010, 15: 910-

916.

[88] Wang B, Sun G, Liu J, He X, Jing L. Crystallization behavior of carbon nanotubes-filled polyamide 1010. J Appl Polym Sci, 2010, 100: 3794-3800.

[89] Shin D H, Yoon K H, Kwon O H, Min B G, Chang I H. Surface resistivity and rheological behaviors of carboxylated Multiwall carbon nanotube-filled PET composite film. J Appl Polym Sci, 2010, 99: 900-904.

[90] Tong X, Liu C, Cheng H M, Zhao H, Yang F, Zhang X. Surface modification of single-walled carbon nanotubes with polyethylene via in situ Ziegler-Natta polymerization. J Appl Polym Sci, 2010, 92: 3697-3700.

[91] Cheng Q, Bao J, Park J G, Liang Z, Zhang C, Wang B. High Mechanical Performance Composite Conductor: Multi-Walled Carbon Nanotube Sheet-Bismaleimide Nanocomposites. Adv Funct Mater, 2010, 19: 3219-3225.

[92] Hou Haoqing, Jason J Ge, Zeng Jun, Li Qing, Darrell H Reneker, Andreas Greiner, Cheng S Z D. Electrospun Polyacrylonitrile Nanofibers Containing a High Concentration of Well-Aligned Multiwall Carbon Nanotubes. Chem Mater, 2014, 17: 967-973.

[93] Guru K, Mishra S, Shukla K. Effect of temperature and functionalization on the interfacial properties of CNT reinforced nanocomposites. Appl Surf Sci, 2015, 349: 59-65.

[94] Tallury S S, Pasquinelli M A. Molecular dynamics simulations of flexible polymer chains wrapping single-walled carbon nanotubes. The Journal of Physical Chemistry B, 2010, 114: 4122-4129.

[95] Tallury S S, Pasquinelli M A. Molecular dynamics simulations of polymers with stiff backbones interacting with single-walled carbon nanotubes. The Journal of Physical Chemistry B, 2010, 114: 9349-9355.

[96] Roy D, Bhattacharyya S, Rachamim A, Plati A, Saboungi M L. Measurement of interfacial shear strength in single wall carbon nanotubes reinforced composite using Raman spectroscopy. J Appl Phys, 2010, 107: 043501.

[97] Li Q, Zaiser M, Blackford J R, Jeffree C, He Y, Koutsos V. Mechanical properties and microstructure of single-wall carbon nanotube-elastomeric epoxy composites with block copolymers. Mater Lett, 2014, 125: 116-119.

[98] Ning N, Fu S, Zhang W, Chen F, Wang K, Deng H, Zhang Q, Fu Q. Realizing the enhancement of interfacial interaction in semicrystalline polymer-filler composites via interfacial crystallization. Prog Polym Sci, 2012, 37: 1425-1455.

[99] Huang J, Zhu Y, Jiang W, Yin J, Tang Q, Yang X. Parallel carbon nanotube stripes in polymer thin film with remarkable conductive anisotropy. ACS Appl Mater Interfaces, 2014, 6: 1754-1758.

[100] Liao G Y, Zhou X P, Chen L, Zeng X Y, Xie X L, Mai Y W. Electrospun aligned PLLA-PCL-functionalised multiwalled carbon nanotube composite fibrous membranes and their bio-mechanical properties. Compos Sci Technol, 2012, 72: 248-255.

[101] Cheng H K F, Pan Y, Sahoo N G, Chong K, Li L, Chan S H, Zhao J. Improvement in properties of multiwalled carbon nanotube-polypropylene nanocomposites through homogeneous dispersion with the aid of surfactants. J Appl Polym Sci, 2012, 124: 1117-1127.

[102] Liu T, Zhang R, Zhang X, Liu K, Liu Y, Yan P. One-step room-temperature preparation of expanded graphite. Carbon, 2017, 119: 544-547.

[103] Ganguli S, Roy A K, Anderson D P. Improved thermal conductivity for chemically functionalized exfoliated graphite-epoxy composites. Carbon, 2008, 46: 806-817.

[104] Thirumal M, Khastgir D, Singha N K, Manjunath B S, Naik Y P. Effect of expandable graphite on the properties of intumescent flame-retardant polyurethane foam. J Appl Polym Sci, 2010, 110: 2586-2594.

[105] Ding K，Duan. Study on polyethylene glycol-expanded graphite phase change composites for thermal storage. New Chemical Materials，2011，39：106-105.

[106] Han H，Lee J，Park D W，Shim S E. Surface modification of carbon black by oleic acid for mini-emulsion polymerization of styrene. Macromol Res，2010，18：435-441.

[107] Saini V K，Pinto M L，Pires J. Characterization of hierarchical porosity in novel composite monoliths with adsorption studies. Colloid and Surfaces A：Physicochemical Engineering Aspects，2011，373：158-166.

[108] 王锦成，陈月辉，杨科，等．MVQ-HOMMT 纳米复合材料的制备、结构与性能．橡胶工业，2010，57（4）：209-214.

[109] 徐新宇，翟玉春．PET 层状硅酸盐纳米复合材料的制备及其形态结构．材料科学与工程学报，2014，32（2）：163-167.

[110] 陈兴刚，桑晓明，安曼，等．插层剂对高岭土插层行为的影响．中国陶瓷，2013，02：21-25.

[111] 张生辉．高岭土-有机插层复合物的制备、表征及插层机理研究．徐州：中国矿业大学，2012.

[112] Strankowski M，Strankowska J，Gazda M，et al. Thermoplastic polyurethane-(organically modified montmorillonite) nanocomposites produced by in situ polymerization. Express Polymer Letters，2012，6（8）：610-619.

[113] Hou G X，Chen X G，Liu J J，et al. Morphologies and mechanical properties of polyurethane-epoxy resin interpenetrating network composites modified with kaolin. Polymer-Plastics Technology and Engineering，2011，50（12）：1208-1213.

[114] 宋海峰，石阳阳，黄毅萍，等．亲水改性高岭土-聚氨酯乳液的制备及性能表征．应用化工，2014，11：27-35.

[115] Krishnan A K，George T S，Anjana R，et al. Effect of modified kaolin clays on the mechanical properties of polypropylene-polystyrene blends. Journal of Applied Polymer Science，2013，127（2）：1409-1415.

[116] Zeng M，Feng Z，Huang Y，et al. Chemical structure and remarkably enhanced mechanical properties of chitosan-graft-poly（acrylic acid）-polyacrylamide double-network hydrogels. Polymer Bulletin，2016，74（1）：1-20.

[117] Dalaran M，EmiK S，Gu Lu G，et al. Study on a novel polyapholyte nanocomposite superabsorbents hydrogels：Synthesis，characterization and investigation of removel of indigo carmine form aqueous solution. Desalination，2011，279：170-182.

[118] Helvacloglu E，Aydin V，Nugay T，et al. High strength poly（acryl-amide）clay-hydrogels. Polym Res，2011，18：2341-2350.

[119] 廖双泉，赵艳芳，廖小雪．热塑性弹性体及其应用．北京：化学工业出版社，2014.

[120] 周达飞，唐颂超．高分子材料成型加工．北京：中国轻工业出版社，2013.

[121] 顾书英，任杰．聚合物基复合材料．北京：化学工业出版社，2013.

第**7**章

基于多组分反应的高聚物配方设计原理与应用

多组分反应指三种或三种以上的反应物发生一步化学反应，且生成的产物中含有所有起始原料。目前无论是在基础化学还是在化学工业领域，随着新材料、新技术的不断发展，多组分反应得到了飞速发展，已经涉及有机化学、高分子化学、应用化学、医药及材料科学等多个领域。

多组分反应已经有很长的历史，只是最近才引起人们的重视。实际上，许多重要的反应，如 Strecker 氨基酸合成（1850）、Hantsch 二氢吡啶合成（1882）、Biginelli 二氢嘧啶合成（1891）、Mannich 反应（1912）、异腈基 Passerini 反应（1921）和 Ugi 四组分反应（Ugi-4CR）（1959）等，事实上都是多组分反应。虽然多组分反应对于现代化学及其在复杂化合物，特别是新型高分子材料合成中的潜在应用价值有很重要的贡献，但直到最近几年，多组分反应在高分子合成、修饰方面的应用才引起人们的足够重视。

本章从多组分反应的"配方"角度，总结了近年来不断涌现出的多组分反应在高分子化学中的应用，如聚合反应中单体的合成、高聚物的合成以及高分子材料的后修饰过程。

7.1 多组分反应主要类型及机理

本节介绍了在高分子化学中有应用价值或潜在应用价值的多组分反应的基本配方及类型，包括 Passerini 反应、Ugi 四组分反应、Biginelli 反应。虽然多组分反应种类繁多且已广泛应用，但立体化学仍然是一个挑战。而立体构型对高分子材料的性能也有重要意义，因此，本节也会关注不同配方带来的立体化学的差异。

7.1.1 Passerini 反应

7.1.1.1 经典 Passerini 反应

经典 Passerini 反应的配方包括异腈、羧酸及羰基化合物（包括酮及醛），如图 7-1 所示。羰基化合物为手性前体，反应后生成一个新的立体中心，即 R^1、R^2 共同连接的碳原子。通常认为反应产物 4 是由中间体 3 经重排得到。但该中间体形成的方式较难解释。一种说法是涉及过渡态 2 的非离子机理。但过渡态 2 需要 3 个分子同时反应，概率较低，因此又产生了另一种说法，即分步机理：羰基化合物和羧酸首先配位形成松散结合的过渡态 1。由于三个组分均参与速率控制步骤，因此，只要有一个化合物是手性的，反应产物中就有不对称中心。

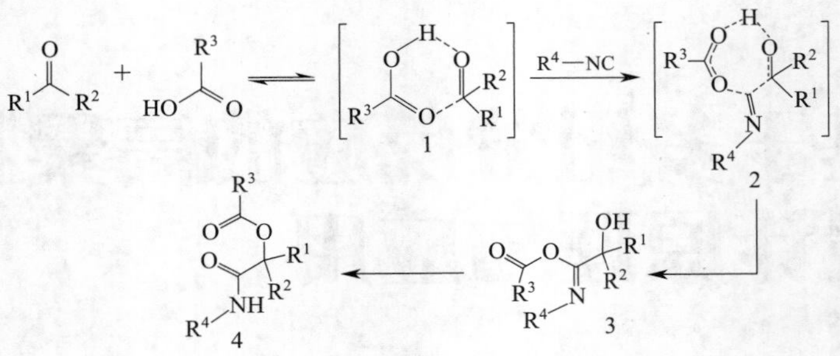

图 7-1 经典 Passerini 反应

在经典 Passerini 反应中，以及后续将要讨论的 Ugi 反应中，都会产生一个新的手性中心，但至今在见报道的反应中，多数反应的立体选择性很低甚至无立体选择性。而多数情况下，Passerini 反应中不对称中心的产生是由于使用了一种或多种光学纯的手性化合物。此时，我们需要关注的则是在该反应条件下的外消旋化。例如，羧酸和胺类化合物（Ugi 反应的配方之一）反应时一般不发生外消旋化，而手性羰基化合物或异腈化合物则易发生外消旋化。

在进行 Passerini 反应的配方设计过程中，变化最多的当属羰基化合物，而且羰基化合物也是新形成的唯一手性中心的来源物质。但在几乎所有涉及手性羰基化合物的反应中，非对映选择性均适中，在 (1∶1)～(4∶1) 的范围内。但是，具有 α 手性中心的羰基化合物则表现出非常低的立体选择性，尽管此类物质发生其他类型亲核加成反应时表现出高的立体选择性，而这其中的主要原因是异腈化合物的位阻较小。当配方中各物质形成的过渡态位阻增大时，非对映选择性则大幅增加，如图 7-2 所示的高位阻配方的 Passerini 反应。配方中羰基化合物与羧酸均含有六元环作为大位阻侧基并通过硫原子进行化学键连，而异腈化合物也包含六元环大位阻基团。该配方形成的中间体 6 由于存在三个大位阻环状结构，使一种非对映异构体的产生占有明显优势。因此，虽然原料酮酸 5 为外消旋化的，但反应只生成一种非对映异构体 7。

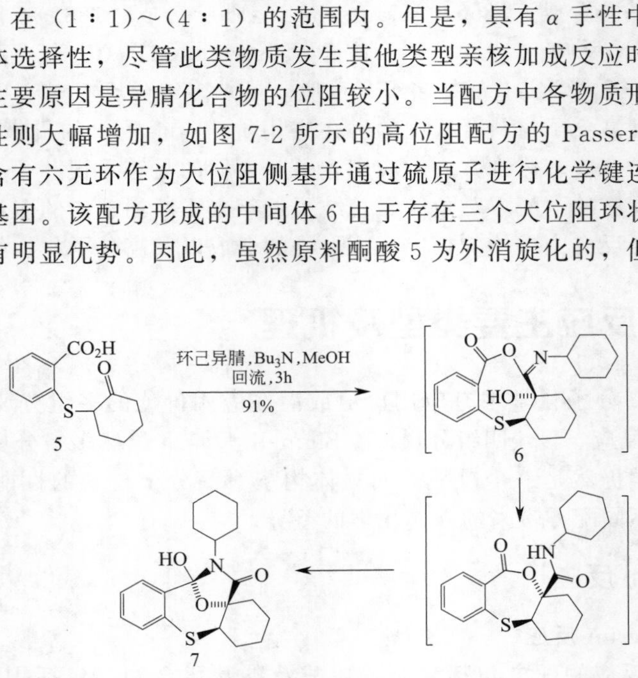

图 7-2 高位阻 Passerini 反应

7.1.1.2 Passerini 型反应

在进行配方设计过程中，羧酸组分有时可采用 Lewis 酸代替。与经典 Passerini 反应的产物不同，该类型的反应产物为 α-羟基酰胺，因此通常称为 Passerini 型反应。在同样条件下，即使羰基化合物或异腈化合物具有手性，产物一般也没有手性中心，只有很少例外，如图 7-3 所示的反应。在吡啶及三氟乙酸的存在下，环酮 8 与叔丁基异腈只生成一种产物。该例与图 7-2 共同说明，非对映选择性只有在选用高位阻的配方时才能得以体现，如使用刚性的环状化合物或多环化合物。

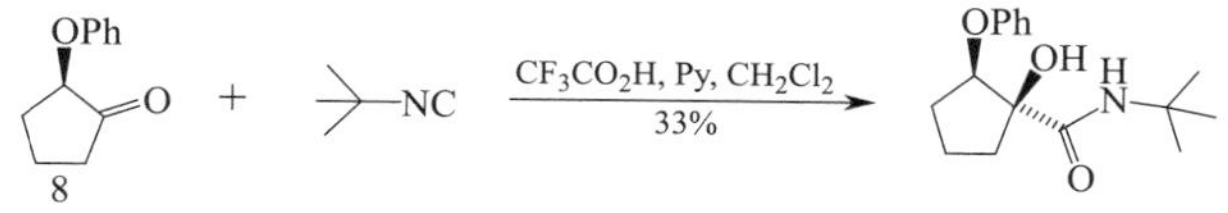

图 7-3 Passerini 型反应（高位阻）

7.1.2 Ugi 反应

7.1.2.1 分子间 Ugi 反应

（1）反应机理 经典的 Ugi 反应是指羰基化合物、异腈、胺和羧酸反应生成 α-酰氨基酰胺的反应。第一步是羰基化合物与胺反应生成亚胺。对于一些反应时间和产率适中的反应，也可使用预先制备的亚胺。这种亚胺与异腈及羧酸的反应可以看成是氮杂类似物的 Passerini 反应。因此，最初两类反应曾被认为具有相似的反应机理。但大量实验表明，Ugi 反应与 Passerini 反应机理并不相同，且更为复杂。

① 首先，在极性溶剂（例如甲醇）中有利于 Ugi 反应的进行，而 Passerini 反应在几乎无极性的溶剂如二氯甲烷和乙醚中反应速率更快。

② 其次，某些手性异腈在 Passerini 反应中得到很高的非对映体比值，而在相应的 Ugi 反应中没有立体选择性。

③ 最后，系统的研究表明，在 (S)-α-甲基苄胺作为手性辅助剂的不对称 Ugi 反应中，可以得到完全相反的立体选择性，说明至少有两种相互竞争的机理同时存在。

基于以上几点事实，说明 Ugi 反应中同时存在三种机理（如图 7-4 中所示，机理 A、B 和 C）。机理 A 与 Passerini 反应的机理相似，认为亚胺为 (E) 构型，有利于形成手性辅助剂 10（基于烯丙基互变理论），异腈从位阻最小的底面进攻，得到产物。另外，机理 B 和 C 认为是羧酸首先进攻亚胺，而不是异腈。羧酸在进攻亚胺后通过氢键形成中间体 13，随后被异腈从反面进攻发生构型反转。机理 B 和 C 的主要差别在于速率控制步骤。在机理 B 中，羧酸的加成反应为速率控制步骤，立体化学过程受动力学控制，而异腈未参与过渡态的形成。该机理解释了为何手性异腈参与的反应不产生手性中心。在机理 C 中异腈的取代反应为速率控制步骤，而生成 13 的可逆反应为预平衡。虽然 (R)-13 在动力学上是有利的，但此时 (S)-13 更稳定，因为在 (R)-13 中苯环与 R^1 之间存在不稳定的相互作用。(S)-13 经取代、重排后生成产物 (S)-12，结果与机理 A 相同。

改变反应物总浓度，产物构型发生反转：低浓度时 (S)-12 占优势，而高浓度下 (R)-12 占优势。这说明机理 B 和 C 之间存在竞争。异腈浓度升高有利于机理 B，因为高浓度加速了异腈的进攻，使其不再是速率控制步骤。其他组分的浓度对两种机理的效果相同。总之，就目前结果看，Ugi 反应主要通过竞争的机理 B 和 C 进行，但不能完全排除机理 A 的存在，尤其是在非极性溶剂中。

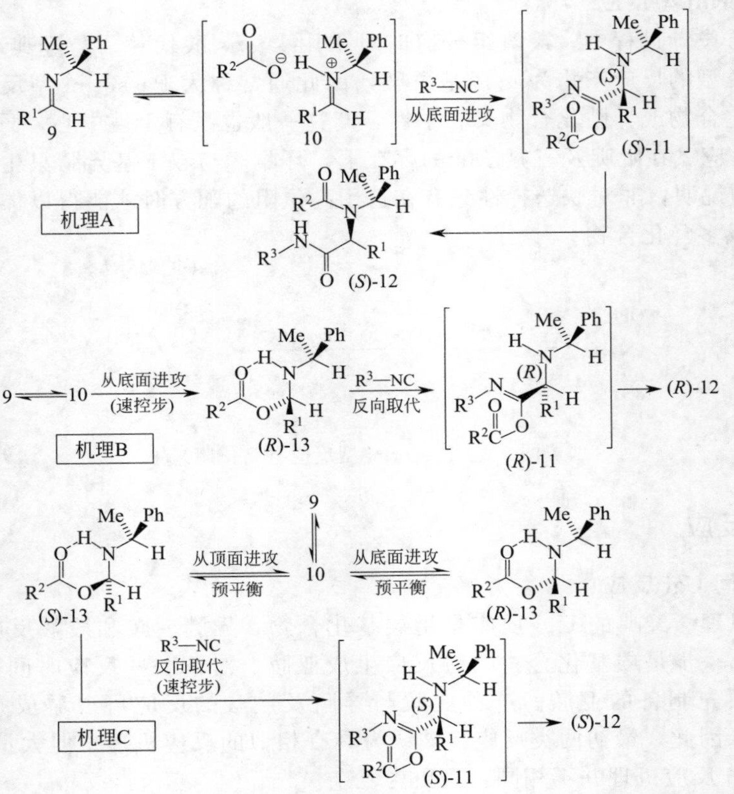

图 7-4　Ugi 反应机理

（2）配方设计

① 胺类

a. α-甲基苄胺　该类物质常用于 Ugi 反应中控制新的手性中心。氢解反应可容易地除去手性助剂。图 7-5 给出了化合物 14、15、16 及 17 的合成实例。正如前文所讨论的，由于反应机理受反应条件影响，因此，可通过控制反应条件，例如反应物的浓度、溶剂和温度来影响反应机理，从而进一步改变产物的立体选择性。

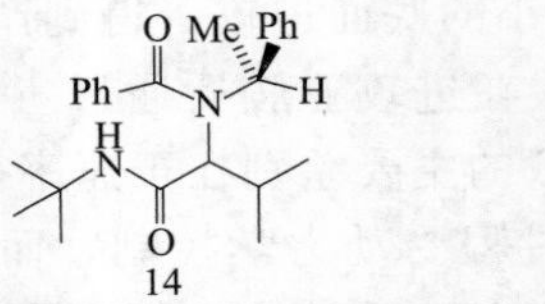

14
MeOH，−40℃，0.10mol/L(S)：(R)=75：25
MeOH，−40℃，2.0mol/L(S)：(R)=23：77

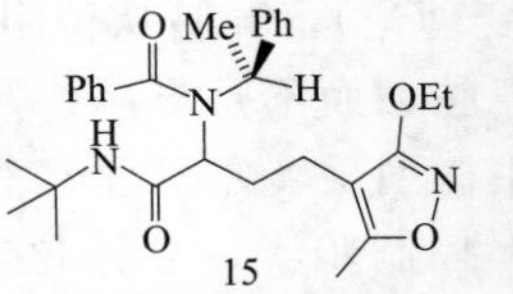

15
MeOH，25℃，0.58mol/L
(S)：(R)=40：60

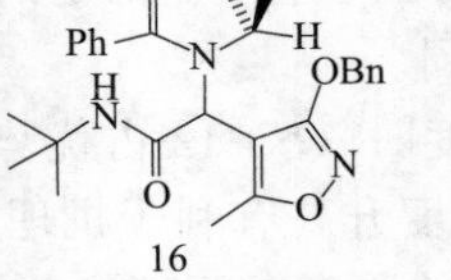

16
MeOH，25℃，0.40mol/L
(S)：(R)=35：65

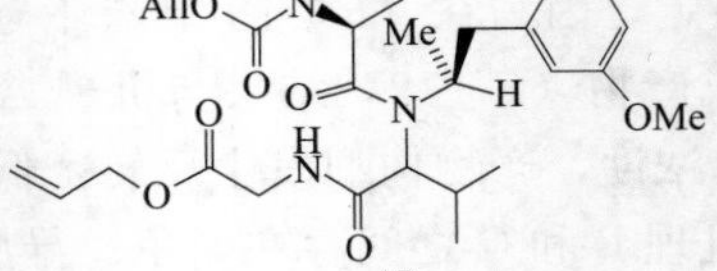

17
CF₃CH₂OH，−30℃，0.50mol/L
(S)：(R)=95：5

图 7-5　Ugi 反应：胺类设计——α-甲基苄胺

b. 二茂铁基胺　20 世纪 70 年代初，Ugi 等报道了（＋）-α-二茂铁基乙胺 18 与异丁醛、苯甲酸和叔丁基异腈的缩合反应，如图 7-6 所示。与上述甲基苄胺情况相似，在改变溶剂、浓度和温度等条件后，会得到具有不同非对映体过量值的产物。

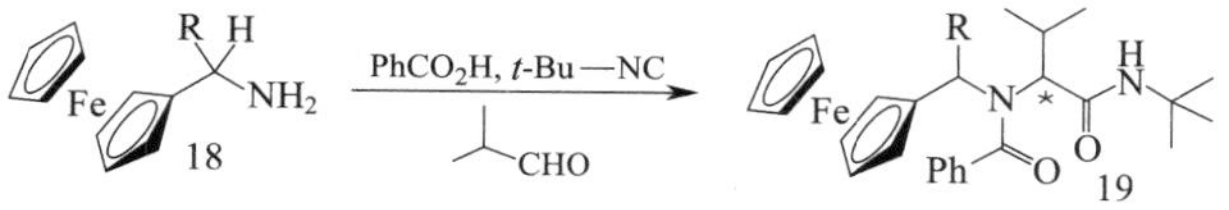

手性助剂	胺构型	R	温度	浓度 /(mol/L)	溶剂	产率 /%	(S)∶(R) (★)
25a	(S)	Me	−60℃	1.0	MeOH	—	38∶62
25a	(S)	Me	0℃	0.0375	MeOH	90	79∶21
25b	(R)	i-Pr	−78℃	0.05	MeOH	97	99∶1
25c	(R)	menthyl	25℃	1.0	CF₃CH₂OH	46	82∶18

menthyl(薄荷基)=

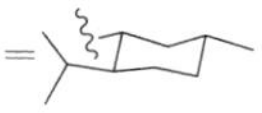

图 7-6　Ugi 反应：胺类设计——二茂铁基胺

c. 糖基胺　1987 年，Kunz 报道了以糖基胺 20 作为手性辅助剂与醛及三甲硅基腈发生 Strecker 反应制备 α-氨基酸衍生物。一年后，Kunz 又将手性助剂 20 用于 Ugi 反应，使用异腈和羧酸代替三甲硅基腈，如图 7-7 所示。

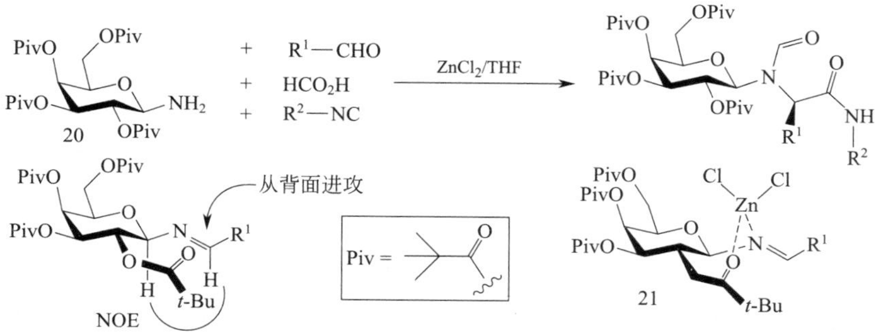

图 7-7　Ugi 反应：胺类设计——糖基胺

由于该法产物的立体选择性与醛的结构无关，因此它非常适合于制备 D 型氨基酸衍生物，而且已被应用于固相合成之中。但其缺点也非常明显：手性辅助剂的条件苛刻（产物中的酰基在此条件不能稳定存在），并且 L-半乳糖不易获得使其很难制备 L-氨基酸。于是，为了寻找去除手性助剂的条件，新型糖基胺陆续被开发出来，如图 7-8 所示。

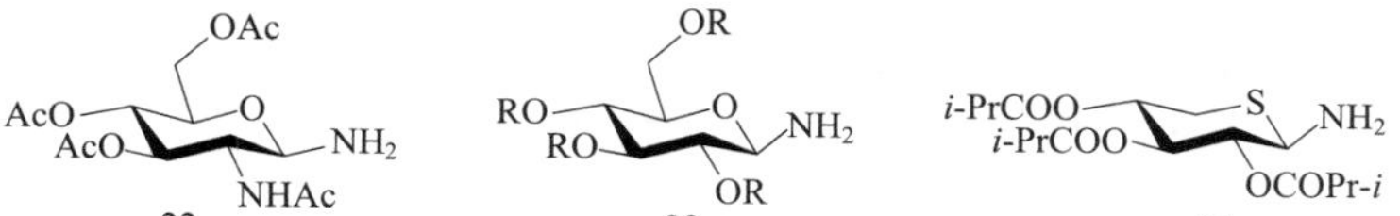

图 7-8　Ugi 反应：胺类设计——糖基胺（易除去手性助剂型）

d. α-氨基酸酯　α-氨基酸酯可以很方便地用作 Ugi 反应的羧酸组分。其优点是其两种对映体都容易获得，且反应后可用多种方法除去。但该类物质在不对称 Ugi 反应的配方中很少出现，可能是由于非对映异构体过量通常较少，且受 α-氨基酸酯侧链结构影响很大。Yamada 等进行了大量研究，发现产物中主要非对映异构体手性中心的构型通常与原氨基酸酯的构型相反，如图 7-9 所示。

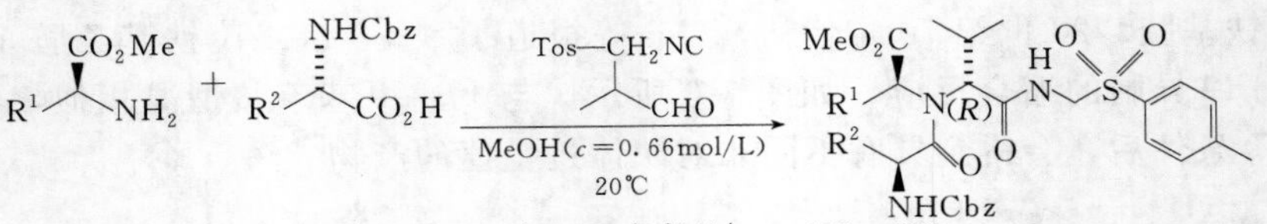

R[1]	R[2]	产率/%	(S)∶(R)
Me	H	72	42∶58
i-Pr	H	84	19∶81
i-Pr	i-Pr	76	19∶81
Bn	H	78	23∶77
t-Bu	H	59	30∶70

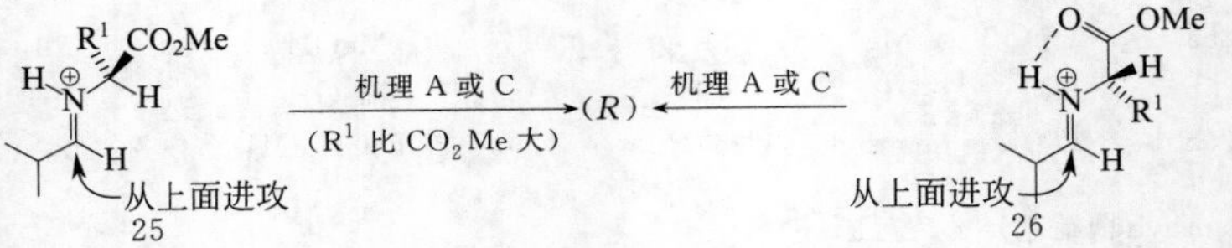

机理 A 或 C　　→(R)←　　机理 A 或 C
(R[1] 比 CO₂Me 大)

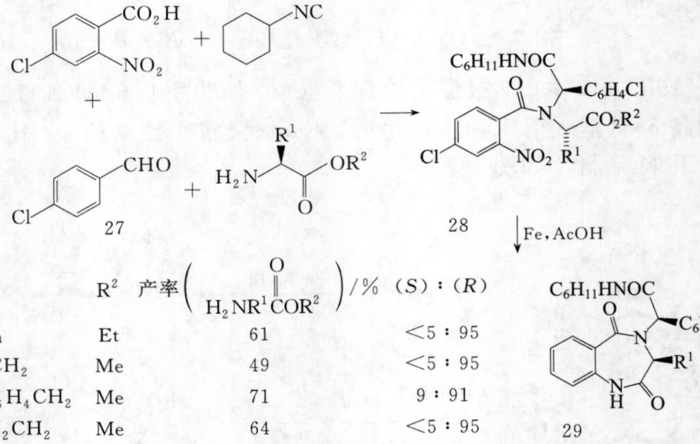

从上面进攻　25　　　　　　从上面进攻　26

R[1]	R[2]	产率 $\left(\begin{array}{c} O \\ H_2NR^1COR^2 \end{array}\right)$/%	(S)∶(R)
Bn	Et	61	<5∶95
i-PrCH₂	Me	49	<5∶95
4-(HO)C₆H₄CH₂	Me	71	9∶91
MeSCH₂CH₂	Me	64	<5∶95

图 7-9　Ugi 反应：胺类设计——α-氨基酸酯

② 醛类　通常，羰基化合物的立体选择性很差。如图 7-10 所示，降冰片基醛 30、α-烷

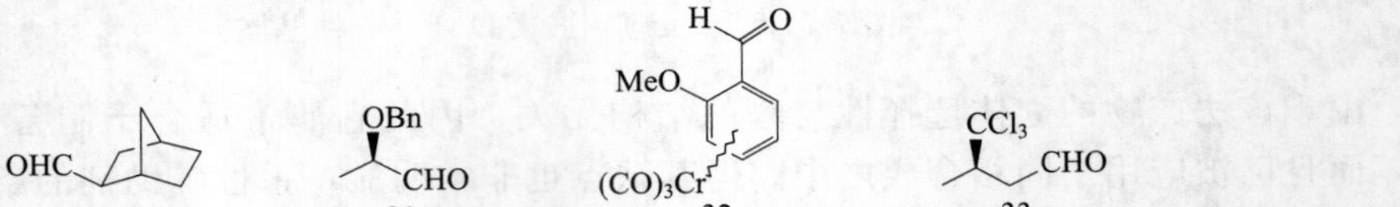

30　　　　　31　　　　　32　　　　　33
dr 63∶37　dr 58∶42　dr 55∶45　dr 55∶45

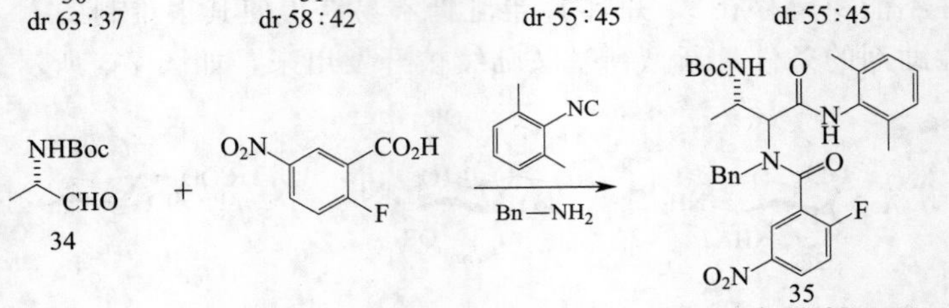

35
dr 75∶25

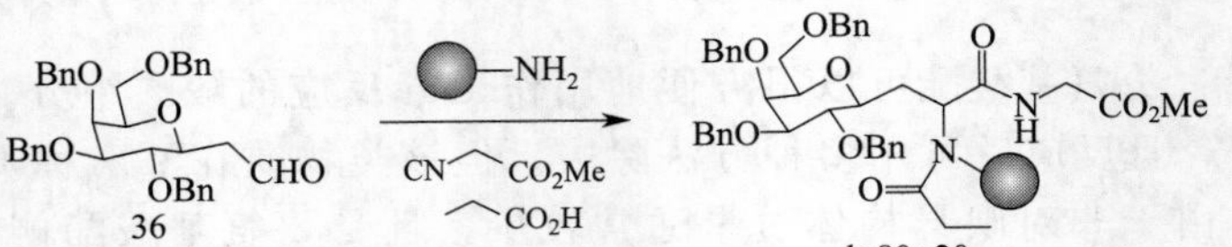

36　　　　　　　　　　dr 80∶20

图 7-10　Ugi 反应：醛类设计（dr 代表非对映异构体比值）

氧基醛 31 和邻位取代醛的铬配合物 32 的非对映体比值均小于 2∶1，而这几种化合物在其他亲核反应中立体选择性通常很高。β-取代醛 33 的立体选择性也很差。只有化合物 34 与大位阻的异腈反应时，非对映体比值略高，为 3∶1。手性糖基醛 36 在与固相负载的胺反应时也有中等的立体选择性。

③ 环亚胺类　目前使用手性环亚胺作为 Ugi 反应配方的案例不多，例如 C3 位（图 7-11）或 C5 位（图 7-12）有手性的吡咯啉，这两者表现出中等的选择性。用半乳糖衍生物作为手性助剂通过 Asinger 反应可以得到光学纯的 3-噻唑啉 41，继而作为 Ugi 反应配方进行反应，得到反式产物 42，立体选择性很高，如图 7-13 所示。

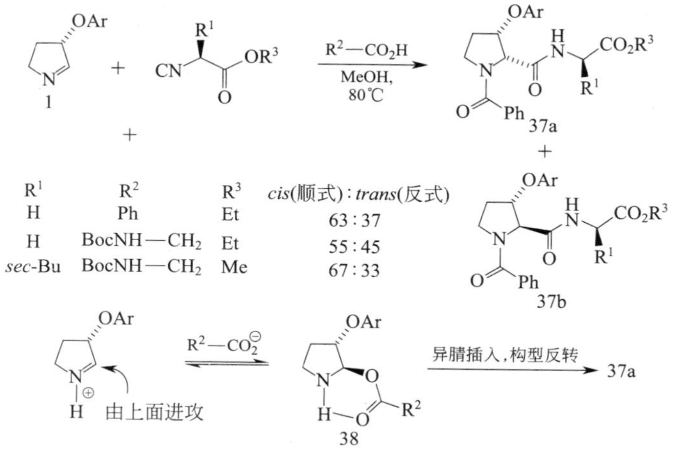
OAr
1
CN
OR3
R2—CO2H
MeOH,
80℃
CO2R3
37a
37b
R1　R2　R3　cis(顺式)∶trans(反式)
H　Ph　Et　63∶37
H　BocNH—CH2　Et　55∶45
sec-Bu　BocNH—CH2　Me　67∶33
由上面进攻
38
异腈插入，构型反转

图 7-11　Ugi 反应：环亚胺类设计——吡咯啉（C3 位取代）

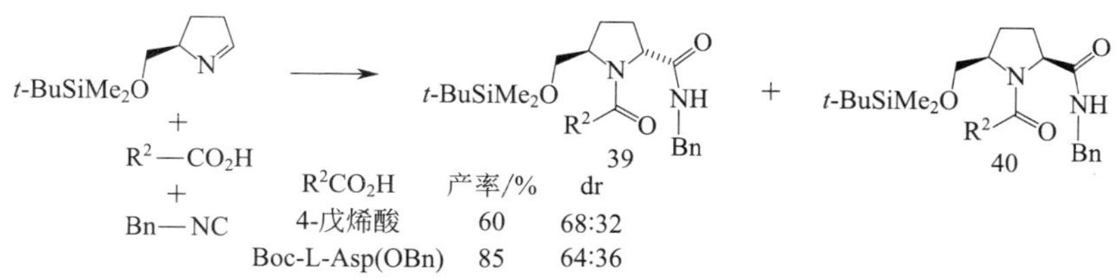
t-BuSiMe2O
R2—CO2H
Bn—NC
39
40
R2CO2H　产率/%　dr
4-戊烯酸　60　68:32
Boc-L-Asp(OBn)　85　64:36

图 7-12　Ugi 反应：环亚胺类设计——吡咯啉（C5 位取代）

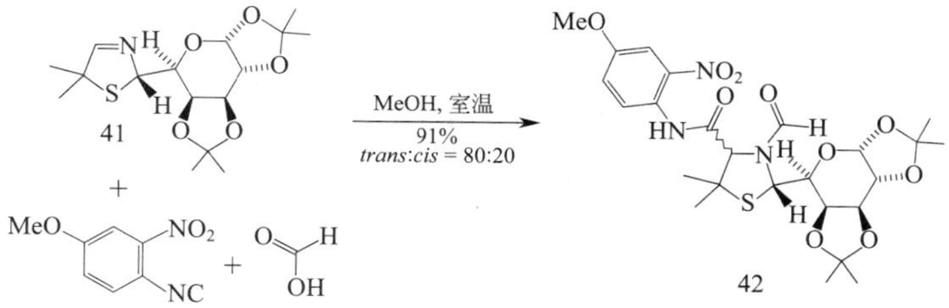
41
MeOH, 室温
91%
trans:cis = 80:20
MeO
NO2
NC
OH
42

图 7-13　Ugi 反应：环亚胺类设计——半乳糖衍生物

六元环状亚胺 44 作为 Ugi 反应配方之一，可得到 6-取代哌啶酸衍生物，反应的产率和立体选择性（*trans*∶*cis*＞95∶5）都很高，图 7-14 展示出了几个有代表性的实例。另外，可作为 Ugi 反应配方的还有 2-取代噁嗪类物质，如化合物 46，此反应的立体选择性也很高，生成高丝氨酸衍生物，如图 7-15 所示。

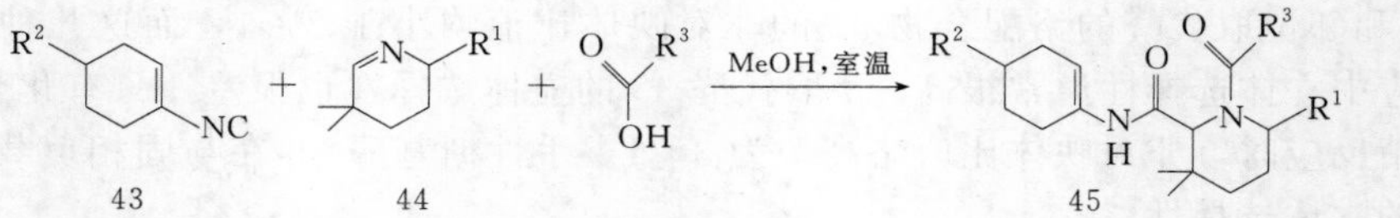

43　　44　　45

R^1	R^2	R^3	产率/%	dr
H	*t*-Bu	CH_2Cl	98	50∶50
Ph	H	CH_3	100	>95∶5

图 7-14　Ugi 反应：环亚胺类设计——六元环状亚胺

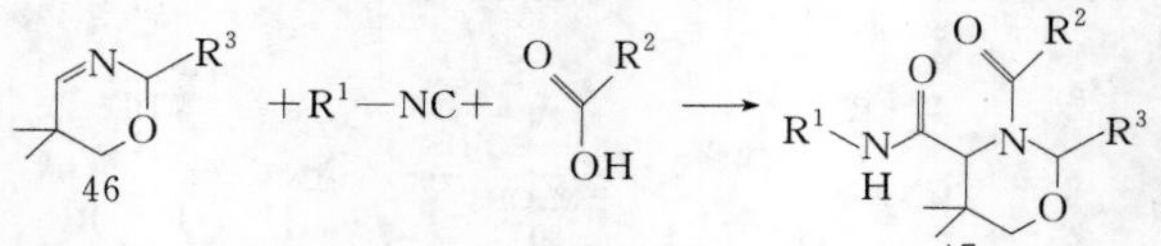

46　　47

R^1	R^2	R^3	产率/%	dr
t-Bu	H	CH_3	75	>95∶5
t-Bu	H	*t*-Bu	67	93∶7

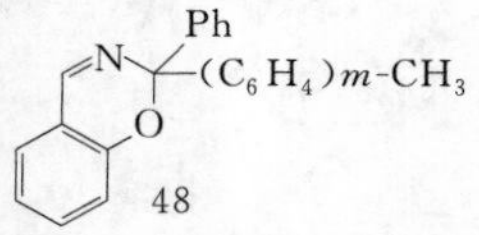

48

R^1	R^2	产率/%	dr
cy-C_6H_{11}	H	75	59∶41

图 7-15　Ugi 反应：环亚胺类设计——噁嗪

7.1.2.2　分子内 Ugi 反应

分子内 Ugi 反应是指四个官能团中的两个由同一分子所提供，人们已通过分子内 Ugi 反应合成了许多与药物相关的杂环化合物。其中，配方中包含 α 或 β-氨基酸的反应具有很好的立体选择性。1961 年，Ugi 等报道了用 β-氨基酸制备 β-内酰胺的反应，即 Ugi 四中心三组分反应。该反应机理如图 7-16 所示。

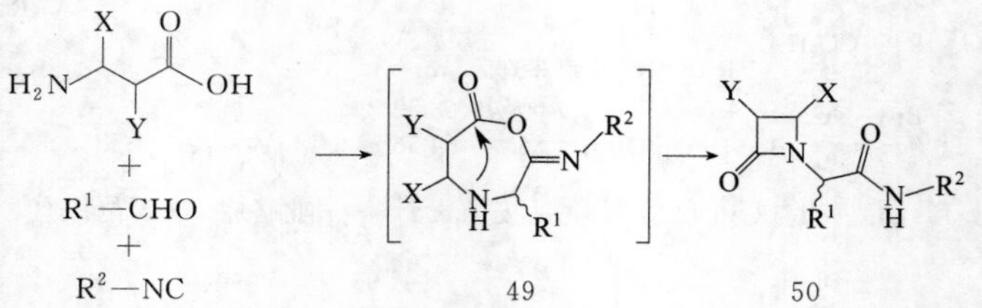

49　　50

图 7-16　分子内 Ugi 反应：β-氨基酸

α-氨基酸的反应机理与 β-氨基酸类似，但由于环张力较大（图 7-17），六元环状中间体 51 不是经过环缩合，而是与另一个亲核试剂（如溶剂甲醇）相互作用，发生 Ugi 五中心四组分反应。

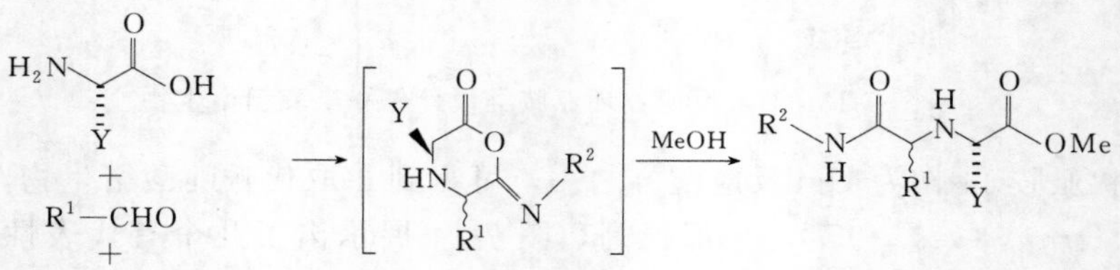

51　　52

图 7-17　分子内 Ugi 反应：α-氨基酸

　　酮酸亦可作为分子内 Ugi 反应的配方。酮酸 53 与（S）-1-苯基乙胺发生的缩合反应具有立体选择性，生成 42∶42∶8∶8 的四种非对映体混合物 54，且反式异构体占优势，如图 7-18 所示。

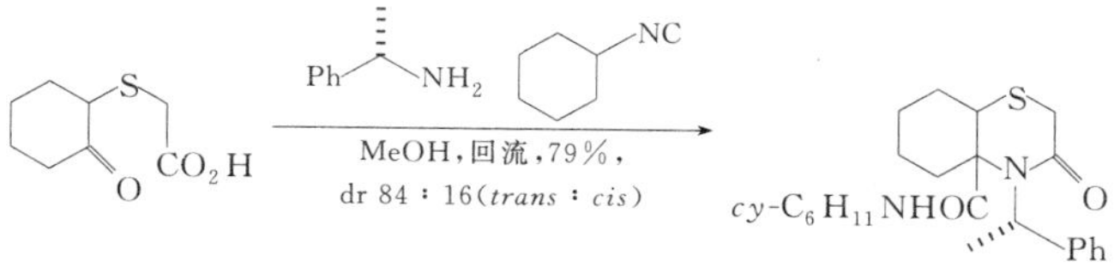

图 7-18　分子内 Ugi 反应：酮酸

7.1.3　Biginelli 反应

　　Biginelli 反应的主要配方为乙酰乙酸乙酯 55、苯甲醛 56 和尿素 57（如图 7-19 所示）。该反应由意大利佛罗伦萨大学的化学家 Pietro Biginelli 发现，并于 1893 年进行了首次报道。Biginelli 反应是在酸催化下的环缩合反应：将三个组分的混合物溶于乙醇中，加入催化量的盐酸并加热至回流，反应即可进行。冷却反应的混合物，此新型的"一锅法"三组分反应的产物沉淀析出，经分析此物为 3,4-二氢嘧啶-2(1H)-酮类衍生物（4）。

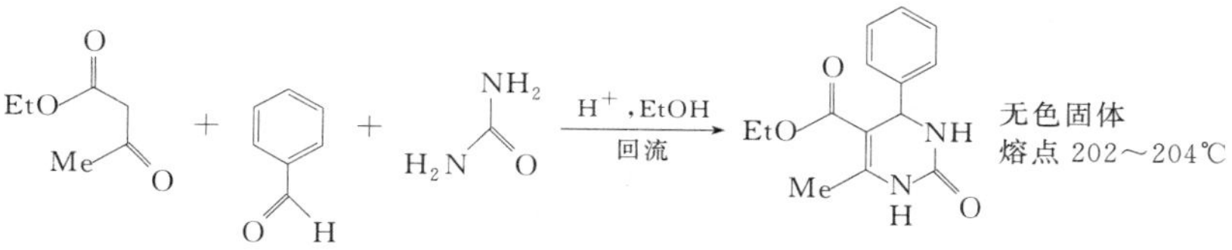

图 7-19　Biginelli 反应：二氢嘧啶缩合反应

　　尽管早期此类环缩合反应的特征是包含 β-酮酯、芳香醛和尿素，但现在此类杂环化合物合成反应的范围已经扩大到各种包含三个结构骨架、能够生成大量多功能嘧啶衍生物的反应。这个杂环骨架的首字母缩写 DHPM 已被文献采用，也将在后文中使用。目前已有大量介绍不同领域 Biginelli 反应的综述性文献和专著，下面从配方设计的角度进行简要介绍。

　　Biginelli 反应的机理在过去几十年一直是争论的焦点。Folkers 和 Johnson 早期的研究工作表明，苯甲醛 56 和尿素 57 的初级双分子缩合产物 63 是此反应中的第一个中间体。1973 年，Sweet 和 Fissekis 提出了不同的反应路线：他们认为，苯甲醛 56 和乙酰乙酸乙酯 55 在酸催化下首先发生羟醛缩合反应生成碳鎓离子 61，且该步为反应速率控制步骤（56→61→62）。1997 年，借助 ^{1}H-^{13}C NMR 谱和捕获实验，人们对反应机理再次进行了研究。结果表明，反应的关键步骤是在酸催化下，由苯甲醛 56 和尿素 57 生成 N-酰基亚胺鎓离子中间体 60，如图 7-20 所示。乙酰乙酸乙酯 55 的烯醇异构体与 N-酰基亚胺鎓离子中间体 60 反应生成具有开链结构的酰脲 62，随后环化生成六氢嘧啶 65。在酸催化下，产物 65 脱水生成最终产物 DHPM4。该机理可归类于 α-酰氨基烷基取代反应。碳鎓离子机理（56→61→62）不是主要的反应路径，但有时可检测到微量的副产物烯酮 64。

　　在 Biginelli 反应中，单取代的（硫）脲参与反应生成 N1 烷基化的 DHPM。但此条件下，N,N'-二取代脲不参与反应。尽管高反应活性的 N-酰基亚胺鎓离子 60 不能分离出来，也不能被检测到，但通过使用大的基团或缺电子的乙酰乙酸酯对中间体 66、67（图 7-21）的分离证实了上述反应机理，六氢嘧啶 67 的立体化学结构已通过 X 射线衍射进行了分析。事实上，使用全氟 1,3-二羰基化合物或 β-酮酯作为反应物，通过 Biginelli 反应已经合成了一些与 67 相似的六氢嘧啶。现在通过使用新型的催化剂，例如 Lewis 酸，可以使 N-酰基亚胺锑离子 60 稳定存在。而某些情况下，甚至可以通过采用能够使烯醇异构体稳定存在的 Lewis 酸分离得到 1,3-二羰基化合物 55。

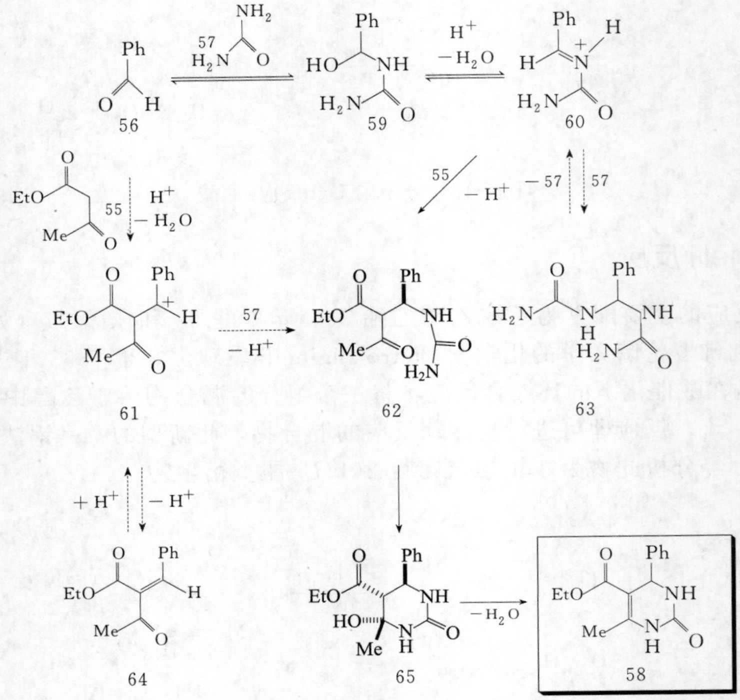

图 7-20　Biginelli 反应机理

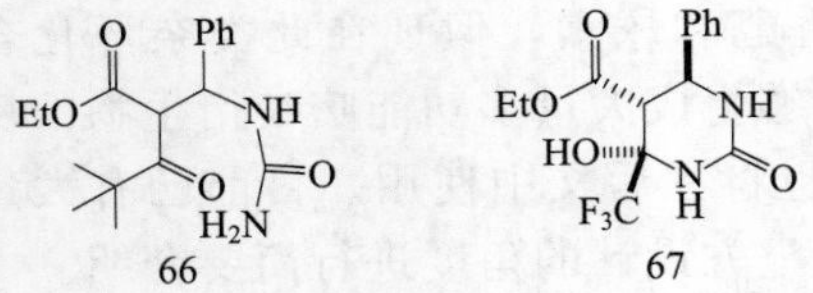

① 醛类　在 Biginelli 反应配方中的三类化合物以醛的种类为最多，如图 7-22 所示。通常情况下，芳醛的反应性最好。芳醛可以被邻位、间位或对位的吸电子基团或给电子基团取代，一般含有吸电子基团的间位或对位取代芳醛的产率较高。而对于含有大的邻位取代基的苯甲醛，产率则非常低。由呋喃、噻吩和吡啶衍生的杂环醛反应的产率与 DHPM 的产率相当。

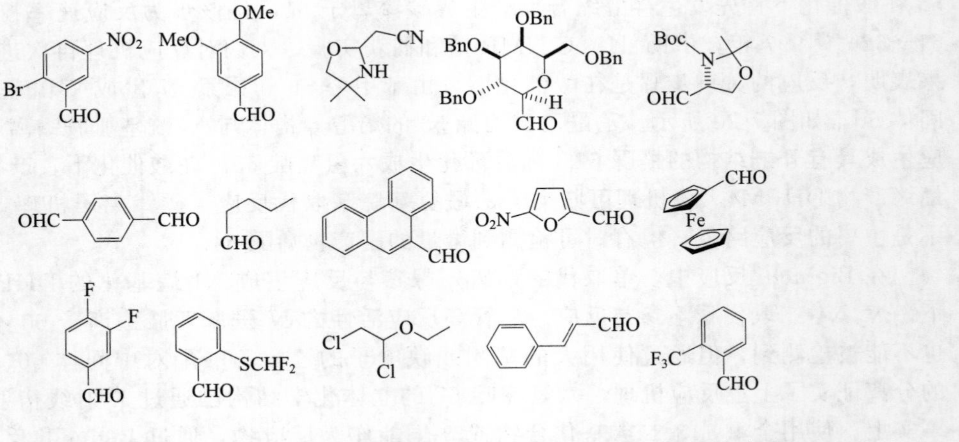

图 7-21　Biginelli 反应产物构型

图 7-22　Biginelli 反应配方设计：醛类化合物（部分带有保护基，以提高产率）

脂肪醛通常产率较低。但在特殊条件下，例如使用 Lewis 酸作为催化剂或无溶剂方法或醛被保护，则可提高产率。另外，采用相似的方法，由甲醛制备 C4 无取代的 DHPM。二醛被作为 Biginelli 反应配方的组分例子较少。

② CH-酸性羰基化合物 通常使用简单的乙酰乙酸基酯作为 CH-酸性羰基反应物，其他类型的 3-氧烷酸酯或硫代酯也可作为反应物。例如，将 4-氯乙酰乙酸甲酯作为配方之一，则生成可作为进一步合成反应模板的 6-氯甲基取代的 DHPM。苯甲酰乙酸酯同样能够参与反应，但产率非常低，且缩合反应进行非常缓慢。伯乙酰基乙酰胺、仲乙酰基乙酰胺、叔乙酰基乙酰胺可替代酯反应生成嘧啶-5-甲酰胺。另外，β-二酮也可作为 Biginelli 反应配方的组分之一。环状 β-二酮，如环己-1,3-二酮和其他 β-二羰基化合物也能够参与缩合反应，如图 7-23 所示。

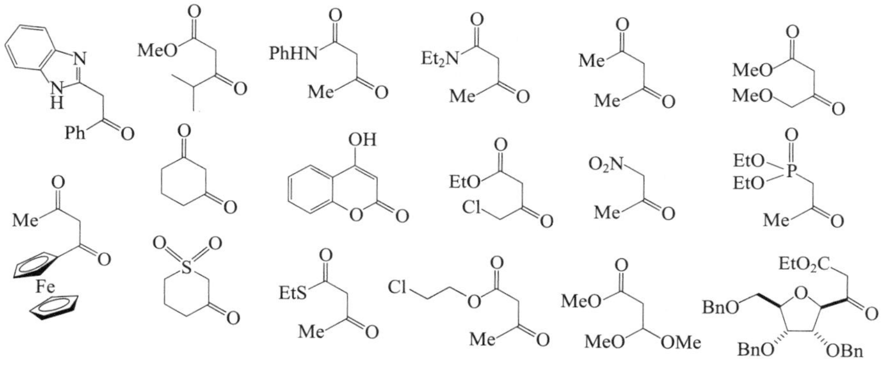

图 7-23 Biginelli 反应配方设计：CH-酸性羰基化合物

③ 脲类 在 Biginelli 反应配方中，对脲类组分的要求是最严格的，如图 7-24 所示。因此，大部分报道的实例中，都是用脲作为反应物。然而简单的单取代烷基脲同样能参与反应，区域专一性地生成高产率 N1 取代的 DHPM。硫脲和取代硫脲遵循同样的规则，但达到高转化率需要更长的反应时间，与相应的脲类衍生物相比，产率通常较低。在弱碱性条件下，被保护的脲或硫脲（异脲）或胍作为脲类组分参与反应，则生成相应被保护的 DHPM。

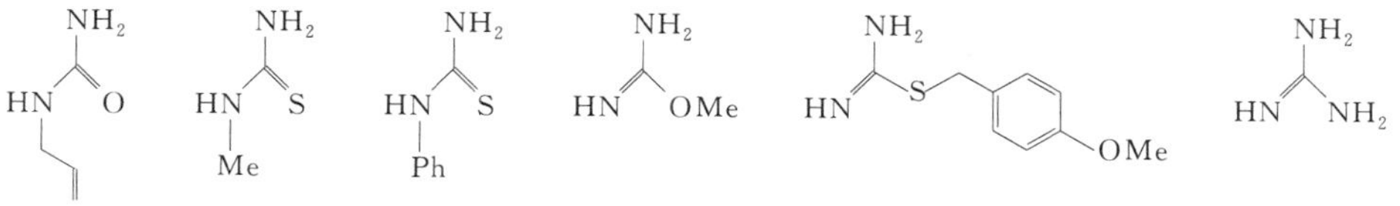

图 7-24 Biginelli 反应配方设计：脲类化合物

7.2 利用多组分反应合成单体及寡聚物

7.2.1 ROMP 单体的合成配方设计

一种优秀的单体合成方法，应具有以下特点：
① 从简单、易得原料快速合成单体。
② 简单调整原料即可得到结构多样的单体。
③ 能够容纳多种官能团。

Ugi-4CR 就同时具备这三种特性。采用 Ugi 多组分反应合成单体时，可将四种化合物通过一步反应结合为一个分子。只要四种化合物中有一种包含可聚合官能团，最后形成的分子即为单体，可发生聚合反应，而连接至主链的位点具有四种选择，如图 7-25 所示。同时，原料中其他三种化合物则可包含其他官能团，而形成的单体中具有类似核酸和多肽的结构，从而使最终形成的聚合物具有多种功能和性质。总之，采用 Ugi-4CR 进行单体制备，不仅可获得结构多样的单体，且连接方式、聚合方式及聚合物结构均可灵活调整，具有多方面好处。

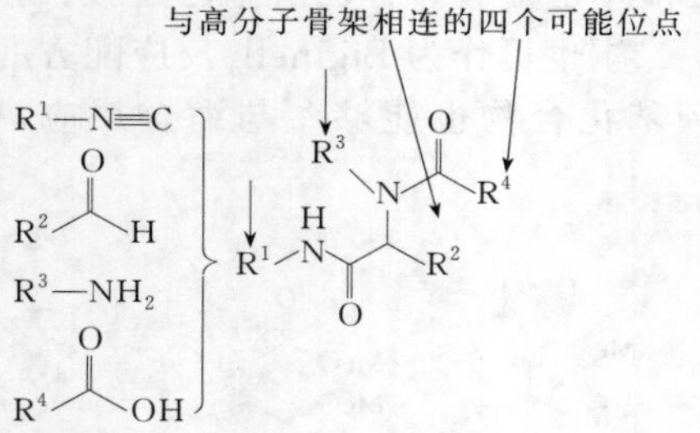

图 7-25　Ugi-4CR 合成单体的多样性

Wright 等使用 Ugi 多组分反应合成了降冰片烯类单体，并采用 Grubbs 催化剂成功进行了开环易位聚合（ROMP），如图 7-26 所示。作者合成了一系列可用于 ROMP 的单体，其配方列于表 7-1 中。其中，作者对单体 72、73 的聚合条件进行了优化，得到了高分子量且分子量分布较窄的聚合物。进一步测试表明，该聚合物呈现高度结晶状态，这与聚合物中含有大量氢键有关。这也证明了通过 Ugi-4CR 制备单体可方便地引入官能团，并能够改变聚合物材料的宏观性质。

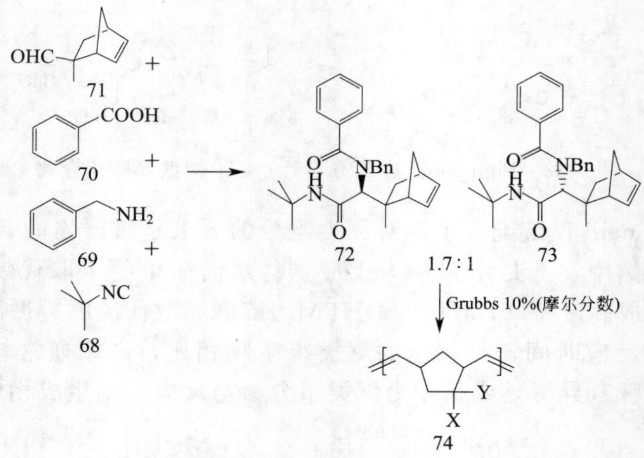

图 7-26　采用 Ugi-4CR 制备单体并进行 ROMP

表 7-1　Ugi-4CR 制备单体的配方组合

组别	醛	酸	胺	异腈（胩）	产率
4a	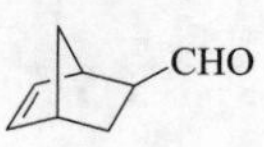	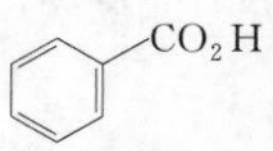		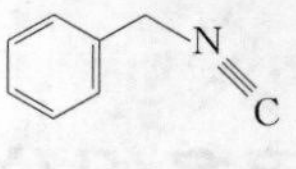	75%
4b	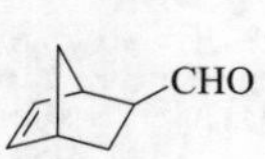	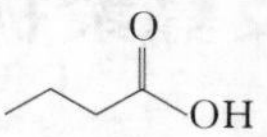		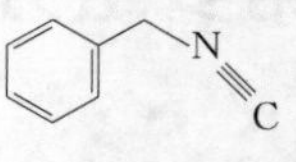	71%
4c	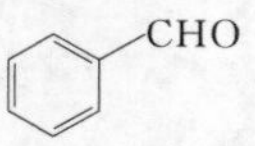	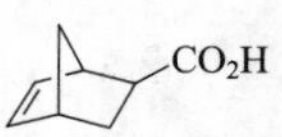	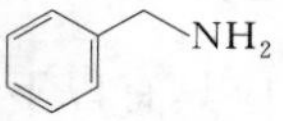	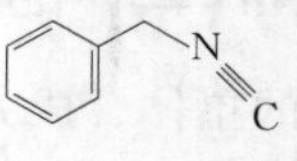	73%
4d	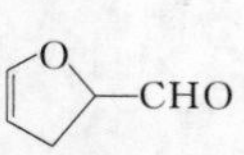	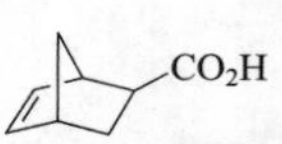	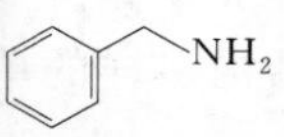	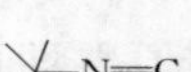	72%

7.2.2　PNA 的合成配方设计

核酸多肽（peptide nucleic acids，PNA）为一类以多肽骨架取代糖磷酸主链的 DNA 类似物，是丹麦有机化学家 Ole Buchardt 和生物化学家 Peter Nielsen 于 20 世纪 80 年代开始潜心研究的一种新的核酸序列特异性试剂，是一种全新的 DNA 类似物，其结构如图 7-27 所示。它以中性的肽链酰胺 2-氨基乙基甘氨酸键取代了 DNA 中的戊糖磷酸二酯键骨架，其余与 DNA 相同。同时由于其不带负电荷，与 DNA 和 RNA 之间不存在静电斥力，因而结合的稳定性和特异性都大为提高；不同于 DNA 间或 DNA、RNA 间的杂交，PNA 与 DNA 或 RNA 的杂交几乎不受杂交体系盐浓度影响，与 DNA 或 RNA 分子的杂交能力远优于 DNA/DNA 或 DNA/RNA，表现在很高的杂交稳定性、优良的特异序列识别能力、不被核酸酶和蛋白酶水解；并可以与配基相连共转染进入细胞。这些都是其他寡核苷酸所不具备的优点。鉴于上述诸多 DNA 分子不具备的优点，近年来 PNA 在许多高技术领域得到了应用。

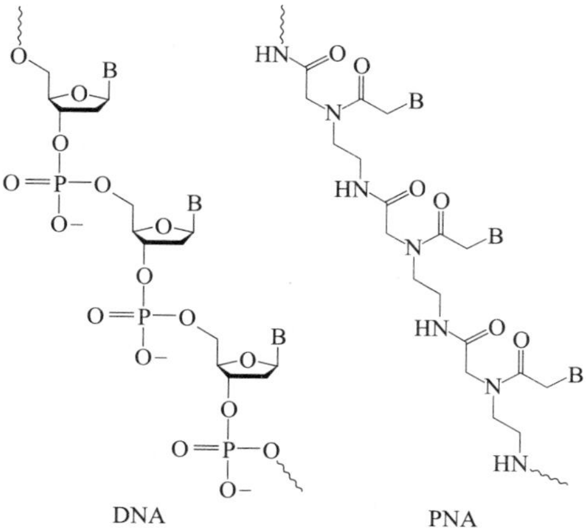

图 7-27　DNA 与 PNA 化学结构对比（B 为碱基）

虽然 PNA 具备上述诸多优点，但其缺点亦非常突出：团簇倾向明显，水中溶解性差以及很难透过活体组织细胞膜。因此，需要对 PNA 进行大量修饰、改性的工作，以改善此方面性能。然而传统的 PNA 合成方法步骤多、周期长，无法在可接受的时间范围内完成此项工作。Dömling 等提出用 Ugi-4CR 来制备 PNA。其基本配方包括含有碱基的羧酸、一级胺、羰基化合物及含被保护氨基的异腈组分。产物在脱保护后，可作为一级胺组分再次进行 Ugi-4CR，不断循环，便可得到 PNA 寡聚物，如图 7-28 所示。该方法具有很强的拓展性，

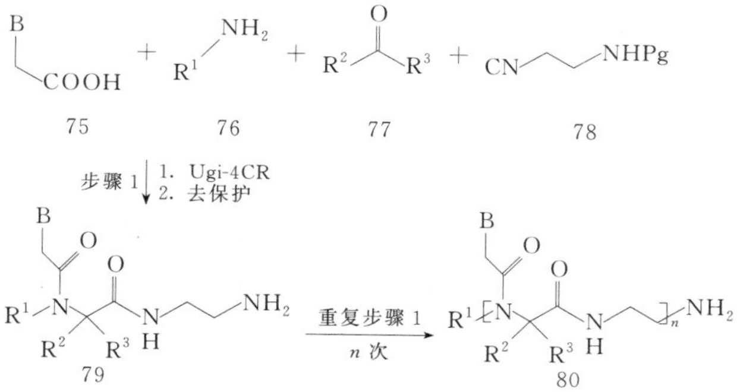

图 7-28　Ugi-4CR 制备 PNA 的配方（N 端增长）

可方便、快速地得到一系列结构多样的 PNA 化合物。例如，仅仅改变一级胺和羰基化合物两种组分，便可得到 96 种不同的 PNA，如图 7-29 所示。这充分说明了该方法的巨大优势。

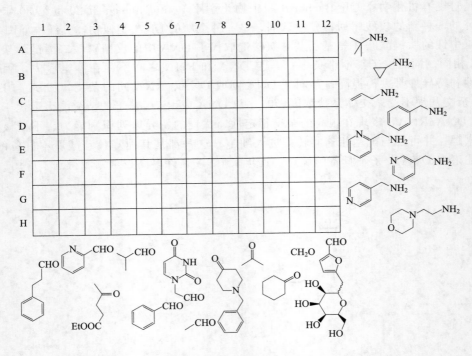

图 7-29　不同胺、羰基化合物构成的 Ugi-4CR 配方组合（96 格）

采用类似的配方，如果异腈组分的取代基含有非天然的碱基，则最终形成的 PNA 含有非天然碱基，如图 7-30 所示。以此配方为基础，Shibata 等成功制备了 PNA 的二聚体，如图 7-31 所示。

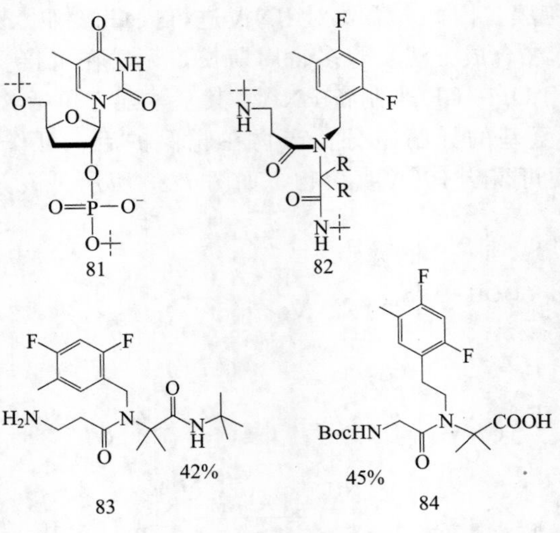

图 7-30　Ugi-4CR 合成的含有非天然碱基的 PNA

Martens 等开发了一种新的 PNA 合成方法，如图 7-32 所示。其配方与前述相同，但形成 PNA 前体后，采用选择性脱除保护基的方法，使羧基脱保护，得到 C 端增长的 PNA。Baldoli 等则采用含有铬的醛组分进行 Ugi-4CR 反应，得到了铬标记的 PNA，其独特的化学和光谱特性可用于生物组织标记、诊断等领域。

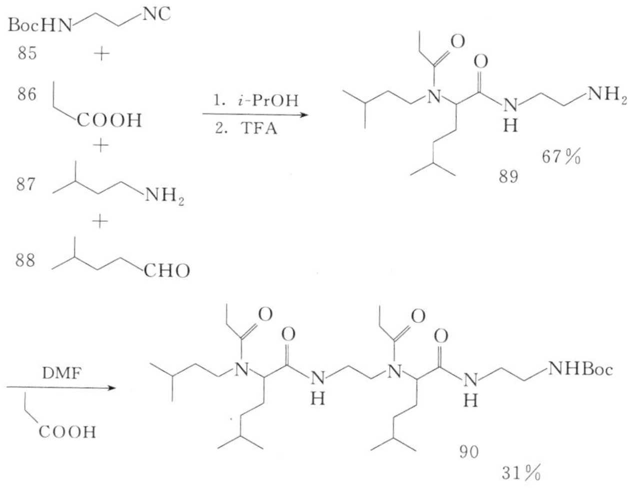

图 7-31 Ugi-4CR 制备 PNA 二聚体的配方

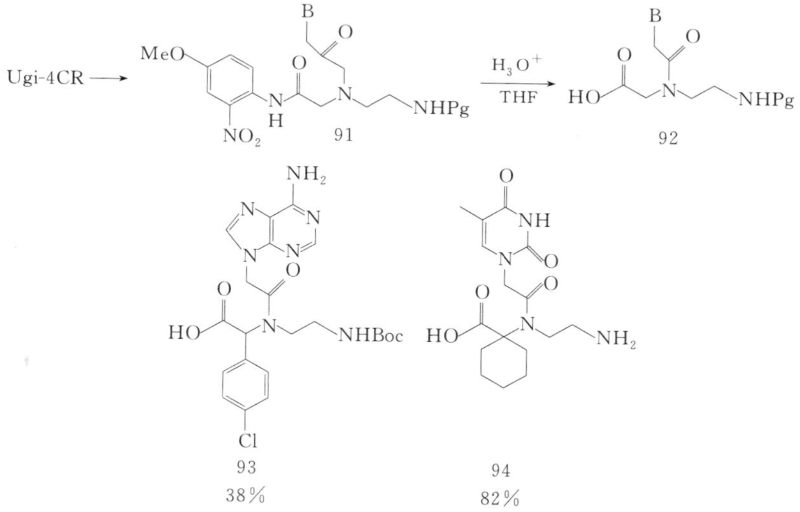

图 7-32 Ugi-4CR 制备 PNA 的方法（C 端增长，B 为碱基）

7.3 利用多组分反应合成高聚物

当多组分反应配方中含有双官能团组分时，则可能形成线型聚合物；而当多个组分为双官能团化合物时，则可形成支化聚合物。聚合过程中每一步反应都是多组分反应，这样的聚合称为多组分聚合（MCP）。简单地说，MCP 就是基于多组分反应的聚合。利用多组分反应合成聚合物为逐步聚合机理，与经典的缩聚反应机理一致。本节则从配方的角度对 MCP 进行剖析，阐述利用 MCP 构筑聚合物的配方设计基本思路。

7.3.1　线型聚合物的配方设计

经典的逐步聚合方法学已经建立了近一个世纪。尽管适合聚合的反应已经从缩合反应拓展到了量化转化（转化率＞99％）的反应，但是在逐步聚合领域仍然只有两组分反应（2CR）被广泛关注，如图 7-33 所示。相比于 2CR，多组分反应（MCR）一方面在聚合物合成中展现出更高的过程效率，另一方面它能够更方便地实现产物多样化。在过去的近半个世纪里，基于 MCR 的聚合（多组分聚合，MCP）发展起来，并被用于合成多种多样的线型聚合物。相比于传统的基于 2CR 的逐步聚合，MCP 由于可以在构筑主链的同时引入侧基，从而显著提高了合成的效率。另外，与基于 2CR 的共聚合合成无规结构聚合物不同，MCP 合成的聚合物具有精密的重复单元结构。近年来对基于 Passerini 反应的 MCP 研究清楚地展示了其多样性

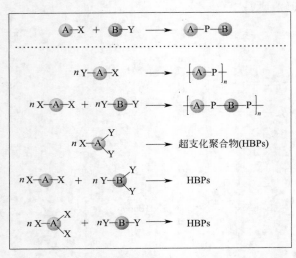

图 7-33　逐步聚合中官能团数目与
聚合物拓扑结构的关系

的特性：不同的双官能团配方组合给出包含不同主链结构的聚合物，不同单官能团单体产生包含不同侧基的聚合物，如图 7-34 所示。

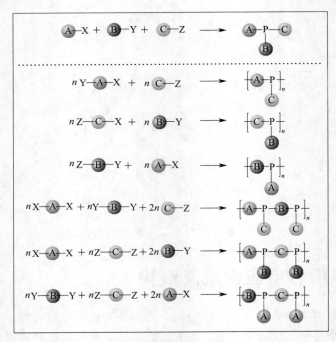

图 7-34　MCP 构筑线型聚合物

目前报道的 MCP 主要集中于线型聚合物（或其衍生的接枝共聚物）的构筑。相比于传统的基于两组分反应的逐步聚合，MCP 能更加多样化地构筑线型聚合物（图 7-34）：两种双

（同种）官能团单体和一种单官能团单体的聚合（A_2+B_2+C、A_2+B+C_2、$A+B_2+C_2$，可统称为 A_2+B_2+C 型聚合）；一种双（不同）官能团单体和一种单官能团单体的聚合（AB+C、AC+B、BC+A，可统称为 AB+C 型聚合）。相比于传统的基于两组分反应的聚合，MCP 在过程高效和产物多样两方面有显著优势：①同时构筑主链和引入侧基使得逐步聚合合成含侧基的聚合物具有更高的过程效率；②一种 MCP 反应可以合成六种线型聚合物；③聚合物主链的结构可以通过采用不同的双官能团单体的组合来改变；④选取不同的单官能团单体可以方便地引入不同侧基。有必要指出，MCP 和基于两组分反应的共聚合具有本质区别：MCP 合成的聚合物具有精确的重复单元结构，而基于两组分反应的共聚合合成的聚合物具有无规结构。

　　在过去的五十多年里，多种多样的多组分反应被发展为 MCP，并构筑线型聚合物，如图 7-35 所示。然而，受限于所选取的多组分反应的特点，大多数 MCP 都不能完整地体现 MCP 的两大优势，尤其多样性方面。最近，李子臣课题组发掘了基于 Passerini 反应的 MCP 产物多样性的特点。本节将按时间顺序，介绍各种 MCP 的配方设计方法。

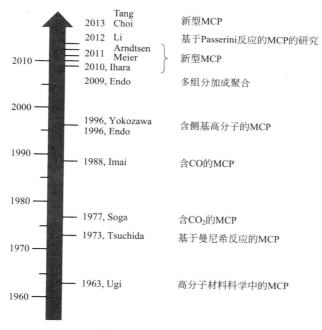

图 7-35　MCP 发展历程

7.3.1.1　基于 Mannich 反应配方的 MCP

　　经典的 Mannich 反应配方在 1946 年被 Heisey 课题组开发出来，包括含两个活泼氢的吡咯、甲醛和二级胺，该配方可用于合成 Mannich 碱。此后，Burke 课题组报道了由对位或间位卤代的苯酚、甲醛和具有代表性的一级胺合成苯并噁嗪。这两类配方中都有高产率的样品，从而为利用其中的某些配方直接合成聚合物提供了可能。1973 年，Tsuchida 课题组报道了吡咯、甲醛和胺在酸催化下的多组分缩聚 [图 7-36(a)]。他们随后还将提供活泼氢的组分拓展为对苯二酚、环己酮、苯乙酮和 4,4'-亚甲基双-N-甲基苯胺。在三十多年后的 2005 年，Takeichi 课题组报道了由二胺、双酚 A 和多聚甲醛合成分子量达到几千的聚苯并噁嗪前体 [图 7-36(b)]。可以看到，在 Mannich 缩聚中，单官能团组分被限定为甲醛或者多聚甲醛。

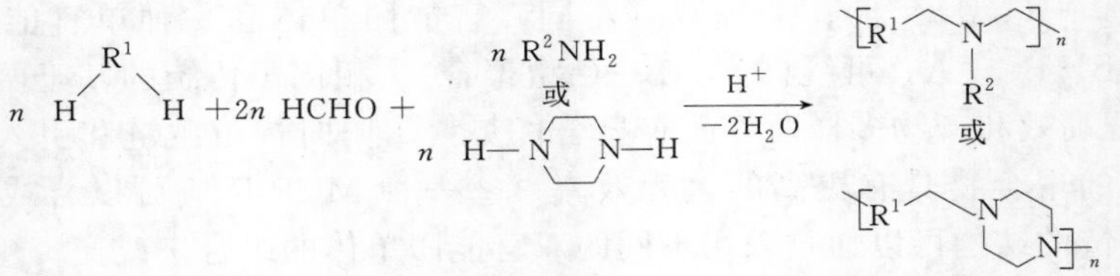

$$n \, \overset{R^1}{\underset{H}{\text{H}}} + 2n \, HCHO + \begin{array}{c} n \, R^2NH_2 \text{ 或} \\ n \, H-N\text{—}N-H \end{array} \xrightarrow[-2H_2O]{H^+} \begin{array}{c} \text{或} \end{array}$$

(a)

$$n \, HO\text{—}\overset{}{\underset{}{\bigcirc}}\text{—}\overset{}{\underset{}{\bigcirc}}\text{—}OH + n \, NH_2RNH_2 + 2n/m \, \left[O \right]_m$$

$$\xrightarrow{CHCl_3 \ 回流}$$

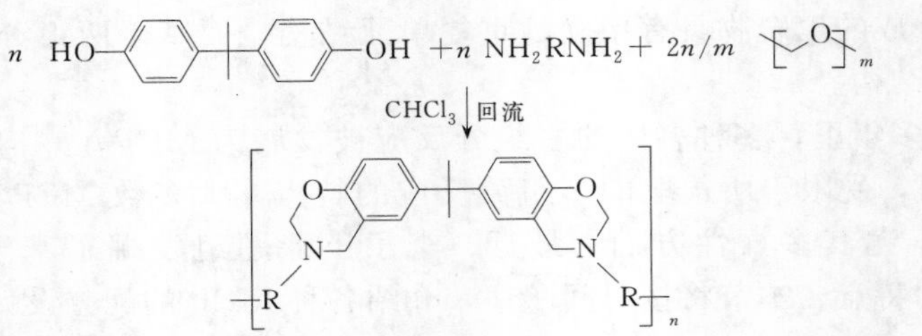

(b)

图 7-36　基于 Mannich 反应的 MCP 配方

7.3.1.2　配方中含有 CO$_2$ 的 MCP

另一类包含不可变组分的 MCP 是 CO$_2$ 参与的 MCP。1977 年，Soga 课题组报道了由 CO$_2$、α,ω-二溴化物和二醇钾盐在 18-冠醚-6 作用下直接合成聚碳酸酯 [图 7-37(a)]。随后他们研究指出这个聚合按照加成缩合机理进行。1982 年，Kuran 课题组报道了由 CO$_2$ 参与的 MCP 在除冠醚外其他试剂作用下合成芳香性聚碳酸酯。考虑到 K$_2$CO$_3$ 的碱性足以使碳酸单酯转化为碳酸单酯盐，Inoue 课题组报道了直接由大气压下的 CO$_2$、二醇、二卤代烃和 K$_2$CO$_3$ 合成聚碳酸酯。另外，Oi 课题组报道了乙二炔、CO$_2$ 和二卤代烃在 Cu（Ⅰ）盐催化下合成聚炔基二酸酯 [图 7-37(b)]，并推测该聚合按照加成缩合机理进行。这类聚合中 CO$_2$ 起到连接双官能团组分从而构筑聚合物的作用。

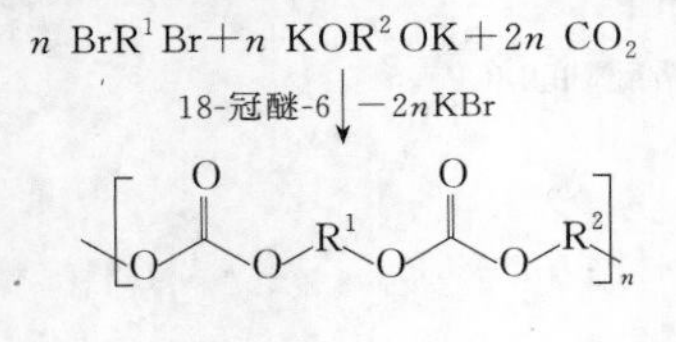

$$n \, BrR^1Br + n \, KOR^2OK + 2n \, CO_2$$

$$\xrightarrow[-2nKBr]{18\text{-}冠醚\text{-}6}$$

(a)

$$n \, \text{═}R^1\text{═} + n \, XR^2X + 2n \, CO_2$$

$$\xrightarrow[K_2CO_3]{催化剂 \, Cu(Ⅰ)}$$

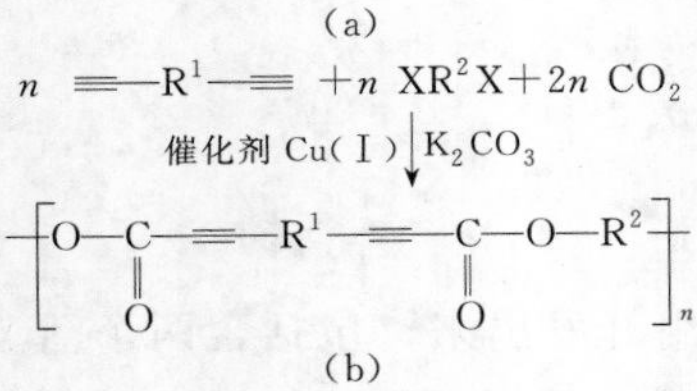

(b)

图 7-37　配方中含有 CO$_2$ 的 MCP

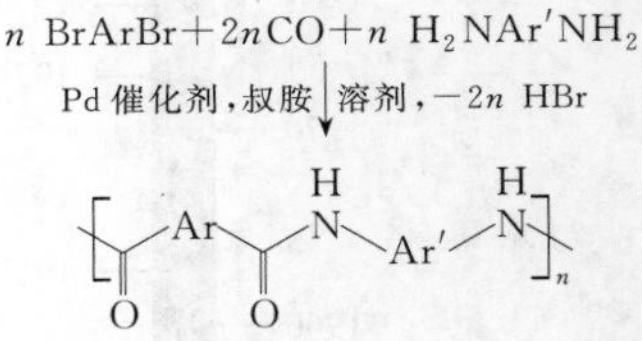

$$n \, BrArBr + 2nCO + n \, H_2NAr'NH_2$$

$$\xrightarrow[Pd \ 催化剂,叔胺,溶剂,-2n \ HBr]{}$$

(a)

$$n \, BrArBr + 2n \, CO + n \, HOROH$$

$$\xrightarrow[Pd \ 催化剂,碱,溶剂,-2n \ HBr]{}$$

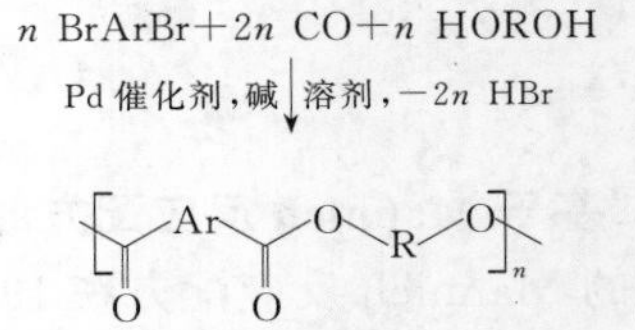

(b)

图 7-38　配方中含有 CO 的 MCP

7.3.1.3　配方中含有 CO 的 MCP

CO 也可被用于 MCP。1974 年，Heck 课题组报道了三级胺存在下 Pd 催化下卤代烃（烷烃、烯烃、芳香烃）和 CO 以及醇合成酯的反应，并且当用一级胺或二级胺代替上述反应中的醇时，反应将会生成一级酰胺或二级酰胺。以上两个工作中典型的高产率配方为这类反应用于聚合提供了可能。1988 年，Imai 课题组报道了二溴代芳香烃、芳香二胺和 CO 在 Pd 催化下合成芳香聚酰胺 [图 7-38(a)]；紧接着，该课题组又报道了 Pd 催化二溴代芳香

烃、二酚/二醇和 CO 的 MCP 合成聚酯 ［图 7-38（b）］。考虑到传统的合成包含芳香二酸酯
结构的聚酰胺或者聚酯需要首先通过多步反应合成芳香二酸或其衍生物，以上从二溴代芳烃
出发的合成方法大大提高了合成的过程效率。

7.3.1.4　含侧基 MCP 配方

在以上三类 MCP 配方中，其中一个组分被限定为不能引入功能性基团的甲醛、多聚甲
醛、CO$_2$ 或者 CO，因此无论是聚合类型还是功能性基团的引入都受到限制。20 世纪 80 年
代以后，所有组分都可包含或能够包含取代基的 MCP 配方陆续被报道。1984 年，Ahmar
课题组和 Tsuji 课题组分别报道了丙二烯制备的 π-烯丙基钯配合物与多种亲核试剂发生偶联
反应。Endo 课题组把这类反应用于聚合物的合成中，并由此发展了二丙二烯 ［双端为丙二
烯（累积双烯）结构的脂肪族化合物］、二卤代芳烃和亲核试剂的 MCP ［图 7-39（a）］。推测
的机理中涉及由芳基卤代钯和二丙二烯生成的 π-烯丙基钯配合物。在这种情况下，聚合物
中定量地包含碳碳双键：主要为 E 构型，另外还有部分链外双键。当采用芳香二丙二烯
［双端为丙二烯（累积双烯）结构的芳香族化合物］时，则可构筑包含功能性基团的序列有
规聚合物。2007 年，Tomita 课题组基于同一个配方报道了"AB＋C"型 MCP。此外，还
有一些 Pd 催化的 MCP。Endo 课题组还设计了另一种 Pd 催化的 MCP：由二碘苯、降冰片
二烯和二取代有机锡化物发生 MCP 后再进行反 Diels-Alder 反应合成 π-共轭聚合物。Ishibe
课题组通过 Pd 催化的芳香二碘化物、芳香二硼酸丙二醇酯和降冰片二烯的 MCP 及后续的
反 Diels-Alder 反应也合成了 π-共轭聚合物。

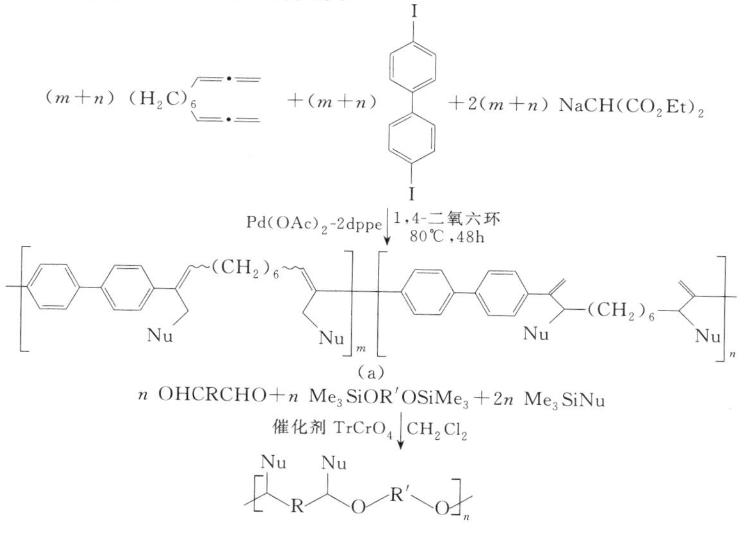

图 7-39　含侧基 MCP 配方

通过 MCP 同时构筑聚合物主链和侧链的思路最早是由 Yokozawa 课题组明确提出的。
1996 年，他们通过二醛、亚烷基二(三甲基硅基)醚和三甲基硅基亲核试剂之间的 MCP 合成
了含侧链的聚醚 ［图 7-39（b）］，并随后对这一体系进行了系统研究。而如果采用传统的基
于两组分反应的聚合合成，这类聚合物则需要从包含侧链的单体（通常需要多步合成）出
发。因而，MCP 同时构筑主链和侧链的特点使得其在合成含功能性侧基的聚合物或者接枝
共聚物时具有很好的过程效率。最近，Ihara 课题组、Arndtsen 课题组、Choi 课题组和
Tang 课题组分别研发新型的多组分缩聚，更加丰富了多组分缩聚体系。

7.3.1.5　多组分聚加成

不同于有几十年历史的多组分缩聚，多组分聚加成是最近几年才发展起来的。目前报道

的多组分聚加成较少，主要有两类：一类是结合亲核加成和自由基加成的 MCP；另一类是基于 Passerini 反应的 MCP。

（1）结合亲核加成和自由基加成的 MCP

2009 年，Endo 课题组最早报道了原子经济的多组分加聚。他们利用氨基和环状硫代碳酸酯反应产生的巯基可以与炔基发生自由基加成，从而设计了二胺、环状硫代碳酸酯和二炔之间的 MCP（图 7-40）。类似地，Prez 课题组利用氨基和硫代内酯反应产生的巯基可以与乙烯基加成，设计了乙烯基硫代内酯和胺（AB＋C 型）之间的 MCP。

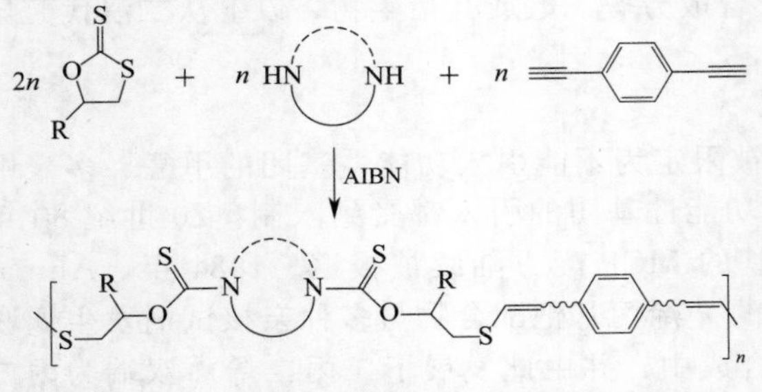

图 7-40 多组分聚加成：结合亲核加成和自由基加成的 MCP 配方

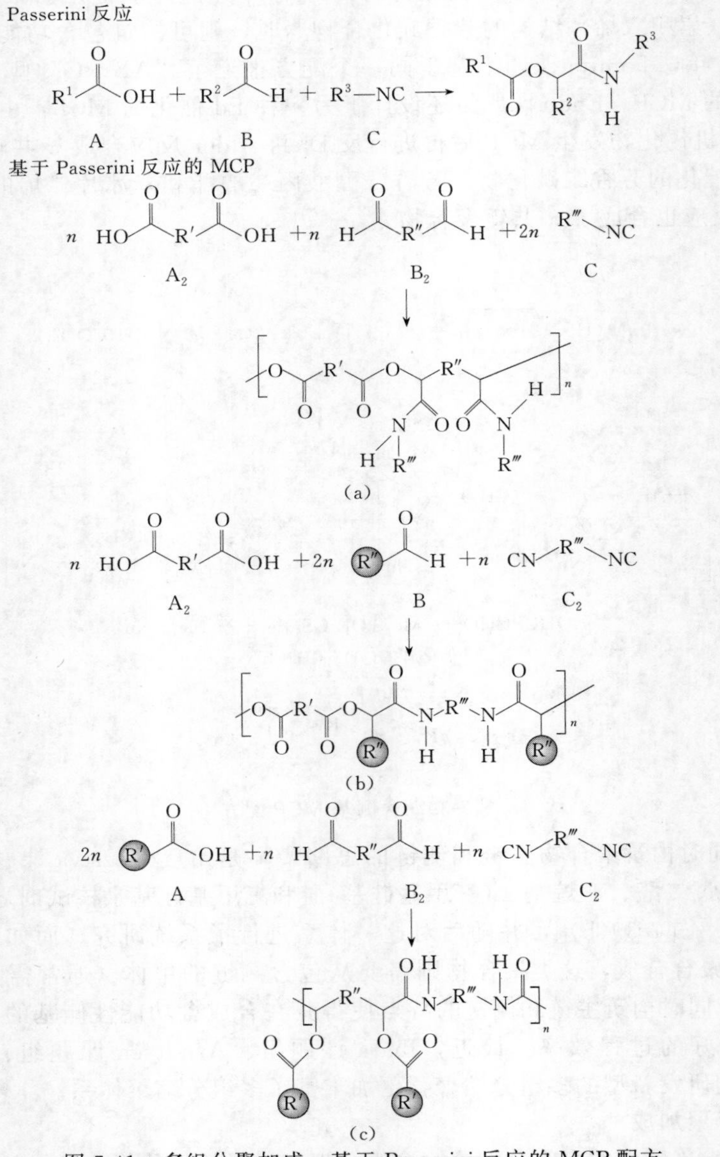

图 7-41 多组分聚加成：基于 Passerini 反应的 MCP 配方

（2）**基于 Passerini 反应的 MCP**　另一种设计多组分聚加成的思路是寻找经典的原子经济性的多组分反应，并进一步用于聚合。Passerini 反应近年来在高分子合成化学中有着重要应用。Passerini 反应效率高、条件温和、官能团容忍性好、原料易得等优点为发展基于 Passerini 反应的 MCP 并合成结构多样的聚合物奠定了基础。最近，Meier 课题组报道了由二酸、二醛和异腈出发合成包含酰氨基连接的侧链的聚酯［图 7-41（a）］。

李子臣课题组在发展基于 Passerini 反应的 MCP 方面也做了大量工作。考虑到 Passerini 反应在反应中形成酯-酰胺的序列结构，作者设计由二酸、二异腈和醛合成包含侧链的序列有规聚酯酰胺［图 7-41（b）］。前面两类基于 Passerini 反应的 MCP 分别通过异腈和醛引入侧链，但这两类单体由于稳定性等问题而只有少数易得。相比异腈和醛，羧酸稳定性更好，并且多种多样的羧酸异腈已商品化。因此，李子臣课题组进一步由二醛、二异腈和多种不同羧酸合成了多种包含酯基连接的侧链的聚酰胺［图 7-41（c）］。

到这里为止，基于 Passerini 反应的 MCP 是唯一成功地将多组分反应的多样性特点转化为 MCP 的多样性例子（图 7-42）：①不同的双官能团单体的组合可以构筑不同的主链；②改变单官能团单体可构筑不同的侧链。

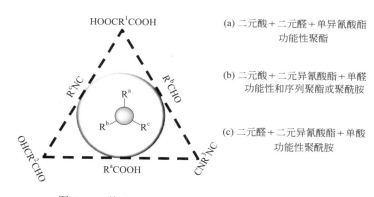

图 7-42　基于 Passerini 反应的 MCP 配方的多样性

除此之外，对这类聚合过程的动力学研究表明聚合是按照逐步聚合的机理进行的。另外，以前报道的 MCP（$A_2 + B_2 + C$ 型聚合或 $AB + C$ 型聚合）都默认单官能团组分等当量或者过量，李子臣课题组研究了通过不同比例的单官能团组分来调节聚合物的数均分子量。由此，基于 Passerini 反应的 MCP 从方法学建立到新特性（如多样性等）体现都得以系统地阐述。在此基础上，该课题组发展了由基于 Passerini 反应的 MCP 合成含有序侧基嵌段的多嵌段聚合物、接枝共聚物以及光敏感聚合物。

7.3.2　体型聚合物的配方设计

体型聚合物指高度交联的聚合物，通常可直接作为材料使用。这其中包括聚合物凝胶，它是一类重要的生物高分子材料，在药物释放、组织工程等方面有潜在应用价值。聚合物凝胶指在水中可大幅膨胀并保持三维交联结构的聚合物，可采用多种材料合成。其中，多聚糖类凝胶具有低毒、生物相容性好、来源广泛等优点，是经常使用的材料。传统的合成方法，例如使用取代反应或 Michael 加成反应，需要在碱性条件下进行；或者采用两步法，首先对多聚糖进行修饰，使其耐受剧烈的反应条件，然后再使用含双键类的物质进行交联。这些方法条件苛刻，步骤多，效率较低。采用多组分反应进行多聚糖类凝胶的合成，即可实现高效的交联过程。

    Crescenzi 等通过多种方法证实了 Ugi-4CR 及 Passerini 反应均可实现高效的多聚糖酸的交联过程，如图 7-43 所示。多聚糖酸指含有羧基的多聚糖，例如透明质酸、海藻酸及其他羧基化的多聚糖。采用多组分反应可直接利用聚合物中存在的羧基，具有很高的区域选择性，同时形成的交联结构为酯键或酰胺键，具有低毒、生物相容性好等优点。与采用 Passerini 反应进行交联相比，Ugi-4CR 形成的交联结构为酰胺键，比酯键更加稳定，且取代基种类更加丰富，因此具有更大的优势。采用 Ugi-4CR 进行多聚糖酸的交联反应的配方包括多聚糖酸、环己异腈、甲醛及赖氨酸甲酯，如图 7-44 所示。使用该方法不仅可以得到带负电的凝胶（含有羧基），还可以得到带正电的多聚糖。

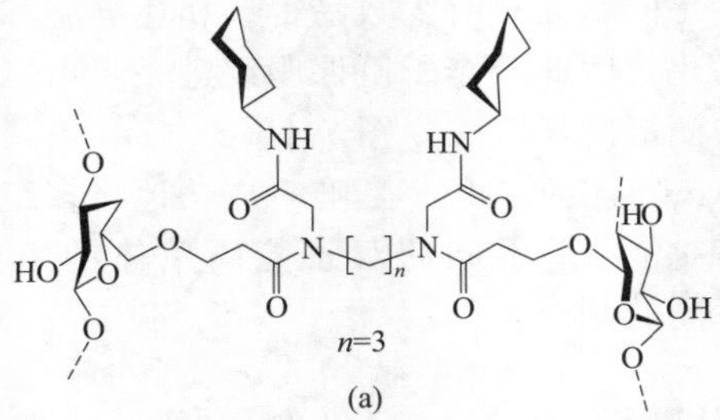

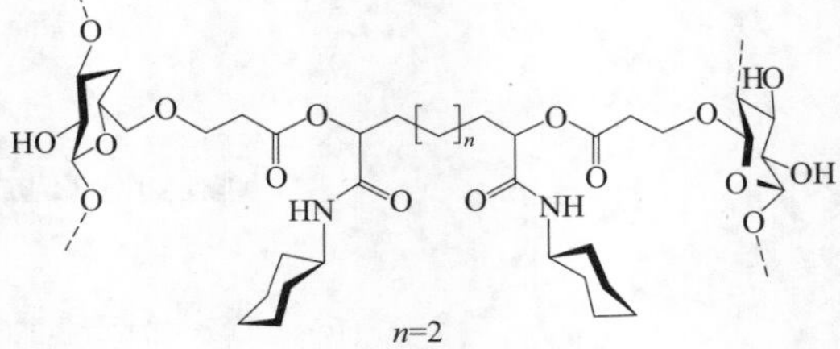

图 7-43　分别采用 Ugi 反应（a）和 Passerini 反应（b）交联的多聚糖

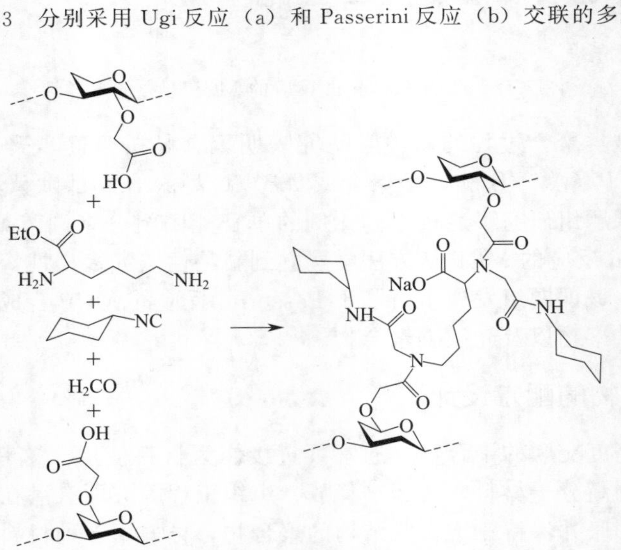

图 7-44　Ugi-4CR 合成多聚糖凝胶的配方

    Crescenzi 等采用类似的配方对透明质酸成功进行了交联，如图 7-45 所示。透明质酸中不仅含有羧基，还包含酰胺基团，Crescenzi 等进一步对其进行了脱酰基化，然后在 Ugi-4CR 中同时利用脱酰基透明质酸中的氨基与羧基，成功得到了凝胶化的透明质酸，如图 7-46 所示。海藻酸也是一种重要的天然多糖，Nyström 等采用 Ugi-4CR 对其进行交联，成功制得凝胶，如图 7-47 所示。

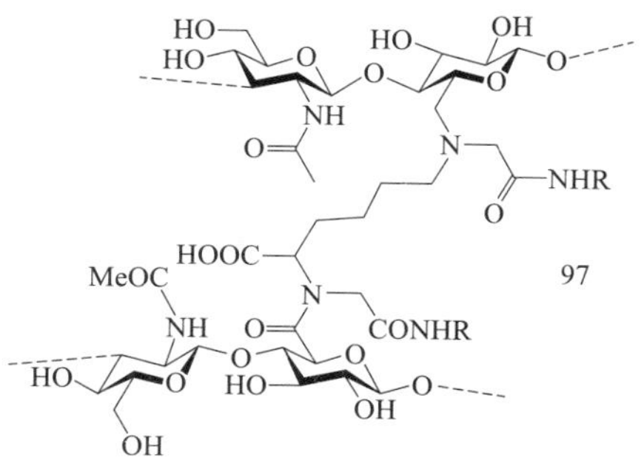

图 7-45　通过 Ugi-4CR 合成的透明质酸交联网络

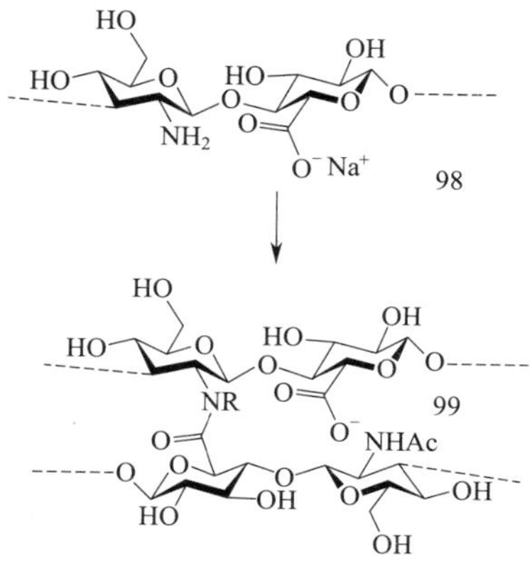

图 7-46　使用 Ugi-4CR 合成的稳定、部分脱酰基化的透明质酸凝胶

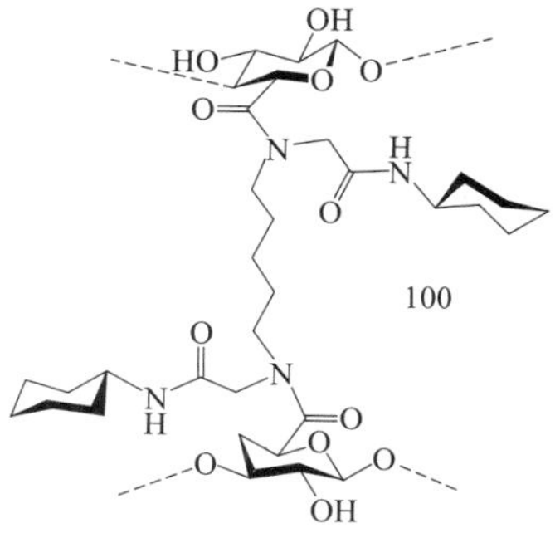

图 7-47　采用 Ugi-4CR 交联的海藻酸

7.4　采用多组分反应进行高分子膜修饰

　　为使膜表面同时具有抗污染和抗菌的双重特性，膜的双官能化修饰就显得非常重要，但此类方法鲜有报道。孟建强等采用 Ugi-4CR 成功制备了新型的，同时具备抗污染、抗菌双重特性的反渗透（RO）膜。其配方为：商业化聚酰胺膜表面残留的大量羧基、异氰基乙酸甲酯、末端为醛基的聚乙二醇（MPEG-CHO，亲水性大分子组分）以及以氨基为末端的抗菌组分［TAEA，三(2-氨基乙基)胺；SMZ，磺胺甲噁唑］。作者巧妙地采用 Ugi 多组分反应将亲水与抗菌两种特性通过一步反应实现，并利用聚酰胺膜表面残留的羧基在双重修饰的同时将两种官能团一起接枝到膜表面，这一过程如图 7-48 所示。

　　图 7-49 展示了在 RO 膜表面进行 Ugi-4CR 的反应机理。亲水的醛组分与具有抗菌功能的胺组分首先反应形成亚胺结构，此过程为平衡反应。在膜表面羧基以及溶液中的异腈组分的共同作用下，两种官能团被锚定于膜表面，完成双重修饰过程。该方法非常简便、高效，且形成的修饰层同时具备两种功能，而不像传统的修饰方法形成两层具有不同功能的修饰层。图 7-50 为修饰后（b，TAEA；c，SMZ）膜表面与原始 RO 膜（a）的全反射红外光谱，该方法可以有效地测定材料表面所含有的官能团种类。可以看出，PEG 的引入使得 CH_2 基团的强度（$2878cm^{-1}$）显著增强。而 RO 膜的聚酰胺层另外三个特征峰：$C=O$ 伸缩振动峰（酰胺 I 带，$1669cm^{-1}$）、形成氢键的 $C=O$ 伸缩振动峰（酰胺 I 带，$1609cm^{-1}$）以及 N—H 面内弯曲振动峰（酰胺 II 带，$1540cm^{-1}$），在 Ugi 反应修饰后，均表现出增强的

效果。这主要是由于 Ugi 反应本身也会形成酰胺键，因此增强了 RO 膜自身酰胺基团的红外特征峰。另外，对于含有 SMZ 配方修饰的 RO 膜（c），还表现出 S＝O(1037cm^{-1}) 与 N—O(1344cm^{-1}) 的伸缩振动峰。这些证据均表明，采用 Ugi 反应配方成功地对 RO 膜表面进行了双重官能团修饰。

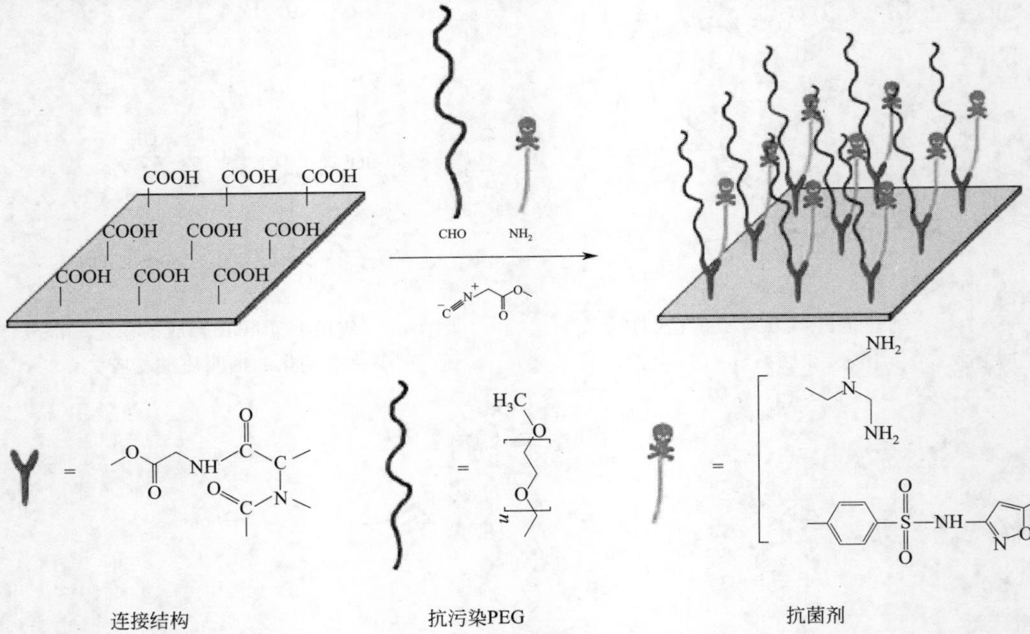

图 7-48 采用 Ugi-4CR 对 RO 膜进行亲水、抗菌双重修饰

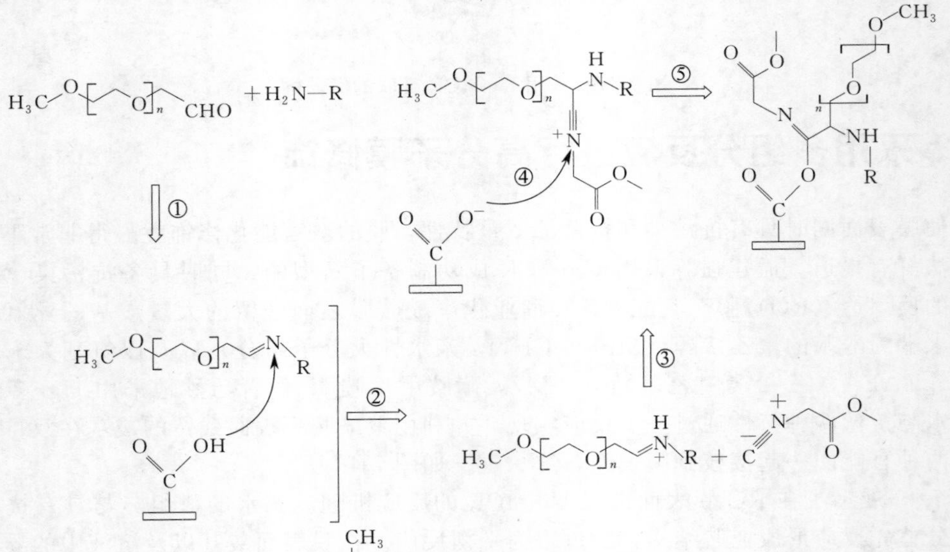

图 7-49 采用 Ugi-4CR 对 RO 膜进行亲水、抗菌双重修饰：反应机理

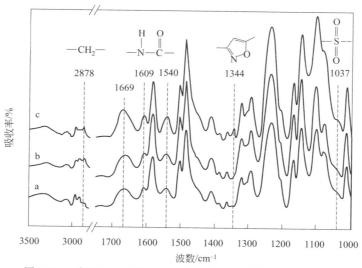

图 7-50 采用 Ugi-4CR 对 RO 膜进行双重修饰：ATR-FTIR

在采用 Ugi 反应对 RO 膜进行修饰后，作者还使用场发射扫描电子显微镜（FESEM）对膜表面的形貌进行了观察，如图 7-51 所示。可以发现，修饰前的 RO 膜表面为典型的"脊-谷"形貌[图 7-51(a)(10000×)、(a′)(20000×)]，而在 Ugi 反应后，表面形貌发生了较大变化。配方中含有 TAEA 作为氨基组分，表面形貌如图 7-51(b)(10000×)、(b′)(20000×) 所示；而含有 SMZ 的如图 7-51(c)(10000×)、(c′)(20000×) 所示。修饰后的表面均表现出更为光滑的形貌。这可能是由于 PEG 以及氨基抗菌官能团的引入填充了"谷"的区域，使得整体形貌变得平整。

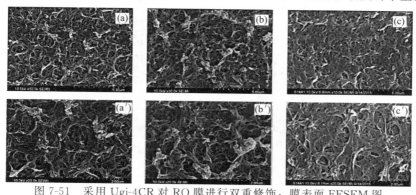

图 7-51 采用 Ugi-4CR 对 RO 膜进行双重修饰：膜表面 FESEM 图

在 RO 膜表面进行 Ugi-4CR 后，作者进一步对膜的性能进行了测试，结果如图 7-52 所示。可以看出，修饰后膜的截留率无明显变化，但通量均明显降低。主要原因可能是 Ugi-4CR 引入的大量官能团，特别是大分子 PEG 的接枝，使得水流通道变窄，扩散阻力增大，通量降低。另外，Ugi-4CR 后膜表面变得更加光滑，使得有效膜面积降低，导致表观水通量减小。

作者继续对 Ugi-4CR 修饰的 RO 膜进行了耐污染性的测试。图 7-53、图 7-54 分别展示了未修饰与修饰后的 RO 膜耐有机物与无机盐污染的性能。现以有机物污染为例（图 7-53），Ugi-4CR 修饰后的 RO 膜具有更高的污染后通量恢复率（FRR），且污染后总通量损失率（DR_t）更低。进一步分析 DR_t 的构成，可发现可逆通量损失率（DR_r）相对不可逆成分（DR_{ir}）占比明显提高。综上可以说明，采用 Ugi-4CR 配方对 RO 膜进行修饰，不但可以提高耐污染性（通量损失率降低），而且可以提高污染后的通量恢复率。对于无机盐污染（图

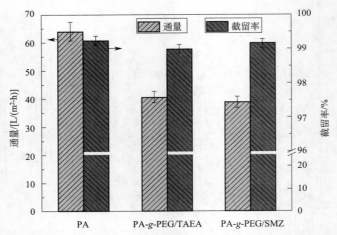

图 7-52 采用 Ugi-4CR 对 RO 膜进行双重修饰：膜性能测试

7-54）可以得到同样的结论。图 7-55 展示了未修饰［图 7-55(a)］与修饰后［图 7-55(b)（TAEA）；(c)(SMZ)］的 RO 膜在无机盐污染后的形貌。在未修饰的膜表面，可观察到大量无机盐沉淀；而对于修饰后的 RO 膜，则看不到任何无机盐的结晶。这进一步直观地证实了在 RO 膜表面进行 Ugi-4CR 后可显著提升膜的耐污染性。

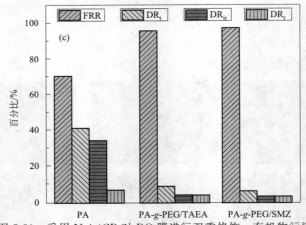

图 7-53 采用 Ugi-4CR 对 RO 膜进行双重修饰：有机物污染

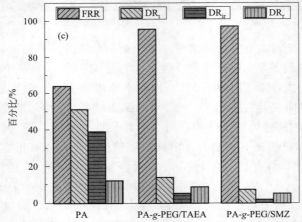

图 7-54 采用 Ugi-4CR 对 RO 膜进行双重修饰：无机盐污染

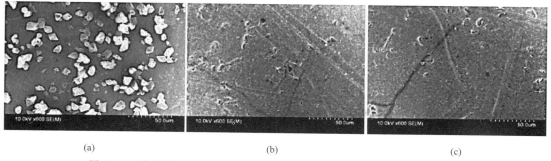

(a)　　　　　　　　　　　　(b)　　　　　　　　　　　　(c)

图 7-55　采用 Ugi-4CR 对 RO 膜进行双重修饰：无机盐污染 FESEM 图

最后，作者验证了采用 Ugi-4CR 对 RO 膜进行接枝后膜的耐菌性能，如图 7-56 所示。$a_1 \sim a_4$ 为空白组，$b_1 \sim b_4$ 为未修饰的 RO 膜，$c_1 \sim c_4$ 为采用含有 TAEA 组分的 Ugi-4CR 配方进行修饰的 RO 膜，而 $d_1 \sim d_4$ 为采用含有 SMZ 组分的 Ugi-4CR 配方进行修饰的 RO 膜。观察可发现，未修饰的膜与空白组的菌落数相当，而修饰后的膜的菌落数则减少，特别是含有 SMZ 基团的膜，几乎观察不到明显的菌落。这充分证实了采用 Ugi-4CR 对 RO 膜进行接枝后膜的耐菌性显著提升，也说明了作者开发的 Ugi 配方对 RO 膜进行双重修饰的有效性和高效性。

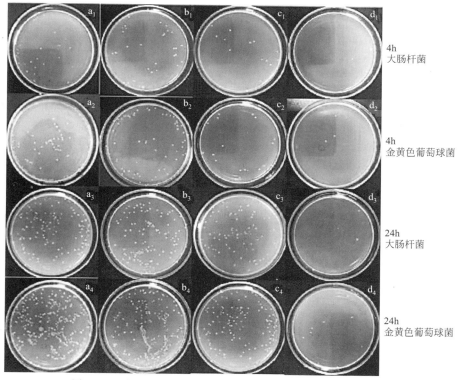

图 7-56　采用 Ugi-4CR 对 RO 膜进行双重修饰：抗菌性测试

参 考 文 献

[1]　Deng X X，Li L，Li Z L，et al. Sequence Regulated Poly（ester-amide）s Based on Passerini Reaction. Acs Macro Letters，2012，1（11）：1300-1303.

［2］　Ihara E，Saiki K，Goto Y，et al. Polycondensation of Bis（diazocarbonyl）Compounds with Aromatic Diols and Cyclic Ethers：Synthesis of New Type of Polyetherketones. Macromolecules，2010，43（43）：4589-4598.

［3］　Ihara E，Hara Y，Itoh T，et al. Three-Component Polycondensation of Bis（diazoketone）with Dicarboxylic Acids and Cyclic Ethers：Synthesis of New Types of Poly（ester ether ketone）s. Macromolecules，2011，44（15）：5955-5960.

［4］　Siamaki A R，Sakalauskas M，Arndtsen B A. A palladium-catalyzed multicomponent coupling approach to π-conjugated oligomers：assembling imidazole-based materials from imines and acyl chlorides. Angewandte Chemie，2011，123（29）：6682-6686.

［5］　Lee I H，Amaladass P，Yoon K Y，et al. Nanostar and nanonetwork crystals fabricated by in situ nanoparticlization of fully conjugated polythiophene diblock copolymers. Journal of the American Chemical Society，2013，135（47）：17695.

［6］　Chan C Y K，Tseng N W，Lam J W Y，et al. Construction of Functional Macromolecules with Well-Defined Structures by Indium-Catalyzed Three-Component Polycoupling of Alkynes，Aldehydes，and Amines. Macromolecules，2013，46（9）：3246-3256.

［7］　Jee J A，Spagnuolo L A，Rudick J G. Convergent Synthesis of Dendrimers via the Passerini Three-Component Reaction. Organic Letters，2012，14（13）：3292-3295.

［8］　Li L K，Deng X W，Song X X，Du C C，Li F S，Z C. Simultaneous dual end-functionalization of peg via the passerini three-component reaction for the synthesis of ABC miktoarm terpolymers. J Polym Sci Part A：Polym Chem，2013，51：865.

［9］　Sehlinger A，Kreye O，Meier M A R. Tunable Polymers Obtained from Passerini Multicomponent Reaction Derived Acrylate Monomers. Macromolecules，2013，46（15）：6031-6037.

［10］　Kreye O，Tóth T，Meier M A. Introducing multicomponent reactions to polymer science：Passerini reactions of renewable monomers. Journal of the American Chemical Society，2011，133（6）：1790-1792.

［11］　Lv A，Deng X X，Li L，et al. Facile synthesis of multi-block copolymers containing poly（ester-amide）segments with an ordered side group sequence. Polymer Chemistry，2013，4（13）：3659-3662.

［12］　Li L，Lv A，Deng X X，et al. Facile synthesis of photo-cleavable polymers via Passerini reaction. Chemical Communications，2013，49（76）：8549-8551.

［13］　Song Y，Cheng X，Chen H，et al. Integrated self-charging power unit with flexible supercapacitor and triboelectric nanogenerator. Journal of Materials Chemistry A，2016，4（37）．

第**8**章

高分子纳滤膜配方设计原理与应用

8.1 概述

　　纳滤膜种类繁多，制备方法各异，本节主要从配方角度对纳滤膜进行简要介绍。在进行纳滤膜配方设计过程中，需要协调、平衡三方面要素：结构、性能与用途。纳滤膜的结构决定了其性能，性能决定了其应用范围；但反过来，纳滤膜的用途也对其性能提出了要求，然后根据性能设计其应具备的结构。就是说，这三要素之间存在相互影响、互相反馈的关系，如图 8-1 所示。而每个要素中都包含了众多影响因素，如图 8-2 所示。例如，纳滤膜的结构就包括物理结构和化学结构，而物理结构又分为宏观和微观两种，这些因素都会对性能和用途产生不同程度的影响。

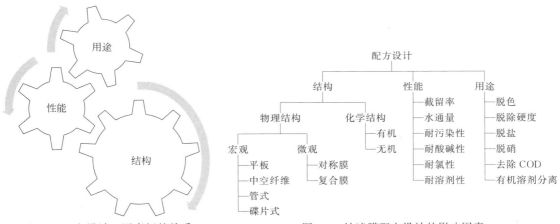

图 8-1　配方设计三要素间的关系　　　　图 8-2　纳滤膜配方设计的影响因素

　　本节的编写初衷并非百科全书式的配方大全，而是举出几种有代表性的配方，使大家对纳滤膜配方设计有一个宏观认识，理解不同种类的纳滤膜配方间的差异以及不同配方对工艺的要求，供大家在今后的学习、工作中参考。

8.2 对称膜配方

根据材质，可将对称膜分为有机对称膜与无机对称膜。但对于纳滤膜，目前文献中有机对称膜占据多数。因此，本节主要介绍有机对称膜，即采用有机高聚物，通过涂覆、挤出等方法一次成型得到的单层纳滤膜。

Adams 等采用添加 β-环糊精的方法制备了可去除重金属镉的聚砜纳滤膜。配方见表 8-1。其中，作者将 β-环糊精连接于聚氨酯大分子链的末端，使其可以保留在纳滤膜中，不会被凝固浴洗掉。β-环糊精-聚氨酯（β-CDPU）的制备方法为：在 DMF 中，以二月桂酸二丁基锡为催化剂，通过六亚甲基二异氰酸酯将聚氨酯与 β-环糊精上的羟基进行连接，得到产物。采用该配方制备的纳滤膜的截留性能如图 8-3 所示。可以看出，β-CDPU 的加入可以使得聚砜膜在不损失对镉的截留的情况下，大幅度提升通量。当 β-CDPU 的添加量为 8% 时，提升效果最强。

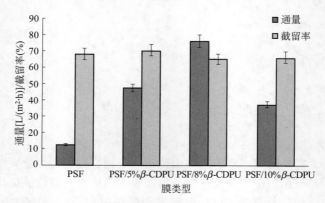

图 8-3　不同含量 β-环糊精纳滤膜对镉的截留效果对比

Boricha 等使用醋酸纤维素（CA）与 N,O-羧甲基壳聚糖（NOCC）的混合物制备了截留分子量约为 700，可去除部分重金属离子的纳滤膜。制膜配方如表 8-1 所示。该膜对重金属离子具有一定的去除能力：对铬离子最高可达 85% 的脱除率，而对铜离子可达 75%，如图 8-4 所示。

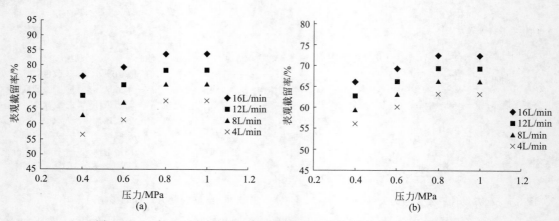

图 8-4　CA 与 NOCC 纳滤膜对重金属离子的截留率随压力、流速的变化

(a) 铬离子；(b) 铜离子

　　Darvishmanesh 等采用聚苯砜（PPSU）材质成功制备了能够耐受有机溶剂的中空纤维纳滤膜。纺丝配方及工艺参数见表 8-1。其中，25% PPSU 作为铸膜液具有最好的截留率与通量。作者详细考察了得到的中空纤维纳滤膜的有机溶剂耐受性：在甲醇、乙醇、异丙醇、正己烷、正庚烷、乙醚、乙酸乙酯中浸泡 10d 后膜丝形变量≤3%，在丙酮中收缩 12.5%，在甲苯中收缩 9%，而在甲基乙基酮中浸泡 10d 后则溶解。以上说明该膜丝具有一定的有机溶剂耐受性。该纳滤膜的截留分子量较高，对罗丹明 B 的截留率为 98.5%，而溴麝香草酚蓝仅为 46.1%。

　　Gholami 等通过向聚氯乙烯（PVC）与醋酸纤维素（CA）共混物中添加氧化铁（Fe$_3$O$_4$）纳米粒子，得到了可去除部分铅离子的纳滤膜。配方如表 8-1 所示，得到的纳滤膜最高可去除 50% 铅离子。

　　Panda 等通过向聚砜（PSF）中添加氯化锌（ZnCl$_2$）与聚乙二醇（PEG），得到了表面接近电中性的纳滤膜，配方见表 8-1。其截留分子量可达 200，对葡萄糖的截留率可达 90%。但由于其表面呈中性，因此对盐的截留不佳。

　　Rajesh 等通过在聚砜（PSF）和聚酰胺酰亚胺（PAI）中添加纳米二氧化钛（TiO$_2$）颗粒，得到了截留分子量最低为 1000 的纳滤膜。其中，TiO$_2$ 纳米颗粒按照文献中的方法制备，纳滤膜配方见表 8-1。TiO$_2$ 的加入，使得 PSF 与 PAI 的相互作用更加紧密，在提高通量及抗污染能力的同时，保持了较低的截留分子量，如图 8-5 所示。

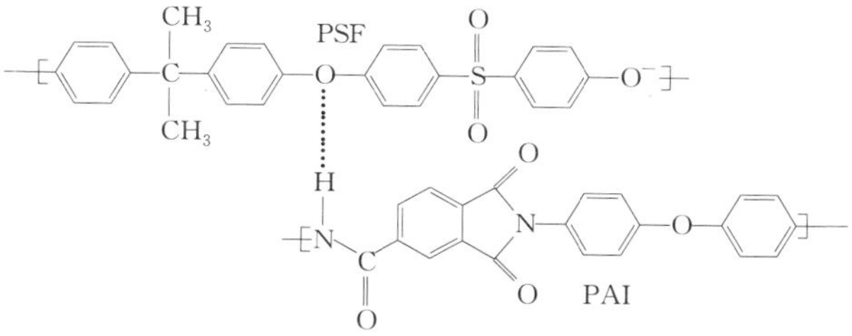

图 8-5　PAI-PSF（a）及 TiO$_2$-PAI-PSF（b）的分子间相互作用

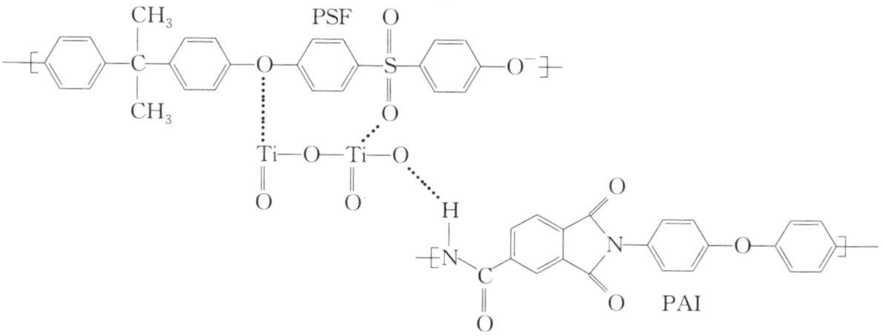

　　Saljoughi 等通过向 PSF 中加入壬烷基酚聚氧乙烯醚（IGEPAL，结构式如图 8-6 所示），得到了可高效去除镉离子的纳滤膜，配方参见表 8-1，所得纳滤膜最高可截留 98% 的镉离子。

表 8-1　对称膜的配方

含 β-环糊精纳滤膜配方	β-CDPU 与聚砜共同溶解于 DMF 中，使总聚合物浓度为 20%。80℃下搅拌 2h 后，静置过夜，以脱除气泡。溶液倒到玻璃板上，用刮刀涂覆平整。空气中干燥 60s 后，置于 4℃ 去离子水中 30min，然后再浸泡于 20℃ 的去离子水中。得到的纳滤膜在室温下干燥，并夹于两张纸中以便保存
CA&NOCC 纳滤膜配方	将 NOCC 与 CA 以 6∶4 的比例混合均匀后溶于丙酮中（0.4%，质量分数），1000r/min 搅拌 12h，然后再置于冰箱中 24h。溶液涂覆于玻璃平板上，室温下沥干。
	将膜片浸没于 0.25%（质量分数）戊二醛溶液中，将膜片竖直去除多余液体后，60℃ 下反应 1h。去离子水充分润洗后，将膜片浸没于去离子水中 24h。保存于 0.1% 焦亚硫酸钠中

续表

PPSU 纳滤膜配方	40℃下，配制 22.5%、25%、27.5%（质量分数）PPSU 的 N-甲基吡咯烷酮（NMP）溶液，300r/min 搅拌至完全溶解。停止搅拌，真空脱泡 1h。 干湿法纺丝：料液内、外孔径分别为 2.0mm、1.0mm，芯液孔径 0.8mm。料液流速 9g/min，芯液 6g/min。料液温度 40℃，室温（20±2）℃，湿度（55±5）%。水为凝固浴，并在其中浸泡过夜。在 40℃水中浸泡 24h，并在室温下干燥 24h
含 Fe$_3$O$_4$ 纳滤膜配方	将 PVC（100%~90%，质量分数）、CA（0~10%，质量分数）和 Fe$_3$O$_4$ 纳米颗粒（0~1%，质量分数）共混，溶于四氢呋喃中。其中，聚合物共占比 12%（质量分数）。60℃下搅拌 24h。采用刮刀进行涂覆，室温下、空气中沥干 1min。浸没于去离子水中 15min 后，更换水，继续浸泡 24h
ZnCl$_2$-PEG 纳滤膜配方	60℃下，将 PEG200（0~10%，质量分数）、ZnCl$_2$（0~2%，质量分数）加入 18%PSF 的 DMF 溶液中，搅拌 12h 后，静置 24h 脱气。用刮刀涂覆于玻璃板上，室温下浸没于蒸馏水中 10min，更换水后，浸泡 24h
含 TiO$_2$ 纳滤膜配方	TiO$_2$（0~1%，质量分数）、PAI（0~30%，质量分数）和 PSF（100%~69%，质量分数）溶于 N-甲基吡咯烷酮（NMP）与 1,4-二氧六环（70/30，质量比）形成的混合溶剂中，机械搅拌 8h 后，隔绝空气静置 6h。 凝固浴为蒸馏水，包含 4%（体积分数）NMP 和二氧六环及 0.2%（质量分数）十二烷基硫酸钠，保持在（5±2）℃。料液机械搅拌 5min，超声 5min。用刮刀涂覆于玻璃板上，空气中静置 90s。凝固浴中浸泡 2h。以大量水清洗，保存于 0.1%福尔马林中
IGEPAL 纳滤膜配方	室温下，IGEPAL（0~6%）加入 PSF（15%）的 NMP 溶液中，200r/min 搅拌 12h。用制膜机涂覆于玻璃板上，浸没于蒸馏水中进行凝固。浸没于水中 24h 后，夹于两片滤纸中室温下干燥 24h

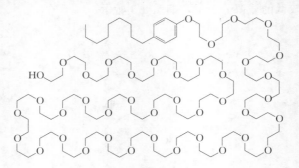

图 8-6　IGEPAL 的化学结构

8.3　复合膜配方

8.3.1　无机-无机复合膜配方

　　本节主要介绍以无机膜为基膜，同时功能层也为无机膜的复合膜配方。由于无机膜通常采用无机纳米粒子的胶体溶液进行烧结成型，因此无机-无机复合膜通常需要进行多次烧结，而每次使用的胶体溶液配方可以不同。

　　Alami Younssi 等采用 α-Al$_2$O$_3$ 作为功能层，在超滤膜表面进行涂覆，煅烧后得到纳滤膜，配方如表 8-2 所示。得到的纳滤膜截留分子量约为 400，可去除 99% 以上的直接红、酸性黄及酸性橙，对蔗糖的截留率约为 70%。该膜属于较大孔径的纳滤膜，因此需要加入较大分子量的配体才能去除重金属阳离子。

　　Gestel 等采用二氧化锆作为脱盐功能层，三氧化二铝作为基膜及中间层，成功制备了截留分子量在 200 左右的纳滤膜，其具有优异的耐酸碱性能。具体配方见表 8-2。配方中，聚乙烯醇（PVA）作为化学添加剂，以控制干燥程度；而乙酰丙酮作为减活剂，目的是为了控制锆的氧化物前驱体的水解程度，避免生成沉淀。

　　通常复合膜的制备包括支撑层和功能层，而作者采用增加中间层的方法使得支撑层与功能层结合更加紧密，同时功能层更加致密、均匀，得到了良好效果。从复合膜的场发射扫描电子显微镜图片（如图8-7、图8-8所示）来看，两种配方制备的三层复合膜层次清晰，过渡均匀，在图像中可清晰分辨且功能层非常致密、均匀，表面光滑，说明该配方所得复合膜结构良好。

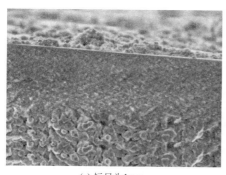

(a) 标尺为1μm   (b) 标尺为100nm

图8-7　α-Al₂O₃/γ-Al₂O₃/ZrO₂复合膜横截面FESEM照片

（a）50000×；（b）280000×

(a) 标尺为200nm   (b) 标尺为100nm

图8-8　α-Al₂O₃/ZrO₂/ZrO₂复合膜横截面FESEM照片

（a）50000×；（b）100000×

Gestel等开发的三层无机复合膜的截留效果如图8-9所示。两种配方制备的复合膜截留分子量类似，而中间层为ZrO₂时其截留分子量更低一些，可达200，为典型的纳滤膜截留分子量。该纳滤膜的耐酸碱腐蚀的性能优异：在强碱（图8-10）或强酸（图8-11）溶液中腐蚀后，4周后其截留曲线未发生明显变化，说明其结构完整。这些证据表明，该配方制备的纳滤膜具备较强的耐腐蚀性能。

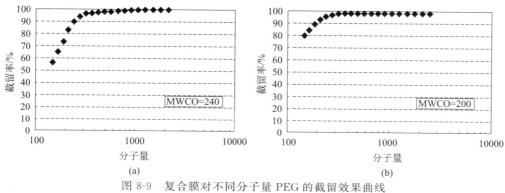

图8-9　复合膜对不同分子量PEG的截留效果曲线

（a）α-Al₂O₃/γ-Al₂O₃/ZrO₂；（b）α-Al₂O₃/ZrO₂/ZrO₂

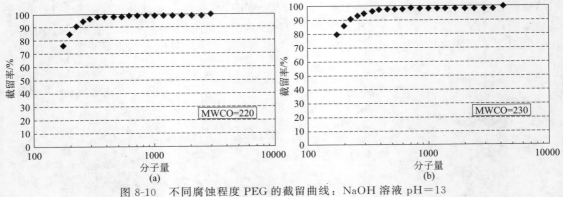

图 8-10　不同腐蚀程度 PEG 的截留曲线：NaOH 溶液 pH＝13

(a) 腐蚀 2 周；(b) 腐蚀 4 周

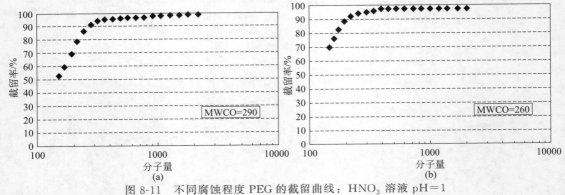

图 8-11　不同腐蚀程度 PEG 的截留曲线：HNO$_3$ 溶液 pH＝1

(a) 腐蚀 2 周；(b) 腐蚀 4 周

Gestel 等曾采用类似的方法制备了氧化铝-二氧化钛复合纳滤膜，详细配方如表 8-2 所示。该配方制备的纳滤膜层次分明、界限清晰、过渡均匀（如图 8-12 所示），且截留分子量小于200。相对于前述配方，该配方制备的纳滤膜耐强酸腐蚀能力稍弱，只能耐受 pH≥3 的腐蚀。

图 8-12　α-Al$_2$O$_3$/锐钛矿/锐钛矿三层复合膜 FESEM 图像

表 8-2　无机-无机复合膜配方

α-Al$_2$O$_3$ 纳滤膜配方	Al(OC$_4$H$_9$)$_3$ 为前驱体，加入 100 倍(摩尔比)水进行水解。80℃下搅拌 30min,加入 12％(摩尔分数)硝酸。35℃下浓缩至 35％。 溶液灌入管式超滤膜内部，使其在内表面沉积。接触时间 5min。室温下干燥 24h,450℃下煅烧 1h

续表

$\alpha\text{-Al}_2\text{O}_3/\gamma\text{-Al}_2\text{O}_3/$ ZrO_2 或 $\alpha\text{-Al}_2\text{O}_3/$ $\text{ZrO}_2/\text{ZrO}_2$ 三层 复合纳滤膜配方	支撑层	配方:$\alpha\text{-Al}_2\text{O}_3$ 粉末,PVA 工艺:经 200 μm 孔径滤网筛分后,流铸法涂覆于支撑盘片上,沥干。在空气中,于 1100℃下烧结 1h
	中间层	配方:$\text{Al}(\text{OC}_4\text{H}_9)_3$ 或 $\text{Zr}(\text{OC}_3\text{H}_7)_4$[3%(摩尔分数)$\text{Y}(\text{NO}_3)_3 \cdot 6\text{H}_2\text{O}$ 掺杂]及 PVA 工艺:加入过量水使氧化物前驱体水解,形成 $\gamma\text{-Al}_2\text{O}_3$ 或 ZrO_2 的胶体溶液。加入硝酸胶溶后,采用浸渍法涂覆,沥干后于 600℃ 或 400～450℃下在空气中烧结 3h
	功能层	配方:$\text{Zr}(\text{OC}_3\text{H}_7)_4$,乙酰丙酮 工艺:氩气保护下,加入过量水使氧化物前驱体水解,形成 ZrO_2 的胶体溶液。浸渍法涂覆,沥干后于 400℃下在空气中烧结 2h。浸渍—沥干—烧结过程进行两次
氧化铝-二氧化钛复 合纳滤膜配方	支撑层	配方一:$\alpha\text{-Al}_2\text{O}_3$ 粉末、挪威木素。流铸法制备 配方二:Al_2O_3 粉末、铝粉(质量比 40/60)。研磨均匀后,等静压成型。1100℃下烧结后,1300℃下进行热处理
	中间层	配方一:$\text{Al}(\text{OC}_4\text{H}_9)_3$ 于 90℃下加入硝酸(7%,摩尔分数)胶溶。加入 PVA(重均分子量为 72000,密度为 35g/L)后,浸渍法涂覆。室温下沥干 24h。400℃下煅烧 1h,升温、降温速率为 60℃/h。400～1200℃下后处理 1h 配方二:$\text{Ti}(\text{OC}_3\text{H}_7)_4$ 于 50℃下加入硝酸(5%,摩尔分数)胶溶。加入羟丙基纤维素(HPC,重均分子量为 100000,密度为 10g/L)及 PVA(重均分子量为 72000,密度为 1g/L)后,浸渍法涂覆。室温下沥干 24h。400℃下煅烧 1h,升温、降温速率为 15℃/h。400～1200℃下后处理 1h
	功能层	配方:$\text{Ti}(\text{OC}_3\text{H}_7)_4$,加入少于等当量水进行部分水解。放置 3d 进行老化后,浸渍法涂覆。沥干后,200～700℃下煅烧 1h,升温、降温速率为 15℃/h

　　Blanc 等使用铪的醇解产物进行功能层的涂覆,得到了具有特殊性能的纳滤膜,其配方见表 8-3。扫描电子显微镜图像显示,该配方制得的纳滤膜具有典型的双层结构(图 8-13)。通过对不同分子量聚乙二醇(PEG)的截留性能进行测定,得到该复合膜的截留分子量约为 420(图 8-14)。

表 8-3　铪氧化物纳滤膜配方

铪氧化物纳滤膜配方	铪醇解配方	在氩气保护下,四氯化铪与 1-甲氧基-2-丙醇反应后,通入氨气。沉淀除去氯化铵,滤液浓缩后得到铪的醇解产物:$\{\text{HfO}[\text{OCH}(\text{CH}_3)\text{CH}_2\text{OCH}_3]_3\}_n$
	制膜配方	25%聚乙烯醇(PVA)水溶液[12%(质量分数)PVA 溶于水中];20.2%铪醇解产物;38.2%去离子水;16.6%5mol/L 硝酸。配置完成上述溶液后,浸渍法涂覆于 $\gamma\text{-Al}_2\text{O}_3$ 超滤膜上。15min 后,置于空气中,室温下沥干 24h。450～650℃煅烧 1h

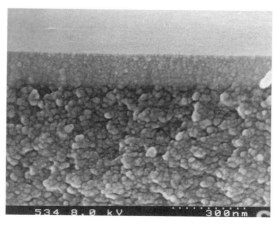

图 8-13　铪氧化物纳滤膜 SEM 图像(截面)

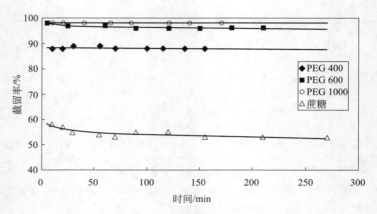

图 8-14 铪氧化物纳滤膜截留分子量的确定

Blanc 等使用铪的醇解产物制备的纳滤膜最独特的地方在于其截留性能随 pH 值的变化而变化,如表 8-4 所示。多数纳滤膜其二价离子截留率高于一价离子,但铪氧化物纳滤膜则正好相反:对一价离子的截留率多数情况下高于二价离子。例如,对氯化钠、硝酸钠的截留率在酸性、中性及碱性条件下均高于对硫酸钙的截留率。这主要是由于该膜的唐南效应非常显著。其在酸性条件下荷正电,排斥阳离子但吸附阴离子;而在碱性条件下荷负电,排斥阴离子但吸附阳离子。这也解释了为何对硫酸钠和氯化钙在不同 pH 下截留率相差如此之大。

表 8-4　铪氧化物纳滤膜在不同 pH 值下对不同离子的截留率

盐溶液($c = 10^{-3}$ mol/L)	酸性介质(pH=3±0.2)	中性介质(pH=6.2±0.2)	碱性介质(pH=9.3±0.2)
Na_2SO_4	1%	33%	97%
$CaSO_4$	32%	48%	14%
NaCl	63%	50%	23%
$NaNO_3$	82%	48%	87%
$CaCl_2$	87%	75%	13%

8.3.2　有机-无机复合膜配方

本节主要介绍以有机膜为基膜,而功能层为无机膜的复合膜配方,具体配方见表 8-5。该种类在膜文献中较少报道,现仅举一例。

表 8-5　有机-无机复合膜配方

PDMS-MWNTs 纳滤膜配方	0.05%(质量分数)MWNTs、2.0%(质量分数)十二烷基硫酸钠(SDS)及 Triton X-100 0.2mmol/L 溶于水中,超声 20min。悬浮液在 2bar(1bar=0.1MPa)压力下,透过 PVDF 基膜;重复一次后,在空气中沥干
	2%~7%(质量分数)PDMS 的正己烷溶液(含有碱和硬化剂)滴加于基膜上表面,室温下自然晾干数天

Madaeni 等在聚偏氟乙烯(PVDF)表面依次涂覆多壁碳纳米管(MWNTs)和聚硅氧烷(PDMS),得到了高抗污染性能的纳滤膜。PDMS 属于有机硅化合物,既不溶于油,也不溶于水,属于第三相;而 MWNTs 虽然为碳元素,但也属于无机物,就好比金刚石也为碳元素,但它仍然属于无机物。因此,功能层总体归为无机物。配方中,PDMS 的溶液按照文献[15]中的方法配制。所得纳滤膜最大的特点为其高抗污染性:与 PVDF 膜相比,对蛋白质的吸附量可减少一半。

图 8-15 为 Triton X-100 与 SDS 的化学结构,图 8-16 为 PDMS-MWNTs/PVDF 纳滤膜

的制备工艺，图 8-17 为 PDMS-MWNTs/PVDF 纳滤膜的截留性能与截留时间的关系曲线。

Triton X-100

SDS

图 8-15　Triton X-100 与 SDS 的化学结构

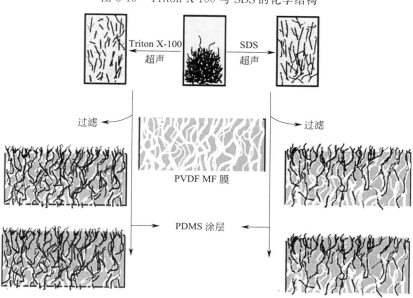

图 8-16　PDMS-MWNTs/PVDF 纳滤膜的制备工艺

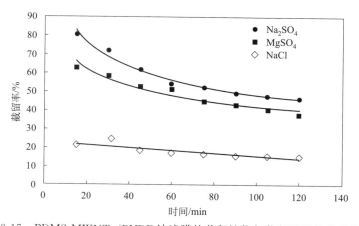

图 8-17　PDMS-MWNTs/PVDF 纳滤膜的截留性能与截留时间的关系曲线

8.3.3　有机-有机复合膜配方

本节主要介绍以有机高聚物超滤膜为基膜，同时功能层也为有机聚合物的纳滤膜制备配方。功能层有的是通过浸渍、涂覆或喷淋的方法制备的，此时聚合物为非交联状态；而有的是通过化学反应在基膜表面形成聚合物功能层，此时为交联体系。

8.3.3.1　非交联功能层配方

Ba 等将磺化聚醚醚酮（SPEEK）涂覆于聚乙烯亚胺（PEI）修饰的聚酰亚胺（PI）超

滤膜上。基膜及功能层的配方见表 8-6。其中，基膜以聚酰胺酸（PAA）为前体，反应后得到 PI 膜，再进行 PEI 修饰，过程如图 8-18 所示。功能层中使用的 SPEEK 是按文献中的方法对聚醚醚酮（PEEK）进行磺化的。

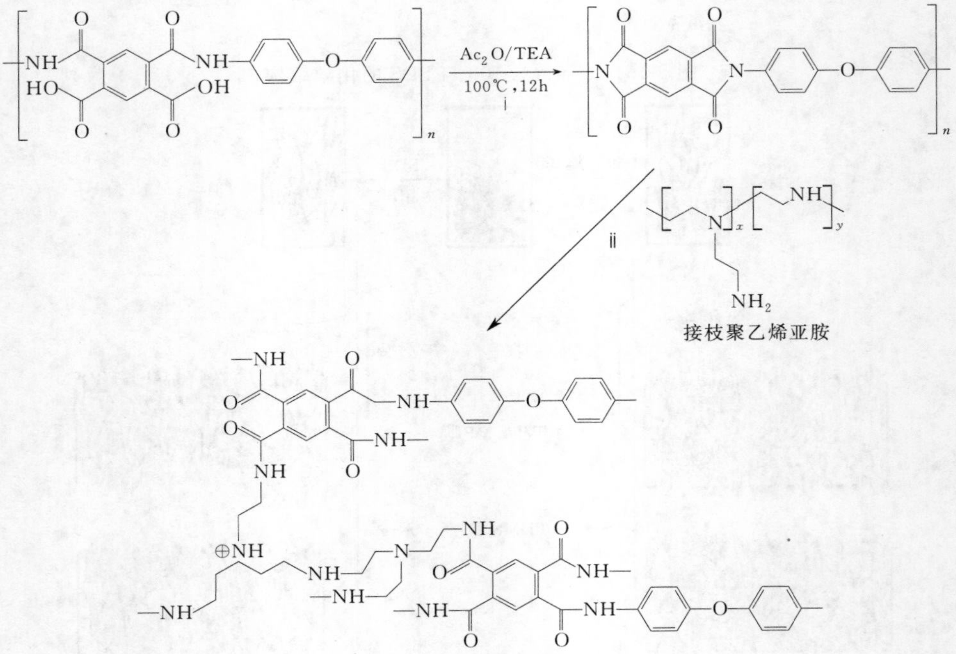

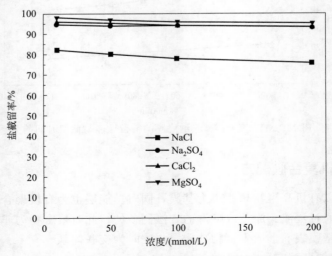

接枝聚乙烯亚胺

图 8-18　PI-PEI 基膜的制备过程

Ba 等制备的 PI-PEI/SPEEK 复合纳滤膜的盐截留性能如图 8-19 所示。可看出其对硫酸镁、氯化钙及硫酸钠的截留率较高（约 95%），对氯化钠的截留率稍低（约 80%），属于截留性能较高的纳滤膜。该膜最突出的特点是其抗污染性能：与荷电膜相比，PI-PEI/SPEEK 复合纳滤膜为电中性，经过牛血清蛋白（BSA）300min 的污染实验后，通量未发生明显下降，而荷电膜下降约 15%～20%，如图 8-20 所示。

图 8-19　PI-PEI/SPEEK 复合纳滤膜的盐截留性能

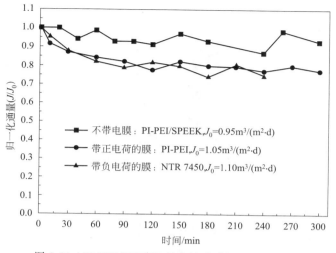

图 8-20 PI-PEI/SPEEK 复合纳滤膜的耐污染性能

　　Boricha 等将二乙烯三胺五乙酸（DTPA）涂覆于聚醚砜（PES）超滤膜表面，得到可去除金属离子的纳滤膜，配方见表 8-6。DTPA 为高效配体，可与金属离子紧密螯合，实现去除效果。同时，作者还尝试使用喷淋装置（图 8-21）进行涂覆：喷嘴距离基膜约 10cm，以 0.25mL/min 的喷速、40°～50°角喷射于 PES 膜上。通过扫描电镜（SEM）照片观察（图 8-22），喷淋涂覆形成的脱盐功能层不如刮刀涂覆得到的均匀、密实；从性能看（图8-23），喷淋得到的纳滤膜对锌离子、铁离子的截留率比刮刀涂覆制备的要低。另外，涂覆过程中使用的 DTPA 浓度越高，得到的脱盐层厚度越大（图 8-22），脱盐率越高（图 8-23）。

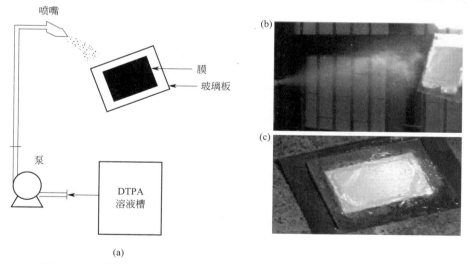

图 8-21 喷淋涂覆装置（a）及喷淋涂覆过程中（b）及完成后（c）的照片

　　He 等则采用磺化聚醚醚酮（SPEEK）涂覆于聚醚砜中空纤维超滤膜内表面，得到了内压纳滤膜，配方见表 8-6。其中，SPEEK 按照文献中的方法制备，涂覆过程采用如图 8-24所示的装置。图 8-25 为磺化时间为 120h，0.5%（a）与 5%（b）SPEEK 溶液涂覆一次所形成的纳滤膜截面的 SEM 图。从图中可明显观察出，功能层非常致密均匀，与基膜形成明显的双层结构，且涂覆液浓度越高，所形成的功能层厚度越大。该配方制得的纳滤膜对染料的截留性能较好，而对盐的截留性能较差，如图 8-26 所示。

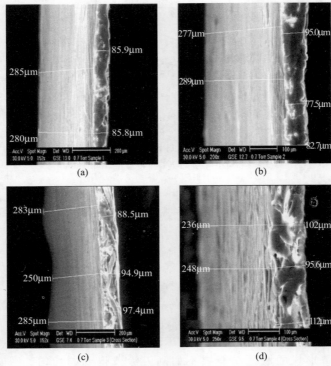

图 8-22 纳滤膜截面的 SEM 图像

（a）刮刀涂覆，10mmol/L DTPA；（b）刮刀涂覆，50mmol/L DTPA；
（c）喷淋涂覆，10mmol/L DTPA；（d）喷淋涂覆，50mmol/L DTPA

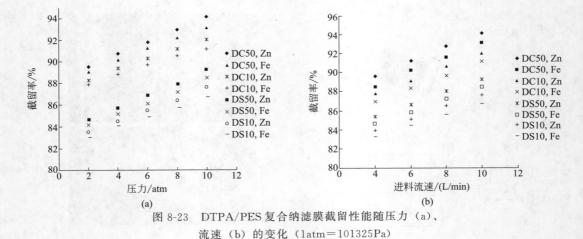

图 8-23 DTPA/PES 复合纳滤膜截留性能随压力（a）、
流速（b）的变化（1atm＝101325Pa）

表 8-6 有机-有机非交联功能层复合膜配方

PI-PEI膜配方	将 0～60％丙酸加入 15％PAA 的 N-甲基吡咯烷酮（NMP）的溶液中，搅拌至澄清。涂覆于平板上，浸没在水中 30min。再浸泡于异丙醇中 90min，其间更换三次溶剂。再浸泡于正己烷中 90min，其间更换三次溶剂。100℃下，于乙酸酐和三乙胺的混合溶剂（4：1，体积比）中反应 36h。异丙醇清洗后，将膜浸泡于异丙醇中保存。 将上述聚酰亚胺膜浸没于 1％（质量分数）PEI 的异丙醇和水的溶液（1：1，体积比）中，80℃下反应 60min。pH＝3 的稀盐酸润洗充分后，保存于去离子水中
SPEEK膜配方	SPEEK 溶于去离子水中（0.3g/L），80℃下放置过夜。将 PI-PEI 基膜固定于死端过滤装置底部，加入 SPEEK 溶液 200mL。施加 13.8bar（1bar＝0.1MPa）压力，保持 10min，同时进行剧烈搅拌（1100r/min）。用大量水冲洗得到膜片

DTPA 纳滤膜配方	制备前,先将 PES 基膜浸泡于去离子水中过夜。使用前,用去离子水充分润洗干净,滤纸擦干。 10mmol/L 或 50mmol/L DTPA 溶于 0.1mol/L NaOH 溶液中,通过砂滤。24h 后,采用刮刀或喷淋方式 将 DTPA 涂覆于基膜上。自然沥干后,在 50℃烘箱中熟化 1h。保存于聚乙烯样品袋中备用
SPEEK 纳滤膜配方	SPEEK 溶于甲醇中,用 15μm 孔径滤网过滤后,涂覆于 PSF 中空纤维超滤膜内表面,保持 3s 后,自然沥 干,氮气下干燥 24h
TBPEEK 纳滤膜配方	氮气保护下,加入 100mmol 碳酸钾、50mmol DFBP、50mmol TBHQ、120mL N,N-二甲基乙酰胺、25mL 甲 苯。140℃下回流,分水器去除反应产生的水分。2h 后,升温至 170℃,继续反应 3~7h。自然冷却后,溶于四 氢呋喃(THF),沉淀于甲醇中,过滤除去沉淀。溶解—沉淀—过滤进行两次。最终浓缩得到产品 TBPEEK, 在 80℃真空烘箱中干燥。 聚乙烯/聚丙烯无纺布(Novatexx2471)为基膜,将 TBPEEK 的 N-甲基吡咯烷酮(NMP)或 NMP/THF 混 合溶液涂覆于其上。空气中干燥 30s 后,浸没于去离子水中
PMA 纳滤膜配方	70℃搅拌下,将 PSF[17%(质量分数)]与聚乙二醇[PEG,分子量为 600~20000,8%(质量分数)]逐渐加入 NMP 中。恒温搅拌直至得到透明均相溶液。用刮刀涂覆于玻璃板上,空气中干燥 30s 后,浸没于水中 1min, 再浸泡于反渗透产水中 24h。 将光引发剂 4-苯基二苯甲酮、交联剂 N,N-二甲基双丙烯酰胺及单体 AA[3%~6%(质量分数)]配制成溶 液,浸渍法涂覆于基膜表面,紫外线照射聚合进行接枝
PEI 纳滤膜配方	60℃下,PEI[20%(质量分数)]加入 NMP/DGDE/AA(48~80/0~32/0~24)混合溶剂中。室温下静置 24h 后,涂覆于聚酯无纺布上,空气中干燥 30s 后,浸没于去离子水中 12h
PEC 纳滤膜配方	以氢氧化钠水解后的 PAN 为基膜,通过 LBL 方法反复涂覆 PDDA 与 SPEEK,得到 PEC 纳滤膜。涂覆液 中添加 0~1mol/L 的 NaCl 溶液

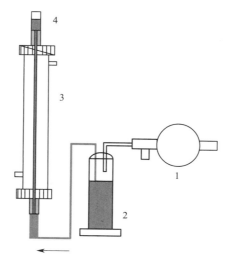

图 8-24　SPEEK/PSF 中空纤维内压纳滤膜的涂覆装置

1—压力泵；2—原液槽；3—中空纤维纳滤膜组件；4—流量计

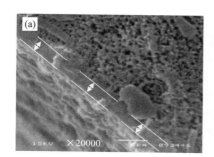
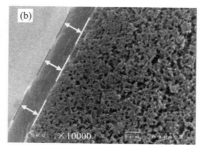

图 8-25　SPEEK/PSF 中空纤维内压纳滤膜截面的 SEM 图

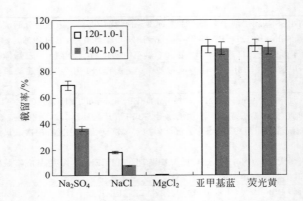

图 8-26   SPEEK/PSF 中空纤维内压纳滤膜的截留性能

Hendrix 等使用叔丁基对苯二酚（TBHQ）和二氟二苯甲酮（DFBP）进行共聚，得到含有叔丁基的聚醚醚酮（TBPEEK），配方见表 8-6。叔丁基的引入增强了 PEEK 的溶解性，增强了它的可加工性。所得纳滤膜对甲醇、异丙醇、正己烷及乙腈具有良好的耐受性，不耐受甲苯及丙酮。作者还特别研究了聚合物的多分散性（PDI）对膜性能的影响：PDI 越低（2.6），截留率越高；而 PDI 越高（5.0），通量越大。

Homayoonfal 等使用紫外线（UV）在聚砜（PSF）超滤膜表面引发丙烯酸（AA）单体聚合，得到表面接枝的纳滤膜，配方见表 8-6。作者采用的紫外光源为 Philips，UVC（254nm 波长），Model TUV8W-G8TS，Netherlands。辐照时间与 AA 浓度是关键因素，其中前者更为重要。辐照时间越长，AA 浓度越高，则截留率越高（硫酸钠截留率达 95% 以上），水通量越低。

Kim 等以聚醚酰亚胺（PEI）为脱盐功能层材质，涂覆于无纺布上，并通过向料液中添加二乙二醇二甲醚（DGDE）及乙酸来精细调节凝固过程，最终得到不带电的纳滤膜，配方见表 8-6。所得纳滤膜截留分子量最低可小于 600（PEG 600 截留率＞99%）。

Li 等采用层层自组装（LBL）的方法，在水解后的聚丙烯腈（PAN）上涂覆由聚二烯丙基二甲基氯化铵（PDDA）及磺化聚醚醚酮（SPEEK）构成的多层聚电解质（PEC）功能层，得到了可耐受有机溶剂的纳滤膜，配方见表 8-6。图 8-27 为 LBL 过程示意图，其中基膜 PAN 按文献中的方法进行水解。作者详细考察了不同氯化钠（NaCl）浓度对膜性能的影响：NaCl 浓度越高，脱盐功能层越疏松，同时厚度也越大。当 NaCl 浓度为 0.2mol/L 时，所得纳滤膜对罗丹明 B 的截留率最高，为 99%，通量约为 $0.5L/(m^2 \cdot h \cdot bar)$（1bar＝0.1MPa）。同时，该膜对异丙醇、四氢呋喃具有良好的耐受性。

8.3.3.2　交联功能层配方

Wang 等采用向功能层中添加氧化石墨烯（GO）的方法得到了截留分子量小于 200 的纳滤膜。其中，GO 按照 Hummer 方法进行制备，与聚乙烯亚胺（PEI）混合后，在聚丙烯腈（PAN）表面进行界面聚合，配方见表 8-7。扫描电镜图像（图 8-28）显示，通过界面聚合后，GO 成功固定于功能层中，并与基膜形成明显的双层结构。按该配方得到的纳滤膜的截留分子量可小于 200，如图 8-29 所示。

Ray 等使用聚乙烯醇（PVA）作为脱盐功能层，在聚砜（PSF）超滤基膜上进行涂覆，并使用马来酸酐（MA）进行交联，得到了最高截留率为 90%（硫酸镁）的纳滤膜，配方详见表 8-7。

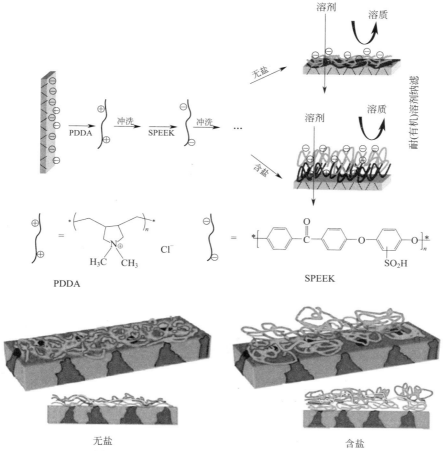

图 8-27 PDDA-SPEEK/PAN 纳滤膜的制备过程

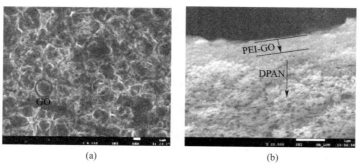

图 8-28 PEI-GO/PAN 纳滤膜表面（a）及截面（b）的 SEM 图像

Huang 等使用季铵化壳聚糖（HACC）作为功能层在聚丙烯腈（PAN）基膜表面进行涂覆，交联后得到纳滤膜，配方见表 8-7。该配方得到的纳滤膜为荷正电膜，其截留顺序也证明了这一点：$CaCl_2$、$MgCl_2$、$NaCl$、KCl、$MgSO_4$、Na_2SO_4、K_2SO_4。其对氯化钙的最高截留率可达 97% 以上。

Ji 等采用自由基共聚的方法，制备了含季铵盐及羟基基团的丙烯酸酯类共聚物（PDM-CHEA），涂覆于聚砜（PSF）超滤基膜后，使用戊二醛（GA）对涂覆层进行交联，得到荷正电的纳滤膜，制备过程如图 8-30 所示。配方详见表 8-7，其对氯化镁的截留率最高可达

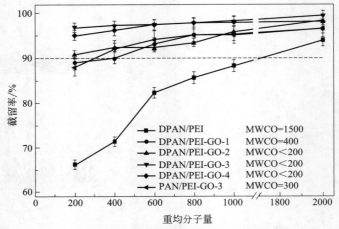

图 8-29　PEI-GO/PAN 纳滤膜的截留性能

95％。但由于该膜功能层为聚丙烯酸酯类，正电官能团及交联结构均依赖于酯键与主链相连，因此其耐碱性较差。作者还考察了其耐污染性能，发现在低于 BSA 等电点（pH＝4.7）时，例如 pH＝4.2 时，该膜具备良好的耐污染性能。

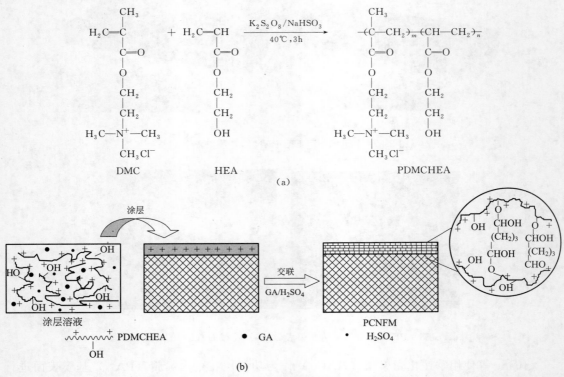

图 8-30　PDMCHEA-GA/PSF 纳滤膜的制备过程

（a）PDMCHEA 共聚过程；（b）制膜过程

　　Jin 等采用酰胺类树枝状高分子（PAMAM，结构如图 8-31 所示）并添加二氧化硅（SiO_2）纳米粒子，在 PSF 表面通过界面聚合得到纳滤膜，配方见表 8-7。所得纳滤膜对硫酸钠的截留率最高可达 90％。PAMAM 的引入改善了 SiO_2 纳米粒子的分散性，而 SiO_2 的加入使功能层的热稳定性提高，并提高了膜的亲水性。图 8-32 为不添加 SiO_2 和添加 SiO_2 纳滤膜的 SEM 图像。

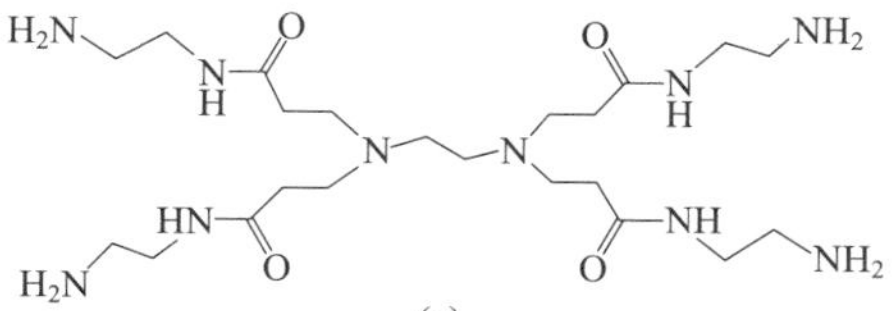

图 8-31　PAMAM 的化学结构

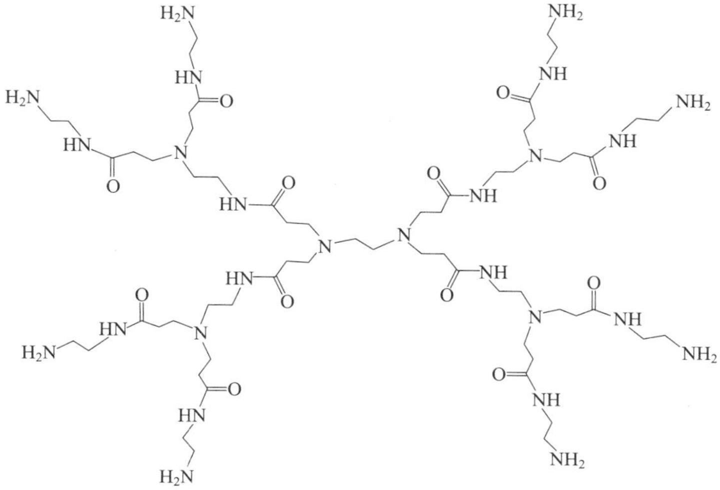

（a）第 0 代；（b）第 1 代

图 8-32　SEM 图像

（a）不添加 SiO₂；（b）添加 SiO₂

表 8-7　有机-有机交联功能层复合膜配方

GO 纳滤膜配方	PAN 基膜浸泡于多巴胺溶液(2g/L)中,25℃在摇床中反应 1h 后,用去离子水润洗。 0.6g GO 分散于 26g 水中,室温下超声 30min。2g PEI 溶于 24g 水中,搅拌 1h。将前者滴加于后者中,搅拌-超声交替进行 24h(累积超声 4h)。 将 PEI-GO 溶液涂覆于基膜上表面,25℃下保持 10min。去除浮水,将均苯三甲酰氯(TMC,0.72g)的正己烷溶液(26g,搅拌 1h)涂覆于基膜上表面,25℃下保持 10min。在空气中干燥 20min,60℃烘箱中干燥 2h
PVA 纳滤膜配方	搅拌下,将 13%～19%(质量分数)PSF 加入 N,N-二甲基甲酰胺中,继续搅拌 24h。停止搅拌后,室温下静置 2h。使用刮刀涂覆于聚酯平板上,10s 后,浸没于去离子水中。60min 后,浸没于大量水中 48h。 将 1～20g/L 的 PVA 溶液(水解度 86%～87%,重均分子量为 125000,使用 Millipore 产水制备)涂覆于 PSF 基膜表面上,保持 3min。30℃下沥干后,将 0.02%～1%(质量分数)MA 溶液涂覆于表面上。沥干后,125℃下处理 30min

HACC 纳滤膜配方	2%(质量分数)HACC 的水溶液用 G3 筛板过滤后涂覆于 PAN 基膜上,50℃下处理 2h。 己二酸、乙酸酐、丙酮以三种比例(质量比)混合(0.04/1.2/75、0.05/1.5/75、0.06/1.8/75)。上述膜片浸没于混合液中,在密封条件下,50℃下处理 22h。完成后,50℃下处理 30min;用大量去离子水清洗并浸没于其中 24h
PDMCHEA 纳滤膜配方	7.6g(2-甲基丙烯酰基)氧乙基三甲基氯化铵[DMC,79%(质量分数)水溶液]及 2-羟乙基丙烯酸酯[HEA,96.5%(质量分数)水溶液]混合物加入 30mL 水中,25℃下通入氮气 30min。加入引发体系过硫酸钾(2mg)和亚硫酸氢钠(2mg),40℃下反应 3h。产物溶于丙酮沉于水中,重复三次。40℃真空烘箱中干燥至恒重,保存于氮气中。 PDMCHEA[0.5%~2.5%(质量分数)]与 GA[0.19%~0.45%(质量分数)]溶于去离子水中,25℃下搅拌(600r/min)12h。使用硫酸将溶液 pH 值调整至 3.0~4.0。涂覆于表面湿润的 PSF 基膜上,30~60℃下反应 3h。用去离子水冲洗并保存于其中
PAMAM-SiO₂ 纳滤膜配方	100mL 2.0%十二烷基硫酸钠中加入 SiO₂ 纳米粒子及 PAMAM[0.05%~0.25%(质量分数)],剧烈搅拌并超声(40kHz)1h。PSF 基膜置于其中 10min,用橡胶辊去除浮水;浸没于均苯三甲酰氯的正己烷溶液中 90s;在空气中干燥后,用去离子水清洗并保存于其中

Li 等以聚砜(PSF)为基膜,采用 3,3′,5,5′-联苯四甲酰氯(mm-BTEC,图 8-33)与哌嗪(PIP)进行界面聚合,配方见表 8-8。所得纳滤膜对硫酸钠的截留率最高可达 95%,而通量比采用均苯三甲酰氯(TMC,图 8-33)高一倍左右。

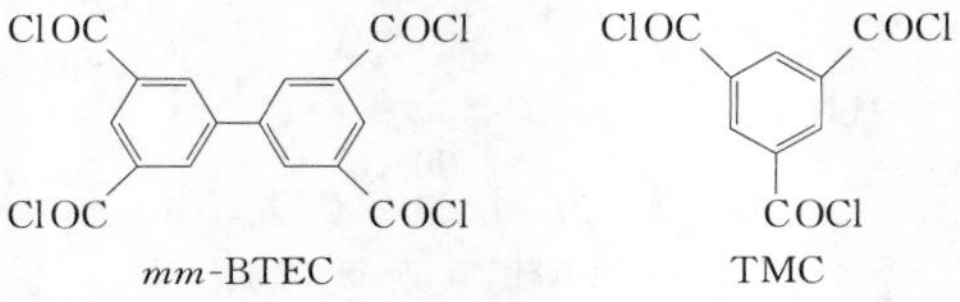

图 8-33 mm-BTEC 与 TMC 的化学结构

表 8-8 有机-有机复合膜配方

mm-BTEC 纳滤膜配方	16.5%(质量分数)PSF,13.5%(质量分数)乙二醇单甲醚(EGM),0.03%(质量分数)十二烷基磺酸钠(DDS)及 69.97%(质量分数)N,N-二甲基甲酰胺(DMF)。将上述溶液涂覆于玻璃板上,室温下浸没于水中成型。 将上述基膜浸没于 1~15g/L 的哌嗪溶液中 3min,在空气中沥干。基膜上表面与 0.05%~0.15% mm-BTEC 的 Isopar G 溶液接触,进行界面聚合 30~120s。在 80℃烘箱中处理后,用去离子水润洗 20min,保存于 1%亚硫酸氢钠溶液中
PA/PD-PES 纳滤膜配方	将 PES 基膜浸没于 2.0g/L PD 溶液中,25℃下在摇床(200r/min)中反应 30min。PD 溶液以三(羟甲基)氨基甲烷-盐酸为缓冲体系(Tris-HCl,50mol/L,pH 8.5)。得到的 PD-PES 基膜使用大量去离子水清洗。 在 50℃下,将基膜浸没于 PIP 溶液中 30min。除去浮水,在空气中沥干。TMC 溶于正己烷中形成油相,将基膜表面浸没于油相中。反应完成后,在空气中放置 30min,用大量去离子水清洗
PIP 纳滤膜配方	0.2%PIP 溶液浸渍于 PSF 基膜上表面 2min,用橡胶辊去除浮水,在空气中沥干。基膜倾斜 30°,将油相(0.24%TMC 的 IP1016 溶液)从上部流下;而后将基膜快速放平,反应 40s 后,倾去油相,用 80℃热风干燥 5min,用大量水清洗并保存于 1%亚硫酸氢钠溶液中
NOCC-GA 纳滤膜配方	0.4%~1.0%(质量分数)NOCC 溶于去离子水中,用 G4 砂板漏斗过滤后,真空脱气。涂覆于 PSF 基膜上,烘箱中 50℃处理 1h。再将 0.05%~0.25%(质量分数)GA 溶液涂覆于其上,40~80℃处理 1h,用大量去离子水清洗,并浸泡于其中 24h
NOCC-ECH 纳滤膜配方	0.4%~1.0%(质量分数)NOCC 溶液涂覆于 PSF 基膜上,烘箱中 60℃处理 1h。再将 ECH/96.7%乙醇(0.067mol/L 氢氧化钾)溶液涂覆于其上,50℃处理 1h,用大量去离子水清洗,并浸泡于其中 24h
PA/PES 纳滤膜配方	PES 基膜浸没于 1%(质量分数)间苯二胺水溶液中 3min。橡胶辊去除浮水后,浸没于 0.2%(质量分数)均苯三甲酰氯中 40s。80℃下,热处理 3min

续表

ZnCl₂-PAN 纳滤膜配方	80～90℃,搅拌下,将 PAN[15%(质量分数)]与聚乙烯吡咯烷酮[PVP,5%(质量分数)]粉料加入 DMF 中。涂覆于 Hollytex® 聚酯无纺布上,立即浸没于自来水中,直至下一步反应。 上述基膜浸泡于 ZnCl₂ 溶液中多日,高温下加热。浸没于 pH＝3～4 的盐酸中去除 ZnCl₂。室温下,再将其浸泡于 1mol/L NaOH 溶液中进行水解。之后在 1mol/L 盐酸中浸泡过夜。用 pH＝8～9 的 NaOH 溶液清洗
AMPS-TAIC 纳滤膜配方	基膜于超纯水中浸泡 24h,烘箱中干燥。等离子体辐照 30～120s,频率 40Hz,功率 750W,真空度 40Pa。 3%～20%(质量分数)AMPS 及 0.2%(体积分数)TAIC 溶于水、乙醇(9∶1,体积比)的混合溶剂中,将上述预处理后的基膜浸没于该溶液中 30min。置于等离子体辐射器中反应 80～110s。超声中使用超纯水清洗三次,并保存于超纯水中
PA/PPEA 纳滤膜配方	PPEA 基膜浸没于 0.1%～2.0%(质量分数)哌嗪水溶液中 0.5～4min。沥干后,再浸没于 0.01%～0.2%(质量分数)均苯三甲酰氯的正己烷溶液中 0.5～3min。烘箱中处理 1～15min
PA/PPESK 纳滤膜配方	0.2%～1.6%哌嗪溶液从上往下流过 PPESK 基膜内表面,持续 50～450s,氮气吹扫(5L/min)内表面 1～8min,0.05%～0.30%均苯三甲酰氯的正己烷溶液缓慢流过内表面 20～250s,室温下干燥 2h 以上,使用去离子水清洗并保存于其中
SPPESK/PPESK 纳滤膜配方	15%(质量分数)PPESK 溶于 85% N-甲基吡咯烷酮与 15%乙二醇单甲醚(EGME)形成的混合溶剂中,并涂覆于无纺布上,浸没于水中 15s。用水冲洗并浸泡于水中 24h。 0.5%～2.0%(质量分数)SPPESK 溶于 EGME 中,涂覆于 PPESK 基膜上。将基膜竖直放置,沥干。室温干燥后,60～140℃下干燥 0～60min。完成后保存于水中

Li 等采用多巴胺(PD)对基膜聚醚砜(PES)进行修饰,然后进行界面聚合,可有效提升纳滤膜的截留率。其中,基膜 PES 按文献中的方法制备,制备流程如图 8-34 所示,配方见表 8-8。所得纳滤膜对硫酸钠的截留率可达 90%以上,相对于未修饰 PD 的纳滤膜可提高约 10 个百分点,如图 8-35 所示。

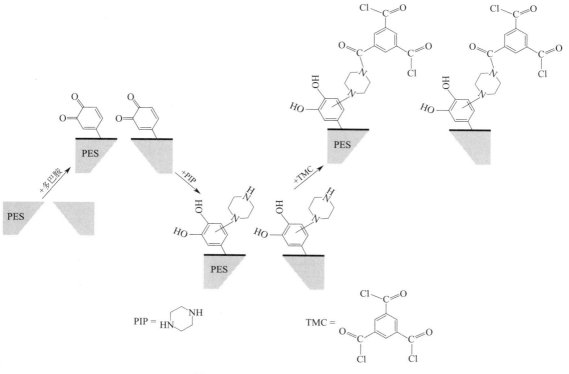

图 8-34　PA/PD-PES 的制备流程

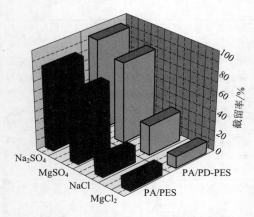

图 8-35 PA/PD-PES 纳滤膜性能

Meihong 等通过界面聚合的方法制备了可进行一、二价阴离子分离的纳滤膜，配方见表 8-8。作者详细考察了后处理温度及时间对纳滤膜性能的影响，发现合适的后处理温度及时间可提高截留率约 9 个百分点，通量提高约 50%。所得纳滤膜可对硫酸根、氯离子实现分离：在氯离子是硫酸根浓度 10 倍的情况下，可有效脱除硫酸根离子。

Miao 等使用 N,O-羧甲基壳聚糖（NOCC）作为脱盐功能层材料，并采用戊二醛（GA）进行交联，得到了新型的纳滤膜。配方见表 8-8，其中 NOCC 按照文献中的方法制备。所得纳滤膜的截留顺序为 $Na_2SO_4 > NaCl \approx MgSO_4 > MgCl_2$，硫酸盐截留率大于氯离子截留率，说明膜表面荷负电；较为反常的是二价阳离子截留率小于一价阳离子，这可能暗示该配方得到的纳滤膜其表面电荷分布特殊，对二价阳离子有较强的吸附能力，使得表面有效负电荷减少，截留性能下降。

其后，Miao 等又采用表氯醇（ECH）进行交联，同样得到了具有特殊截留特性的荷负电纳滤膜。与 GA 交联相比较，采用 ECH 交联得到的纳滤膜截留率稍低，但通量较高（提升约一倍）。

Rahimpour 等在聚醚砜（PES）基膜上进行界面聚合，得到了对硫酸镁截留率最高为 90% 的纳滤膜，配方见表 8-8。其中，基膜 PES 按照文献中的方法制备。

Wang 等将聚丙烯腈（PAN）超滤膜浸泡于氯化锌（$ZnCl_2$）溶液中，再进行水解，成功制备了纳滤膜，配方见表 8-8，制备流程如图 8-36 所示。该法制得的纳滤膜对氯化钠的截留率最高可达约 80%。

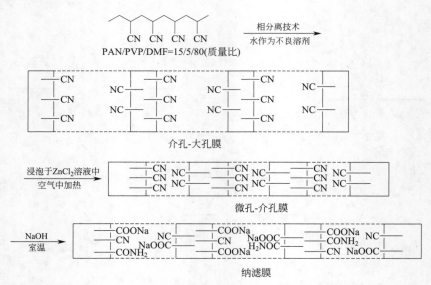

图 8-36 $ZnCl_2$-PAN 纳滤膜的制备流程

Wang 等将 2-丙烯酰氨基-2-甲基丙磺酸（AMPS）及三烯丙基异氰脲酸酯（TAIC）通过等离子体辐射（装置如图 8-37 所示）的方法接枝于聚砜（PSF）基膜表面，得到了对硫酸钠截留率可达90%的纳滤膜，配方见表8-8。其中，PSF、AMPS及TAIC的化学结构式如图8-38所示。所得纳滤膜荷负电，对硫酸钠截留率最高，可达90%；硫酸镁和氯化钠次之，约为30%～40%；对氯化镁截留率最低，只有10%。

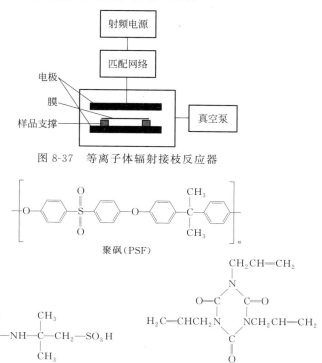

图8-37　等离子体辐射接枝反应器

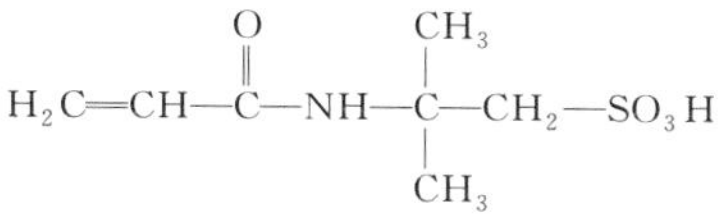

图8-38　PSF、AMPS及TAIC的化学结构

Wu等在聚芳醚酰胺（PPEA）基膜上进行界面聚合，得到了对硫酸钠截留率可达95%的纳滤膜，配方见表8-8。该膜最大的特点是热稳定性：通常升温会使截留率明显下降，但该膜可在80℃下使用，截留率无明显降低。

Yang等在聚芳醚砜酮（PPESK）表面进行界面聚合，得到了中空纤维纳滤膜丝，配方见表8-8。作者制备的中空纤维纳滤膜为内压型，对硫酸钠的截留率可达99.0%。

Zhang等将聚芳醚砜酮（PPESK）进行磺化（SPPESK）后，再涂覆到PPESK基膜表面，得到了强烈荷负电的纳滤膜，配方见表8-8。其中，PPESK的磺化按文献中的方法进行。所得纳滤膜对硫酸钠的截留率可达95%，硫酸镁和氯化钠次之（约20%），氯化镁小于10%。作者还特别考察了SPPESK的取代度（DS）对膜性能的影响。DS从130%增加到230%（图8-39为200%取代度的SPPESK），截留率略微降低，而通量大幅升高，升高约50%。

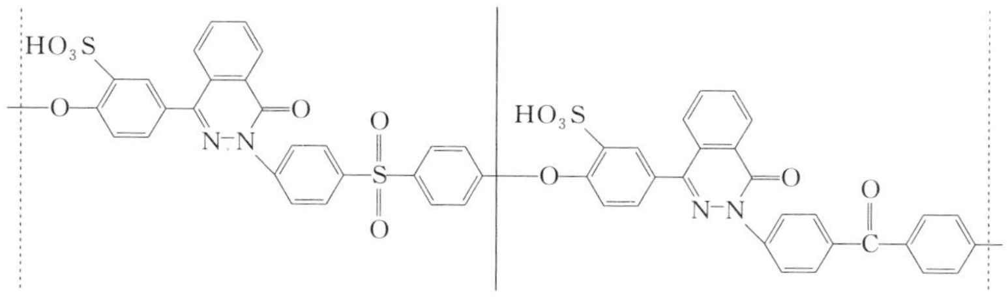

图8-39　DS为200%的SPPESK

参 考 文 献

[1] Feyisayo V Adams, E N N, Rui W M Krause, Eric M V Hoek, Bhekie B Mamba. Preparation and characterization of polysulfone/beta-cyclodextrin polyurethane composite nanofiltration membranes. Journal of Membrane Science, 2012: 405-406, 291-299.

[2] Boricha A G, Murthy Z V P. Preparation of N,O-carboxymethyl chitosan/cellulose acetate blend nanofiltration membrane and testing its performance in treating industrial wastewater. Chemical Engineering Journal. 2010, 157 (2-3): 393-400.

[3] Darvishmanesh S, Tasselli F, Jansen J C, Tocci E, Bazzarelli F, Bernardo P, Luis P, Degreve J, Drioli E, Van der Bruggen B. Preparation of solvent stable polyphenylsulfone hollow fiber nanofiltration membranes. Journal of Membrane Science, 2011, 384 (1-2): 89-96.

[4] Gholami A, Moghadassi A R, Hosseini S M, Shabani S, Gholami F. Preparation and characterization of polyvinyl chloride based nanocomposite nanofiltration-membrane modified by iron oxide nanoparticles for lead removal from water. Journal of Industrial and Engineering Chemistry, 2014, 20 (4): 1517-1522.

[5] Panda S R, De S. Preparation, characterization and performance of $ZnCl_2$ incorporated polysulfone (PSF) / polyethylene glycol (PEG) blend low pressure nanofiltration membranes. Desalination, 2014, 347: 52-65.

[6] Rajesh S, Jayalakshmi S S A, Nirmala M T, Ismailc A F, Mohan D. Preparation and performance evaluation of poly (amide-imide) and TiO_2 nanoparticles impregnated polysulfone nanofiltration membranes in the removal of humic substances. Colloids and Surfaces A: Physicochemical and Engineering Aspects, 2013, 418: 92-104.

[7] Saljoughi E, Mousavi S M. Preparation and characterization of novel polysulfone nanofiltration membranes for removal of cadmium from contaminated water. Separation and Purification Technology, 2012, 90: 22-30.

[8] Madaeni S S, Zinadini S, Vatanpour V. Preparation of superhydrophobic nanofiltration membrane by embedding multiwalled carbon nanotube and polydimethylsiloxane in pores of microfiltration membrane. Separation and Purification Technology, 2013, 111: 98-107.

[9] Madaeni S S, Vatanpour E E V. Separation of nitrogen and oxygen gases by polymeric membrane embedded with magnetic nano-particle. Polym Adv Technol, 2011, 22: 2556-2563.

[10] Ba C, Economy J. Preparation and characterization of a neutrally charged antifouling nanofiltration membrane by coating a layer of sulfonated poly (ether ether ketone) on a positively charged nanofiltration membrane. Journal of Membrane Science, 2010, 362 (1-2): 192-201.

[11] Hendrix K, Vaneynde M, Koeckelberghs G, Vankelecom I F J. Synthesis of modified poly (ether ether ketone) polymer for the preparation of ultrafiltration and nanofiltration membranes via phase inversion. Journal of Membrane Science, 2013, 447: 96-106.

[12] Homayoonfal M, Akbari A, Mehrnia M R. Preparation of polysulfone nanofiltration membranes by UV-assisted grafting polymerization for water softening. Desalination, 2010, 263 (1-3): 217-225.

[13] Li X, Goyens W, Ahmadiannamini P, Vanderlinden W, De Feyter S, Vankelecom I. Morphology and performance of solvent-resistant nanofiltration membranes based on multilayered polyelectrolytes: Study of preparation conditions. Journal of Membrane Science, 2010, 358 (1-2): 150-157.

[14] Ding R, Zhang H, Li Y, Wang J, Shi B, Mao H, Dang J, Liu J. Graphene oxide-embedded nanocomposite membrane for solvent resistant nanofiltration with enhanced rejection ability. Chemical Engineering Science, 2015, 138: 227-238.

[15] Marcano D, Berlin D K J, Sinitskii A, Sun Z, Slesarev A, Alemany L, Lu W, Tour J. Improved synthesis of graphene oxide. ACS Nano, 2010, 4: 4806-4814.

[16] Ji Y, An Q, Zhao Q, Chen H, Gao C. Preparation of novel positively charged copolymer membranes

for nanofiltration. Journal of Membrane Science，2011，376（1-2）：254-265.

[17] Jin L，Shi W，Yu S，Yi X，Sun N，Ma C，Liu Y. Preparation and characterization of a novel PA-SiO$_2$ nanofiltration membrane for raw water treatment. Desalination，2012，298：34-41.

[18] Li Y S，Li Jianyu，Zhao Xueting，Zhang Runnan，Fan Xiaochen，Zhu Junao，Ma Yanyan，Liu Yuan，Jiang Zhongyi. Preparation of thin film composite nanofiltration membrane with improved structural stability through the mediation of polydopamine. Journal of Membrane Science，2015，476：10-19.

[19] Rahimpour A，Jahanshahi M，Mortazavian N，Madaeni S S，Mansourpanah Y. Preparation and characterization of asymmetric polyethersulfone and thin-film composite polyamide nanofiltration membranes for water softening. Applied Surface Science，2010，256（6）：1657-1663.

[20] Wang X l，Wei J F，Dai Z，Zhao K Y，Zhang H. Preparation and characterization of negatively charged hollow fiber nanofiltration membrane by plasma-induced graft polymerization. Desalination，2012，286：138-144.